"十四五"时期国家重点出版物出版专项规划项目
交通运输科技丛书·公路基础设施建设与养护
交通运输重大科技创新成果库入库成果

面向决策支持的城市交通一体化仿真建模理论与关键技术

钟　鸣　胡跃平　郑　猛
刘少博　吴宁宁　赵学彧　编著

人民交通出版社

北京

内 容 提 要

本书从宏观和中微观两个层面论述了面向决策支持的城市交通一体化仿真建模理论与关键技术，共分12章，内容包括：导论、典型城市交通仿真模型体系与框架、面向决策支持的城市交通一体化仿真建模总体框架、城市土地利用与交通整体规划建模仿真关键技术、城市宏观交通模型构建关键技术、城市公共交通仿真建模关键技术、城市中微观交通仿真模型构建关键技术、基于大数据的城市中微观交通仿真参数标定关键技术、三维动态交通仿真控制关键技术与可视化、城市宏/中/微观一体化交通仿真平台构建、多层次交通仿真模型校核评价体系、总结与展望。

本书既可作为高等院校智能交通等相关专业师生的教学参考书，也可作为从事交通仿真技术、交通规划设计或运营管理人员的学习参考书。

图书在版编目(CIP)数据

面向决策支持的城市交通一体化仿真建模理论与关键技术／钟鸣等编著. — 北京：人民交通出版社股份有限公司，2024.4

ISBN 978-7-114-18916-6

Ⅰ.①面… Ⅱ.①钟… Ⅲ.①城市规划—交通规划—计算机仿真—研究 Ⅳ.①TU984.191-39

中国国家版本馆 CIP 数据核字(2023)第137773号

Mianxiang Juece Zhichi de Chengshi Jiaotong Yitihua Fangzhen Jianmo Lilun yu Guanjian Jishu

书　　　名：	面向决策支持的城市交通一体化仿真建模理论与关键技术
著 作 者：	钟　鸣　胡跃平　郑　猛　刘少博　吴宁宁　赵学彧
责任编辑：	石　遥　师静圆
责任校对：	赵媛媛　宋佳时
责任印制：	刘高彤
出版发行：	人民交通出版社
地　　　址：	(100011)北京市朝阳区安定门外外馆斜街3号
网　　　址：	http://www.ccpcl.com.cn
销售电话：	(010)59757973
总 经 销：	人民交通出版社发行部
经　　　销：	各地新华书店
印　　　刷：	北京印匠彩色印刷有限公司
开　　　本：	787×1092　1/16
印　　　张：	28.5
字　　　数：	548千
版　　　次：	2024年4月　第1版
印　　　次：	2024年4月　第1次印刷
书　　　号：	ISBN 978-7-114-18916-6
定　　　价：	190.00元

(有印刷、装订质量问题的图书，由本社负责调换)

交通运输科技丛书

编审委员会
（委员排名不分先后）

顾　　问：王志清　汪　洋　姜明宝　李天碧

主　　任：庞　松

副 主 任：洪晓枫　林　强

委　　员：石宝林　张劲泉　赵之忠　关昌余　张华庆
　　　　　郑健龙　沙爱民　唐伯明　孙玉清　费维军
　　　　　王　炜　孙立军　蒋树屏　韩　敏　张喜刚
　　　　　吴　澎　刘怀汉　汪双杰　廖朝华　金　凌
　　　　　李爱民　曹　迪　田俊峰　苏权科　严云福

GENERAL ORDER | 总　　序

　　科技是国家强盛之基,创新是民族进步之魂。中华民族正处在全面建成小康社会的决胜阶段,比以往任何时候都更加需要强大的科技创新力量。党的十八大以来,以习近平同志为核心的党中央做出了实施创新驱动发展战略的重大部署。党的十八届五中全会提出必须牢固树立并切实贯彻创新、协调、绿色、开放、共享的发展理念,进一步发挥科技创新在全面创新中的引领作用。在最近召开的全国科技创新大会上,习近平总书记指出要在我国发展新的历史起点上,把科技创新摆在更加重要的位置,吹响了建设世界科技强国的号角。大会强调,实现"两个一百年"奋斗目标,实现中华民族伟大复兴的中国梦,必须坚持走中国特色自主创新道路,面向世界科技前沿、面向经济主战场、面向国家重大需求。这是党中央综合分析国内外大势、立足我国发展全局提出的重大战略目标和战略部署,为加快推进我国科技创新指明了战略方向。

　　科技创新为我国交通运输事业发展提供了不竭的动力。交通运输部党组坚决贯彻落实中央战略部署,将科技创新摆在交通运输现代化建设全局的突出位置,坚持面向需求、面向世界、面向未来,把智慧交通建设作为主战场,深入实施创新驱动发展战略,以科技创新引领交通运输的全面创新。通过全行业广大科研工作者长期不懈的努力,交通运输科技创新取得了重大进展与突出成效,在黄金水道能力提升、跨海集群工程建设、沥青路面新材料、智能化水面溢油处置、饱和潜水成套技术等方面取得了一系列具有国际领先水平的重大成果,培养了一批高素质的科技创新人才,支撑了行业持续快速发展。同时,通过科技示范工程、科技成果推广计划、专项行动计划、科技成果推广目录等,推广应用了千余项科研成果,有力促进了科研向现实生产力转化。组织出版"交通运输建设科技丛书",是推进科技成果公开、加强科技成果推广应用的一项重要举措。"十二五"期间,该丛书共出版72册,全部列入"十二五"国家重点图书出版规划项目,其中12册获得国家出版基金支持,6册获中华优秀出版物奖图书提名奖,行业影响力和社会知名度不断扩大,逐渐成为交通运输高端学术交流和科技成果公开的重要平台。

"十三五"时期,交通运输改革发展任务更加艰巨繁重,政策制定、基础设施建设、运输管理等领域更加迫切需要科技创新提供有力支撑。为适应形势变化的需要,在以往工作的基础上,我们将组织出版"交通运输科技丛书",其覆盖内容由建设技术扩展到交通运输科学技术各领域,汇集交通运输行业高水平的学术专著,及时集中展示交通运输重大科技成果,将对提升交通运输决策管理水平、促进高层次学术交流、技术传播和专业人才培养发挥积极作用。

当前,全党全国各族人民正在为全面建成小康社会、实现中华民族伟大复兴的中国梦而团结奋斗。交通运输肩负着经济社会发展先行官的政治使命和重大任务,并力争在第二个百年目标实现之前建成世界交通强国,我们迫切需要以科技创新推动转型升级。创新的事业呼唤创新的人才。希望广大科技工作者牢牢抓住科技创新的重要历史机遇,紧密结合交通运输发展的中心任务,锐意进取、锐意创新,以科技创新的丰硕成果为建设综合交通、智慧交通、绿色交通、平安交通贡献新的更大的力量!

2016年6月24日

《面向决策支持的城市交通一体化仿真建模理论与关键技术》

编 委 会

编 著 者：钟　鸣　　胡跃平　　郑　猛　　刘少博　　吴宁宁
　　　　　赵学彧

主要编写人员：张一鸣　　马晓凤　　赵　欣　　徐　涛　　崔　革
　　　　　　　潘晓锋　　钟　意

参与编写人员（按姓氏拼音排序）：

　　　　　　陈丽欣　　陈炜良　　董一鸣　　窦　鑫　　方　勇
　　　　　　冯明翔　　葛　靖　　黄俊达　　李大顺　　李　帅
　　　　　　李杏彩　　罗　倩　　浦诗谣　　任　智　　佘世英
　　　　　　孙江涛　　王　锐　　王宗保　　文夏梅　　武凯飞
　　　　　　夏清清　　熊　聪　　张学全　　张羽孜　　张子培
　　　　　　赵　菲　　郑珞恒

编　　审：何炳坤　　John Douglas Hunt　　Tomas de la Barra

FOREWORD I 序一

现代化的城市建设对城市交通发展的高品质和集约性提出了更高的要求,与此同时,大数据、第五代移动通信技术(5G)、人工智能、物联网、自动驾驶等技术主导的新兴科技加速了交通的智能化、绿色化、网联化和共享化,综合交通规划建设、运营管理、服务模式等也随之产生深刻变化。因此,深度把握创新驱动发展契机,加快构建数字交通治理体系,探索城市交通全场景数字应用,开展城市交通一体化仿真建模,赋能综合交通提质增效,成为建设与发展现代化城市交通的关键所在。从时代和行业需求的角度来看,《面向决策支持的城市交通一体化仿真建模理论与关键技术》呈现的关键技术能够在一定程度上与城市交通的发展方向和需求相适应,同时能够为城市交通仿真建模研究人员提供丰富的理论知识和一定的实践经验。

该书以土地利用模型及宏、中、微三个空间层次对应的交通仿真模型为基本对象开展关键技术研究,并从相关的模型或模型体系中提取特性、共性的内容,从而抽象出需要深入剖析的共性建模理论和关键技术,实现理论与实践的结合。该书在编写过程中,通过实地调研和文献研究收集了大量的国内外资料,在多个章节中对不同空间层级的模型按照同样的结构进行对比论证,对内容进行整合与提炼,形成了一套全面的、适应性强的城市交通仿真建模关键技术。相较于现有教材,该书能够提供更为全面与丰富的城市交通仿真建模理论知识,因此,该书可作为高等院校智能交通及相关专业方向硕士、博士生的参考用书,也可作为从事交通仿真技术、交通规划设计或运营管理人员的参考书。

  本书是作者在充分吸收国内外交通仿真案例和作者所在团队实践经验的基础上,以理论结合实际为目标导向进行编写,在章节编排上充分考虑知识的可读性与可接受性,注重内容的实用性、前瞻性与系统性。期待该书能够进一步完善我国大中城市在交通仿真关键技术领域的理论与实践,为高水平交通仿真技术人员的培养贡献微薄之力。

中国工程院院士

2023 年 4 月

FOREWORD II ｜序二

建构完整、高效的城市交通一体化仿真体系对城市交通的现代化发挥着极大的促进作用，为化解城市交通问题提供了诸多值得借鉴的仿真范式，有助于提高城市综合运输体系的整体效益，从而建立并维护有序的城市交通秩序。在此基础上，我们可以进一步实现一体化交通与城市空间的可持续发展。而当前快速更新的现代城市空间规划以及社会空间的转变趋势，迫切需要兼具科学性与实用性的城市交通一体化仿真技术作为支撑，在更广的范围内实现交通与城市规划质量与效率的整体优化。

《面向决策支持的城市交通一体化仿真建模理论与关键技术》从选题定位、论述框架以及编写细节等诸多方面，均以城市交通仿真技术的理论与实践相结合为核心要旨。从整体上看，该书既有一定的学术理论的挖掘深度，也有相当的技术性应用高度。其富有原创性的编写思路是值得关注的亮点之一。本书中的土地利用模型及宏、中、微三个空间层次所对应的交通仿真模型相关的关键技术研究，以及相关的模型或模型体系中所提取特性、共性的内容是重点所在，包含了多个经深入剖析的共性建模理论和关键技术。此外，该书对城市宏中微观一体化交通仿真系统构建的数据需求标准、接口规范以及多层次交通仿真模型评价体系进行了详细的论述并提出了符合我国国情的一些标准与规范。这些工作对于推进交通仿真在我国城市规划中的应用,提升交通仿真建模分析的系统性、规范性及标准化具有重要的意义。

本书系由武汉理工大学与武汉市交通发展战略研究院两家单位合作完成,从中可以看出他们求真求实的治学精神,本书是他们结合各自的专业优势推进的理论与技术的融合。本书既注重专业知识的学理性,重点突出,通俗易懂,又注重学科理论与关键技术的应用前沿,相信本书的出版会引发读者对相关学科的进一步深入思考和学习的兴趣。

同济大学城市规划系教授、博士生导师

2023 年 4 月

PREFACE 前言

2012年底湖北省向世界银行申请贷款,用于建设武汉城市圈交通一体化示范项目。该项目分三期执行。其中,在一期和二期项目支持下,武汉市的交通基础设施、智能交通系统逐步建立并不断完善,在三期项目支持下,武汉市智能交通示范子项目侧重综合应用计算机、网络、通信、建模仿真等技术,为交通系统定量分析和科学决策提供了技术支撑手段。其中的一个重要目标是着力构建武汉市智慧交通决策支持平台,打造全生命周期决策支持的交通与空间协同规划仿真平台,建设能够更好服务智慧城市建设和城市运行管理的交通仿真决策支持系统平台和培养专业化技术力量。

基于上述世界银行贷款示范项目中的"面向决策支持的交通仿真关键技术研究"技术援助课题经验,结合当前国内外城市交通仿真与建模领域研究热点,本书系统地论述了面向决策支持的城市交通仿真关键技术,包括详细地对比分析目前主流土地利用-交通整体规划模型、宏观交通需求预测模型及中微观交通仿真模型的建模方法;从多维度提出了具有创新性的城市土地利用-宏中微观交通一体化仿真系统建模框架与技术路线,并深入地分析了其适用性和可行性。本书论证内容涵盖了城市土地利用-交通整体规划建模及城市宏中微观交通仿真,提供了城市土地利用模型与多尺度交通仿真模型的集成和各模型之间的交互方法和贯穿整个交通仿真模型体系的数据流设计。本书针对城市交通决策支持平台建设中的技术攻关需求，本着学术创新与城市交通规划实践相结合的原则，针对城市交通规划中的高频应用需求，着重阐述了城市多层次一体化交通仿真决策支持系统的关键技术难点及其解决方案，以及多尺度交通仿真平台快速构建技术、交通仿真参数标定和多层次交通仿真模型间数据交互方法与接口规范等关键技术。

  本书旨在研究服务于城市交通规划-建设-管理-运营的全过程仿真关键技术体系，深度凝练武汉城市圈交通一体化示范项目中武汉智能交通示范子项目所资助的"面向决策支持的交通仿真决策关键技术研究"成果，可为城市交通一体化仿真建模提供可借鉴的学术创新思路和技术实践经验。由于编者学识水平有限，书中难免存在不足之处，殷切希望广大读者批评指正，编者将不胜感激。

作 者

2023 年 4 月

CONTENTS 目录

第 1 章　导论

1.1　编写背景 …… 002
1.2　总体目标 …… 002
1.3　研究内容与服务对象 …… 003
1.4　主题板块及内容 …… 003
1.5　篇章结构及阅读群体 …… 006

第 2 章　典型城市交通仿真模型体系与框架

2.1　概述 …… 008
2.2　典型城市交通仿真模型体系介绍 …… 008
2.3　典型城市交通仿真模型体系特征对比 …… 021
2.4　本章小结 …… 024
本章参考文献 …… 025

第 3 章　面向决策支持的城市交通一体化仿真建模总体框架

3.1　概述 …… 030
3.2　交通仿真的内涵 …… 030
3.3　决策支持功能需求 …… 031
3.4　基于决策支持的城市交通一体化仿真总体框架 …… 034

3.5 本章小结 ·· 037
本章参考文献 ·· 037

第4章　城市土地利用与交通整体规划建模仿真关键技术

4.1 概述 ··· 040
4.2 简易用地-交通需求关系模型 ·· 040
4.3 整体规划模型与传统交通规划模型的对比分析 ································ 049
4.4 土地利用-交通整体规划模型发展历程 ··· 052
4.5 城市土地利用-交通整体规划建模框架比选及其适用性分析 ·············· 059
4.6 城市土地利用-交通整体规划模型实施路径 ··································· 088
4.7 本章小结 ·· 104
本章参考文献 ·· 104

第5章　城市宏观交通模型构建关键技术

5.1 概述 ··· 116
5.2 宏观交通规划模型发展历程 ·· 116
5.3 典型城市宏观交通模型框架比选与适用性分析 ································ 119
5.4 多层次宏观交通模型框架研究 ·· 132
5.5 城市土地利用模型与宏观交通模型交互数据接口设计
　　与接口规范 ··· 136
5.6 宏观交通规划模型交通流参数标定数据需求标准 ···························· 145
5.7 本章小结 ·· 156
本章参考文献 ·· 157

第6章　城市公共交通仿真建模关键技术

6.1 概述 ··· 162
6.2 公共交通建模研究发展历程 ·· 162
6.3 公共交通模型框架比选与适用性分析 ··· 167

6.4 基于超级网络的公共交通建模架构 ········· 187
6.5 基于超级网络的城市公共交通建模示范案例 ········· 202
6.6 宏观交通模型与公共交通模型接口设计与规范 ········· 216
6.7 本章小结 ········· 217
本章参考文献 ········· 218

第7章 城市中微观交通仿真模型构建关键技术

7.1 概述 ········· 224
7.2 城市中微观交通仿真模型框架比选与适用性分析 ········· 224
7.3 中微观交通仿真模型快速构建方案 ········· 229
7.4 基于 Dynameq 软件的交通仿真建模流程 ········· 230
7.5 基于 Dynameq 软件的中微观交通仿真快速构建技术 ········· 237
7.6 宏观交通模型与中微观交通仿真模型交互数据接口设计与规范 ········· 256
7.7 本章小结 ········· 274
本章参考文献 ········· 275

第8章 基于大数据的城市中微观交通仿真参数标定关键技术

8.1 概述 ········· 278
8.2 交通流数据清洗技术 ········· 278
8.3 中微观交通仿真参数标定关键技术 ········· 292
8.4 中微观交通仿真参数标定数据需求标准 ········· 334
8.5 本章小结 ········· 346
本章参考文献 ········· 347

第9章 三维动态交通仿真控制关键技术与可视化

9.1 概述 ········· 352
9.2 三维交通仿真模型调用与控制技术 ········· 352

9.3 道路网与三维场景对接技术 ………………………………………… 368
9.4 三维动态交通仿真输出数据接口与可视化 …………………………… 374
9.5 本章小结 …………………………………………………………… 380
本章参考文献 ……………………………………………………………… 380

第 10 章 城市宏、中、微观一体化交通仿真平台构建

10.1 3D Web 城市交通仿真平台总体设计 ……………………………… 382
10.2 3D Web 城市交通仿真平台一体化多层次仿真建模示范 …………… 384
10.3 3D Web 城市交通仿真平台一体化仿真系统政策分析示例 ………… 392
10.4 本章小结 …………………………………………………………… 397

第 11 章 多层次交通仿真模型校核与评价体系

11.1 多层次城市交通仿真模型校核与评价综述 ………………………… 400
11.2 宏观交通仿真模型校核与评价 ……………………………………… 407
11.3 中微观交通仿真模型评价 …………………………………………… 418
11.4 多层次交通仿真校核与评价标准体系汇总 ………………………… 422
11.5 本章小结 …………………………………………………………… 425
本章参考文献 ……………………………………………………………… 426

第 12 章 总结与展望

12.1 主要内容总结 ……………………………………………………… 430
12.2 主要创新 …………………………………………………………… 431
12.3 展望 ………………………………………………………………… 432

后记

致谢

CHAPTER ONE 第1章

导论

1.1 编写背景

我国大中城市持续加大城市基础设施建设力度,城市交通基础设施供给水平已有显著改善,但在城市化、机动化快速发展的双重压力下,交通基础设施容量仍凸显不足,城市交通供需矛盾日益突出。交通拥堵、环境污染、交通事故等已经成为制约城市社会与经济发展的瓶颈问题之一和市民关注的焦点。根据国内外大量先行研究与实践经验,依托物联网和信息化手段构建面向城市交通规划与管理决策支持的模型仿真系统,在一定交通基础设施供给和交通需求条件下仿真模拟交通系统状态,评估土地利用布局、交通基础设施建设和社会经济政策措施的影响效果,可以提升交通基础设施规划设计和政策制定的科学性与精准性,提高投资收益率和政府决策的科学性,进而为经济社会发展、土地利用效率改善、交通拥堵缓解和生态环境保护等方面提供诸多帮助。

当前,在大规模、多场景、高可视化要求下,城市交通基础设施规划与管理决策支持系统及服务平台的开发建设需要以大量的关键技术为基础,包括城市土地利用与交通一体化模型的搭建、多尺度交通仿真模型构建所需的交通流参数标定、高精度交通仿真模型的快速构建、三维可视化场景下的城市建成环境仿真模型控制等交通仿真建模关键技术,以及仿真平台与各层次交通仿真模型、实时交通运行分析系统、交通决策支持平台之间的数据接口规范等。因此,在湖北省"世界银行贷款武汉城市圈交通一体化示范项目——武汉市智能交通示范子项目"中特设立了"面向决策支持的交通仿真关键技术研究"技术援助课题,服务于交通决策服务平台建设中"多层次交通模型与仿真系统"的建设和技术攻关需求。该课题将交通仿真技术与大数据相互结合,以构建多层次交通模型与仿真系统作为重点研究内容,通过多维度、一体化交通仿真技术为城市交通设施规划、设计、建设和管理中相关政策的决策提供支持,有效地保障城市交通规划与管理决策支持方面的先进性和实用性。本书总结了该课题成果中相关的建模理论与关键技术,以飨读者。

1.2 总体目标

本书的总体目标包括以下几点:

(1)全面支撑城市多层次交通仿真平台构建,基于城市土地利用与交通系统特征、交通运行监测数据和相应的决策需求,提出交通仿真平台快速构建技术路线和算法。

(2)通过开展翔实的文献研究与行业调研,摸清面向决策支持的城市交通仿真建模需求和相关领域研究基础;通过关键技术攻关,提出面向决策支持的城市一体化交通仿真平台建设的数据处理方法和技术路线,形成一系列自主创新成果,并通过样例数据开展应用示范,确认技术方案的可行性。

(3)支撑城市交通决策支持平台的建设和智能交通系统中仿真技术的应用,保障城市智能交通项目的顺利开展,推动相关技术的实施和落地。

(4)提升城市交通规划与管理部门在智能交通发展建设中的城市交通仿真平台开发与应用方面的技术力量,以便更好地支撑城市交通规划、设计、管理、运营与服务等相关工作中的决策支持任务。

1.3 研究内容与服务对象

本书以面向决策的城市交通仿真平台的参数标定、多层次、一体化交通仿真和三维可视化仿真场景构建等关键技术为研究内容,以城市交通仿真决策支持平台的建设与应用单位为服务对象,其应用行业服务对象涵盖了城市交通规划、设计、建设与管理决策涉及的各个部门,涉及社会经济发展、土地利用规划、道路交通、公共交通、对外交通及环境保护等多个领域。

1.4 主题板块及内容

本书主要包括以下五大板块的内容:土地利用-交通整体规划建模、宏观交通需求预测模型、公共交通仿真模型、中微观交通仿真模型及其他主题。具体包括以下重点内容:

1)土地利用-交通整体规划建模

以简易用地与交通模型作为铺垫,综合比较国际主流土地利用-交通整体规划模型及商用软件,深入研究该类模型在国内大中城市的适用性、基础资料的可获得性和可操作性,提出可行的技术路线,最终以武汉市为例阐述了适合我国国情的城市土地利用-交通整体规划建模及模型校正技术流程。

2）宏观交通建模理论及关键技术

本书所研究的宏观交通建模技术路线按空间范围大小分为市区、市域等层次，按建模时间跨度分为现状模型和预测模型，研究不同时空层次下宏观交通模型的建模技术路线和实现途径；研究制定宏观交通模型参数校核及评价指标体系，为后续工作开展提供评判依据。在传统"四阶段"宏观交通需求预测模型的基础上，紧跟国际前沿，提出了基于出行链和活动链的宏观交通预测模型的实现路径。

3）公共交通建模理论及关键技术

从当前公交卫星定位系统、公交IC卡刷卡、移动支付等大数据应用以及"公交轨道+慢行"一体化出行的角度，分析公共交通模型（含轨道交通）的构建思路，并提供具体技术路线和实现方法，包括基于多源数据的公交下车点推导以及移动支付背景下公交出行OD（起讫点）的估算方法和基于超级网络下的城市公共交通模型构建技术。

4）中微观交通仿真建模理论及关键技术

对国际上主流的中微观交通仿真模型及软件进行综合分析和技术参数比较，为城市交通一体化仿真平台的软件选型提供客观、科学的建议，重点研究大尺度路网（例如武汉主城区）条件下城市交通中微观动态仿真技术及其快速构建路径；探讨了针对大范围路网提升中微观交通仿真模型构建效率和精度的技术方案，并提出了中微观交通仿真模型与其他层次模型之间的对接和交互方法；研究城市交通仿真与城市三维建成环境模型（建筑、景观、交通）的融合技术及实现路径，以及城市交通仿真数据采集、清洗、输入和交通仿真结果的输出标准体系及实现路径和城市交通仿真模型校核及评价指标等。

5）其他主题板块

主要包括构建大尺度交通仿真模型的相关技术与应用案例研究，路网通行能力调校技术、动态交通仿真数据在线输出技术与接口、动态场景下城市三维建成环境模型的调用与控制技术、模型参数标定数据需求标准、交通仿真平台数据接口规范及三维可视化仿真平台的快速构建技术等。

通过剖析面向决策支持的城市交通仿真关键技术需求，本书进一步对以上五个板块所包含的关键技术内容、模型输入输出数据及其交互关系进行了更为详细的梳理，总体研究内容框架如图1-1所示。

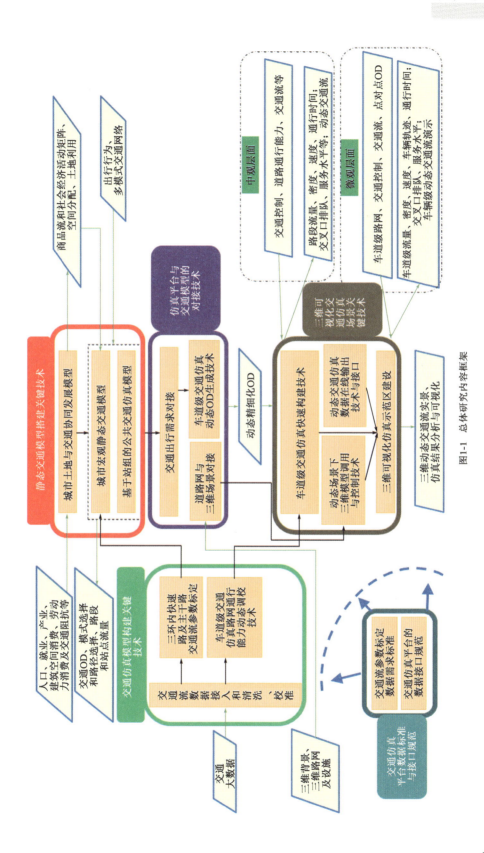

图1-1 总体研究内容框架

1.5 篇章结构及阅读群体

本书从宏观和中微观两个层面论述了面向决策支持的城市交通一体化仿真建模理论与关键技术。宏观交通仿真建模部分包含以下五章：典型城市交通仿真模型体系与框架、面向决策支持的城市交通一体化仿真建模总体框架、城市土地利用与交通整体规划建模仿真关键技术、城市宏观交通模型构建关键技术和城市公共交通仿真建模关键技术；中微观交通仿真建模部分包含以下四章：城市中微观交通仿真模型构建关键技术、基于大数据的城市中微观交通仿真参数标定关键技术、三维动态交通仿真控制关键技术与可视化、城市宏/中/微观一体化交通仿真平台构建。此外，多层次交通仿真模型数据需求标准、接口规范和评价体系的内容贯穿宏观与中微观两个部分。

本书力求成为一本兼具专业性与通识性的读物，既可以为城市交通仿真技术人员提供学术理论知识和可借鉴的实践经验，也可作为高等院校智能交通相关专业方向的重要教学参考书。因此，本书的读者范围包含高校专业研究群体、政府决策支持部门人员或需拓宽跨专业视野的社会人士等。读者可根据自身需求，对全书内容有选择、有目标、有方法地进行阅读，进而完善自身知识框架体系和拓宽国内外城市交通建模与仿真技术发展的视野，提高在城市交通规划与管理领域的学术素养或决策思维能力。

CHAPTER TWO　第2章

典型城市交通仿真模型体系与框架

2.1 概述

自20世纪50年代以来，城市交通规划工作者一直致力于建立和完善城市交通模型，以系统工程的方法对交通基础设施的规划、设计、建设与运营管理方案进行定量分析，而且计算机仿真技术的进步大幅度地提升了城市交通模型的快速发展和应用。城市交通模型目前已经成为一种重要的量化分析手段，在城市交通规划编制与管理过程中发挥着十分重要的作用。

基于分析对象的特点，可以将交通模型划分为土地利用-交通整体规划模型、区域宏观交通仿真模型、城市宏观交通仿真模型、中观交通仿真模型、微观交通仿真模型及各种专项交通模型等，其作用如下：

(1) 土地利用-交通整体规划模型本质上是模拟城市土地利用和交通系统之间的耦合作用关系，侧重于预测城市社会经济活动的空间位置、相应土地利用形态及空间的变化。

(2) 区域宏观交通仿真模型主要应用于区域交通系统规划、重大区域交通设施规划建设、区域交通系统重要节点改善项目等方面。

(3) 城市宏观交通仿真模型主要应用于城市交通发展政策、交通发展战略规划、重大交通基础设施规划建设与影响评价等方面。

(4) 中观交通仿真模型主要应用于城市局部区域或者交通走廊的规划、设计与控制方案的比选。

(5) 微观交通仿真模型主要应用于行人和车辆的仿真模拟，呈现局部交通网络运行状况及交叉口控制，通过车速、交叉口延误、饱和度等指标量化分析相应的交通管理与控制方案。

本章将通过梳理东京、伦敦、旧金山、北京、广州、深圳、上海、香港八个典型城市的交通模型和仿真体系，总结其各自特点，为开展面向决策支持的城市交通仿真建模提供国际对标与参考。

2.2 典型城市交通仿真模型体系介绍

2.2.1 东京

作为日本最繁华、最发达的城市，东京构建了从土地利用与交通一体化模型、宏观交通仿真模型到中微观交通仿真模型的一整套模型体系，其模型体系框架如图2-1所示。

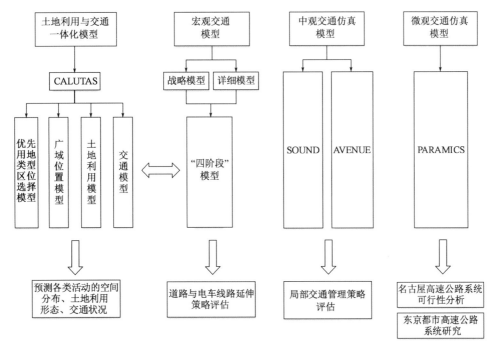

图 2-1 东京交通仿真模型体系框架

东京所采用的土地利用与交通一体化模型为自主研发的 CALUTAS(Computer-aided Land Use-Transport Analysis System)[1-2]。该模型具体包括：考虑优先用地类型(如公共居住区)的区位选择模型、用于确定整个城市市区活动分布的广域区位子模型、用于表示分区土地利用的区位竞争过程的局部土地利用子模型以及交通子模型。其中，局部土地利用子模型综合考虑不同类型土地利用之间的竞争关系，模拟 $1km^2$ 网格中土地利用模式的变化；交通子模型仅考虑"四阶段"(交通发生与吸引、交通分布、交通方式划分、交通网络分配)中的后两个阶段。土地利用的变化直接关系到交通子模型中的出行分布，而出行或运输时间的变化同样影响土地利用子模型的区位选址。

基于传统的"四阶段"交通需求预测方法，东京的宏观交通仿真模型的构建包括交通生成、交通分布、交通方式划分、交通分配四个部分。东京都市区宏观交通仿真模型包括战略模型和详细模型两个部分。战略模型用于广域的预测，详细模型用于中小规模规划区域的预测。

东京中微观仿真交通模型的构建涉及 SOUND(Simulation on Urban Road Network with Dynamic Route Choice)、AVENUE(Advanced and Visual Evaluator for Road Networks in Urban Areas)、PARAMICS(Paraller Microscopic Simulation of Road Traffic)等仿真软件[3-4]。其中，SOUND 模型主要用于大规模区域仿真，但是其交通流模型具有很大程度的简化(如缺少变道、基于速度-间距关系的跟车行为模拟等)；AVENUE 模型适用于中小规模区域仿真，比

SOUND 模型详细;PARAMICS 为商业级中微观交通仿真模型,为东京都市高速公路和名古屋高速公路系统提供仿真和决策支持研究。

2.2.2 伦敦

伦敦以公共交通可达性水平(Public Transport Accessibility Levels,PTALs)为评判交通系统服务水平的主要依据。在空间栅格尺度下,PTALs 对可达性、居住容积率、停车泊位供给之间的适配性进行评估,采用拥堵收费、低排放区等资源配置手段,压缩小汽车的使用空间,提升公共交通的竞争优势,落实"公交优先"战略。这种公共交通可达性水平指标体系是土地利用规划和交通规划互动的纽带,已被曼彻斯特、墨尔本、新加坡和新西兰等城市采用。

伦敦通过完善的交通战略模型(STM,Strategic Transport Models)体系支撑基于 PTALs 等的城市交通规划决策支持工作。STM 由土地利用与交通互动模型 LonLUTI、交通研究模型 LTS、公共交通客流预测模型 Railplan、道路网分配模型 LoHAM 和自行车出行模型 Cynemon 等五个决策支持模型组成[5]。STM 以及中、微观交通仿真模型,组成了伦敦交通仿真模型体系。伦敦交通仿真模型体系框架如图 2-2 所示[5-6]。

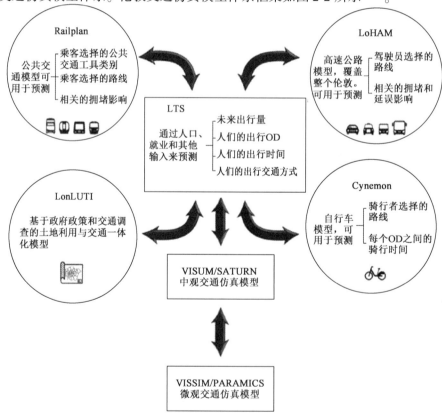

图 2-2 伦敦交通仿真模型体系框架

伦敦土地利用与交通互动模型（LonLUTI 模型）由经济模型、城市用地模型、搬迁模型和交通模型等四个子模型组成。前三个子模型组成了伦敦土地利用模型 LonLUM（基于 DELTA 软件），第四个子模型为伦敦交通研究模型 LTS。LTS[5,8] 模型为宏观交通仿真模型，仿真区域涵盖了伦敦及其周边地区。LTS 模型基于传统的"四阶段"交通需求预测方法，可以分析伦敦人口和就业的变化、新建交通基础设施、政策干预、宏观经济和其他因素（如汽车拥有量）等对伦敦交通系统的影响。其中，土地利用模型通过出行需求来影响交通模型，而交通模型将汽车和公共交通的综合交通成本反馈到土地利用模型 LonLUM[7]。

伦敦公共交通客流预测模型 Railplan 由 LTS 模型衍生而来，其初始模型于 1988 年使用 EMME 平台开发，于 2015 年移植到 CUBE 平台。Railplan 模型脱离了"四阶段"法的反馈循环过程，它基于定期更新的公共交通需求矩阵，根据道路拥堵和公共交通运载工具内部的拥挤情况进行公共交通网络分配，可以更加快速、精确地研判高峰时段大客流对公共交通发车频率、换乘便捷度、接驳水平、票价票制等综合服务水平的敏感度[5]。

伦敦道路网分配模型 LoHAM 同样衍生于 LTS 模型，于 2008 年使用 SATURN 平台开发，模型采用用户均衡交通分配方法[7]。LoHAM 模型从 LTS 模型中获取乘坐汽车出行次数及其预期起讫点的信息，并根据出行时间和距离，在道路网中预测得到出行路线[9]。

伦敦自行车出行模型 Cynemon 是一个具有创新意义的模型，于 2015 年使用 CUBE 平台开发。它考虑了坡度、道路类型、自行车道和其他交通状况，可估算自行车出行次数、骑行路线和出行时间，旨在解决自行车骑行者在伦敦出行的路线选择问题及其基础设施规划等问题[5,10]。

伦敦的中观交通仿真模型基于 VISUM 和 SATURN 软件开发，微观交通仿真模型基于 VISSIM 和 PARAMICS 软件开发。LTS 模型与中观交通仿真模型交互时，LTS 模型向 VISUM 和 SATURN 软件提供出行需求数据，VISUM 和 SATURN 软件将车流导向和路径选择等数据反馈到 LTS 模型中。同时，中观交通仿真模型与微观交通仿真模型也进行交互，VISUM 和 SATURN 软件向 VISSIM 和 PARAMICS 软件提供驾驶员路径选择数据，VISSIM 和 PARAMICS 软件将信号配时数据和交叉口容量数据反馈到 VISUM 和 SATURN 软件中[6]。

2.2.3 旧金山

旧金山交通仿真模型体系包含基于 UrbanSim 开发的湾区土地利用模型和宏观交通需求预测模型——SFM（San Francisco Model），两者相互配合构成土地利用与交通一体化模型，用于分析交通和土地利用之间的相互关系。其中，可达性是家庭和商业选址的一个关键因素,由交通需求预测模型提供给土地利用模型。另一方面,土地利用模型为交通需求模型提供未来土地利用模式和活动空间分布预测,为宏观交通模型提供新的输入,以及输出新的出行阻抗以及可达性。旧金山交通仿真模型体系框架如图2-3所示。

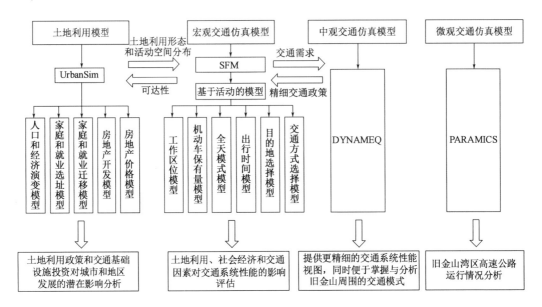

图2-3　旧金山交通仿真模型体系框架

旧金山湾区土地利用模型 UrbanSim 主要由五个子模型构成,即人口和经济演变模型、家庭和就业选址模型、家庭和就业迁移模型、房地产开发模型、房地产价格模型。UrbanSim 能够分析土地利用政策和交通基础设施投资对城市和地区发展的潜在影响[11-12]。

旧金山交通需求预测模型 SFM 不同于传统的"四阶段"方法,它采用了基于活动的方法来预测交通需求。基于活动的模型与传统的"四阶段"模型的根本区别在于前者基于出行链而不是基于单个出行段。出行链是以个人一整天从家中出发并于家中结束的一系列出行,而出行段是从始发地到目的地的单次移动。相较于"四阶段"模型,基于活动的模型更精细,可以更加准确地模拟出行选择行为影响因素(如票价、拥堵等)的作用效果。SFM 包括工作区位模型、机动车保有量模型、全天出行模型、出行时间模型、目的地选择模型、交通方式选择模型等子模型。它利用旧金山居民的出行模式、交通系统状况、人口和就业特征、公共交通线路接驳情况、道路数量以及家庭车辆数制定与交通和土地利用规划有关的措施。SFM 还可用于评估土地利用、社会经济和交通因素对交通系统性能的影响[13]。

旧金山中观交通仿真模型使用 DYNAMEQ 软件中的动态交通分配(DTA)模型,为规划人员提供更精细的交通系统性能分析工具,便于掌握与分析旧金山周围的交通状况。2012年,旧金山市交通管理局完成了全市DTA模型的开发[14]。

旧金山微观交通仿真模型基于PARAMICS软件开发,用于研究旧金山湾区1-680高速公路等基础设施的运行情况,同时深入分析了PARAMICS在应用程序开发和评估校准过程中的实用性,并且评估了该模型作为交通优化决策支持工具的可行性[15]。

2.2.4 北京

本节以北京市城市规划设计研究院和北京交通发展研究中心两家机构所构建的交通模型为代表,对北京交通仿真模型体系进行简单介绍。

北京市城市规划设计研究院经过近三十年的探索已经形成了一套包含土地利用与交通整合模型、宏观战略交通模型、中观交通承载力分析模型和微观动态交通仿真模型在内的交通模型体系。同时,该模型体系可以基于关键参数形成双向互动传导,能够用于城市与交通规划、设计、运营管理等多个领域的决策支持[16]。北京交通发展研究中心也构建了一套包含宏、中、微观交通模型在内的交通仿真模型体系。

以北京市城市规划设计研究院的交通仿真模型体系为例,其框架如图2-4所示[16]。其使用的土地利用与交通整合模型为BLUTI,它是国内第一个基于Cube Land框架建立的、可应用于规划实践的土地利用与交通一体化模型[17]。其中,土地利用模型部分主要涉及五个子模型,即劳动力市场供需关系校验模型、居住区位选择模型、租金模型、房地产开发模型及地价模型;交通模型部分除了传统的"四阶段"模型外,还包含一个可达性计算模型。土地利用模型将就业人口总量、就业岗位分布、居住用地供应分布反馈给交通模型部分。

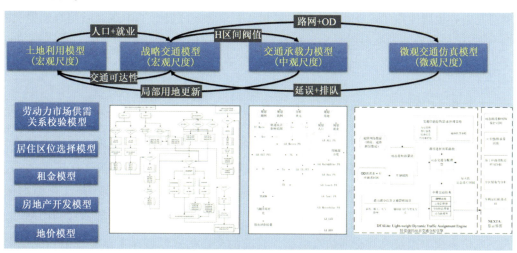

图2-4 北京交通仿真模型体系框架

北京市城市规划设计研究院使用的宏观战略交通模型 BJTM（Beijing Transport Model）是基于传统的"四阶段"模型框架所构建的。目前，BJTM 已更新到 BJTM-V2 版本，其在 BJTM-V1 版本的基础上增加了流动人口模型以及对外交通枢纽模型，同时更新了居民出行需求预测模型。支撑 BJTM 的多源大数据基础库包含基础出行 OD 数据、各方式专项调查大数据、基础人口就业数据、对外枢纽大数据、现状用地数据等。

北京市城市规划设计研究院使用的交通承载力分析模型为 TranCap，它是中观交通仿真模型。城市交通承载力分析依据城市可持续发展理论中的协调性原则和公平性原则，基于土地利用与交通互动理论，测算交通小区产生和吸引的交通量是否与相关的交通设施承载能力相匹配。TranCap 模型旨在评价城市交通承载力，同时从交通需求和交通供给两个方面调整和优化土地利用与交通之间的匹配关系。

北京市城市规划设计研究院使用的动态交通分配模型为 BJ-DTALite，它包括基础数据管理、快速最短路径计算、OD 需求反推校正、动态交通分配仿真和仿真结果展示等五大子系统及 14 个功能模块。BJ-DTALite 基于开源软件 DTALite，该模型在理论上是一个排队论模型。

北京市城市规划设计研究院通过切分细化宏观战略交通模型 BJTM 中的交通网络，使用微观交通仿真模型实现典型路段和交叉口规划方案的分析与比选。

另外，在北京交通发展研究中心构建的交通仿真模型体系中，宏观交通仿真模型目前已经发展到第五个阶段，建立了覆盖市域的多层次模型，对于市域（1.6 万 km^2）主要采用 DTALite 软件，对于市区（六环内，2000 多平方公里）主要采用 Cube 软件进行建模。北京交通发展研究中心正在尝试构建基于活动的宏观交通仿真模型。同时，北京交通发展研究中心也曾使用 TransModeler 软件对北京中央商务区进行了中观交通仿真建模，使用 VISSIM 软件对北京冬奥会场馆安检及疏散和北京副中心车流组织开展过相应的微观交通仿真建模。

2.2.5 广州

广州交通仿真模型体系[18]是从中心城区宏观交通仿真模型体系（第 1 代模型体系，1990—2005 年）发展到宏中微观一体多模式市域交通仿真模型体系（第 2 代模型体系，2006—2015 年），再到现今的基于大数据的区域综合交通仿真模型体系（第 3 代模型体系，2016 年至今）。原有的模型体系包括区域交通规划模型、市域交通战略规划模型、道路交通仿真模型以及公共交通仿真模型。目前的交通仿真模型体系已实现由功能层次体系向区域层次统筹功能体系的转换，该模型体系分为三个层次，即湾区（省域）综合出行分析子系统、广佛莞同城化出行子系统、市域交通出行仿真分析子系统。广州交通仿真模型体系框架如图 2-5 所示[18]。

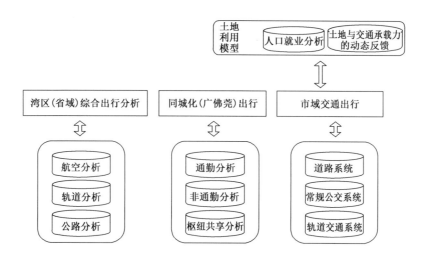

图 2-5　广州交通仿真模型体系框架

支撑广州交通仿真模型体系的多源大数据包括居民出行调查（如出行率、出行距离调查数据）、社会经济（如人口与就业、地区生产总值数据）、交通信息（如地铁刷卡、出租汽车卫星定位系统数据）、手机与互联网（如手机信令 OD、楼盘分布及房价数据）数据等。

湾区综合出行分析子系统基于城市出行引力模型，通过出行信息大数据（包括航空出行 OD、广州与深圳铁路票务 OD、长途客车枢纽到发 OD、社会小汽车出行 OD、对外城市轨道出行 OD 数据）获取现状出行特征并标定城市引力模型，预测湾区未来的客流分布及方式结构。该模型能够进行湾区航空、铁路以及公路出行的相关分析。

同城化出行子系统利用基于可达性和房价因素的城际职住空间分布预测模型，通过湾区综合出行分析子系统输出的市际出行总量和由出行信息大数据得到的现状出行特征实现通勤分析、非通勤分析和交通枢纽共享分析。

市域交通出行子系统包含人口岗位模型、机动车拥有模型、"四阶段"交通需求预测模型、出行成本模型、枢纽出行模型和过境交通模型，可为道路、常规公交以及轨道交通等多种交通方式规划与管理中的相关决策提供支持。

广州市土地利用模型为自主研发模块，通过人口与就业分析、土地利用与交通承载力的动态反馈，实现与市域交通分析子系统的互动。

广州交通仿真模型体系借助 Cube 软件构建宏观交通仿真模型和中观交通仿真模型。同时，广州交通仿真模型体系也使用 EMME、VISSIM、VISTRO 等软件构建了十几平方公里内的小区域交通仿真模型,使用 TransModeler 软件开展了大尺度(如 $200 km^2$)的中观交通仿真,以及使用 LEGION 软件进行了交通枢纽的行人交通仿真[19]。

2.2.6 深圳

经过二十多年的积累和探索,深圳市城市交通规划设计研究中心股份有限公司以多元综合交通数据库为基础,按照同一平台、统一数据、上下衔接和协调一致的原则,构建了区域-宏观-中观-微观四层次、一体化的交通仿真模型体系,为不同层次的交通规划和设计工作提供技术分析与决策支持[20]。深圳交通仿真模型体系框架如图 2-6 所示[21]。

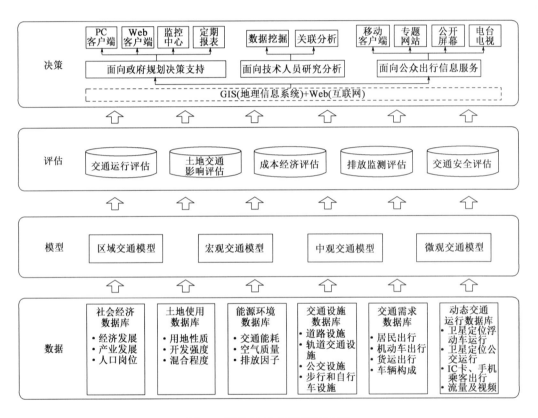

图 2-6 深圳交通仿真模型体系框架

深圳市城市交通规划设计研究中心股份有限公司根据城市发展需求,突破传统交通模型市域范围界限,利用移动终端、高速公路联网收费、公路客运、铁路客运等数据,基于人的大区域出行频次确定、目的地选择等模型关键参数的标定,相继构建深莞惠、珠三角、广东省域交通模型框架,支撑区域性交通发展政策、战略通道规划建设决策[22-23]。

深圳宏观交通仿真模型基于传统的"四阶段"交通需求预测框架,同时增加了反馈循环、出行费用模型、停车限制、政策分析、土地利用等多个子模块,强化模型二次开发与应用,用于支持全市综合交通规划与建设分析[20]。该模型基于 TransCAD 软件,通过居民出行调查、人口普查、年度核查线调查等数据完成了模型参数的更新。近年来,深圳市城市交通规划设计研究中心股份有限公司大规模利用浮动车数据、定点交通流采集数据、手机用户移动数据、公交刷卡数据等,通过海量数据挖掘与快速处理技术、移动空间智能匹配技术,实现对城市人口组成、土地利用以及出行特征的动态分析,进一步提升宏观交通仿真模型的精度和城市交通的动态仿真水平[20]。

深圳市城市交通规划设计研究中心有限公司依托 TransModeler 软件及其 GISDK 二次开发工具,提出了灵活的中观交通仿真模型建模方法。深圳中观交通仿真模型将深圳划分为 34 个分区,分区平均建设用地面积约为 $25km^2$。它以片区综合改善、交通影响评价、地面公交详细规划等业务需求为出发点,进行各种精细化指标计算。深圳中观交通仿真模型使用了基于交叉口转向延误的静态交通分配,能够满足成熟地区交叉口宏观指标的计算需求。同时,该模型还可以开展分时段的动态交通分配,可以更精准地评估交通基础设施的最大承载能力。利用车队组合代替个体车辆的中观交通仿真,显著提高了中观交通仿真的效率。该模型可以开展局部细致的混合交通流仿真,可提高精细化交通设计分析精度[24]。

深圳市城市交通规划设计研究中心股份有限公司在传统静态微观交通仿真模型的基础上,进一步引入浮动车、定点交通流监测等实时数据,实现了在线微观交通仿真,并基于分布式技术及宏、中、微观混合仿真技术同步全市大区域中微观交通仿真。该模型基于 VISSIM 软件,融合各类数据,能够实现项目建设前后行人流与车流分布情况、交叉口/车站内通道服务水平的评估和三维空间呈现,较好地支持了行人管控策略和交通基础设施优化方案的制定。目前,深圳市中微观交通仿真模型广泛应用于道路节点改善、地铁车站设施优化及建筑物内部交通组织优化[20]。

同时,深圳市城市交通规划设计研究中心股份有限公司建立了交通碳排放监测与评估平台,通过测算全市道路不同类型机动车流量分配及交通周转量,综合交警、环境保护等部门的车牌识别、车辆年检等基础数据,分析获得不同区域和路段上的车型构成和交通量信息,构建车队构成模型。在建立交通排放因子库、交通需求预测模型以及车队构成模型的基础上,研究建立城市交通排放核算模型,用以核算交通能耗与排放,旨在对城市不同地区、不同时段的交通碳排放情况进行跟踪监测,评估不同地区交通排放分布情况,为交通需求管理政策制定提供重要依据[20]。

2.2.7 上海

本节以上海市城市规划设计研究院和上海市城乡建设和交通发展研究院构建的交

通模型体系为例介绍上海交通仿真模型的发展历程。

上海市城市规划设计研究院开发形成了一套完善的交通仿真模型体系,包含基础数据库、模型分析与数据交互、模型成果数据应用三个层次,主要用于交通与土地利用互动分析、交通发展战略测试和规划方案评价、交通政策评价、建设管理评价、重大交通设施需求分析等。上海市城乡建设和交通发展研究院也已经开发形成了覆盖宏、中、微观多层次、一体化的交通仿真模型体系。上海市城市规划设计研究院的交通仿真模型体系框架如图2-7所示[25]。

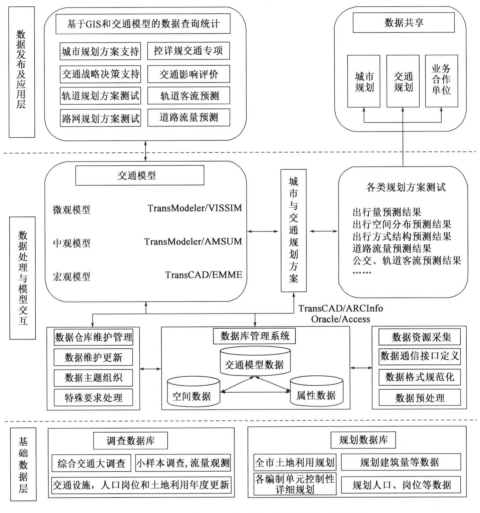

图2-7　上海市城市规划设计研究院交通仿真模型体系框架

自2009年起,上海市城市规划设计研究院启动了"上海市交通规划模型数据平台"建设工作。该模型平台以传统"四阶段"交通需求预测模型为基础进行技术和应用创新,重点服务规划,兼顾政策、建设、管理等决策评价功能,为上海市交通规划提供定量决策支持分析服务。

上海市城市规划设计研究院的宏观交通仿真模型借助 TransCAD 和 EMME 软件,中观交通仿真模型借助 TransModeler 和 AMSUM 软件,微观交通仿真模型借助 TransModeler 和 VISSIM 软件进行开发。此外,上海市城市规划设计研究院搭建了 7 大类、20 多个现状和规划基础数据库,用于支撑其交通仿真模型体系的不断更新。

上海市城乡建设和交通发展研究院的交通仿真模型体系总体框架由综合交通规划模型包、城市交通运行模型包、交通微观仿真运行模型包构成。其中,综合交通规划模型包包括大区域综合交通规划模型、市域综合交通规划模型以及地区综合交通规划模型,主要用于交通规划、政策分析和重大设施建设研究;城市交通运行模型包包括道路交通运行模型和公共交通运行模型,主要用于城市交通运行研判和近期改善研究;交通微观仿真运行模型包包括高/快速路微观仿真模型以及区域微观仿真模型,主要用于交通运行管理方案评估等。

上海市城乡建设和交通发展研究院采用的宏观交通仿真模型借助 EMME 软件,中微观交通仿真模型借助 TransModeler 软件进行开发,已应用于匝道封闭方案评估、虹桥商务区机动车流仿真等项目。同时,上海市城乡建设和交通发展研究院还借助 VISSIM 软件初步建立了行人流仿真模型,主要应用于综合交通枢纽、轨道车站、地面公交枢纽规划建设和交通组织决策等方面。此外,上海市城乡建设和交通发展研究院和上海市环境监测中心共建了机动车排放模型——上海市机动车污染实时排放预警系统,实现了上海市道路机动车污染物排放的动态估计等。

2.2.8 香港

自 1973 年香港第一次综合交通研究(CTS-1)问世以来,交通仿真模型在香港的城市规划领域就发挥着重要的作用。香港交通仿真模型体系包括综合交通研究模型 CTS (Comprehensive Transport Study)、基础分区交通模型 BDTM(Base District Traffic Models)、土地利用/交通优化模型(LUTO)。其中,CTS 模型与 BDTM 模型的精度不同,适用范围也不一样,CTS 宏观战略模型可进行全港范围内的交通分配,BDTM 模型进行基础分区范围的 OD 矩阵的反推和车流量在精细道路网上的重新分配[26]。香港交通仿真模型体系框架如图 2-8 所示。

香港综合交通研究模型 CTS 至今共进行了三次重大更新,即 CTS-2、CTS-2 update 和 CTS-3。目前最新的 CTS-3 模型是基于 EMME 平台的"四阶段"交通需求预测模型。为了方便基础信息的维护和更新,CTS-3 模型建立了专用地理信息系统,包含交通网络数据库和交通网络编辑功能,使交通模型与地理信息系统能够结合在一起。此外,CTS-3 模型对道路网络进行了细化,特别是模型中的立交严格按其拓扑关系处理,这使得模型中立交的交通流向与实际交通流向基本一致,图形表达更加直观[27]。

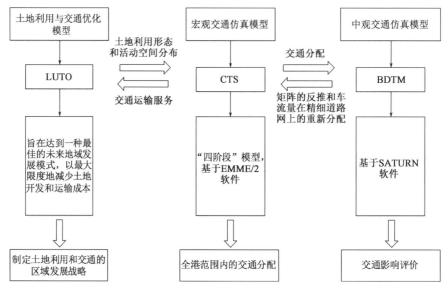

图 2-8　香港交通仿真模型体系框架

值得注意的是,香港的政策体制保障了 CTS-3 模型能够无障碍地获取交通模型所需要的所有基础数据,同时汇聚了众多国际咨询公司的专家和模型团队的集体力量,使得 CTS-3 模型成为香港交通工程领域最重要、最具指导性的交通模型。

香港基础分区交通模型 BDTM 建立于 1999 年,建立的初衷是支撑香港的交通咨询行业开展交通影响评价工作,使同一区域所有的建设项目和工程项目的中远期交通流量预测结果保持一致。由于政府部门掌握了大量的土地利用、道路建设和人口岗位增长等数据,所以由香港运输署统一发布的 BDTM 模型具有较高的权威性和可信度。

2008 版本的 BDTM 模型是基于交通仿真软件 SATURN 开发的,分为 10 个分区子模型,子模型均可独立运行,不仅大大提升了模型的运行速度(通常每个子模型完成一次分配所需时间不到 1min),也保证了模型的稳定性。分区子模型相邻的区域会有部分重叠,以保证整个模型包可以完全覆盖香港的所有区域。

BDTM 模型中的流量预测已经考虑了所有地块的开发情况,所以除非是特大型建设项目,咨询机构在进行交通影响评价时并不需要对项目所处区域进行独立的交通预测。香港特区政府在编制分区规划大纲时,也考虑了用地规划对道路交通网络的影响,所以单一项目的交通影响评价只需要考虑项目对附近地区的附加交通影响。对于开发商和咨询机构而言，BDTM 模型的使用大大减少了工程项目交通影响评价的工作量；对政府部门来说，BDTM 模型的使用不仅保证了交通影响评价工作的客观性，也提高了评审工作的效率。

在 20 世纪 80 年代早期，人们认识到出行需求是土地利用和交通系统相互作用的直接结果，因此，对这一领域的任何有效规划方法都必须整合这两个要素。为此，香港开发了一种分层的 3 级空间发展规划方法。该方法的最高层是用于制定土地利用和交通的区域发展战略，采用了土地利用/交通优化（LUTO）模型[28]。在此规划框架内，第 1 级使用了 CTS 模型，主要用于制定战略性交通基础设施和政策，而第 3 级模型主要是为了对局部更为详尽的土地利用和交通规划政策分析进行支撑。

LUTO 模型研究的最终目的是达到一种最佳的未来空间发展模式，最大限度地减少土地开发和运输成本。LUTO 模型将整个香港地区划分为 49 个小区，8 类土地利用类型，即商业用地 1 类、住宅用地 5 类、工业用地 1 类、休息地和政府及社区设施用地合为 1 类。交通分析范围包括香港及其以外的两个小区，以便更好地估计边界上的交通量。交通网络中，道路系统包括了所有干道和重要支路，公共交通包括轨道系统和公共汽车。模型根据既有的规划建设政策，输入下列数据：

（1）社会发展预测，即土地开发设计年限内的增长量（包括现有的和已确定的各种项目）；

（2）交通网络（包括现有的和已确定的交通基础设施以及运输服务）；

（3）研究区外部的交通需求预测数据；

（4）必须达到的交通服务水平。

2.3 典型城市交通仿真模型体系特征对比

典型城市交通仿真模型体系梳理与对比见表 2-1。

表 2-1 梳理与对比了八个典型城市的交通仿真模型体系，包括其土地利用模型、土地利用与交通模型的交互方法、宏观交通仿真模型、中观交通仿真模型、微观交通仿真模型以及模型体系优缺点等六个方面，从表 2-1 中可以得到以下重要结论：

（1）伦敦具有最为健全的交通模型体系，它包括了土地利用和交通互动模型 LonLUTI、交通研究模型 LTS、公共交通客流预测模型 Railplan、道路网分配模型 LoHAM 以及自行车出行模型 Cynemon 这五大模型。该体系可作为国内城市交通模型体系的发展目标。

表 2-1　典型城市交通仿真模型体系梳理与对比

城市	土地利用模型	土地利用模型与交通模型的交互方法	宏观交通仿真模型	中观交通仿真模型	微观交通仿真模型	模型体系优缺点
东京	CALUTAS模型	整合型	"四阶段"模型	基于SOUND/AVENUE交通模型	基于PARAMICS软件	模型体系为健全
伦敦	LonLUTI模型（基于DELTA软件）	连接型	LTS模型（"四阶段"模型）及相应的专项模型（如公共交通客流预测模型Railplan、道路网分配模型LoHAM和自行车出行模型Cynemon）	基于VISUM/SATURN软件	基于VISSIM/PARAMICS软件	模型体系非常健全，交汇可达性水平为评判依据，可以更为科学合理地对交通基础设施建设、拥堵收费、排放收费等进行规划
旧金山	UrbanSim模型	连接型	SFM模型（基于活动的模型）	基于DYNAMEQ软件	基于PARAMICS软件	具备前沿土地利用与宏观交通仿真模型为基于活动的模型
北京（北京市城市规划设计研究院）	BLUTI模型（基于Cube Land软件）	连接型	BJTM-1/BJTM-2模型（"四阶段"模型，基于Cube Voyager软件）	交通承载力分析模型TransCap、动态交通分配模型BJ-DTALite	基于BJTM模型并对交通网进行切分细化	具有完备的模型体系，但是土地利用与宏观交通仿真模型需进一步技术升级
北京（北京交通发展研究中心）	自主研发模块	连接型	"四阶段"模型（基于Cube Voyager软件）	基于TransModeler软件	基于VISSIM软件	具备一套包含宏、中、微观交通仿真模型体系，但是缺乏土地利用模型

续上表

城市	土地利用模型	土地利用与交通模型的交互方法	宏观交通仿真模型	中观交通仿真模型	微观交通仿真模型	模型体系优缺点
上海（上海市城市规划设计研究院）	自主研发模块	连接型	"四阶段"模型（基于TransCAD/EMME软件）	基于TransModeler/AMSUM软件	基于TransModeler/VISSIM软件	具有完备的区域与城市级宏观交通仿真模型，但是缺乏土地利用模型
上海（上海市城乡建设和交通发展研究院）	自主研发模块	连接型	"四阶段"模型（基于EMME软件）	基于TransModeler软件	基于TransModeler软件的微观交通仿真，基于VISSIM软件的枢纽行人仿真	具有一套覆盖宏、中、微观多个层面的交通仿真模型体系，具有碳排放模型，但是缺乏土地利用模型
广州	自主研发模块	连接型	"四阶段"模型（基于Cube Voyager软件）	基于TransModeler构建大尺度(200km²)中观仿真；基于EMME/VISSIM/VISTRO软件构建十几平方公里的中观仿真	基于VISSIM软件的微观交通仿真，基于LEGION软件的枢纽行人仿真	具有完备的区域与城市级宏观交通仿真模型，但是缺乏土地利用模型
深圳	自主研发模块（土地利用指标细化到单体建筑层高、建筑量、功能等23项指标）	连接型	"四阶段"模型（基于TransCAD软件）	基于TransModeler软件及其GISDK二次开发工具	基于VISSIM软件	具有区域层次、宏观-中观四层次、一体化的交通仿真模型体系，具有碳排放模型，但是缺乏土地利用模型
香港	自主研发模型LUTO	连接型	CTS-3模型（"四阶段"模型，基于EMME/2软件）	BDTM模型（基于SATURN软件）		模型完备、精细，所掌握的基础数据由于受到政府的支持而非常丰富

(2)上述典型城市交通模型体系中都包含了相应的市域与片区模型,强调了应该基于不同的建模技术与方法(如集计或者非集计、仿真或者数值模拟等)对不同的时空范围构建不同类型的模型,以适应交通规划、设计及运营管理中决策支持的需要。

(3)国外典型城市的交通模型体系中都包含了土地利用模型,凸显了土地利用模型在整个城市交通模型体系中的重要性与必要性。同时,国外典型城市在土地利用和交通整体规划方面要远远领先于国内一线城市,例如东京采用 CALUTAS 模型,伦敦采用 LonLUTI 模型。而我国大城市的土地利用模型还处于摸索阶段,仅北京做出了一些初步的尝试,其他城市还没有完善的土地利用模型。

(4)除旧金山构建了基于出行链的非集计交通需求预测模型外,国内外典型城市的宏观交通需求预测模型几乎全部为传统的基于"四阶段"框架的集计模型。基于活动的非集计交通需求预测模型能够更加精准地预测人的相关行为和具备更为强大的政策决策支持能力,应是国内大中城市宏观交通需求模型的发展目标。

(5)国外典型城市在应用交通仿真模型支撑"公交优先"城市规划战略方面的工作质量优于国内一线城市。例如,伦敦以交通仿真模型输出的公交可达性水平为评判依据,而我国大中城市往往以交通仿真模型输出的私人小汽车行驶速度作为评判依据。

(6)从国内的典型城市来看,北京市的交通模型体系相对来说比较完善。北京市城市规划设计研究院已完成土地利用以及宏、中、微观交通模型的开发,形成了统一的整合模型平台,基于关键参数形成双向互动传导,可用于城市交通规划、设计与运营管理等多个领域的辅助决策。

(7)国内一线城市运用的交通规划与仿真软件大部分出自国外。宏观交通仿真模型平台以 TransCAD 和 Emme 软件为主;中微观交通仿真以 TransModeler 和 VISSIM 软件为主。

(8)在大数据应用方面,利用多源大数据可以实现更加精准的建模与交通需求预测。

(9)与国外相比,国内关于交通、经济、土地利用等建模所需的数据公开较少,数据获取比较困难。同时,国内交通模型的构建与维护缺乏相应的法规与政策保障。

2.4 本章小结

本章首先对交通仿真模型体系与框架进行了概述。其次,对东京、伦敦、旧金山、北京、广州、深圳、上海、香港八个典型城市的城市交通仿真模型体系的基本情况和框架结构进行了介绍。最后,对上述八个典型城市交通仿真模型体系进行了对比分析,为我国大中城市交通仿真模型体系的构建提出了具有针对性的建议。

本章参考文献

[1] NAKAMURA H,HAYASHI Y,MIYAMOTO K. Land Use-Transport Analysis System for a Metropolitan Area[C]. Proceedings of the Japan Society of Civil Engineers,1983(335):141-153.

[2] NAKAMURA H,HAYASHI Y,MIYAMOTO K. A Land Use-Transport Model for Metropolitan Areas[J]. Journal of the Regional Science Association,2010,51(1):43-63.

[3] BARCELÓ J. Fundamentals of Traffic Simulation[M].[S. l.]:Springer,2010.

[4] 魏明,杨方廷,曹正清. 交通仿真的发展及研究现状[J]. 系统仿真学报,2003(08):1179-1183.

[5] TFL Planning. London's Strategic Transport Models[R]. London:Transport for London,Strategic Analysis Team,2017.

[6] SMITH J,BLEWITT R. Traffic Modelling Guidelines[R]. London:Transport for London,2010.

[7] TFL. The London Land-use and Transport Interaction Model(LonLUTI)[R]. London:Transport for London,2014.

[8] TFL. The London Transportation Studies Model(LTS)[R]. London:Transport for London,2016.

[9] TFL. The London Highway Assignment Model(LoHAM)[R]. London:Transport for London,2016.

[10] TFL. Cynemon - Cycling Network Model for London[R]. London:Transport for London,2017.

[11] Bay Area Metro Center. Plan Bay Area 2040:Final Land Use Modeling Report[R]. San Francisco:[s. n.],2017.

[12] WADDELL P. UrbanSim:Modeling Urban Development for Land Use,Transportation and Environmental Planning[J]. Journal of the American Planning Association,2002,68(3):297-314.

[13] San Francisco County Transportation Authority. San Francisco Travel Demand Forecas-

ting Model Development:Final Report[R]. San Francisco:[s. n.],2002.

[14] BRINCKERHOFF P,San Francisco County Transportation Authority. San Francisco Dynamic Traffic Assignment Project"DTA Anyway":Final Methodology Report[R]. San Francisco:[s. n.],2012.

[15] MBECHE J M,SIGEY J K,ABONYO D,et al. Zhang's Second Order Trafic Flow Model and its Application to the Highway of Kisii-Migori[J]. International Journal of Scientific Research,2014,3(5):126-138.

[16] 北京市城市规划设计研究院.北京交通模型沿革介绍[R].北京:[出版者不详],2018.

[17] 张宇,郑猛,张晓东,等.北京市交通与土地使用整合模型开发与应用[J].城市发展研究,2012,19(02):108-115.

[18] 广州市交通规划研究院.广州市交通规划模型及应用情况[R].广州:[出版者不详],2019.

[19] 甘勇华,陈先龙,宋程,等.基于Legion的大型活动人流交通仿真——以第16届亚运会开幕式散场人流仿真为例[J].交通信息与安全,2012,30(1):76-81.

[20] 林涛.基于大数据的交通规划技术创新应用实践——以深圳市为例[J].城市交通,2017,15(01):43-53.

[21] 丘建栋,陈蔚,宋家骅,等.大数据环境下的城市交通综合评估技术[J].城市交通,2015,13(03):63-70.

[22] 丘建栋,刘恒,金双泉,等.区域交通模型建设思考:以广东省综合交通模型为例[J].城市交通,2016,14(2):59-66.

[23] 深圳市城市交通规划设计研究中心有限公司.广东省综合交通规划模型研究[R].深圳:[出版社不详],2014.

[24] 丘建栋,赵再先,宋家骅.面向精细化交通设计的中观交通模型研究与实践:新型城镇化与交通发展——2013年中国城市交通规划年会暨第27次学术研讨会论文集[C].北京:中国建筑工业出版社,2014.

[25] 上海市城市规划设计研究院.上海市交通规划模型[R].上海:[出版者不详],2017.

[26] 彭继娴.香港基础分区交通模型(BDTM)的经验借鉴[J].交通与运输(学术版),2016(02):42-45.

［27］陈先龙.香港先进城市交通模型发展及对广州的借鉴［J］.华中科技大学学报(城市科学版),2008(02):91-95.

［28］DIMITRIOU H T,COOK A H S. Land-use/Transport Planning in Hong Kong:A Review of Principles and Practices［M］.Oxford:Taylor & Francis,2019.

第3章

面向决策支持的城市交通一体化仿真建模总体框架

3.1 概述

城市交通一体化仿真建模是提升城市交通决策支持效率与水平的重要举措。传统的城市交通仿真模型对不同的决策场景分别建模，容易导致以下问题：需要针对多空间尺度、多场景分别构建模型，耗费大量的人力物力；缺乏模型之间数据接口的设计与构建，造成模型之间数据转换困难，在模型对接时，需要进行大量的数据转换与编辑工作；缺乏模型体系建设，造成模型与数据管理上的无序与混乱，耗费了大量的管理成本。

通过第 2 章对东京、伦敦、旧金山、北京、上海、广州、深圳、香港八个典型城市的土地利用模型、宏观交通仿真模型、中观交通仿真模型以及微观交通仿真模型及其模型体系框架、特点的梳理与分析，本章在研究城市交通仿真模型的决策支持功能需求的基础上，提出整合土地利用模型、宏观交通仿真模型和中微观交通仿真模型的一体化交通仿真模型体系框架，使之能够解决以上问题。因此，就决策支持的功能需求而言，该框架应能够快速地展示宏观和中微观的交通仿真场景，将土地利用模型的预测结果快速转换为人口与就业的空间分布，并作为宏观交通需求预测模型的输入数据。同时，宏观交通模型所产生的宏观交通需求矩阵和路网流量与阻抗都可以快速地转换为中微观交通仿真模型的输入数据，随之开展相应城市区域的中微观交通仿真决策支持。另外，该框架还支持城市三维空间场景（如建筑物和其他地物等）和道路的对接，以及将中微观交通仿真模型中的车辆轨迹与三维城市场景进行匹配等，以便实现基于更为真实的三维城市景观的交通仿真决策支持。

3.2 交通仿真的内涵

交通仿真是指通过仿真技术来研究交通行为，可以是微观的、中观的，也可以是宏观的。宏观层面的交通仿真模型主要包括"四阶段"交通需求预测模型，即交通发生与吸引、交通分布、交通方式划分和交通网络分配四个阶段，根据人口和就业岗位数据、交通网络数据，模拟交通网络中各类交通方式的运输量分布。中、微观动态交通仿真可按照交通基础设施及高时空分辨率的交通需求设定与现状、设计或预测方案相同的仿真环境，重现或预测系统的动态交通流状态。交通仿真可以从不同角度为众多不同层面的决策者展示精细的、直观的交通系统动态演化过程,包括城市规划设计部门、建设部门、城市交通管理部门及交通运输部门等,以达到辅助决策者评估现状和未来交通状态,测试和优化交通基础设施规划设计或管控方案,开展交通影响评价等,为交通基础设施规划、设计、建设、运营与改善、交通组织、交通应急、交通管理等方面提供决策支持。

随着计算机技术的发展,交通仿真逐渐采用先进的计算机数字仿真或半实物仿真方式来复现交通系统的时空变化。交通仿真是一种解析复杂交通系统现象的交通分析技术,涵盖了从传统的路网服务水平分析、信号灯配时设计拓展到城市交通项目的经济评价、行人安全评价甚至是环境评价[1]等各个方面,已广泛地应用于道路交通设计、智能交通系统方案设计与技术研发。与此同时,国际上也涌现了较为成熟的交通仿真建模软件,如 TRANSIMS、SUMO、TransModeler、Dynasim、Dynameq 等,可用于构建不同空间层次(如中、微观)的交通仿真模型,进而研究不同空间范围或者层次下的交通系统的演变规律。

值得注意的是,本书所指的"交通仿真"是广义上的交通仿真,而不仅仅是一般意义上的"中微观交通仿真",特指利用各种模型工具对城市交通系统进行模拟仿真的过程;就分析对象而言,包含社会经济发展、土地利用/空间形态、综合交通运输系统及环境等;就空间尺度而言,包含宏、中及微观等交通仿真;就仿真模拟方法而言,包含数理模型和蒙特卡洛仿真等。

3.3 决策支持功能需求

表 3-1 中列举了交通仿真模型类别、决策支持功能及其服务的相关部门,可以看出,所提供的宏观经济预测模型、土地利用模型、宏中微观交通仿真模型等对大中城市多个职能部门具有重要的决策支持功能。例如,预测地区社会与经济发展水平是一个重要的前瞻功能,有助于发展与改革相关部门评估各种社会经济发展政策(如产业扶植与补贴政策、企业与人才引进政策、人口与基础设施投资政策)与相应的投资计划之间的量化分析结果;再者,城市规划相关部门可以使用土地利用模型开展产业布局、土地利用政策评估(如拓展型或集约型城市发展)及土地利用形态的量化预测;而宏观及中微观交通仿真模型可以为交通基础设施的规划设计、建设与运营管理部门的政策制定与决策提供技术支持。

表 3-1 模型决策支持功能及其服务部门

模型类型	发展与改革相关部门	规划部门相关部门	城乡建设相关部门	交通运输相关部门	交管相关部门	环境保护相关部门
宏观经济模型	预测地区社会与宏观经济发展水平					
土地利用模型		支持经济发展、产业布局、土地利用政策与规划决策,预测土地利用形态(人口、就业分布预测)				
宏观交通模型		支持宏观交通需求预测与大型交通基础设施规划决策		支持宏观交通需求预测与大型交通基础设施规划决策		
中观交通仿真模型		支持区域交通基础设施(如重要交通走廊或环线)的规划决策	支持区域交通基础设施(如重要交通走廊或环线)改扩建计划的制订与实施	支持区域交通基础设施(如重要交通走廊或环线)的运营与管理		
微观交通仿真模型			支持局部道路、公交、步行等设施的设计、改造、升级与运营方案评估			
交通排放预测模型						支持交通排放评估与相关交通政策(限流、卡车限行等)的遴选

针对本节提出的决策支持功能需求,本章主要理清交通仿真模型在城市交通规划、设计、建设与运营管理方面的决策内容,设计一体化交通仿真建模总体框架并明确相应模型及各个模型之间的接口要求,以实现高效的决策支持功能。

基于以上需求及任务,本章拟构建集成土地利用模型及宏、中、微观交通仿真模型于一体的 3D Web 城市交通一体化仿真框架,以支撑城市交通规划与管理相关部门的决策支持需求。

在考虑系统的安全性及未来可拓展性等要求后,该平台框架应具有以下基本功能及特点:

(1)城市交通一体化仿真平台具备可视化交互界面,负责土地利用模型、宏观交通模型及中微观交通模型所有的人机交互及可视化展示。

(2)城市交通一体化仿真平台可以通过 Web 界面,同时为与城市交通相关的多个部门提供交通规划、设计、建设及运营管理方面的决策支持,也可以支持相关机构的同步或者联席决策。

该平台框架的基本展示功能如下:

(1)对于土地利用模型,3D Web 城市交通仿真平台可以分析并展示在多种政策情形下各个模拟年度内的各种社会经济活动的总量、各种社会经济活动在空间的分布,以及各种空间的开发行为等。

(2)对于宏观交通模型,平台能够分析并展示在多种政策情形下各个模拟年度内的各个交通小区的出行生成、出行分布、方式划分及分配后的路网流量及服务水平。

(3)对于中微观交通模型,能够分析并展示区域空间开发的变化过程(年度与年度之间的变化、长期均衡)及交通基础设施及相应交通流的状况(短时均衡)。

该平台框架的高级人机交互功能如下:

(1)对于土地利用模型,需要实现对各种宏观经济与产业政策、人口与就业空间分布及控制性详细规划政策进行分析和决策支持。

(2)对于宏观交通模型,需要对影响宏观交通系统的各种政策进行分析,实现相应的决策支持功能,如人口、就业及机动车保有量的变化,地面公交与地铁建设,碳排放和重大交通基础设施的规划建设等。

(3)在中微观交通仿真模型中,需要实现以下功能:

①对拟开发的地产的用途(如居住或者商业)、密度、形态(建筑物及建筑物群的)对交通系统的影响进行评价。

②对小规模的交通基础设施规划与管控方案进行交通影响与交通组织与管控方案评价。

3.4 基于决策支持的城市交通一体化仿真总体框架

不同的决策支持场景需要应用不同类型的模型,可将决策支持场景划分为以下三个方面:土地利用及空间形态发展规划决策支持场景;宏观交通发展战略和重大交通基础设施规划决策支持场景;中微观交通系统规划、设计与运营管理决策支持场景[2]。

基于以上决策支持需求,本节提出了多层级城市交通仿真一体化建模技术方案,在城市交通仿真平台中整合土地利用模型、宏观交通仿真模型以及中微观交通仿真模型,并借助可视化交互系统(本书以 3D Web 系统为例)实现多层次交通仿真模型的数据互操作与可视化。

城市交通一体化仿真建模框架如图 3-1 所示,城市交通仿真决策支持平台架构如图 3-2 所示(城市交通一体化仿真平台的可视化界面具体见第 10 章)。包含的主要模块如下:

(1)宏观社会经济发展预测模型。基于历史数据和相应的预测方法(如 S-曲线、线性回归、时间序列预测等),宏观社会经济发展预测模型输出各年度各类社会经济活动(如农业、采矿业及工业和服务业等)总量,社会经济活动总量为集计、非空间的,需经由社会经济活动空间分配模块将其分配到相应的土地利用或交通小区。

(2)交通与土地利用一体化模型。将社会经济发展预测数据、控制性详细规划数据、社会经济活动投入与产出数据、交通小区阻抗矩阵、居民出行行为调查数据及土地利用形态现状数据等作为模型的输入,模型的输出数据为社会经济活动(包括人口、就业等)与机动车保有量空间(在交通小区或者土地利用小区层面)分布矩阵等。

(3)宏观交通仿真模型。交通与土地一体化模型输出的人口与就业数据作为宏观交通模型的输入数据的一部分,其他输入数据包括多模式交通路网、交通小区间的阻抗矩阵、多模式交通路网、居民出行行为调查数据、观测的交通流等数据,输出数据为各种交通方式的出行需求与网络流量分布。

(4)中微观动态交通仿真模型。通过对宏观交通模型输出的全天、全域的 OD 矩阵进行时空切分,得到区域动态 OD 矩阵,将多模式网络数据与三维景观进行对接,生成城市交通仿真三维环境数据。上述数据结合宏观交通模型输出的交通需求数据一并作为中微观动态交通仿真模型输入数据,最终实现城市区域的三维交通仿真。

(5)交通仿真模型数据需求标准与接口。数据需求标准与接口在构建多层次城市交通一体化仿真模型平台的过程中,指导模型的数据输入、输出及模型之间的数据交互,关系到整个模型体系构建的成功与否。各模型之间的数据交互关系见图 3-1。

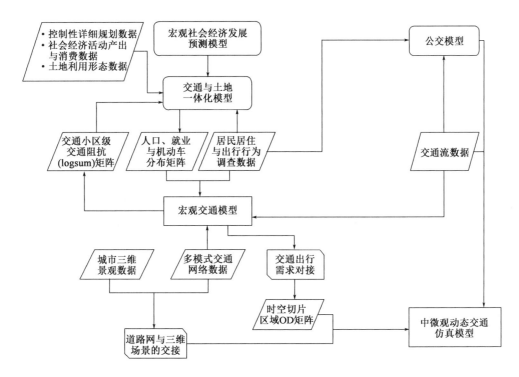

图 3-1　城市交通一体化仿真建模框架

图 3-2 展示了面向决策支持功能的 3D Web 城市交通一体化仿真平台所包含的模型及其接口和交互流程。其具体的功能如下:

(1)在 3D Web 城市交通一体化仿真平台上,土地利用模型将被用来对人口政策、宏观经济与产业政策、土地利用政策(如控制性详细规划)及交通基础设施的规划建设以及未来土地利用形态的影响进行评价和决策支持。

(2)在宏观交通模型中,运行土地利用模型并获取相应的人口与就业数据后,3D Web 城市交通仿真一体化平台可以实现宏观交通政策(燃料价格、碳排放限制及重大交通基础设施建设等)的评估和决策支持。比如,对于重大交通基础设施规划方案,编辑和加载规划后的路网,重新计算各个交通小区或者土地利用小区之间的综合阻抗(logsum)。在此基础上,对相关交通基础设施的规划与设计方案的合理性进行评估与决策。

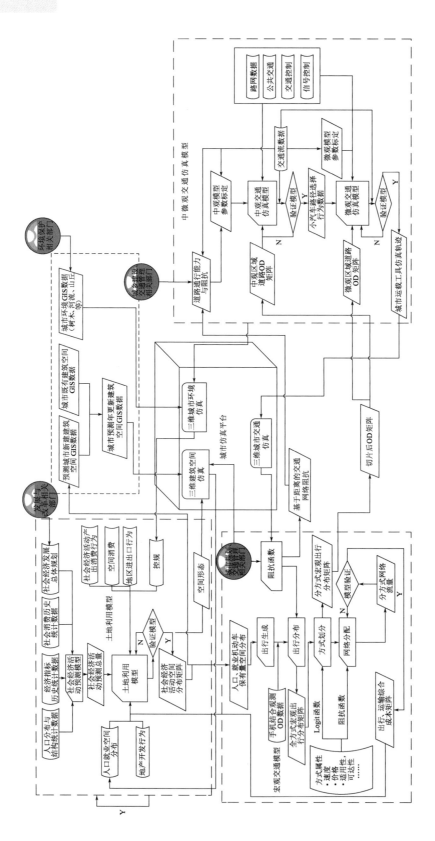

图 3-2 城市交通仿真决策支持平台架构

(3) 在中微观交通仿真模型中，实现以下功能：

① 对拟开发地产的用途（如居住或者商业）、密度、形态（建筑物及建筑物群的）进行交通影响评价。修改拟开发地产的用途、密度、形态后，系统将根据所开发地产的种类及相应数量，估计所承载的人口与就业数量，并将此数量增加（或减少）应用于相应的土地利用或者交通小区。然后根据以上更新后的人口、就业与空间数据运行土地利用模型或者宏观交通需求预测模型。最后，将宏观交通模型输出的 OD 矩阵数据传输至中微观仿真模型，在对其进行时空切片后开展中微观层面的交通仿真，完成地产开发活动对交通系统影响的评价和决策支持功能。

② 对小规模的交通基础设施规划与管控方案进行决策支持。对于规模较小的交通基础设施修建方案（如增加几个路段的车道数量）或交通组织与管控方案（如将某个道路划为单行线或者某个道路设置绿波信号控制），假设其对交通系统的总体影响较小，那么在假设宏观 OD 需求时空分布基本没有变化的情况下，可以在不重新运行土地利用模型和宏观交通需求预测模型的集成上，直接在修改后的路网上运行中微观交通仿真模型，对相关的交通基础设施修建与管控方案进行评估和决策支持。

3.5　本章小结

本章首先对城市交通仿真的内涵进行了介绍，分析了城市交通领域决策支持的功能需求，并在此基础上提出了多层次城市交通一体化仿真建模的整体框架，包括宏观社会经济发展预测模型、土地利用与交通整体规划模型、宏观交通模型、中微观动态交通仿真模型。在此基础上，以城市交通一体化仿真模型快速构建为目的，提出基于该框架和相应的 3D Web 城市交通仿真平台上整合土地利用模型、宏观交通模型以及中微观交通仿真模型的技术路线，以解决传统建模方法中存在的模型间数据转换烦琐、决策支持效率低下等常见问题。

本章参考文献

[1] XING J. A Parameter Identification of a Car-Following Model[R]. [S.l.:s.n.],1995.

[2] TUROCHY R E, SMITH B L. A New Procedure for Detector Data Screening in Traffic Management Systems[J]. Transportation Research Part B,2000,17(3):127-131.

第4章

CHAPTER FOUR

城市土地利用与交通整体规划建模仿真关键技术

4.1 概述

土地利用形态对交通出行行为有着重要的影响。土地利用与交通出行之间的互动关系复杂多变,它们之间相互作用和制约。这种相互关联可能是同时发生的,也可能是相继发展的。土地利用形态或者说与之相对应的社会经济活动的空间分布是交通需求的根源,而交通的"先导性"又使其具有引导土地利用发展方向的作用。土地利用规划方案的制定要以交通规划为前提并与交通系统相协调,而交通规划也需要满足土地利用形态的承载力要求且与土地利用形态相适应。因此,构建宏观交通规划模型首先需要对城市或者区域的土地利用形态进行建模预测。传统的宏观交通规划模型一般只是通过一些简单的算法预测土地利用的一些替代变量,如人口与就业,此类模型可称为"简易土地利用模型"。但是为了系统、科学地模拟土地利用系统与交通系统的互动耦合关系,仍然需要构建更为精细的土地利用-交通整体规划模型。

本章首先提出基于多源数据与建筑空间形态的人口与就业空间分布估计/预测的简易用地与交通需求关系模型技术方案。然后,对比分析了"四阶段"交通规划模型和土地利用-交通整体规划模型的优缺点,并对国内外土地利用-交通整体规划模型的发展历程进行回顾,在此基础上分析典型城市的土地利用-交通整体规划模型应用需求,对八种国际主流整体规划模型框架进行了比选,并对其在我国城市中的适用性进行了探讨。最后,给出了优选 PECAS 整体规划框架和基于该框架的城市土地利用-交通整体规划模型的构建、参数估计与模型校正技术方案。

4.2 简易用地-交通需求关系模型

在交通规划建模与交通仿真分析中,因为缺乏详细的社会经济发展和土地利用数据,以及资金、技术和人力等建模资源,所以相关机构往往无法构建完整的土地利用-交通整体规划模型。比如,北京市构建的土地利用模型[1]主要包括住宅选址模型,因为缺乏企业选址数据而未构建企业选址模型;上海市利用现状用地、人口/岗位数据构建了以可达性为基础的简易的用地与交通需求互动模型[2];广州市以可达性为基础构建了人口岗位模型与车辆保有模型[3];深圳市在该领域的研究主要体现在将常规的土地利用数据处理成三维空间模型并与交通仿真模型结合在一起[4]。因为缺乏数据、资金与技术支持等原因,上述城市在土地利用-交通交互建模方面研究的共同特点是所使用的数据较为单一且模型简单。在这种情况下,构建简易用地与交通需求关系模型,利用简单的人口与就业预测来取代复杂的土地利用-交通整体规划模型具有其重要的现实应用价值。

4.2.1 基于多源数据的现状人口、就业分布估计模型

城市人口与就业分布是人口与就业在一定时间内的空间存在形式,其空间分布受公共服务设施、产业规划及城市建设等活动的影响,可以通过多源数据推算用户活动轨迹及区域,以此估算人口、就业空间分布。

1) 集计人口与就业分布估计模型

基于研究区域的手机信令大数据可以分析不同类别建筑物内部的用户活动规律,结合不同功能建筑物的容积率,可利用多源大数据建立基于建筑物的集计人口与就业分布估计模型,估算步骤如图4-1所示。

步骤一:根据现状年的城市土地利用数据以及建筑物数据,进行叠加分析得到各类型建筑(如居住或者办公)的建筑面积数据。

步骤二:对于行政区内各街道任意一栋单体建筑物,其居住人口/就业量与建筑面积、空置率和居住空间消费系数有如下关系:

$$X_{rkj} = (1 - VCR_{rk}) \cdot BQ_{rkj} / SUC_{rk} \tag{4-1}$$

式中:X_{rkj}——交通小区 r 内部 k 类建筑物中建筑物 j 对应的居住人口/就业量;

VCR_{rk}——交通小区 r 内部 k 类建筑物的空置率;

BQ_{rkj}——交通小区 r 内部 k 类建筑物中建筑物 j 的建筑面积;

SUC_{rk}——交通小区 r 内部 k 类建筑物居住空间消费系数(基于调查数据估计得到)。

其中,空置率 VCR_{rk} 可由入住率数据推算得出,而入住率和租金之间的关系可通过调查数据进行模拟推算,余碧琳[1]标定的空置率与租金的函数关系如式(4-2)所示:

$$VCR_{rk} = -9.165 \times 10^{-5} P_{rk} - \frac{0.55[e^{0.0928(p-240)} - 1]}{e^{0.0928(p-240)} + 1} + 0.822 \tag{4-2}$$

式中:VCR_{rk}——行政区 r 内部 k 类建筑物的空置率;

P_{rk}——交通小区 r 内部 k 类建筑的租金。

步骤三:通过交通小区与 k 类建筑物图层的叠加分析,集计得到交通小区 r 内部 k 类建筑物承载的居住人口/就业量,如式(4-3)所示:

$$X_{rk} = \sum_{j=1}^{m} [(1 - VCR_{rk}) \cdot BQ_{rkj} / SUC_{rk}] \tag{4-3}$$

式中:X_{rk}——交通小区 r 内部 k 类建筑物承载的居住人口/就业量。

---

[1] 余碧琳.土地-交通整体规划模型空间分布估计与优化方法研究[D].武汉:武汉理工大学,2017.

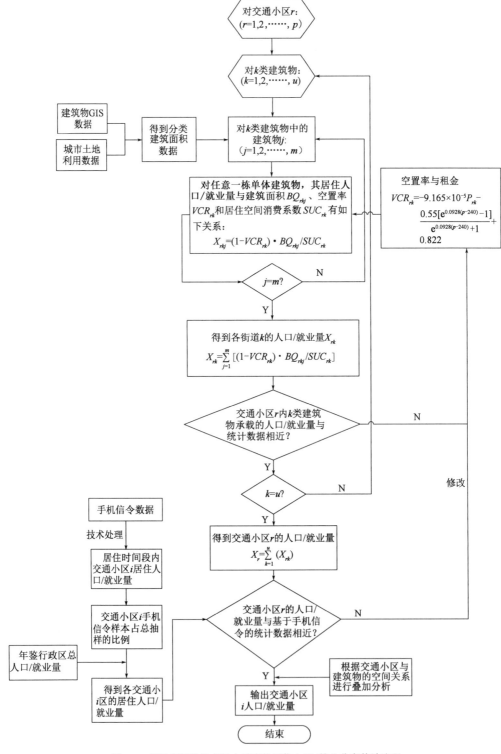

图 4-1 基于多源数据交通小区现状居住人口/就业分布估计流程

步骤四:利用交通小区与各类型建筑物的空间对应关系,集计得到交通小区的居住人口/就业量,如式(4-4)所示:

$$X_r = \sum_{k=1}^{u}(X_{rk}) \tag{4-4}$$

式中:X_r——交通小区 r 内承载的总居住人口/就业量。

步骤五:经过对手机信令数据的技术处理,可以估算交通小区 i 的人口与就业量,并基于交通小区 i 的手机信令样本占总抽样的比例,结合统计年鉴人口、就业数据扩样估算出各交通小区人口与就业量(假设所有交通小区的手机信令样本数占总人口数比例相同)。

步骤六:将步骤五得到的人口与就业量与利用手机信令数据得到的相关数据进行对比验证。

步骤七:若步骤六中的对比结果在误差允许范围之内,停止运算,否则转至步骤二。将通过手机信令等方法所估计出的人口与就业量乘以空间消费系数,获得人口与就业所消费的空间量,结合区域总空间供给量计算该小区的空置率,通过调整空置率重复上述计算步骤,实现模型及估计结果的优化。

2)非集计人口与就业分布估计模型

以单体建筑物基底面积、层数及用途作为模型的基础输入数据,对建筑物混合状态进行判断。基于空间消费系数及空置率等参数估计建筑物所承载的人口/就业量,分析不同空间尺度矢量数据之间的空间对应关系,进一步利用人口合成算法优化建筑物、街道和行政区三个空间层次的人口/就业空间分布,提高预测精度。技术路线如图 4-2 所示。

模型估计的具体步骤为:

步骤一:根据现状年的土地利用、建筑物和交通小区图层等数据,计算分类建筑物的建筑面积(如居住或商业等)。

步骤二:对于任意一个街道或街区,判断其中的建筑物是否存在混合利用情形,假设交通小区 i 内的 k 类建筑物 j 的空置率 VCR_{ij}^{k} 与区位连通性相同的既有小区相同,然后利用人口合成算法进行人口和就业的合成。其中,人口合成算法可以以家庭、商业机构或其他组织机构为单位模拟人口/就业在研究区域内的增加、移除、交换等行为,估计得到每个建筑物或空间单元的非集计家庭、人口或就业数据。

步骤三:根据式(4-5)计算单体建筑物的人口和就业量($k=1,2$ 分别表示居住空间与就业空间)。

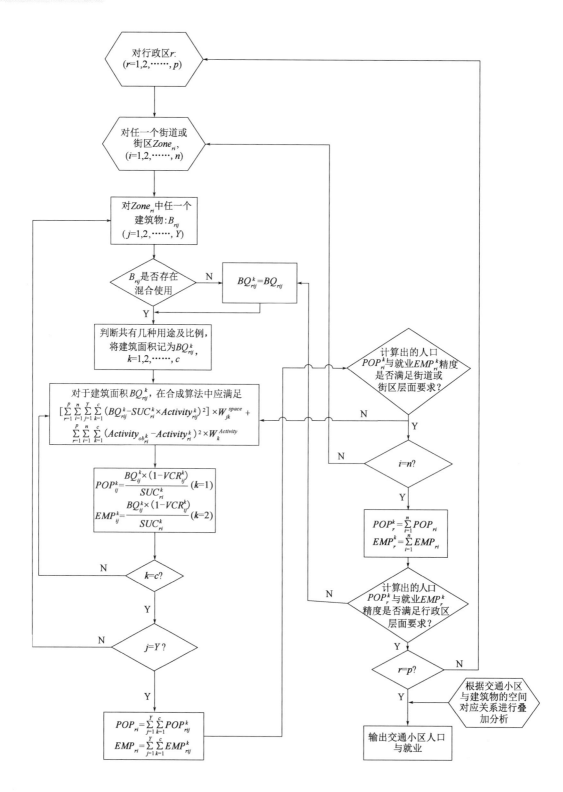

图 4-2 非集计人口、就业现状估计模型技术路线

$$\begin{cases} POP_{ij}^k = \dfrac{BQ_{ij}^k \times (1 - VCR_{ij}^k)}{SUC_i^k} & (k=1) \\ \\ EMP_{ij}^k = \dfrac{BQ_{ij}^k \times (1 - VCR_{ij}^k)}{SUC_i^k} & (k=2) \end{cases} \quad (4\text{-}5)$$

式中：VCR_{ij}^k——交通小区 i 内部 k 类建筑物中建筑物 j 的空置率；

BQ_{ij}^k——交通小区 i 内部 k 类建筑物中建筑物 j 的建筑总面积；

SUC_i^k——交通小区 i 内部 k 类建筑物的空间消费系数。

步骤四：完成上述计算后，通过多源大数据（如年鉴统计数据、手机信令等）对集计到街道和行政区 r 空间层次的人口和就业估算结果进行检验，若不满足精度要求，则重复执行人口合成算法；若满足精度要求，通过空间分析得到建筑物与交通小区的对应关系，从而得到各小区的人口和就业估计数据。

4.2.2 基于建筑空间形态的人口、就业分布预测模型

作为居住人口及就业分布的载体，不同功能的建筑物承担着城市居民的各类活动，所以可以将城市建筑物作为估算人口及就业空间分布的基本单元。

1）非集计人口、就业预测模型

基于单体建筑空间形态的人口、就业分布预测模型的基本思想是通过预测未来年各个交通小区的建筑空间形态，通过借用区位连通性相似的既有小区的人均空间消费系数和建筑物空置率来预测未来年的人口、就业分布，建模思路如图 4-3 所示。具体算法流程如下：

步骤一：根据基准年交通小区各类人口/就业量及对应的空间消费系数，计算出基准年行政区 r 的交通小区 i 的 k 类建筑面积 $Barea_{ri}^k$。

$$Barea_{ri}^k = Bx_{ri}^k \times SUC_{ri}^k / (1 - VCR_{ri}) \quad (4\text{-}6)$$

式中：k——建筑物类别；

SUC_{ri}^k——基准年行政区 r 的交通小区 i 内 k 类空间的消费系数；

Bx_{ri}——基准年行政区 r 的交通小区 i 的人口/就业量。

步骤二：以未来年土地利用控制性详细规划为基础，假设具有相似连通性的交通小区同样具有相似的用地开发形态（如土地利用开发的种类与强度），分别计算基准年与估计未来年各交通小区的连通性，通过连通性对既有和未来年交通小区进行匹配，以此"借用"未来年交通小区的用地开发形态。

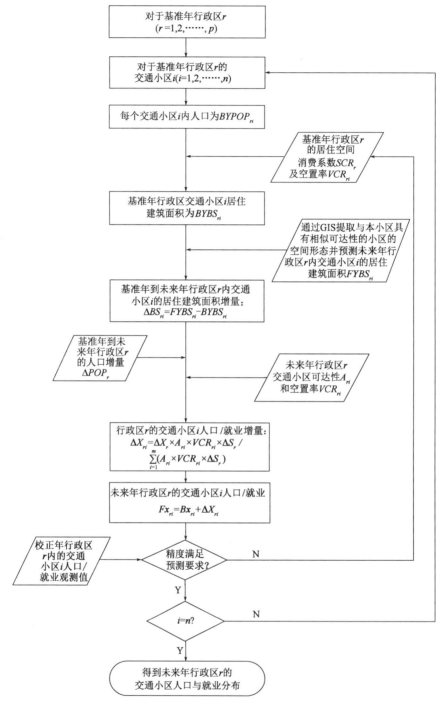

图 4-3 非集计人口/就业分布预测模型技术路线

步骤三：基于步骤二中"借用"的土地开发形态，根据土地利用控制性详细规划，推算出未来年交通小区分类建筑面积 $Barea_{ri}^k$，并在行政区范围内进行面积增量计算。

步骤四：基于面积增量，利用空间消费系数及空置率等参数估计交通小区人口/就业增减量；根据未来年行政区 r 的交通小区可达性 A_{ri} 和空置率 VCR_{ri} 数据，将估计得到的人口/就业增减量按可达性和空置率等因素分配到各交通小区，如式(4-7)所示。

$$\Delta X_{ri} = \Delta X_r \times A_{ri} \times VCR_{ri} \times \Delta S_r \Big/ \sum_{i=1}^{M}(A_{ri} \times VCR_{ri} \times \Delta S_r) \tag{4-7}$$

式中：ΔX_{ri}——行政区 r 的交通小区 i 新增人口/就业量；

ΔX_r——行政区 r 的新增总人口/就业量；

ΔS_r——行政区 r 的新增建筑面积；

A_{ri}——行政区 r 的交通小区 i 的连通性；

VCR_{ri}——行政区 r 的交通小区 i 的空置率。

步骤五：根据基准年的基础人口/就业量和估计的未来年行政区人口/就业增量，推算未来年行政区 r 的交通小区 i 人口/就业量，如式(4-8)所示：

$$Fx_{ri} = Bx_{ri} + \Delta X_{ri} \tag{4-8}$$

式中：Fx_{ri}——未来年行政区 r 的交通小区人口/就业量；

Bx_{ri}——基准年行政区 r 的交通小区 i 的人口/就业量；

ΔX_{ri}——行政区 r 的交通小区 i 的人口/就业增量。

2）集计人口、就业预测模型

假设已知未来年的地块控制性详细规划信息（包括用地性质和其最大容积率），在此基础上假定目标开发区域的地块均会被开发且其开发容积率为最大允许值或者相似区域的观测值，得到未来年建筑空间的分布预测。最后，应用人口合成算法将人口和就业量分配到未来年的建筑物之中（假设其入住率与类似区位的建筑物相同），进而集计到相应的交通小区层面，具体流程如图 4-4 所示。该模型具体运算步骤为：

步骤一：根据未来年已知的地块控制性详细规划信息和基于可达性估计的容积率，可以得到该地块建筑物的建筑面积。

步骤二：对于任意一个街道或街区，应判断其中的建筑物是否属于混合用途的类型及各用途的所占比例，然后利用人口合成算法对人口、就业和建成空间数据进行合成。

步骤三：对建筑物承载的人口和就业量计算值进行检查，每个建筑物的人口和就业量计算应满以下要求：

$$\begin{cases} POP_{rij}^k = \dfrac{BQ_{rij}^k \times (1 - VCR_{rkj})}{SUC_{ri}^k} \\ EMP_{rij}^k = \dfrac{BQ_{rij}^k \times (1 - VCR_{rkj})}{SUC_{ri}^k} \end{cases} \tag{4-9}$$

式中：VCR_{rkj}——行政区 r 内 k 类建筑物 j 的空置率；

BQ_{rij}^{k}——行政区 r 内交通小区 i 内 k 类建筑物中建筑物 j 的建筑总面积；

SUC_{ri}^{k}——行政区 r 内交通小区 i 内 k 类建筑物的空间消费系数。

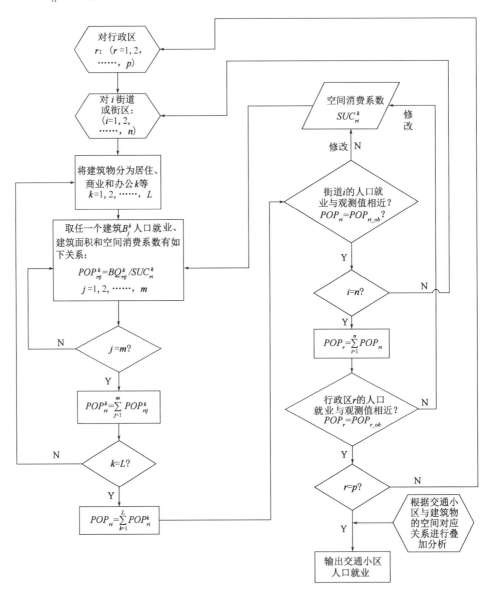

图4-4　集计人口就业预测模型技术路线

步骤四：完成上述计算后，对街区和行政区的人口和就业量进行精度检验，如果不满足精度要求，则重新回到人口合成算法的计算步骤；如果满足要求，可以通过GIS软件处理得到建筑物对应的小区编号，从而预测出未来年各小区的人口和就业量。

4.3 整体规划模型与传统交通规划模型的对比分析

传统单一的"四阶段"交通规划模型不足以独立作为支撑当前城市与交通规划科学决策支持工具,该过程需与城市整体规划模型相结合[5]。本小节主要聚焦"四阶段"交通规划模型和土地利用-交通整体规划模型的对比分析。

1)"四阶段"交通规划模型

"四阶段"交通规划模型主要用于反映和再现整个出行决策过程,但在出行终点选择以及出行方式选择的先后次序方面,尤其是在上述选择具有较大灵活性的情况下,仍存在诸多不同的问题。例如,工作出行主要取决于可获得工作机会的时间节点、地理位置等要素。此外,自驾出行或其他交通方式的服务水平也会影响出行选择结构。

随着现代社会的快速发展,特别是近些年城市大规模交通基础设施(如地铁网络及城市环线)的建设,私家车保有量的高速增长、城市区域的高速拓展及房地产业的进一步市场化,使得城市土地利用及人口就业空间分布正在发生前所未有的变化,这对交通模型体系,特别是土地利用模型的建构提出了挑战——在土地利用快速变化的情况下,如何更好地评估各种交通政策。另外,宏观交通仿真等模型存在一个较大局限性,不能直接应用于评价各种政策对于经济发展、土地利用及环境等各方面的影响,比如交通基础设施投入对于各个经济部门增长的影响,各个区域、各个行业就业对地价和租金的影响,以及用地和空间变化对交通系统的影响等。

现阶段城市区域的拓展与建设造成了土地利用的快速变化,而现有的"四阶段"交通规划模型缺乏充分考虑这些处于变化中的因素的技术手段。现有的"四阶段"交通规划模型建立在人们一定会呈现的出行行为的假设之上,"四阶段"交通规划模型一般通过人口与就业的分布现状,间接地反映土地利用情况,而对将来人口与就业分布预测的处理比较"机械"或"粗糙"。传统做法是根据现状进行增量预测,然后根据总体规划再进行主观调整。总体规划一般都是规定某区域可以开发的空间类型(如居住或商用)且限定其最大开发强度。该类规定通常属于宏观层面上的指导,由于多种原因(如土地开发的经济性、可行性及总体规划的修编等),实际的土地开发与总体规划中的"理想计划"存有较大出入。这些调整缺乏科学依据,过于依赖规划从业人员的经验与判断,而现有"四阶段"交通规划模型在岗位、就业方面存在诸多主观判断与预测的情况。"四阶段"交通规划模型依赖人口与就业的分布情况决定"出行生成与分布",而就业或者岗位的空间分布预测精度在很大程度上决定了该模型其他步骤的精度(如出行方式选择与流量分配)。

2)土地利用-交通整体规划模型

与"四阶段"交通规划模型不同的是,土地利用-交通整体规划模型运用微观经济学及空间经济学方法,更为科学地预测未来年度土地开发的种类(如居住或商业用)与强度。以 PECAS 土地利用-交通整体规划模型为例,其建立在微观经济学的基础之上,把交通作为社会各行业间进行商品与服务交换的必然产物进行分析,从而从行为的根本点出发,把交通作为一个特殊的服务行业,放在整个社会经济活动中进行研究,可以更为全面地考察社会各个部门之间的交互关系。

在土地利用-交通整体规划模型中,城市土地利用和交通规划密切相关:社会活动在空间上的分布及其交互造成了人员和物资的流动,产生了交通需求;但过度的出行与运输行为导致交通拥堵,降低整体或局部区域的交通可达性,从而对该区域的用地布局产生一定程度的影响。城市土地利用与交通规划之间的互动耦合关系,是城市或区域需要开展长期规划的主要因素,也是城市土地利用-交通整体规划模型的关键所在。

如图 4-5 所示,PECAS 模型所考虑的空间经济系统包括多个子系统(经济、用地与空间、环境及交通)和各种要素,诸如人口、就业、土地及房地产供应、交通需求与供给等。PECAS 模型致力于模拟整个社会经济活动在空间的分布及各个行业间的交互关系,以及它们对土地/房地产供给关系和交通系统的影响。图 4-5 左上部分(灰色边框包括的范围)展示了狭义的 PECAS 模型(仅包括土地利用部分)所模拟的要素,而广义的 PECAS 模型包含了图中的所有要素。

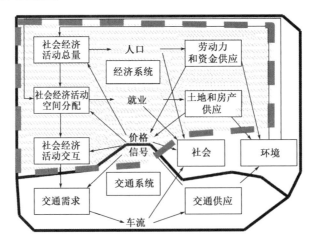

图 4-5 空间经济系统中的要素及其交互关系

对照图4-5中PECAS模型中所包含的要素,图4-6给出了"四阶段"交通规划模型所包括的要素及其交互关系。其中,图4-6a)中黑色模块为传统的集计交通模型的主要组成部分;图4-6b)中黑色模块为先进的非集计交通模型,实现了从集计到非集计建模技术上的跨越。对比PECAS模型与"四阶段"交通规划模型所考虑的建模要素可知,集计与非集计交通规划模型仅能通过简单趋势外推或主观推断未来年的人口与就业空间分布,对未来年的用地与空间发展趋势的模拟能力有限且无法保证模拟精度。而整体规划模型可以通过系统地考虑用地与空间规划和社会经济活动总量及其空间分布,科学地预测未来年的人口与就业分布。同时,整体规划模型还可系统地模拟社会经济活动空间分布、土地利用及空间形态、综合交通运输系统服务水平及自然环境质量等之间的互动耦合关系。

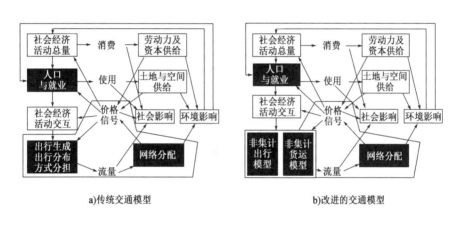

图4-6 "四阶段"交通规划模型所包含的要素及其交互关系

表4-1总结了将"四阶段"交通规划模型扩充为一个完整的整体规划(空间经济学)模型后,所具备的各种政策的分析能力。比如,单纯的交通规划模型基本不具备分析交通政策对于土地利用的影响的功能,但是土地利用-交通整体规划模型或者空间经济模型却可以在该方面开展全面的分析。另外,可以从表4-1看出,单一的"四阶段"交通规划模型不具备或者有限具备分析以下几种情况的功能:①交通规划政策分析;②交通政策对土地利用的影响;③交通政策对就业的影响;④土地利用政策对交通状况的影响;⑤土地利用政策对城市实际发展模式的影响;⑥土地利用政策对经济增长的影响;⑦经济政策对经济增长的影响;⑧交通政策对环境的影响;⑨城市交通规划;⑩交通需求预测。空间经济模型或者土地利用-交通整体规划模型可以实现对上述前四个方面的全面评价,且这类模型也可以实现对最后两个方面的部分或全方位评价,主要取决于建模的投入和模型所覆盖的范畴。

"四阶段"交通规划模型和土地利用-交通整体规划模型的特征对比 表4-1

特征	宏观交通模型	土地利用-交通整体规划模型
交通规划政策分析	有限	全面(广义影响分析)
交通设计与建设政策分析	全面	有限
交通管理政策分析	全面	有限
交通政策对交通状况的影响	全面	全面
交通政策对土地利用的影响	有限	全面
交通政策对就业的影响	无	全面
土地利用政策对交通状况的影响	有限	全面
土地利用政策对城市实际发展模式的影响	无	全面
土地利用政策对经济增长的影响	无	全面
经济政策对经济增长的影响	无	从有限到全面,取决于建模的投入与范围
交通政策对环境的影响	有限,只能对交通环境的影响进行评价	从有限到全面,取决于建模的投入与范围
城市交通规划	角度单一,定量分析,有限	全面,一体化
交通预测	预估不足	可以进行全面评估
道路环境功能规划	交通功能布局单一	忽视道路环境功能

综上所述,现有"四阶段"交通规划模型存在的不足,导致其不适合独立作为支撑城市与交通规划科学决策的工具,应积极推进整体规划模型的构建工作。

4.4　土地利用-交通整体规划模型发展历程

近年来,我国大中城市正处于高速发展的时期,城市形态(特别是新城的普遍开发)和既有土地利用形态的迅速变化(低密度向高密度用地转变),传统的"四阶段"交通规划模型及其规划方法与手段已经无法满足当前发展需求。相比于传统的"四阶段"交通规划模型和简易用地-交通需求关系模型,土地利用-交通整体规划模型能够更全面、更精细地仿真城市社会经济系统的变化规律,为城市土地利用及交通规划提供更为科学的指导。因此,研究适用于我国城市实际情况的土地利用-交通整体规划模型具有重要的现实意义。在整体规划理念的指导下,城市土地利用规划与交通规划不仅需要考虑交通基础设施的供给与需求情况及相应的一些社会问题与效应,更重要的是考察相应的社会经济发展、土地利用与环境等政策与交通基础设施建设,对整个城市内各种社会经济活动的收益、时空分布及长远可持续发展产生的影响。同样,在既定的社会经济总量及其预期发展速度下,先进的土地利用-交通整体规划模型还可以考虑相应的土地利用与交通基础设施配置,以便最优地支撑社会及经济发展。另外,整体规划模型还可以研究可持续发展中需要考虑的其他重要问题,如环境污染与公平性等。

4.4.1 国外发展现状

4.4.1.1 20世纪60年代前

早期古典经济学派学者应用区位理论与分析方法,开创了以温格尔(Wingo)和威廉·阿朗索(William Alonso)为代表的城市空间经济学。城市空间经济学以经济学均衡理论为依据,揭示了可达性、居住及就业空间与地价之间的关系[6]。后来出现的芝加哥学派提出了同心圆、扇形与多核心的土地利用模式,均以交通区位理论为基础。同心圆模式注重城市整体空间形成的原因,反映城市居住群体从城市中心向外迁移的过程;扇形模式从土地经济学的角度考察不同地价住宅区的空间发展趋势;而多核心模式则强调城市内部的交通区位与多种经济活动聚集决定了城市的土地利用布局[7]。值得注意的是,这些模型都是在宏观层面上探讨交通系统与土地利用之间的关系。

4.4.1.2 20世纪60年代

20世纪60年代之后,国外出现了对交通与土地利用相互作用关系模型的研究,至今积累了丰富的研究经验和研究成果。从研究方法和理论基础看,城市交通与土地利用整体规划模型大致可分为:基于Lowry模型的空间交互模型,如DRAM/EMPAL[11]和之后的ILUTP[97]模型;空间投入产出模型,如MEPLAN[99]、TRANUS[12]和PECAS[13]模型;基于城市经济竞租理论和离散选择的模型,如METROSIMS[14]和MUSSA[104]模型;基于微观仿真的UrbanSim[111]模型;基于元胞自动机的SLEUTH和CLUE模型及近期开发的基于智能体的土地利用模型[8]。

4.4.1.3 20世纪80年代

20世纪80年代以来,随着McFadden随机效用理论和离散选择建模方法在交通方式选择、住宅区位选择中的应用,以微观经济平衡理论和离散选择模型为基础,Anas等开发了一系列模型来模拟交通设施改善对土地及房地产市场的影响[15]。该模型体系中使用一系列(656个)数学公式描述消费者、生产者、土地拥有者和开发商的行为。CATLAS是其中的第1个模型,经改进应用于纽约市的METROSIM模型[9],该模型综合了就业、住宅区、商业区、空置区、工作出行和非工作出行、交通分配等子模块[10]。

此外,具有代表性的模型包括 1983—1991 年间 Putman 等在 DRAM/EMPAL 模型的基础上开发的交通-土地利用一体化软件 ITLUP(Integrated Transportation Land Use Package),后续发展中增强了可视化功能,与 GIS 结合开发了 METROPILUS 模型[1]。

4.4.1.4　20 世纪 90 年代

随着信息技术的高速发展,计算能力和数据的局限性逐步得以改善,2000 年后微观仿真模型开始走上舞台。现今,比较有影响力的微观仿真模型之一是由华盛顿大学 Paul Waddell 等开发的 UrbanSim 模型。UrbanSim 可以模拟城市中土地市场、房地产市场、非住宅用地及交通设施等各因素之间的交互关系[16-17]。

基于元胞自动机模型的土地交通一体化模型的代表有 SLEUTH[18-19] 和 CLUE-S 模型[20]。它们都是用来仿真城市边缘的非城市土地利用(农田、森林)如何转变为城市土地利用(城市居民住宅、商业和工业用地等)的模型。然而,模型中元胞以栅格为基础的特性决定了其仅能执行单一任务的局限性,很难反映人口变化、政策以及经济、土地利用和交通之间复杂的耦合作用关系与影响。

4.4.1.5　21 世纪初期

与元胞自动机不同,智能体具有自主性,可以不遵循元胞自动机的"同步性"原则。到了 21 世纪初期,一些学者开始利用智能体模型来研究土地利用的变化,比较前沿的研究学者有 Hunt[21]、Parker[22] 和 Meretsky[22]、Torrens[23]。Hunt[21] 介绍了如何在模型中表达时间、空间、系统的行为和每个子模块的结构与功能。Parker 和 Meretsky 建立了 SLUDGE[22] 模型,它包括以元胞自动机模拟城市土地利用的子模块和以智能体模拟土地拥有者行为的子模块。Hunt 等[24-25]在地块层面上应用了一个巢式 Logit 模型以模拟美国巴尔的摩市土地利用的变化规律。在他们的研究中,每个地块被看作一个智能体,模拟用地的变化状态。Wegener[26]指出了土地利用-交通整体规划模型中交通与土地利用子模块建模的发展趋势(图 4-7)。可以看出,以智能体为基础(Agent-based)的土地利用-交通整体规划模型是当时甚至之后长期的发展方向。

整体规划模型还可以应用于气候、环境监测与保护领域。如 Schwarze、Silva[27]、Hargreaves[28]、McCollum[29]等应用整体规划模型开展了温室气体减排方面的研究。英国 Tyndall 中心开发并应用于伦敦地区的城市综合评估框架(UIAF)[30],用以模拟和分析城市活动对气候的影响,此外,UIAF 也被用于模拟极端降雨造成的洪水对交通的间接影响[31]。

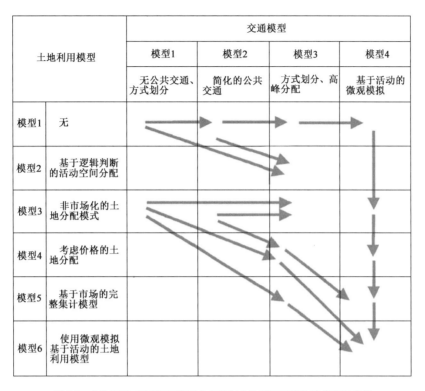

图 4-7　土地利用-交通规划模型中交通与土地利用子模块建模发展趋势

4.4.1.6　近期进展

近年来,基于智能体的土地利用-交通整体规划模型逐渐引起业界的关注。Bierlaire[32]等描述了目前基于智能体的土地利用-交通整体规划模型以及在欧洲城市实施过程中遇到的新的挑战,包括如何解决将动态交通仿真模型与基于智能体的土地利用模型集成的建模与数据交互等问题。Miller[33]认为城市微观仿真模型尚不常见,但为了成功模拟城市系统及其行为的复杂性,有必要对其进行开发。应该注意到,基于智能体的土地利用-交通整体规划模型的开发比传统土地利用-交通整体规划模型需要更多的微观数据。因此,有必要利用大数据和物联网等其他领域的技术来推动该领域的发展。

Harvey[34]等研究如何将现有的独立模型整合形成综合模型,以便同时对土地利用、经济、人口和交通进行相关分析,而不是开发一个全新的整体规划模型。Ziemke[35]等将微观土地利用仿真系统 SILO 与基于智能体的交通仿真系统 MATSim 进行了集成,在此基础上,Llorca[36]等进一步研究了交通模型的人口规模和仿真时间间隔对土地利用-交通整体规划模型运行时间的影响。Kuehnel[37]等在土地利用-交通整体规划模型的背景下根据 x/y 坐标估计了个人出行时间,在智能体的合成过程中应用了精细的时间分辨率,以减少空间上造成的误差。Moeckel[38]等将微观土地利用模型和出行需求模型进行了整合,以增强土地利用与交通相互作用过程的表现形式。Namdeo[39]等基于影响城市土地利用的政策建立了多个场景,描述了车辆尾气排放对城市空气质量的影响,构建了环境评估框架,其中包括土地利用模块、交通分配模块和排放模块。Hensher[40]等在整体规划模型中对区位选择行为进行了深入研究,研究了公司区位和个人工作的同步选择行为,使得在整体模型中将公司区位选择行为作为内生变量进行处理成为可能。Emberger[41]使用动态整体规划模型研究了自动驾驶车辆对交通系统的影响。Manrique[42]等通过整体规划模型对哥伦比亚布卡拉曼加市区的公共交通服务的公平性进行了分析。Penazzi[43]等将土地利用-交通整体规划模型应用于低碳城乡生态系统规划。Yin[44]等使用整体规划模型评估了"拼车"这一交通出行方式对巴黎减少拥堵和污染物排放的影响。Noviandi[45]等开展了整体规划模型的开发工作,以研究印度尼西亚大城市边缘土地使用和交通之间的交互作用关系。

4.4.2 国内发展现状

我国城市交通和土地利用的互动关系研究起步较晚。1987年底,中国城市规划设计研究院交通所承担了国家"七五"重点科技攻关项目"大城市综合交通体系规划模式研究",首次探讨了城市土地利用与交通发展之间的关系,并系统分析了我国大城市中心区的形成原因、用地结构以及交通模式特征。

4.4.2.1 20世纪末

范炳全等首先指出我国规划界与学术界应该重视整体规划建模领域的研究[46]。之后,刘冰和周玉斌针对国内的规划体制提出了城市规划与交通规划的关联性框架,并以佛山市与乌鲁木齐市为例说明考虑土地利用-交通整体规划的优势[47]。李泳分析了城市交通系统与土地利用结构的循环反馈关系,提出了交通规划应该先于建筑布局的理念[48]。曲大义等通过对城市土地利用与交通相互影响、相互制约、循环反馈关系的剖析,提出了为实现城市的可持续发展,必须在城市总体规划中充分考虑城市土地利用与交通之间的协调关系。另外,他们提出了考虑两者协调关系的理论框架及一系列亟待继续研究的问题[49]。总体而言,20世纪末的研究基本处于理论层面,但在推动我国城市交通与土地利用整体规划理论与方法的发展上发挥了重要作用。

4.4.2.2 21世纪初期

毛蒋兴和阎小培系统地阐述了我国在城市交通与土地利用相互关系方面研究的进展,指出对城市交通和土地利用互动关系的研究是进行交通政策分析、制定未来交通政策及解决复杂城市交通问题的根本[50],并研究了城市外部形态和城市内部结构与交通需求的关系[51-53]。清华大学陆化普以兰州市为例,建立了反映城市土地利用与交通结构两者循环式互为反馈关系的优化组合模型[54]。陆化普等建立了在一定经济、土地和人口约束下,总出行时间最小的城市土地利用优化模型[55]。以同济大学潘海啸为代表的城市规划学者,针对交通系统对土地利用的影响,以上海为例,从城市规划的角度分析了轨道交通对大城市空间结构的影响[56],研究了城市形态对城市居民出行的影响[57]、轨道交通对居住地选择的影响[58]、轨道交通与城市中心体系的空间耦合关系[59],以及低碳城市交通与土地利用之间的关系[60]。总体而言,这些研究基本都是针对整个城市的一个定性或定量研究,处于一个比较宏观的水平。

受国外微观模拟方法的影响,国内学者开始尝试类似模型的研究与实践。中山大学的刘小平等[61]采用基于多智能体的居住区位空间选择模型和地价变化模型来模拟居民在居住地选择过程中的决策行为。清华大学的郑思齐等提出了构建模拟中国城市空间动态的"土地利用-交通-环境"一体化模型的思路,描述了应该包括的 7 个子模块和可以评价的相关政策及其应用前景[62]。

在 2011 年至 2015 年期间。华中科技大学赵丽元探讨了土地利用空间分布与交通系统的相互关系,并建立了一个双层规划模型,由上层的土地利用分配模块与下层的交通模块构成[63]。北京大学的童昕[64]研究组利用 UrbanSim 建立了居住用和非居住用房地产价格模型、家庭与就业区位选择模型及三种情形下的就业与居住空间变化趋势及相应的能源消耗模型。北京市城市规划设计研究院的张宇等使用美国 Citilabs 公司开发的 Cube Land 软件建立了北京市交通与土地利用整合模型[1],该模型主要通过可达性模型计算得出不同区位的交通可达性和居住区位选择模型提供的居住分布来考察土地与交通的互动关系。以武汉理工大学钟鸣为代表的 PECAS 模型团队,目前已在武汉市、广州市及上海市[65]开展了大量的前期研究,完成了演示模型的开发,对土地利用小区级的空间消费系数进行了估算[66-68],并对大数据及智能算法在土地利用-交通整体规划模型中的应用进行了相关研究[69-70]。

4.4.2.3 2015 年至今

近年来,我国在土地利用与交通整体建模方面的研究成果大部分聚焦轨道交通领域。丛雅蓉[71]等基于地理加权回归(GWR),建构了轨道交通车站客流回归模型,量化分析了土地利用属性对轨道交通客流的时空分布影响,进而探析土地利用因素对轨道交通客流的时空影响。何尹杰[72]等从时空的角度分析了轨道交通对土地利用的影响,并用 CA-Markov 模型模拟部分线路,对周边区域土地利用的变化进行了预测。李志纯[73]

等对城市拥有轨道交通前后的城市状态进行了比较研究,分析了轨道交通的规划对居民选址、房价及不同商业中心对就业者吸引力的影响,结果表明轨道交通的发展提升了就业者向商业发达区域的聚集性。潘海啸[74]等研究了轨道交通的布局与人口和就业岗位之间的关系,有助于达到优化城市空间结构与提升社会经济活动之间协调性的目的。

国内也有学者从城市空间结构的角度开展了相关研究。张大川[75]等提出了一种基于随机森林算法的多类元胞自动机(RFA-CA)模型,将交通作为一类空间要素,用于模拟和预测复杂的多类土地利用变化,分析交通、区位因素对土地利用变化格局的影响作用。赵鹏军[76]等在已有模型的基础上,提出新的综合均衡模型,并在模型算法上进行了创新,其中涉及居住与就业区位选择模块、房地产开发模块、阻抗函数、小汽车拥有量和动态出行成本等。罗锦康[77]等研究了不同城市结构下社会经济活动(如就业、教育)分配、交通网络与房地产开发之间的复杂关系。

除了上述研究外,刘志伟[78]等构建了描述土地利用与交通整体规划模型系统中各因素相互影响的互馈模型,并基于结构方程模型,研究了土地利用混合度、土地利用强度对居民出行距离、时间的影响方向与影响程度。谢波[79]等以交通安全为切入点,首先分析了交通事故的时空分布特征,采用多阶段建模的方式对城市用地的变迁过程进行演示,基于负二项模型分析城市用地变迁对交通事故的影响,在此基础上,构建以城市交通安全为导向的城市土地混合利用模式。刘云舒[80]等基于交通与土地利用之间的交互作用关系,在传统重力模型的基础上进行改进,构建了基于大数据城市通勤分布模型。牛方曲[81]等开发了一个土地利用交通交互(LUTI)模型,用以评估政策驱动下的城市土地利用变化,该模型包括交通、居住区位、就业区位和房地产四个子模块,可以对多个年度的城市土地利用形态进行预测。杨洁[82]等以昆明空港国门商务区为例,基于土地利用现状构建了综合交通体系,以可达性作为评价标准分析道路系统承载能力和公共交通的适应性,促进两者的协调发展,以提高区域交通网络服务能力。黄海军[83]等研究了居民自驾出行对居住区选址行为的影响,通过将自驾出行选择偏好集成到效用函数中,建立空间均衡模型。该项研究表明,当居民全部选择自驾出行时,租金-距离可能呈现先提高后降低的趋势。钟绍鹏[84]等主要在具备一定道路畅通性的区域下,重点研究合理的土地利用开发强度,总结城市道路畅通可靠度评估流程和土地开发强度优化方案。

在针对土地利用系统建模的相关研究中,人工智能技术也得到了初步的推广。赵鹏军[85]等基于随机森林算法对地铁出行数据集进行训练并对地铁出行进行分类,以此分析乘客的出行目的,揭示了城市交通与土地利用时空之间的互动规律。杨建鹏[86]等采用基于LSTM的循环神经网络与元胞自动机的耦合模型模拟土地利用的动态演变,研究结果表明其模拟精度高于传统模型。张大川[75]等提出了一种基于随机森林算法的多类元胞自动机(RFA-CA)模型,并将其应用于模拟和预测复杂的多类土地利用变化。

4.4.3 既有研究存在的问题及发展方向

早期的城市整体规划模型通常结合城市居民出行特征及土地利用形态特征,探讨土地利用与交通系统之间的宏观关系,但是大多数研究局限于定性分析交通与土地利用之间的互动关系。我国大中城市至今仍然缺乏科学的、定量的交通与土地利用的互动关系研究。现有的大多数整体规划建模方法是从城市宏观及中观层面进行分析,选取较少的变量建立数学模型,定量分析交通系统和土地利用的交互关系。该类研究多数还处于理论阶段,至今仍然缺乏系统、科学地模拟两个系统之间互动耦合关系的(特别是在微观个体层面)整体规划模型。计算机模拟技术的发展,使得基于微观仿真的模型也逐渐得到应用,但是随之而来的数据问题限制了在多种空间尺度上开展土地利用-交通整体规划模型的研究。目前,已有较多可以在规划实践中应用的宏观土地利用模型及基于元胞自动机和智能体的微观土地与交通整体规划仿真模型研究,但研究水平及深度参差不齐,且能够支撑规划实践工作的模型较少。

总体而言,城市整体规划模型表现出从宏观集计均衡模型到非集计均衡模型,再到微观模拟仿真、非均衡模型的发展趋势[20]。此外,城市发展是"社会-技术-空间"的综合现象,包含从自然与空间环境条件,到设施供给、管理服务,再到技术支撑的复杂过程。未来的城市整体规划模型将在城市交通和土地利用两个核心子系统基础上纳入更多的要素(如资源环境),逐渐向能够反映城市复杂系统的模拟仿真模型发展。

4.5 城市土地利用-交通整体规划建模框架比选及其适用性分析

针对国内大中城市综合交通规划与城市规划需求,本小节将围绕城市土地利用-交通整体规划模型的建模框架开展研究,其技术路线如图4-8所示。具体包括以下内容:

(1)分析典型城市的土地利用-交通整体规划模型框架,为我国大中城市整体规划建模工作提供发展目标与经验。

(2)综合比较国际主流土地利用-交通整体规划模型及商用软件,分析其在我国大中城市的适用性和基础资料的可获得性及可操作性,并在此基础上提出优选模型框架。

(3)结合我国大中城市相关需求,基于优选模型框架构建城市土地利用-交通整体规划模型的总体框架及各个子模块的技术路线。

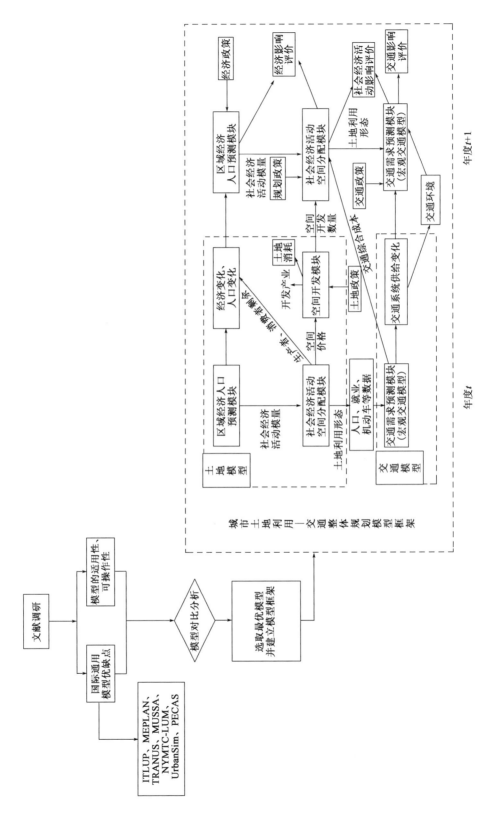

图 4-8 城市土地利用-交通整体规划模型构建技术路线

4.5.1 典型城市土地利用-交通整体规划模型框架综述

本小节介绍八个典型城市的土地利用-交通整体规划模型,以便为我国大中城市提供发展目标与国际经验。其中,东京的土地利用-交通整体规划模型为 CALUTAS,包括社会经济活动、广域区位、土地利用以及交通子模型;伦敦整体规划模型为 LonLUTI,包括经济、城市用地、搬迁以及交通子模型;旧金山整体规划模型为 UrbanSim,主要包括人口和经济预测、家庭和就业迁移、家庭和就业选址、房地产开发以及房地产价格子模型;香港整体规划模型为 LUTO,其目标是通过最大限度地减少土地开发和运输成本,达到最佳的未来区域发展模式;北京整体规划模型为 BLUTI,包括居住区位选择、租金、房地产开发、地价、可达性以及交通子模型;上海、广州和深圳至今还没有形成完整的城市土地利用-交通整体规划模型。

4.5.1.1 东京

1)模型介绍

CALUTAS 模型[87-88]的构建基于活动区位选择理论,总体上包括以下四个子模型:

(1)考虑空间布局的社会经济活动子模型。

(2)用于确定整个城市区域活动分布的广域区位子模型,包括以下三个模块:

①住宅区位模块;

②工业区位模块;

③商业区位模块。

(3)用于表示空间区位竞争过程的局部土地利用子模型。

(4)交通子模型。

2)模型框架

根据土地利用的区位特征,CALUTAS 模型将土地利用类型分为以下四类:

(1)优先区位类型(如大规模基础产业);

(2)可选区位类型(如商业区、住房);

(3)后续区位类型(如商店、学校);

(4)被动区位类型(如农业区、森林)。

CALUTAS 模型建模过程将东京城市区划分为 69 个交通小区,再以 1km² 尺寸划分网格,其模型结构如图 4-9 所示[88]。

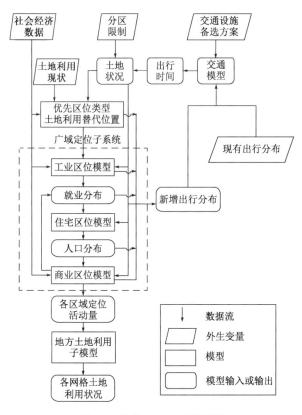

图 4-9 东京 CALUTAS 模型架构

3）建模方法

（1）工业区位模型。

工业区位模型根据区位偏好对工业进行分配。该区位偏好通过具有综合标准的区位偏好指标进行量化，不同的工业区位会影响区位偏好指标值。

（2）住宅区位模型。

住宅区位模型基于区位剩余最大化原理进行构建。

（3）商业区位模型。

商业活动包括零售、金融、政府等部门的活动。不同部门的区位活动具有不同的特征类型，即邻里服务类型和广域服务类型。后一种类型的活动区位取决于到服务区的距离、成本以及区位吸引力。

（4）交通子模型。

交通子模型以经典的"四阶段"交通需求预测方法为基础。然而，它的一个显著特征是，出行分布是由土地利用子模型输出的，所以交通子模型不预测交通生成和交通分布，而是直接进行交通方式划分和交通分配。从这个架构来看，土地利用子模型与交通子模型之间是"整合型"的架构。

(5) 土地利用子模型。

土地利用子模型考虑不同土地利用之间的竞争,模拟 1km × 1km 网格中土地利用形态的变化,而广域区位子模型模拟整个城市各区域内的活动分布,因此,通过广域区位子模型,将区域内的工业、住宅、商业的区位活动量作为外部变量输入到土地利用子模型中。

4.5.1.2 伦敦

1) 模型介绍

LonLUTI 模型可评估交通与土地利用之间的互动反馈关系,并可对规划的人口就业、经济和交通系统进行分析。"土地利用"在模型中主要指使用土地的社会经济活动的空间分布,特别是人们生活和工作所使用的土地与空间。在大多情况下,"空间"是以建筑面积来衡量的。土地利用系统是动态的系统,交通只是影响它的因素之一。LonLUTI 模型中的组件包括基于 DELTA 软件的伦敦土地利用模型(LonLUM)和伦敦交通模型(LTS)。

2) 模型框架

LonLUTI 模型由经济模型、城市用地模型、搬迁模型和交通模型四部分组成。其中,前三个部分组成了 LonLUM 模型,第 4 个部分即为 LTS 模型。LonLUTI 模型架构如图 4-10 所示[89]。实线表示模型交互没有时间上的滞后性,虚线表示模型之间的交互具有时间上的滞后性。

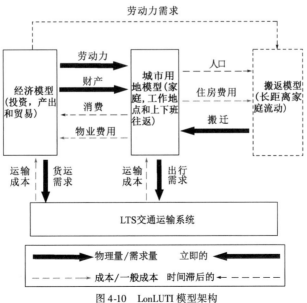

图 4-10 LonLUTI 模型架构

LTS 模型可提供私人和公共交通的综合成本。私人交通综合成本包括行驶时间、车辆运营成本(包括燃料和非燃料成本)、通行费和停车费;公共交通综合成本包括乘客乘车时间、等待时间、步行时间和票价费用。

经济模型可实现对每个区域经济的预测,包括总产量和生产率的预测。部门的经济预测和地区的经济预测均受交通成本(由交通模型提供)、商品和服务的消费需求(由城市模型提供)以及商业租金(由城市模型提供)的影响。部门和地区的就业变化的预测结果将会作为城市土地利用模型的输入数据。

城市用地模型用于预测建模区域内家庭和就业的区位。在该模型中,建筑面积的大小对位置选择有很大影响。同时,不同的空间类型具有不同的约束。例如,办公室不能用作住宅。另外,位置选择行为也受到环境的影响。例如,家庭选址受到工作场所和服务可达性的影响;企业选址受到工人和客户的可达性的影响。

搬迁模型用于预测不同区域之间的迁移(城市区位选择模型预测区域内部的搬迁)。该模型的输入数据包括由城市区位选择模型提供的就业机会和住房成本。就业机会是家庭迁移的强相关变量,住房成本通常是其弱相关变量。

3)建模方法

(1) DELTA 模型。

DELTA 模型[90]一共有 9 个子模型,分别是空间开发、人口和经济发展、选址、就业、区域居住质量、机动车保有量、迁移、投资、生产/交易子模型。

①空间开发子模型。

该子模型用于模拟空间开发量。运用 Logit 模型将开发商开发的空间总量分配到各交通小区。

②人口和经济发展子模型。

该子模型用于模拟人口和经济发展及变化的过程。人口变化以家庭的组建、转变(从一种家庭类型转变成另一种家庭类型,如从无子女夫妇转变成有子女夫妇)和解体的比例来表示。经济变化按部门分类。人口和经济的变化都独立于模型内的其他因素。

③选址子模型。

该子模型包含以下四个步骤:

a.基于每单位空间的租金,对每个交通小区每种家庭类型进行对应类型的空间消费效用计算;

b.计算每个交通小区每种家庭类型区位效用的改变;

c.将可分配的家庭进行区位分配;

d. 计算这些家庭所需的总空间量并与可开发空间量进行对比,如果有必要则调整租金并重复上述步骤。

就业选址的过程与家庭选址的过程类似。但是,就业选址并没有用到空间消费效用,而是利用租金和每个就业者所占用的空间计算每个区位分配的就业量。

④就业子模型。

该子模型首先会在不同部门中给定的各种就业量和区位的基础上估计不同社会经济群体中劳动力的需求,然后调整就业以及他们对应的家庭,从而使劳动力的供给满足其需求。这些改变会影响模型下一个时间点的家庭收入以及这些家庭的选址偏好。也就是说,劳动力需求的增长会在未来短期内影响家庭的收入及其选址。

⑤区域居住质量子模型。

该子模型用于表达城市不同区域的居住质量。该模型假设本区域的居民自身会影响本区域的居住质量。积极的影响包括维护和改善建筑物、培育花园和植树等;负面的影响包括存在居民骚扰行为。积极影响与区域居民平均收入的提高和空置率下降有关,反之亦然。

⑥机动车保有量子模型。

该子模型用于预测居民的机动车保有量情况。在该子模型中,家庭被分为不同的种类,通过包含居民收入、是否持有驾照、社会经济地位等因素的函数来估计无车家庭、有1辆车家庭、有2辆车及以上家庭的概率分布。

⑦迁移子模型。

该子模型用于模拟家庭的搬迁。在该子模型中,家庭的搬迁受到整个模型中若干其他因素的影响,同时也受到距离的影响。该子模型已经嵌入到人口和经济发展子模型和选址子模型中。

⑧投资子模型。

该子模型用于模拟投资和撤资的过程,其基本理论是,生产能力的投资受到一系列因素的影响,其差异取决于投资是外来投资、地方再投资还是小型启动资金投资等。相关因素可能包括劳动力供应、生产成本和进入市场的机会等。

⑨生产/交易子模型。

该子模型是一个空间投入-产出模型,以商品出口和消费者需求为重点关注对象。商品出口被外生性地指定为整体经济的一部分。消费者需求受到选址子模型中家庭对其他商品和服务的总花销的影响。商品交易会受到每个区域的商品需求、生产能力、生产成本、交通成本等的影响。

（2）LonLUTI 建模。

LonLUTI 建模有三个实施阶段，分别为初始阶段、循环阶段和结束阶段[89]。LonLUTI 模型的初始阶段被设置为运行 LonLUM 模型，年度为 2002 年至 2006 年。LonLUTI 模型的循环阶段将数据从 LonLUM 模型传递到 LTS 模型，通过运行 LTS 模型，再将数据传递回 LonLUM 模型，并在 LonLUM 模型中运行 DELTA 软件。LonLUTI 模型的结束阶段运用 MS Excel 建立与 LonLUTI 模型的接口，以便用户设置交通模型的参数和运行该模型。

①建模区域。

LonLUTI 模型分区覆盖了大伦敦、东英格兰和东南英格兰等区域，共包含 338 个区域。其中，297 个内部区域覆盖了内伦敦（45 个区域）、外伦敦（75 个区域）、英格兰东部（69 个区域）、英格兰东南部（108 个区域），41 个外部区域覆盖了伦敦主要机场和港口-东-东南地区（15 个区域）以及英国其他地区（26 个区域）。

②就业预测。

为了使总就业与大伦敦规划、英国交通部对英格兰东部和东南部的标准预测（TEMPRO）的总和相一致，考虑整体经济形势因素，对就业岗位模型进行参数标定。

LonLUM 模型共考虑 19 项经济活动、9 种建筑面积类型、10 个区域经济部门。结合大伦敦规划预测的相关就业数据，以及英格兰东部和东南部的表格数据，得出按行业分类的 5 年增长率。该增长率在 2001 年被用于校正 LonLUM 经济模型，以匹配大伦敦总体就业目标。

③人口预测。

人口预测是通过模拟家庭变化的复杂过程而实现的。新增家庭和现有家庭的数量以及社会经济特征等是影响家庭所在地的流动性和居住偏好的重要变量，以及作为交通需求模型的输入数据。LonLUTI 模型考虑了 108 种家庭活动以及按工人人数和社会经济水平分类形成的 10 种主要家庭[91]。LonLUM 模型考虑 4 类人群，即儿童、工人、非工人和退休人员。

④土地利用形态预测。

土地规划政策作为 LonLUTI 模型的输入数据，主要基于每个区域允许的建筑空间类型及相应的密度来确定开发量。"允许的开发量"不会立即生效，而是在下一年生效。模拟的开发量不能超过"允许的开发量"。在模型范围外也可以定义外部开发量，但这会消耗模型内部"允许的开发量"。在 LonLUM 模式下有 9 个建筑面积类别，即居住、零售、办公、工业、酒店和餐饮、小学/中学教育、成人教育、高等教育、医疗卫生。

4.5.1.3 旧金山

1)模型介绍

旧金山湾区 UrbanSim 土地利用模型是为支持湾区政府协会(ABAG,Association of Bay Area Governments)和大都会运输委员会(MTC,Metropolitan Transportation Commission)开展湾区 2040 环境影响报告草案(DEIR,Draft of Environmental Impact Report)而开发的。

在每年的预测中,模型系统逐步完善了以下部分[92]:

(1)区域内外就业迁移模型。该模型预测区域内新增的就业岗位或从其他区域移至该区域的就业岗位,以及该区域内减少或迁出的就业岗位。该模型模拟的就业人数与 ABAG 预测的就业总数保持同步。

(2)区域内外家庭迁移模型。该模型预测迁移到该区域的新家庭,以及从该区域迁出的家庭或该区域内新增家庭的情况。该模型使用类似于就业迁移模型中使用的算法,解释了随时间推移按类型划分的家庭分布变化。该模型模拟的家庭数与 ABAG 预测的家庭总数保持同步。

(3)房地产开发模型。该模型预测特定地块层面上房地产开发、转换以及再开发的位置、类型和密度。该模型模拟房地产开发商在土地利用政策约束下对超额需求的响应行为。

(4)发展规划模型。该模型模拟区域内新增建筑物的规划情况。

(5)区域内部企业迁移模型。该模型预测每个年度区域内部的企业迁移情况。

(6)区域内部家庭迁移模型。该模型预测每个年度区域内部的家庭迁移情况。对于家庭而言,迁移概率基于 MTC 交通模型的人口合成数据。根据人口普查数据显示,成员越年轻的家庭和收入越低的家庭更容易搬迁。

(7)政府增长模型。该模型根据政府和学校等非市场部门的历史就业情况和区域人口增长情况预测这些非市场部门的就业情况。

(8)就业选址模型。该模型预测就业的区位选择情况。

(9)家庭选址模型。该模型预测新家庭或搬迁家庭的区位选择情况。

(10)房地产价格模型。该模型预测每栋建筑的空间价格。

2)模型框架

UrbanSim 模型[93]主要包括:人口和经济预测模型、家庭和就业迁移模型、家庭和就业选址模型、房地产开发模型、房地产价格模型。

图 4-11 ~ 图 4-13[92]分别为基于就业、家庭/人口和房地产价格的预测建模的技术路线。

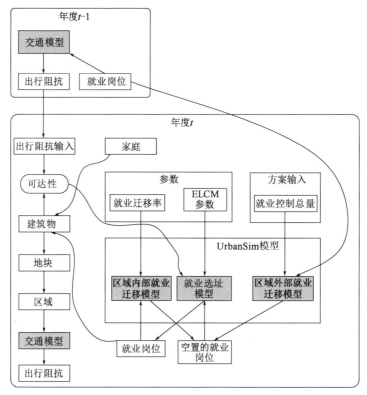

图 4-11　Urbansim 模型就业预测流程

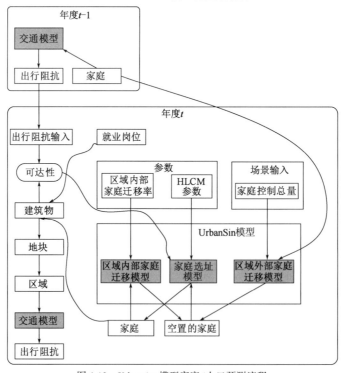

图 4-12　Urbansim 模型家庭/人口预测流程

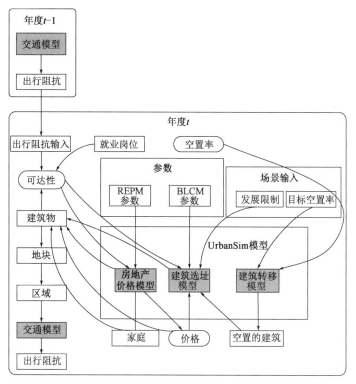

图 4-13　Urbansim 模型房地产价格预测流程

如图 4-11 所示,通过将 $t-1$ 年度的就业岗位数据作为交通模型中的输入,计算出 $t-1$ 年度的出行阻抗,再结合 t 年度的家庭和建筑物等数据计算 t 年度的可达性,同时更新 t 年度的交通模型;此外,通过 $t-1$ 年度的就业岗位数据和 t 年度的就业迁移模型、就业选址模型等预测得到 t 年度的就业岗位数据。

如图 4-12 所示,通过将 $t-1$ 年度的家庭数据作为交通模型中的输入,计算出 $t-1$ 年度的出行阻抗,再结合 t 年度的就业和建筑物等数据计算 t 年度的可达性,同时更新 t 年度的交通模型;此外,通过 $t-1$ 年度的家庭数据和 t 年度的家庭迁移模型、家庭选址模型等预测得到 t 年度的家庭数据。

如图 4-13 所示,通过 $t-1$ 年度的交通模型,计算出 $t-1$ 年度的出行阻抗,再结合 t 年度的家庭、就业和建筑物等数据计算 t 年度的可达性,同时更新 t 年度的交通模型;此外,通过 t 年度的建筑物、空置率等数据和 t 年度的建筑转移模型、建筑选址模型、房地产价格模型等预测得到 t 年度的房地产价格数据。

3)建模方法

(1)人口和经济预测模型。

人口预测模型用于模拟家庭人口的出生和死亡。通过外部控制整体目标人群总量,可以更准确地掌握人群年龄情况。运用迭代方法来确定每种类型的人口增加量或减少量。新增家庭的位置会通过家庭选址模型为其分配。经济预测模型中集成了外部预测的部门就业量与 UrbanSim 模型的数据，并能计算部门就业量在这一年中的增长情况。

（2）家庭和就业迁移模型。

家庭迁移模型用于模拟家庭的迁移情况。家庭迁移的概率基于历史数据估算得到。一个迁移的家庭会被放在没有家庭位置的数据集中，它之前占用的空间就处于可被选择的状态。就业迁移模型根据历史数据预测在某一年中每种就业从它目前的位置迁移的概率，可以通过就业、裁员、企业搬迁或倒闭得以反映。与家庭迁移模型类似，迁移的就业会被放在没有就业位置的数据集中，而它之前占用的空间就处于可被选择的状态。

（3）家庭和就业选址模型。

该模型预测的数据来源于区域内新增和迁移的家庭或就业量。家庭被迁移到一个特定位置的可能性主要取决于该区域内空置空间的总数，同时还要综合考虑该网格内的其他属性。家庭选址模型用于为没有家庭住所的家庭选择家庭位置。具体方法为基于多项式 Logit 选择模型，从空置空间数据集中选择一个位置并分配给待选址的家庭。在预测的过程中，还需要考虑网格单元住房属性（如价格、类型）、街区特征（如土地利用结构、密度）和可达性等变量。就业选址模型用于确定相关劳动力的就业区位，将空置空间或以居住单位为工作空间的地点作为选择集，并考虑网格单元的房地产属性、可达性等。

（4）房地产开发模型。

房地产开发模型用于模拟开发商的开发行为，包括新增建筑的类型、数量、选址以及旧建筑的再开发等。开发类型划分为 7 大类和 25 小类，考虑了每个单元中的非居住面积和家庭数。房地产开发模型使用多项式 Logit 选择模型计算每个单元发生变化的可能性。如果发生了变化，就用蒙特卡洛模型来确定其发展类型。模型考虑网格单元的属性（如当前土地利用类型、土地利用规划、环境约束条件）、区位特征（如靠近公路和主干道、邻近开发区）、可达性、市场条件（如空置率）等变量。

（5）房地产价格模型。

房地产价格模型用于预测不同地点、不同发展类型的房地产价格。该模型以历史数据为基础，运用 Hedonic 回归方法。模型考虑位置特征、可达性、市场条件等变量。

4.5.1.4 香港

在 20 世纪 80 年代早期，人们认识到出行需求是土地利用与交通系统相互作用的直接结果,因此对这一领域的任何有效规划方法都必须整合这两部分。为此,香港开发了一种分层的三级地域发展规划方法,如图4-14所示[94]。

这种方法的最高层是用于制定土地利用和交通的区域发展战略,采用土地利用/交通优化(LUTO)模型[94]。在此规划框架内,第二级使用了CTS模型,主要是作为战略性交通规划工具,用于制定战略性交通基础设施和政策。第三级模型研究了交通小区或街区更为详尽的土地利用和交通规划。

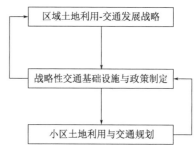

图4-14 香港地区三级发展规划交互关系

LUTO模型研究的第1步是1981年至1984年间在地政总署地政处内部进行,以确定该地区各个子区域的发展潜力。LUTO模型研究的最终目的是寻求一个最佳的未来区域发展模式,以最大限度地减少土地开发和运输成本。为此,香港开发了一个广义的土地利用-交通整体规划模型,该模型包含三个主要组成部分:

(1)战略性土地利用/交通子模型;

(2)成本子模型;

(3)优化子模型。

该模型中的第一个组成部分是简化的CTS模型,但分区系统和交通网络比较粗糙。由于优化算法所需的计算量比较大,所以交通流特性与社会经济变量之间的数学关系也被大大简化。战略性土地利用/交通子模型的主要用途是为优化子模型提供"影响系数",以表征土地利用变量的影响。

该模型考虑了各种工程的开发以及交通设施的运营情况。每个区域的人口和服务性土地面积之间的数学关系来自成本子模型。优化子模型结合数学规划算法,将目标函数作为约束条件。从概念上讲,优化子模型根据最小的边际成本,在各种约束条件下,将土地利用和交通的发展规划数据分配给子区域。其中,边际成本是为容纳特定子区域内的一个单位的附加人口或就业所提供必要的服务性土地和交通基础设施的平均成本。最佳的全局土地利用开发模式以及相应的交通网络是根据多个目标函数确定的,其结果用于协助制定香港的土地利用和交通的远期发展战略。

4.5.1.5 北京

1)模型介绍

北京市土地利用与交通整合模型(BLUTI)作为"北京城市土地使用与交通整合模型研究"课题重要研究成果,是我国内地城市中构建的第一个可应用于规划实践的土地使用与交通一体化模型。

2）模型框架

北京市城市规划设计研究院开发的BLUTI模型的框架流程如图4-15所示。土地利用模型部分的构建主要以住宅市场和居民居住地选择为研究对象，不涉及企业的选址行为。这一建模策略的主要原因包括：缺乏企业选址行为的现状调查数据，且可获取的数据的准确度有待核查；企业规模的差异较大，企业模型分析单元选取较为棘手；北京产业市场中的政策主导因素较多。

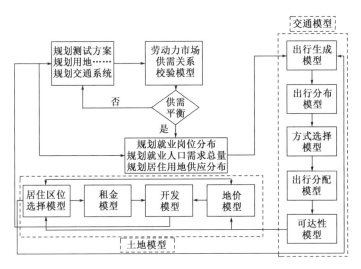

图4-15　BLUTI模型框架流程

因此，BLUTI模型中假定企业选址为外生变量（现状年主要以经济普查为基础，规划年主要以规划用地与就业岗位的关系系数为测算依据），主要模拟家庭住宅选择的市场行为。土地利用模型与交通模型主要通过可达性计算模型提供的不同区位的可达性以及居住区位选址模型提供的不同类型人口的居住分布情况进行互动。

BLUTI模型在同时满足小汽车出行量、各区域人口、可达性均在连续两次循环迭代中的差异小于给定阈值时，即判定模型收敛。

3）建模方法

土地利用模型主要涉及四个子模型，即居住区位选择模型、租金模型、房地产开发模型及地价模型。各子模型关系如图4-16所示。

从图4-16可以看出，居住区位选择模型与房地产开发模型之间通过租金模型连接。同时，房地产开发模型中的房地产供给会影响居住区位选择模型中的居住位置。此外，地价模型也会影响房地产开发模型中的生产成本。

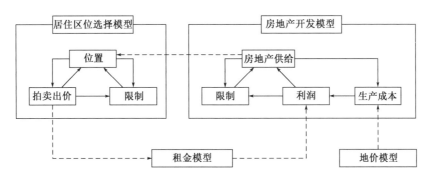

图 4-16　BLUTI 模型中各子模型的关系

除上述四个子模型外，还需构建可达性计算模型，以实现土地利用模型与交通模型的互动。

(1) 模型维度划分。

家庭类型分为五类，即低收入家庭、中收入有车家庭、中收入无车家庭、高收入有车家庭和高收入无车家庭。交通小区划分延用宏观交通模型 BMI 中的交通小区划分，即 178 个交通小区。由于模型仅针对住宅土地市场，且基础数据相对较为缺乏，因此将住宅用地合并为一类，即普通住宅用地。

(2) 居住区位选择模型。

居住区位选择模型采用多项式 Logit 模型。居住区位选择模型主要基于房地产市场的竞价租售行为。该模型不仅可得到各类人群在各区位住宅中的分布比例，还可得到各类人群对各区位住宅的支付意愿。

(3) 租金模型。

租金模型主要基于居住区位选择模型得出的居民支付意愿分布，结合房屋价格分布，使用租金模型标定支付意愿与房屋租金间的关系。

(4) 地价模型。

地价模型主要为房地产开发模型提供房地产开发的土地成本，同时可以体现出土地价格与其影响因素间的关系。

首先，该模型对基准年土地价格分布进行分析；其次，分析影响地价的主要因素，包括区位、周边人文社会环境、配套设施条件等；最后，进行各类影响因素自相关分析及与基准年地价相关性分析。

(5) 房地产开发模型。

房地产开发模型主要用于模拟房地产市场的开发行为。该模型选择利润最高的可供开发的地块进行相应类型的房地产开发,从而使得开发商的利润最大化。

(6)可达性计算模型。

为了更客观地反映交通系统对土地利用的影响,区域的可达性指标可以体现其对居民居住区位选择以及房地产开发行为的影响。同时,可达性也作为土地价格制定的依据,综合反映交通系统对土地使用的影响。

4.5.1.6 上海

上海市至今还没有建立完整的土地利用与交通整体规划模型。对于土地利用与交通整体规划建模的研究,上海市城乡建设和交通发展研究院主要利用现状用地和建筑数据、规划用地数据、现状人口、岗位数据及规划人口岗位等数据,基于用地与交通流、物流及交通系统的互动关系分析,构建了用地、社会经济活动与交通系统的概念模型,其结构如图4-17所示。

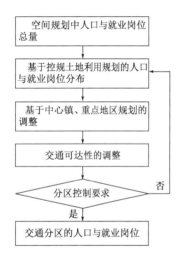

图4-17 用地与交通互动模型体系

人口模型、岗位模型和可达性模型是概念模型体系框架的核心。可达性作为联系交通与土地利用的重要指标,可反馈作用到人口模型和岗位模型中。

1)人口模型

在该模型中,某一地区的人口数量可作为居民居住选址行为的结果。模型假设居住选址行为与居住用地、房价、地区通达性、家庭收入、生活服务设施便利性、居住偏好、周边环境等因素有关,但是由于很多因素难以获取或量化,如居住的偏好、周边环境、生活服务设施便利性、房价等,所以模型主要选择区域居住用地、人均居住用地、岗位可达性与公建用地可达性等作为模型参数。

2)岗位模型

在该模型中,某一地区的岗位数量和类别可作为人员工作地点选址行为的结果。模型假设岗位的选址与该类岗位用地面积、就业岗位的可达性、就业岗位的待遇水平、就业岗位的区位等有关,但是由于各个岗位的待遇水平、区位等因素难以获得和量化,所以模型选取不同类型岗位用地的面积和岗位的可达性作为参数。

4.5.1.7 广州

广州市至今还没有建立完整的土地利用与交通整体规划模型,在土地利用与交通整体规划建模方面,广州市交通规划研究院主要构建了人口岗位模型与车辆拥有模型。

人口岗位模型基于交通可达性进行人口岗位预测。该模型以各规划分区的各类用地指标、各行政区控制人口、岗位数、各交通小区可达性指数作为输入,以各交通分区的人口和岗位数量为输出,模型框架如图4-18所示。

在车辆拥有模型中,首先按政策的总量进行预测,考虑无人驾驶等新技术影响,同时考虑收入分布、停车费用和公交可达性的分布预测,最终根据总量对人口与岗位分布进行调整。

4.5.1.8 深圳

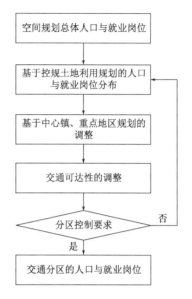

图4-18 人口岗位模型

深圳市至今还没有建立真正意义上的土地利用与交通整体规划模型,对于土地利用与交通整体规划建模的研究,主要成果为基于多源数据整理的土地利用数据与交通模型相结合。深圳市城市交通规划设计研究中心充分利用3S(GPS,RS,GIS)现代科技手段,建立土地开发的动态监测信息系统,了解规划区范围内土地开发整理的行为和项目进展情况,以提高规划管理水平,保证规划顺利实施。2007年启动了建筑物信息与应用服务工程,对全市建筑物普查信息建库,彻底清查建筑物名称、位置、面积、功能等现状情况及审批情况,并建立约60万幢建筑物三维模型及约200GB的三维模型数据库,以及建筑物信息更新机制和建筑物信息更新维护管理系统,利用规划审批信息及房地产交易信息对建筑物信息进行日常动态更新。滚动更新的建筑物信息库更利于厘清城市发展脉络,判别不同时期城市建设背景,支持城市、交通规划编制工作。

以建筑单体为信息单元,可将交通小区精度由街道(街区)级别提升至单个建筑级别。依托深圳市开展的建筑物信息与应用服务工程,通过对单个建筑单元进行普查及数据库实时更新,实现了用地信息精度由土地规划单元信息提升到单体建筑信息。

通过对土地利用数据的整理,并将其与交通模型结合,实现土地利用与交通一体化研究的目的。深圳市将中观仿真模型与传统交通影响评价方法相结合,建成我国首个建设项目交通影响评价系统(图4-19),用于评估片区和地块层面土地利用开发对交通的影响。

图 4-19　建设项目交通影响评价系统

4.5.1.9　典型城市整体规划建模框架对比分析

通过对东京、伦敦、旧金山、香港、北京、上海、广州、深圳八个典型城市的土地利用-交通整体规划模型进行研究,将这些城市的土地利用-交通整体规划模型的建模框架与模型优缺点进行对比分析(表 4-2)。

典型城市土地利用-交通整体规划模型对比　　　　　　　表 4-2

城市	整体规划模型	模型优缺点
东京	CALUTAS 模型	整体规划模型体系较为健全,综合考虑了社会经济、交通、土地利用等多个子模块,土地利用模型与交通模型之间为"整合型"架构
伦敦	LonLUTI 模型	整体规划模型体系非常健全,由经济模型、城市用地模型、搬迁模型和交通模型等子模块组成,每个子模块考虑的情形较为具体、全面。如模型考虑 19 项经济活动、9 种建筑面积类型、10 个区域经济部门
旧金山	UrbanSim 模型	具备前沿性的整体规划模型,由人口和经济预测模型、家庭和就业迁移模型、家庭和就业选址模型、房地产开发模型、房地产价格模型等子模块组成,交通模型为基于活动的模型
香港	LUTO 模型	建立了较为完整的整体规划模型,由战略性土地利用/交通模型、成本模型、优化模型等子模块组成,能够综合考虑土地开发与交通设施的运营情况,最大限度地减少土地开发和运输成本。模型构建与数据获取受到政府的支持
北京	BLUTI 模型	建立了较为完整的整体规划模型,但是模型考虑的因素较为简单,不够系统、全面
上海	自主研发模块	没有建立完整的土地利用与交通整体规划模型,仅构建了用地、社会经济活动与交通系统的概念模型,但是囊括了人口模型、岗位模型和可达性模型等子模块

续上表

城市	整体规划模型	模型优缺点
广州	自主研发模块	没有建立完整的土地利用与交通整体规划模型,仅构建了人口岗位模型与车辆拥有模型等子模块
深圳	自主研发模块	没有建立真正意义上的土地利用与交通整体规划模型,还停留在基于多源数据的土地利用数据与交通模型相结合的阶段

4.5.2 主流土地利用-交通整体规划模型对比与优选

国际上已发表十多种土地利用-交通整体规划模型,其特点各有不同。在 Wegener[95]和 Southworth[96]的评选基础上,本节将重点放在八个具有代表性的可应用于规划实践的运营模型上,并对这些模型进行更详细的评估。本节主要介绍以下八个已经在城市交通规划实践中应用的整体规划模型,分别为:ITLUP、MEPLAN、TRANUS、MUSSA、NYMTC-LUM、UrbanSim、PECAS 和 DELTA 模型。

4.5.2.1 主流模型简介及对比

1) ITLUP(DRAM/EMPAL)模型

ITLUP 模型是目前在美国应用最广泛的土地利用-交通整体规划模型,由美国宾夕法尼亚大学 Putman 开发。Putman[97]的一项统计表明,历经 40 多次校准后,该模型已在美国及其他国家和地区有十几项应用。该模型包含一个可分离为多个子模型的多项 Logit 模型,同时也支持多种网络分配算法的交通分配子模型。交通生成和交通分布产生于 DRAM 模型内部,并与家庭位置同步。然而,DRAM 和 EMPAL 模型通常是单独使用,在实际应用过程中与其他交通需求预测模型(包括 EMME/2,TRANPLAN 和 UTPS)进行关联。因此,外部关联可以为交通模型提供大量出行需求和出行成本信息。与其他框架相比,ITLUP 模型对建模数据的要求相对较低。Southworth[96]指出 DRAM/EMPAL 模型的一个重要优势是它以普遍可得的数据为基础(即与人口、家庭和就业有关),但是,这也反映出该方法的不足,即该框架忽略了土地市场供需平衡流程(或其他市场的供需平衡流程)。该模型最新进展是在 DRAM/EMPAL 模型基础上成功开发了 METROPI-LUS 模型,旨在改善与地理信息系统(GIS)数据库之间的关联和校正框架,进而使系统实现更大程度的模块化。它可在 ArcView 中运行,支持链接 ArcView GIS 数据库,并且兼容 Windows 系统。

2) MEPLAN 模型

MEPLAN 模型[99]框架由剑桥大学的 Marcial Echenique 团队开发,后期封装在由英国私人咨询公司(Marcial Echenique and Partners Ltd.)开发的专有软件中。自1985年开始，该公司即开始致力于该建模软件的开发，至今已有25年的城市建模经验和在世界范围内超过25个地区的应用经验,包括美国的萨克拉门托和喀斯喀特。很多学者的研究中都有该模型相关的详细论述,如Echenique[98]、Echenique 和 Williams[100]、Hunt 和 Echenique[101]、Hunt 和 Simmonds[102]、Hunt[103]。MEPLAN 模型是一个整合型规划模型。它将空间分为多个区划单元(如土地利用或交通小区),并将区域的家庭和经济活动数量(称为"因素"或"部门")分配到这些区划单元,而不同区域的要素相互作用和流动是导致交通需求变动的主要原因。模型框架的核心是投入产出矩阵或社会核算矩阵空间分配算法,扩展到包括可变技术系数、劳动力和土地及空间要素。包括家庭在内的所有经济活动都被视为生产和消费活动,其生产和消费模式用技术系数表示。在空间分配过程中不同区域社会经济活动之间的相互作用关系引起交通需求的变化,而空间分配是通过巢式离散选择模型模拟各种活动对生产资料(如空间与劳动力等)的选择行为来实现的。

模型通过连续的时间点来模拟时间的变化,空间(土地和建筑空间)是"不可移动的",必须在生产区域内被消费,且每个区域仅在特定的时间点进行空间供给。空间消费系数对价格具有弹性效应,确保每个区域的空间需求等于空间供给,因此空间价格是模型内生的,所以是在模型内部确定的,以此解决模型内空间的供需平衡问题,而其他部门产品的价格由生产-消费链内生确定。在考虑拥堵的情况下,使用 Logit 函数模拟交通运输方式和路径选择,将给定时间点产生的交通需求分配给多模式交通运输网络,交通负效应反馈至下一个周期,表示交通条件影响的滞后性。与"Lowry"基本部门类似的外生需求是经济活动的最初推动力,研究范围内的外部需求和每个区域的空间数量从一个时期到另一时期的改变推动经济变化,而这些变化会在各区域进行分配。

3) TRANUS 模型

TRANUS 模型由委内瑞拉的 Tomas de la Barra 提出,并由 Modelistica 公司开发为可应用于城市与区域规划实践中的软件。它采用了与 MEPLAN 模型相同的模型框架,初步形成于20世纪80年代。TRANUS 模型的主要特点是支持在框架中使用一组更为明确的(但更为受限)功能形式和建模选项,并允许使用比 MEPLAN 模型更集计的方法进行模型开发。目前,它已被应用于中美洲和南美洲以及欧洲的许多地区。TRANUS 模型已经被应用于美国的萨克拉门托和巴尔的摩市,马里兰州、俄勒冈州以及南美洲的很多地区。

4) MUSSA 模型

MUSSA 模型是由智利大学 Francisco Martínez 为智利圣地亚哥市开发的城市土地和空间市场的仿真模型。它可以与完整的"四阶段"交通规划模型进行无缝对接,对接后的模型被称为五阶段模型(5-LUT),该模型为圣地亚哥市进行了土地利用与交通需求平衡预测。该模型已用于检验各种交通、土地利用及包含二者的"一揽子"政策。该模型详细资料可参考 Martínez[104-108] 和 Donoso[109] 等的文献。

MUSSA 模型有如下特点:

(1)以微观经济学理论为基础。

(2)建筑空间供需平衡模型。对建筑空间的需求(家庭或者公司)取决于主体的支付意愿,买家试图最大化他们的盈余(意愿支付价格减去实际支付价格),而卖家试图最大化支付价格。建筑空间量由开发商提供,以便在需求显著的情况下实现利润最大化,建筑空间的价格是内生的。

(3)通过调整建筑空间供应量来解决预测年份的静态均衡问题。模型的终止状态拥有独立路径,即可以将任意一年设置为目标年份,且不要求提供中间年份的建筑空间供需平衡的解决方案。

(4)将交通小区作为分析的空间单元,提供一个相对精细的空间区划水平。

(5)相对于目前大多数的整体规划模型而言,该模型的社会经济活动分类精细化程度较高。在圣地亚哥市的应用过程中设置了 65 种家庭类型,可以使用大样本数据(包括与家庭相关的详细属性数据)作为土地利用微观静态仿真的输入数据。

(6)正在研究将区域级环境影响(排放)估计纳入建模系统。

5) NYMTC-LUM 模型

NYMTC-LUM 模型框架由美国纽约大学的 Alex Anas 为纽约大都会运输署开发。它是 METROPOLIS 模型的简化版本,也是 Anas[110] 在过去二十年开发的一系列土地利用与房地产模型中最新的一个。

NYMTC-LUM 模型包括以下几方面特点:

(1)以微观经济学理论为基础。

(2)同时模拟住宅空间、商业空间、劳动力及非工作出行之间的相互作用,明确表征了空间的供给过程。

(3)房价、租金及员工薪资由模型内生决定,用以调节各类社会经济活动的供需过程。

(4)通过调节工资水平实现模型的静态平衡,模型的终止状态拥有唯一的路径。

（5）利用交通小区（在纽约市的应用中设置了3500个小区）作为分析的空间单元，在当时相对于其他模型具有更为精细的空间分类。

（6）目前该模型没有将非集计的社会经济活动（如家庭、建筑物）作为模型单元。

（7）目前该模型中的土地利用系统没有与交通系统进行整合，而是将现有MTC交通需求模型的方式选择结果作为土地利用模型的输入，这与DRAM/EMPAL、MUSSA和UrbanSim模型的情况类似。

该模型的特点促进了其在交通领域的应用，包括：使用交通小区作为空间分析单元；使用详细的交通网络并利用MTC交通需求模型完成交通方式划分；模型的微观经济学结构支持进行一系列经济评估（财产价值、消费者剩余、生产者剩余等）。模型早期被应用于评估芝加哥伊利诺伊州拟建的南向走廊快速交通线路的影响，以及评估纽约一系列道路和交通服务变化的影响。

6）UrbanSim模型

UrbanSim模型是由美国得克萨斯大学Paul Waddell为美国夏威夷、俄勒冈州和犹他州开发的城市土地利用和建筑空间市场模型，其原型已在Eugene-Springfield地区完成测试。该模型旨在与Eugene-Springfield构建的传统"四阶段"交通需求预测模型结合使用，并与美国夏威夷州的火奴鲁鲁的基于活动的非集计交通模型相连接。UrbanSim模型最初由Urban Analytics公司开发，华盛顿大学正对其进一步开发和维护。俄勒冈州运输部门已将该模型和软件投入公共交通领域，并作为美国公路合作研究组织（NCHRP）开展的"土地利用与多式联运规划一体化[8-32（3）]"项目的一部分[111]。

UrbanSim模型的显著特征包括：

（1）使用支付意愿[Willingness-to-Pay（WP）]框架，概念上类似于MUSSA模型，但在关键部分不同（例如不假设均衡）。

（2）基于以年为单位建立供需失衡模型。建筑库存的需求（无论是家庭还是公司）是基于他们的支付意愿或者竞标价格（为观察得到的价格而不是假设的WP，因为WP数据很难收集）。买方试图最大化他们的盈余（WP减去支付的价格），而卖方试图使支付的价格最大化。建筑空间由开发商提供，以便在需求明显的情况下实现利润最大化。空间价格在市场供需达成均衡的过程中进行确定，该过程发生在交通分析区域和房地产类型的子市场层面。

（3）模型每年以动态的、不均衡的方式运行，在此基础上根据预期利润（预期收入减去成本）对供应部分进行开发或重新开发个别地块。根据滞后一年的价格计算预期收入,并且假设新的建成空间在下一年之前不会被占用。需求基于滞后价格和当前供给,价格根据每年各个子市场的供需平衡进行调整。模型结束状态取决于模型运行的路径,并且需要每个中间年份的解决方案。

(4)模型的需求预测使用交通分析小区作为其空间单位(Eugene-Springfield 使用了 271 个小区,火奴鲁鲁使用了 761 个小区,在犹他州的盐湖城使用了超过 1000 个小区)。因此,与其他模型相比,它的空间尺度更加精细。在土地供给方面,该模型将单个地块作为土地开发和再开发的单位,使其成为迄今为止为数不多的几个使用地块作为基本分析单位的模型。

(5)相对于大多数当前运营的模型,该模型具有最高精细度的社会经济活动表征。为 Eugene-Springfield 建立的模型能够实现 111 种家庭未来年数量的预测。

(6)模型的基础是对政策方案的分析,其中包括综合土地利用计划,开发管理法规,如城市扩张、最小和最大开发密度、混合用地开发和改造、环境对发展的限制和开发定价政策,以及由相关的交通需求模型决定的交通基础设施需求和定价政策等。

7) PECAS 模型

PECAS(Production,Exchange,Consumption Allocation System)是生产、交换、消费分配系统的英文缩写,由加拿大卡尔加里大学汉特(John Douglas Hunt)开创的 HBA Specto 公司开发。用于模拟空间经济系统的土地利用-交通整体规划模型,可用来模拟土地利用与交通之间的互动关系。其中,空间经济系统包括多个子系统(经济和交通系统)以及各种要素,如人口、就业、土地及空间、交通需求与供给及社会和自然环境等。PECAS 模型致力于模拟整个社会经济活动在空间的分布和各个行业间的交互关系,以及这些分布及交互关系对土地/空间供给、交通及环境系统的影响。

PECAS 模型由区域宏观经济模块、社会经济活动分配模块、土地开发模块和交通供给模块四个模块组成。区域宏观经济模块主要功能是预测区域内各种社会经济活动的增长趋势;社会经济活动分配与交互模块用于在空间上分配各种社会经济活动以及模拟这些活动之间的空间交互作用关系;土地开发模块用于模拟开发商为各种社会经济活动提供用地或建筑空间的开发行为,包括从一个时间点到另一个时间点的新的土地开发、用地的转换以及再开发;交通供给模块与社会经济活动分配模块发生交互作用,根据社会经济活动的空间分布及相应网络流量,改变交通的效用,从而引起交通需求的波动以及交通状况的改善或恶化。PECAS 模型各模块、数据流及动态仿真过程如图 4-20 所示。

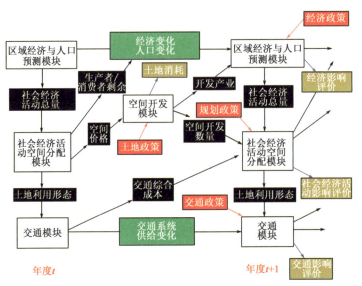

图 4-20　PECAS 模型各模块、数据流及动态仿真过程

图 4-20 给出了在某一个模拟年度 t，区域宏观经济模块将各个行业的经济总量传递给社会经济活动空间分配模块，社会经济活动之间的交互关系即为交通(包括客货)需求的基础，从而产生交通量。同时在社会经济活动分配模块将社会经济活动分配到空间区划(如 LUZ 或 TAZ)的过程中，这些活动就对土地及相应的地产开发产生相应的需求，从而刺激或者抑制地产的开发。然后，相应的信息被传递到下一个年度 $t+1$，开始下一个模拟过程，直至到规划年度。图中的黑色方框表示 PECAS 模型各个模块之间的数据交互内容，红色方框表示可以测试的各种政策，而黄色方框则表示模型输出的可以对各种政策进行评价的重要指标(图中仅标注了一些典型的政策与指标)。

8) DELTA 模型

DELTA 模型是 David Simmonds 所在公司开发的一套土地利用-经济模型[112]。DELTA 模型自 1997 年以来在英国有超过 15 个实际应用案例，且在新西兰有 1 个实际应用案例。DELTA 模型中不同的子模型根据不同的理论框架进行建模，每个子模型的理论框架来源于相关学科，例如人口估算模型的校正工作是基于区域实际的人口统计数据开展的，而不是直接与模型系统的其他部分一起校准。初始的 DELTA 模型包含五个模块：社会发展、就业、区位、转型/增长和区域品质，扩展后的系统中增加了社会经济和人口迁移模型用来模拟不同区域间大规模的相互作用。DELTA 模型中也集成了车辆保有量模型，因此，目前模型运行的顺序为：人口迁移，社会发展，转型/增长，车辆保有量，社会经济，区位，就业和区位品质[113]。

基于以上对各主流模型的概述，表 4-3 和表 4-4 对以上八个主流土地利用-交通整体规划模型进行了对比，主要包括模型的典型特征与应用历史和决策支持功能三个方面。

第4章 城市土地利用与交通整体规划建模仿真关键技术

主流土地利用-交通整体规划模型典型特征与应用历史[114]   表4-3

模型	ITLUP	MEPLAN	TRANUS	MUSSA	NYMTC-LUM	UrbanSim	PECAS	DELTA
开发人员	S. H. Putman	M. Echenique	T. de la Barra	F. Martinez	A. Anas	P. Waddell	J. D. Hunt	D. Simmonds
典型特征	综合城市宏观仿真模型；准确捕捉城市变化过程中的时变要素	整合了空间投入产出模型与经济评价模型；能够预测基于商务出行的交通生成；出行被视为衍生需求	空间供给模型能够模拟开发商的选择行为；具有基于方式-路径选择功能的交通模型	集成了基于土地、建筑模型；在交通模型中对公交网络进行了细致的表征；精细化的家庭分类	房价、租金和工资由模型内生决定；适用于公共交通和土地利用政策评估的精细化空间分类	土地利用模型对人口过程进行微观模拟；模型以地块为空间研究单元；精细化分类家庭分区；开源软件	拥有在小区和地块层面对土地开发进行微观模拟的区域计量经济模型；能够与基于活动的出行模型相结合并在大型区域层面进行应用	对人口变化进行微观模拟；将即将开发的空间作为现有建筑物的一部分进行处理
应用历史	超过25年的开发历史；已在美国多个城市开展多达40次的实际应用	在过去25年的发展历程中，两者有很多共同的应用经历，如在美国（萨克拉门托使用TRANUS模型，华盛顿州使用MEPLAN模型，俄勒冈州和巴尔的摩使用TRANUS模型）的应用		在智利圣地亚哥有超过8年的应用历史	基于过去20年在芝加哥利用纽约市的模型（CATLAS、CPHMM、NYSIM）的相关经验，为纽约市开发了NYMTC-LUM模型	在火奴鲁鲁、尤金、斯普林菲尔德、盐湖城和俄勒冈州都有过相关应用	依托加拿大卡尔加里大学，在过去20年逐步完善并投入实际应用，主要应用于北美、中国及印度等多个州/省和城市	自1997年以来在英国有超过15次的实际应用，在新奥克兰有1次实际应用

表 4-4 主流土地利用与交通整体规划模型决策支持功能对比[114]

	模型	ITLUP	MEPLAN	TRANUS	MUSSA	NYMTC-LUM	UrbanSim	PECAS	DELTA
土地利用	**定价**								
	税收:房产税	×	√	√	√	√	√	√	√
	补贴:商业再开发区	×	√	√	√	√	√	√	√
	开发费用	◆	√	√	√	√	√	√	√
	基础设施和服务								
	公共住房	◆	√	√	√	√	√	√	√
	土地开发服务	×	√	√	√	√	√	√	√
	市场监管								
	政府大楼,其他非营利性组织	◆	√	√	√	√	√	√	√
	控规(用途,密度)	×	√	√	√	√	√	√	√
	微型设计建筑/邻里问题	×	×	×	×	×	×	×	×
	教育/市场营销								
	改变/如何改变态度和敏感性	◆	◆	◆	◆	◆	◆	◆	◆
交通	**定价**								
	道路收费/拥挤收费	★	√	√	★	★	★	√	★
	燃气税	★	√	√	★	★	★	√	★
	补贴(资本,运营)	×	×	×	×	×	×	×	×
	公共交通票价	◆	√	√	★	★	★	√	★
	停车费	◆	√	√	★	★	★	√	★
	基础设施和服务								
	修建道路,高乘坐率的车辆	√	√	√	√	√	√	√	√
	构建铁路/专用的运输方式	◆	√	√	√	√	√	√	√
	提供公交服务	×	√	√	√	√	√	√	√
	ITS(如运输系统管理等)	×	×	×	×	×	×	×	×
	停车	×	×	×	×	×	×	√	×

续上表

	模型	ITLUP	MEPLAN	TRANUS	MUSSA	NYMTC-LUM	UrbanSim	PECAS	DELTA
交通	市场监管	停车规定条例	×	×	×	×	×	×	×	×
		道路规则	◆	◆	◆	√	√	√	√	√
		非定价交通需求	×	×	×	×	×	×	×	×
		车辆/驾驶证(即授权使用交通运输系统)	◆	◆	◆	×	×	×	×	×
	教育/市场营销	检查/维护方案	×	×	×	×	×	×	×	×
		改变/如何改变态度和敏感性	◆	◆	◆	◆	◆	◆	◆	◆
	定价	购车税	×	×	×	×	×	×	×	×
		许可费用	◆	√	√	×	×	√	√	√
		收入再分配(例如累进税、福利等)	×	×	×	×	×	×	×	×
		排放标准(特定车辆)	◆	√	√	√	√	×	√	√
其他	市场监管	噪声	★	★	★	★	★	★	√	√
		安全(事故)	★	★	★	★	★	★	◆	★
		车辆技术标准	★	×	×	×	×	★	×	★
		排放标准(特定车辆)	×	×	×	×	×	×	×	×
	教育/市场营销	改变/如何改变态度和敏感性	◆	◆	◆	◆	◆	◆	◆	◆

注:√:确定或一般情况下可以;×:没有;★:不确定;◆:只能通过外部参数响应。

4.5.2.2 模型框架优选

基于以上对比分析和我国大中城市交通规划决策支持需求与建模业界所面临的数据及资源约束,推荐构建基于 PECAS 模型框架的土地利用-交通整体规划模型。具体原因如下:

(1)操作平台。PECAS 模型的主程序是基于 Java 编写的,可运行于个人计算机或者服务器;在模型操作方面均采用 Python 脚本进行程序调用,可操作性强。

(2)模型的连续性和逻辑性。PECAS 以年度为模型的模拟步长单位,每一个模拟年度内都需要实现社会经济活动空间分配与空间供需平衡,前一个模拟年度的输出数据将作为驱动下一个年度的仿真与模拟的输入数据,从而实现模型预测的连续性和逻辑性。

(3)模型架构。PECAS 模型可以通过整合型架构(即在土地利用模型中完成出行生成与分布)或者连接型架构实现土地利用模型与交通模型的交互,具有复合、灵活的模型框架。

(4)空间开发建模。在 PECAS 模型框架中,可以使用基于土地利用小区的集计空间开发模块,也可以使用基于地块的非集计空间开发仿真模块,具有较强的灵活性和实用性。

(5)模型适用性。PECAS 模型能与交通模型进行高度集成,拥有完整的市场行为(生产和消费)模拟功能,社会经济活动生产所需资料的价格完全由模型内生决定。

(6)时空精度。至今构建的近 20 个 PECAS 模型均以年度为步长单位,以土地利用小区与交通小区为空间单元,具有较高的时空精度。

(7)PECAS 模型可以同时对客货运输需求进行建模分析和预测。

(8)PECAS 模型是可以分析税收与投资等政策对产业发展、社会经济活动分布、交通及土地利用系统的影响的整体规划模型之一。

(9)PECAS 模型框架基于投入产出表,可以明确地对每个产业的生产与消费链进行表征,并在此基础上可以预测其消耗自然资源和产生环境污染等外部效应。

(10)普适性。在建模理论、方法和数据需求等方面,PECAS 模型比 MEPLAN 和 TRANUS 模型更具有普适性。

(11)模型结果展示与分析。PECAS 模型具备完整的经济评价模块(价格、消费者剩余等),可以借助 MapIt 快速地进行基于网页的模型结果展示与分析;模型结果存放于 CSV 文件中,为各种软件调用数据进行模型结果的分析与展示提供了便利条件。

4.5.2.3 PECAS 模型的可行性与适用性

PECAS 模型建立了一个集计、均衡的市场结构，运用不同的技术参数及通过交易价格调整市场的机制，来模拟社会经济活动中各种产品从生产到消费的流通过程。这些产品包括商品(Goods)、服务(Services)、劳动力(Labor)和空间/土地(Space/Land)。产品从生产市场到交易市场，再从交易市场到消费市场的流通量是根据产品的交易价格和交通负效用等因素，运用巢式 Logit 模型在空间上加以分配。产品流通量再被转换成交通需求量，并被加载到交通网络上，进而确定在拥挤状态下的运输效用(成本)。各类土地及空间的交易价格将在社会经济活动分配模块中确定，然后被输入到空间开发模块中，空间开发模块继而预测在此交易价格下土地开发的情况(包括在何处开发、开发何种建筑类型及其数量)，用来模拟开发商对于房地产市场价格变化的反应与行为。该模型可对每一年度的生产、交易和消费等活动进行模拟，再通过交通负效用和用地变化，来影响下一年度的交易流通量(Exchange Flows)。

PECAS 模型包含着区域社会经济活动总量预测、社会经济活动空间分配、空间开发及交通模块，因此，可以用来分析一系列相关的政策，比如经济社会发展、土地利用、交通及环境等。在拥有 PECAS 模型的情况下，就有可能对一揽子政策的最终效应做出客观而全面的评价，这对于一般的交通模型来说是不可能的。例如，PECAS 模型就可以用来考察经济政策对于社会经济活动总产出以及相应的土地及空间开发和交通行为的影响。同时，它也可以用来评价交通政策(如大规模交通基础设施建设、拥堵收费及限行等)对于土地利用及空间开发及经济运行的影响。这个模型也可以为现有"四阶段"交通规划模型的缺点提供解决方案。传统的"四阶段"模型没有任何理论基础及方法可用于解决现有交通模型中所使用的基于"主观判断"的土地利用及人口/就业分布预测。该模型框架可为我国大中城市提供相对较为准确的土地利用形态、人口与就业分布及各种产业之间的交互关系和人员与货物交换量的预测。这些优势对于进一步提升城市宏观交通模型的政策分析功能，支撑城市相关部门的日常业务具有重要的作用。

基于开发武汉市 PECAS 演示模型的成功经验，PECAS 模型在我国大中城市具有可行性和适用性。该模型框架可以很好地解决建模过程中所面临的人员、技术与数据等方面的困难，可以系统地预测城市社会经济发展状况、土地利用形态、交通系统与环境的承载力。

4.6 城市土地利用-交通整体规划模型实施路径

本节以 PECAS 模型框架为基础,以武汉市为例,阐述城市土地利用-交通整体规划模型的构建与校正方法。

4.6.1 模型顶层设计

该模型可以预测多种社会经济活动的总量、时空分布和交互关系,涉及第一、第二产业及其管理部门,第三产业,政府机构及城市与农村家庭。在时空分辨率方面,以武汉市 63 个中区作为土地利用小区,模型设置了 690 个交通小区,以年为单位为土地利用和交通网络更新步长进行建模,预测从基础年至未来年 30 年内武汉交通网络、土地利用的发展及两者之间的相互影响与作用关系。图 4-21 为武汉市土地利用-交通整体规划模型的结构设计,同时也作为模型构建工作过程的指导性"蓝图"。

PECAS 模型包括以下几个模块:区域经济与人口预测模块、社会经济活动空间分配模块、空间开发模块及交通运输模块。基于模型的整体结构,构建及校正 PECAS 模型的主要步骤包括:

(1)根据模型设计,集计基础年湖北投入产出表并应用 Fratar 方法产生相应的武汉投入产出表。

(2)对武汉市人口、就业和各行业将来年的总量进行预测,实现经济预测模块。

(3)根据现有人口、就业和土地利用数据,将武汉投入产出表中的社会经济活动总量分配到相应的土地利用小区中去,实现社会经济活动分配模块。

(4)根据现有房地产开发、土地利用及控规数据,建立土地开发模块。

(5)根据现有及远景交通网络,建立相应的交通模块。

(6)估计每一模块的参数,测试每一模块及综合模型的精度,并进行校正与预测。

4.6.2 区域经济与人口预测模块构建技术路线

区域经济与人口预测模块属于 PECAS 模型的第一部分,主要是基于现有年份的数据来预测未来年人口和经济的增长情况,该模块的输出结果作为社会经济活动空间分配模块的输入数据。

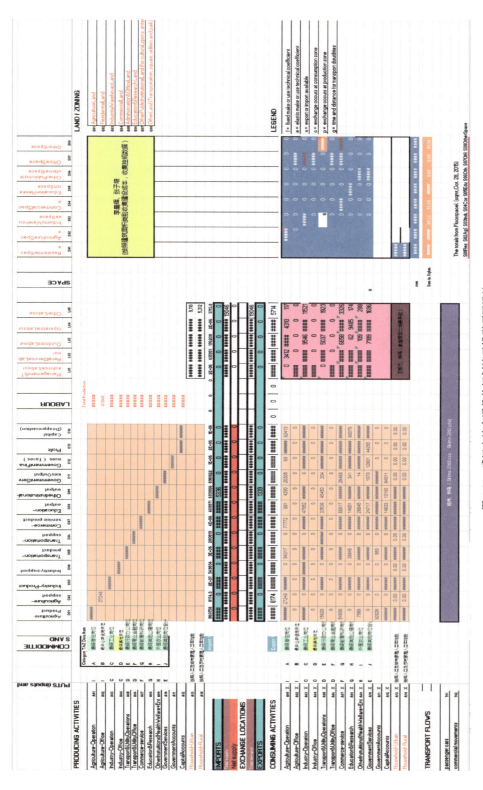

图 4-21 武汉土地交通整体规划演示模型顶层设计

该模块的主要功能是预测整体规划模型所表征的各产业/经济部门未来年度的总产出。图4-22展示了该模块的数据流结构与计算结果样例。图4-22a)展示了社会经济活动总量预测模块与其他模块之间的交互关系,图4-22b)为各种社会经济活动总产值的预测结果,图4-22c)为人口与家庭的预测结果,图4-22d)是以制造业为例对总产值进行预测并进行拟合的结果。该模块的基本建模方法是运用历史数据,选取与某一社会经济活动(如某个产业的总产值及总家庭数)相关变量,采用多种预测方法,标定相应的预测模型并进行精度对比分析,确定最优预测算法。需要注意的是,该算法不考虑社会经济活动的空间分布,仅考虑社会经济活动总量的预测。

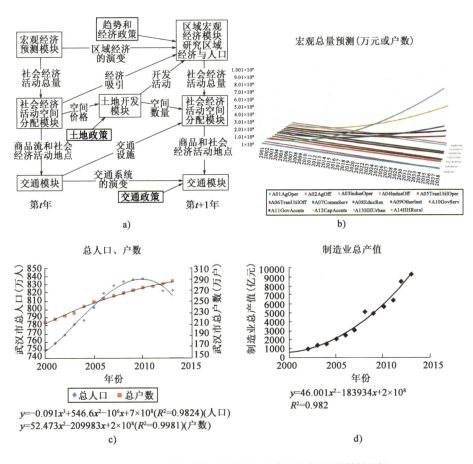

图4-22 武汉市整体规划模型部分社会经济活动总量预测结果示例

人口和经济数据主要来源于城市统计年鉴,人口数据表给出了比较详细的每个年龄的人口数。另外,统计数据包括了城市总人口和总户数,农村人口和农村家庭户数。经济数据主要包括国内生产总值、分行业生产总值及总产值(农业及其服务业、工业、矿业、制造业、水电气、建筑业、运输业、信息业、零售业、餐馆酒店、金融业、房地产业、环境服务业、教育、医疗保健、文体娱乐、进出口、财政收入与支出)共19类,这些数据主要来源于多个官方公开的统计数据。通过对以上数据的整合,在建模过程中,每一个行业(各类社会经济活动)的生产总值都有具体的数据支撑,而各产业(第一、二、三产业)总产值则通过合并相应产业的各个子类总量来求得。图4-23为区域经济人口预测模块构建技术路线,具体实施步骤如下:

(1)首先根据模型的集计经济平衡表,确定社会经济活动的类型,并结合相关统计数据和年鉴收集城市多年的社会经济总量。

(2)确定产业种类及相关变量,结合模型对数据进行搜集及预处理。

(3)构建社会经济总量预测模型,结合数据和对应的预测模型预测社会经济总量,并得出各产业各经济活动的预测值,并绘制预测曲线。

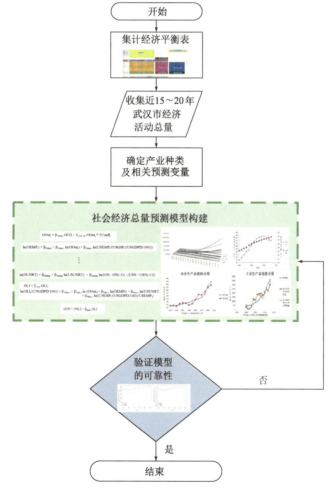

图4-23 区域经济与人口预测模块构建技术路线

(4)将预测结果和实际数据进行对比,验证预测模型的可靠性,若误差较大,则返回步骤(3),进行预测模型参数设置的调整;否则,将预测结果输出给社会经济活动空间分配模块。

4.6.3 社会经济活动空间分配模块构建技术路线

由区域经济与人口预测模块得到的武汉地区各年度社会经济活动总量为集计、非空间的,需由社会经济活动空间分配模块将其分配到相应的土地利用或交通小区。由区域经济与人口预测模块得出的社会经济活动总量是输入,其输出数据包括生产者/消费者剩余、空间价格和土地利用形态,可分别作为其他模块的输入数据。

该模块是将区域经济与人口模块中的各种社会经济活动(集计、非空间的)总量分配到空间,根据以下三层选择行为的综合效用确定某一社会经济活动的空间位置:①选择哪个区域(土地利用小区);②选择哪种生产(产业)或生活方式(家庭);③选择哪个交换市场买卖所需投入/产出的"商品"。社会经济活动空间分配模块及其输入、输出如图4-24所示。

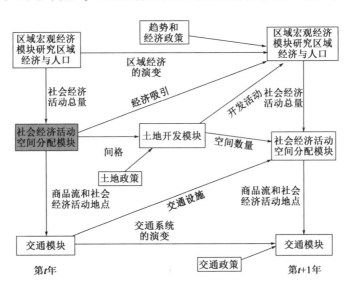

图4-24 社会经济活动空间分配模块及其输入、输出

图4-24描述了社会经济活动空间分配的过程,该过程分为三步:①位置选择。选择居住或者开展相应社会经济活动(如农业、制造业或商业等)的土地利用或者交通小区(具有其独特的区位、可达性、本地优势等)。②生产/生活方式选择。为了生产某种产品(如钢铁),家庭或者相关产业所需要采用的生活/生产方式。③"商品"买卖市场选择。商品交换场地/市场选择(卖家将商品交给买家,由买家开始负责商品运输费用)。该分配过程运用了巢式Logit模型,根据该模型的三层选择行为的综合效用确定

某一社会经济活动的空间位置。三层巢式 Logit 模型中所使用的效用函数及它们之间的关系如图 4-25 所示。

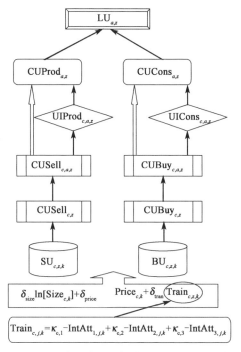

图 4-25 社会经济活动空间分配模块中效用函数及其关系

基于随机效用理论,社会经济活动空间分配模块运用巢式 Logit 模型,根据一个三层选择的综合效用确定某一社会经济活动的空间位置。对于任何一个社会经济活动的区位选择问题,首先进行其"商品"买卖市场选择,模块根据交易地点的商品交易价格和交通负效用等因素确定最佳的商品买卖市场,这一层的结果被输入到上一层的模型,用来对生产/生活方式进行选择;结果输入到最高层的模型,用来计算各用地分区的区位效用,进而将各行业和家庭的活动分配到各空间分区中(图 4-26)。

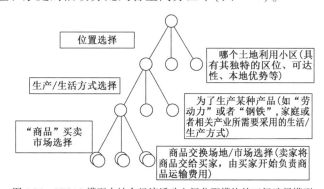

图 4-26 PECAS 模型中社会经济活动空间分配模块的三级选择模型

社会经济活动空间分配模块构建过程如图 4-27 所示,具体步骤如下:

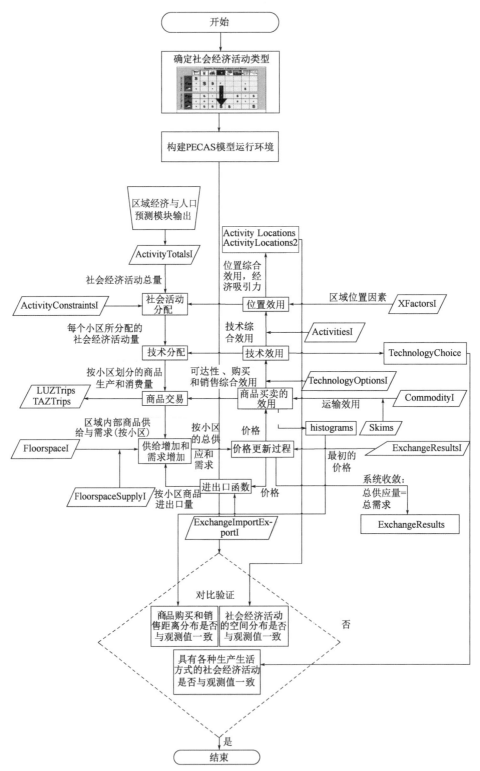

图 4-27 社会经济活动空间分配模块构建技术路线

（1）在确定社会经济活动类型的基础上，将区域经济与人口预测模块的输出作为输入数据，运行社会经济活动空间分配模块。

（2）基于区域经济人口预测模块的社会经济活动总量预测数据，根据模型计算得到每个小区所分配的经济活动量、商品生产和消费量、价格及各种综合效用等输出数据。

（3）构建社会经济活动空间分配模块需要准备 ActivitiesI、ActivityConstraintsI、ActivityTotalsI、CommodityI、ExchangeImportExportI、TechnologyOptionsI 等数据样表。

（4）ActivityTotalsI 表格描述模型所考虑的各行业在规划期内各个年度的经济总量，该表格中未来年各类社会活动总量由区域经济与人口预测模块得出。同时利用 ActivityConstrainsI 描述 PECAS 模型基础年度或者校准年度中各种社会经济活动的空间分布，一般是通过人口、就业或者建筑面积总量将一个城市或区域的产业总量分配到空间上去。

（5）FloorspaceI 表格描述模型在各个土地利用小区各种空间（如居住或者商业等）的既有量。同时 FloorspaceSupplyI 表格为各种空间商品（如居住和办公空间）在模型区域内随着价格波动所表现出的供给数量变化行为函数提供初始参数。

（6）ExchangeImportExportI 表格为各种商品在模型区域内随着价格波动所表现的进出口数量变化行为函数提供初始参数。

（7）CommodityI 表格描述各种商品价格在空间上的变化区间、购买和销售距离的分布散度系数及各种商品的运输成本系数。

（8）TechnologyOptionsI 表格描述各种社会经济活动的投入与产出系数及其各种生产/生活方式中选择肢的弹性（即对不同生产或生活方式中所需要消耗的商品构成的一种选择行为）。

（9）ActivitiesI 表格为社会经济活动空间分配模型中所使用的三级巢式 Logit 模型中最上方两层选择模型（空间位置选择与生产/生活方式选择）提供散度系数及惯性系数等参数。

（10）运行社会经济活动空间分配模型，将模型输出数据与观测数据进行对比，具体考察社会经济活动的空间分布是否与观测值一致；具有各种生产、生活方式的社会经济活动总量是否与观测值一致；商品购买和销售距离分布是否与观测值一致。

（11）若验证结果误差较大，则返回并对预测模型参数进行调整。

4.6.4　空间开发模块构建技术路线

PECAS 模型可以对每一年度的生产、交易和消费等活动进行模拟，再通过交通负效用和用地区位效用的相应变化,影响下一年度的各种经济活动的空间分布。空间开发模块主要作用是将 PECAS 模型中社会经济活动分配到空间上,之后确定每个区域的空间需求及相应的供给。在社会经济活动供给与消费的产品达成购销平衡的基础上,将三层巢式 Logit 模型输出的社会经济活动空间分配模型的结果、各项土地政策、各类用地数量及空间交易价格输入到空间开发模块。空间开发模块的输出结果用来模拟开发商为各种社会经济活动的生产、交易和消费等提供用地或空间的开发行为,包括开发、扩建和转换用地性质的用地量,以及废弃的用地量。

空间开发模块的主要功能是预测某一区域(如土地利用小区)将要开发的空间类型以及相应的开发量或开发强度。如图 4-28 所示,模型以单位年度为模拟步长,模拟各年度社会经济活动开展过程中生产/消费或交易等情况,空间开发模块完成对各类社会经济活动分配到各空间单元(如土地利用或者交通小区)后所对应的空间需求/供给的预测功能,空间开发模块的输出用来模拟房地产开发商的开发行为,如对土地的扩建、用地功能转换等。

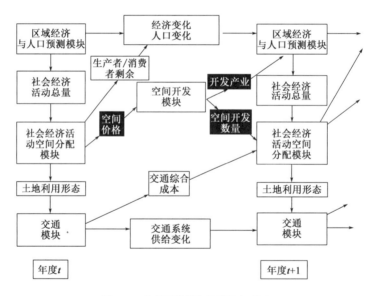

图 4-28　空间开发模块及其输入、输出

PECAS 模型的空间开发模块可以按行业来确定每一土地利用小区从上一时段到下一时段的用地供应量,即实际可供开发的用地量。空间开发模块是基于社会经济活动空间分配模块中的空间价格,对每个土地利用小区或者地块的各种空间开发行为进行模拟。地块有空闲用地、保持原状的现有用地、增建的用地、废弃和拆除的用地等四种开发类型。PECAS 模型的空间开发模块基于 Logit 模型计算不同类型用地的转换比例。空间开发模块二级选择模型如图 4-29 所示。

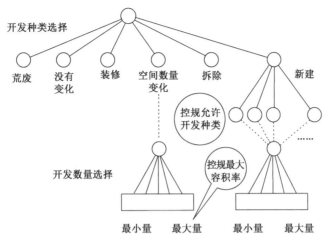

图 4-29 空间开发模块二级选择模型

空间开发模块构建过程如图 4-30 所示,具体模拟仿真步骤如下:

(1)根据城市的社会经济活动总量和社会经济活动的空间位置选择行为,结合土地的空间价格以及相关土地政策、现有房地产开发、土地利用及控规数据,构建空间开发模块运行环境。

(2)将 PECAS 模型中的社会经济活动空间分配模块运行的输出结果作为该模块的输入数据,在空间开发模块里,需要准备 Availand、FAR、dsz_div_k、SpaceTypes、ZonalProperties 等数据样表。

(3)dsz_div_k 表格描述在模型区域内空间的开发量与价格之间的弹性关系,同时结合当前空间数量分配现有空间数量到临时空间类型。

(4)SpaceTypes 表格和 ZonalProperties 表格描述在模型区域内各种空间的开发量与该空间产品的租金之间的函数关系(空间集计供给模型)、模型区域计算资金的收益率和相应的数据列,并对当前空间数量进行更新。

(5)结合控规条例,FAR 表格描述在空间开发过程中的最大容积率(空间与土地类型之间的对应关系和相应的最大容积率)。FAR 表格中的数据可以通过分析模型区域的控规条例获得,并且可以对不同区域实现不同的类型。

(6)在上述步骤基础上,Availand 表格描述某一模型年度中各个土地利用小区的各种可开发土地存量,本表格中数据一般是根据某个城市或者地区的详细控规数据获得的,最终得到在空间开发后新的待开发土地的存量,然后再次判断区域内是否有另一种土地类别,依次循环。

(7)进行 PECAS 模型的集计土地开发模块试运行,并将数据进行对比验证,验证各土地利用小区预测的土地开发量和空间开发量是否与观测值一致,验证结果若误差较大,则返回进行预测模型参数设置的调整。

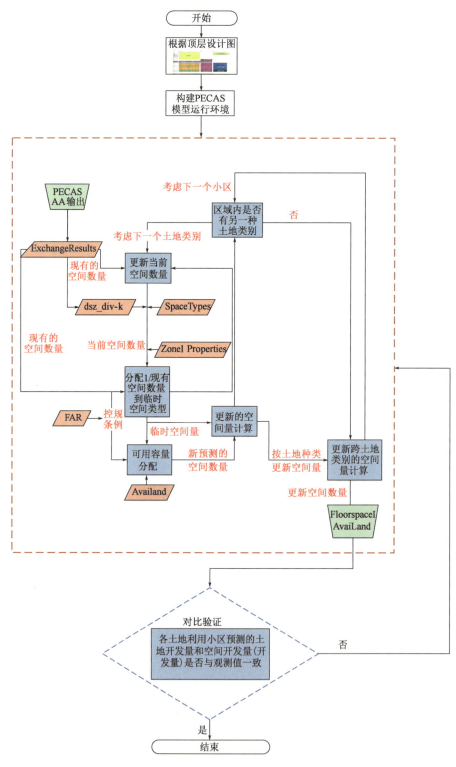

图 4-30 空间开发模块构建技术路线

4.6.5 交通运输模块构建技术路线

该模块主要是根据社会经济活动空间分配模块产生的人口与就业数据开展各个交通小区的出行/运输生成，出行/运输分布，进行方式分担计算，计算路网阻抗并将其反馈至社会经济活动空间分配模块。交通运输模块及其输入、输出如图 4-31 所示。

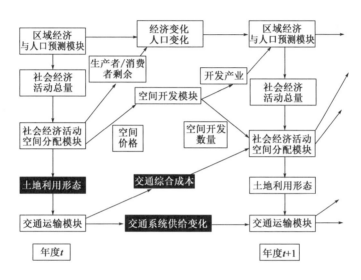

图 4-31 交通模块及其输入、输出

4.6.6 城市土地利用-交通整体规划模型校正方法

为了保障城市土地利用-交通整体规划模型的科学性与合理性，需要在模型参数标定后，基于校核年的数据对其进行校正。下面以 PECAS 土地利用-交通整体规划模型为例，阐述相关模型的校正方法。PECAS 模型的校核包含平均出行距离、家庭劳动力产出比例、生产与生活方式选择比例和建筑空间参数校正。

1）平均出行/运输距离校正

出行距离校核的目标是通过调整模拟商品交换市场选择行为的 Logit 模型的散度系数来影响商品交换市场的效用，使得模型所估计的运输产品（货物、服务和劳动力）的平均运输距离能够和实际运输距离（或者是商品流动分布距离）相同或者相似。该交换市场选择行为效用的影响因素包括价格、运输量和市场规模。当商品交换市场选择模型的散度系数增大时，商品交换效用中的价格和运输成本会增加，距离较远的市场的选择概率就会降低。出行距离校核方法的流程如图 4-32 所示。

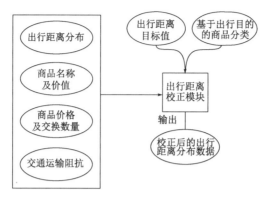

图 4-32 出行距离校核方法流程

为了校准货物、服务和劳动力运输出行距离,需要进一步将其划分为以下两个部分:

(1)劳动力和服务出行距离校准;

(2)货物运输距离校准。

劳动力或服务出行数据通常用于校准在城市工作的劳动者的出行距离,而这一类出行的行程一般较短。相对于劳动力的空间运输,货物的平均运距较高,货物是在城市以外的地方生产,然后运输到城市进行销售。因此,需要对它们分别进行校准。将研究区域划分为城市和农村,并将出行距离分布数据添加到社会经济活动空间分配模块中作为各年度输入数据的一部分。

以劳动力和服务出行距离校准为例,表 4-5 表示劳动力与服务出行距离目标值,以及最大、最小平均出行距离。图 4-33 为劳动力和服务的平均出行距离预测值与目标值的比较结果。由图 4-33 可以看出,校正后各类活动的模拟与观测出行距离的误差在比较合理的范围之内。

劳动力与服务出行距离目标值　　　　　表 4-5

出行类别	目标值(km)	原始值(km)	最小值(km)	最大值(km)
HB Work	5	100	1	140
HB Work2	5	100	1	140
HB Work3	5	100	1	140
HB Work4	5	100	1	140
HB Work5	5	100	1	140
HB Other	5	100	1	140
HB Other2	5	100	1	140
HB Shop	5	100	1	140
HB Univ	5	100	1	140
NHB Work2	5	100	1	140
NHB Work3	5	100	1	140

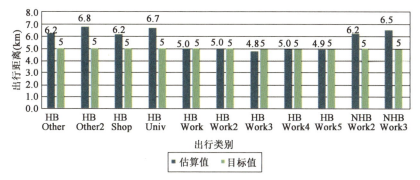

图 4-33　劳动力和服务的平均出行距离预测值与目标值的比较

2）家庭劳动力产出比例校正

家庭技术选择系数校正用于校正以家庭（分为农村和城镇）为单位的各类劳动力（如服务类）的比例。如果已知某个活动所使用的技术系数（不同类别劳动力组合下对应的特定系数），则可以用此方法进行系数调整，使得计算得到的技术系数与观测数据一致。家庭集群输入和输出层如图 4-34 所示。

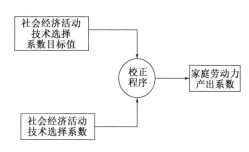

图 4-34　家庭集群输入和输出层

（1）家庭劳动力产出校正。

Technology Option Target 文件包括活动类型（用不同家庭类型表示不同活动类型）、家庭劳动力类别、目标值，具体内容见表 4-6。

技术选择目标值（Technology Option Target）　　表 4-6

活动类别	家庭劳动力类别	目标值
A13HHUrban	A13HHUrban|L01ManTechLabour	32.2%
A13HHUrban	A13HHUrban|L02RetailServLabour	13.5%
A13HHUrban	A13HHUrban|L03OutdoorsLabour	3.0%
A13HHUrban	A13HHUrban|L04OperatorsLabour	51.3%
A13HHUrban	A13HHUrban|L05OtherLabour	0.1%
A14HHRural	A14HHRural|L01ManTechLabour	31.5%
A14HHRural	A14HHRural|L02RetailServLabour	14.0%
A14HHRural	A14HHRural|L03OutdoorsLabour	3.3%
A14HHRural	A14HHRural|L04OperatorsLabour	51.0%
A14HHRural	A14HHRural|L05OtherLabour	0.1%

(2) 家庭劳动力产出比例校准输出。

集群校准的结果中包含家庭劳动力产出比例校核结果,如图4-35所示。

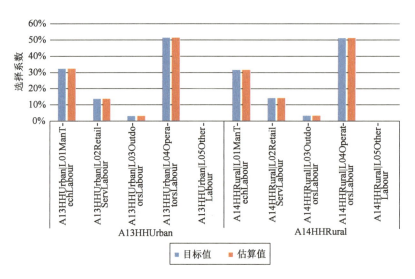

图4-35 家庭劳动力产出技术选择系数校核结果

3) 技术选择规模系数校正

校核通过调整 Technology options 文件中的规模系数来使得计算值和目标值接近,即分别对 PECAS 模型研究区域内总生产值、消费值的计算值与目标值进行比较,Technology options 文件还包含社会经济活动类型、商品等内容。值得注意的是,目标值是针对区域范围的,因为社会经济活动空间分配模块中的选择权重是针对区域范围的参数。校核结果包括商品的投入或使用属性、目标值及最终使用值。技术选择系数校核流程如图4-36所示,技术选择校核结果见表4-7。

技术选择校核结果　　　　　　　　　　　表4-7

活动类型	商品	投入/产出	目标值（万元）	原始值（万元）
Export Consumers-C09OtherInstProducts	C09OtherInstProducts	投入	1339.28	1339.3
Import Providers-C09OtherInstProducts	C09OtherInstProducts	产出	5335.94	5335.85
Export Consumers-C05Tran Products	C05TranProducts	投入	1776983.38	1774526.8
Export Consumers-C03IndusProducts	C03IndusProducts	投入	5184063.18	5179780.2
Import Providers-C07CommProducts	C07CommProducts	产出	525340.9	525169.84
Export Consumers-C07Comm Products	C07CommProducts	投入	740626.57	740471.75

续上表

活动类型	商品	投入/产出	目标值（万元）	原始值（万元）
Import Providers-C01AgProducts Import Providers_C05TranProducts	C01AgProducts	产出	341828.66	341245.54
Export Consumers-C08EducResProducts	C08EducResProducts	产出	534058.9	532609.65
Export Consumers-C01AgProducts Import Providers_C03IndusProducts	C01AgProducts	投入	58056.43	58052.66
ImportProviders-C08EducResProducts	C08EducResProducts	投入	359078.32	358508.85

4）建筑空间参数校正

建筑空间参数校准方案如图4-37所示。

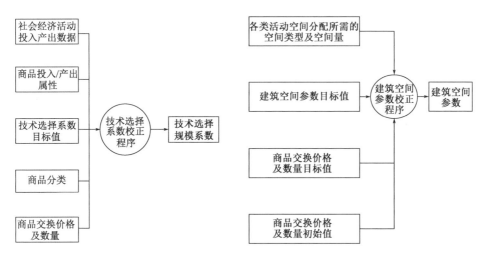

图4-36　技术选择系数校核流程　　图4-37　建筑空间参数校准方案

(1) 空间交换价格及数量。

在建筑面积校核之前，需要设置初始目标值。Exchange Results 文件包含建筑空间量、小区编号、目标价格和容差值。在校正的过程中将误差阈值设置为观测值的±25%以内。

(2) 建筑面积目标值(Floorspace Targets File)。

建筑面积目标值数据包含了各类活动占地建筑面积(Commodity)、小区编号(Zone Number)、目标价格值(Target Floorspace)、容差值(Tolerance)。在本次校正中，建筑面积误差阈值设置为观测值的±30%以内，该过程以空间价格作为目标进行校正，校正输出结果如图4-38所示（以居住用地与工业用地为例）。

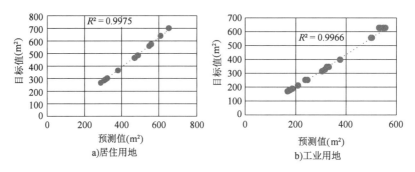

图 4-38　空间量校正结果样例

4.7　本章小结

本章首先介绍了在完善的城市土地利用-交通整体规划模型缺失的条件下,简易用地与交通需求关系模型的构建方法,结合国内现状与成熟土地利用-交通整体规划模型的建模经验,提出适合国内城市的土地利用-交通整体规划模型框架及其子模块的建模技术路线。以 PECAS 模型作为我国大中城市的优选模型并建立相关建模框架,同时对 PECAS 模型进行详细介绍,并对其各个模块及其功能进行概述,包括 PECAS 模型的可行性、适用性及基础资料的可获得性,以及总结了目前 PECAS 模型的应用及其实际应用经验。此外,详细地介绍了基于 PECAS 模型框架的土地利用-交通整体规划模型构建技术路线,以及区域经济与人口预测模块构建技术路线、社会经济活动空间分配模块构建技术路线和空间开发模块构建技术路线,同时论述了具体的模型校核步骤。

本章参考文献

[1] 张宇,郑猛,张晓东,等.北京市交通与土地使用整合模型开发与应用[J].城市发展研究,2012(2):108-115.

[2] 陈必壮,陆锡明,董志国.上海交通模型体系[M].北京:中国建筑工业出版社,2011.

[3] 广州市交通规划研究院.广州市交通规划模型及应用情况[R].[出版地不详:出版者不详],2019.

[4] 林涛.基于大数据的交通规划技术创新应用实践——以深圳市为例[J].城市交通,2017(01):43-53.

[5] 杨伟,李建忠,王新竹,等.武汉市土地交通整体规划模型开发实践与总结[J].交通与运输(学术版),2017(01):59-63.

[6] 牛凤瑞. 城市学概论[M]. 北京：中国社会科学出版社，2008.

[7] 曾小林. 城市高密度土地利用与交通系统一体化布局规划研究[D]. 重庆：重庆交通大学，2009.

[8] 赵童. 国外城市土地使用——交通系统一体化模型[J]. 经济地理，2000(6)：79-83.

[9] ANAS A，ARNOTT R J. The Chicago Prototype Housing Market Model with Tenure Choice and its Policy Applications[J]. Journal of Housing Research，1994，5(1)：24-90.

[10] IACONO M，LEVINSON D，El-Geneidy A. Models of Transportation and Land Use Change：a Guideto the Territory[J]. Journal of Planning Literature，2008，22(4)：324-40.

[11] PUTMAN S H. Integrated land use and transportation models：an overview of progress with DRAM and EMPAL，with suggestions for further research[C]. Washington，D. C.：[s. n.]，1994.

[12] DE LA BARRA T，RICKABY P A. Modelling regional energy-use：A land-use, transport, and energy-evaluation model[J]. Environment and Planning B：Planning and Design，1982，9(4)：429-443.

[13] HUNT J D，ABRAHAM J E. Design and implementation of PECAS：A generalised system for allocating economic production，exchange and consumption quantities[M]// Integrated Land-Use and Transportation Models. West Yorkshire：Emerald Group Publishing Limited，2005：253-273.

[14] ANAS A，LIU Y. A regional economy, land use, and transportation model (relu-tran©)：formulation，algorithm design，and testing[J]. Journal of Regional Science，2007，47(3)：415-455.

[15] ANAS A. Residential Location Markets and Urban Transportation：Economic Theory, Econometrics and Policy Analysis with Discrete Choice Models[M]. [S. l.：s. n.]，1982.

[16] WADDELL P. A Behavioral Simulation Model for Metropolitan Policy Analysis and Planning：Residential Location and Housing Market Components of UrbanSim[J]. Environment and Planning B，2000，27(2)：247-264.

[17] WADDELL P，PEAK C，CABALLERO P. UrbanSim：Database Development for the Puget Sound Region[R]. Seattle：University of Washington，2004.

[18] CLARKE K C，HOPPEN S，GAYDOS L. Methods and Techniques for Rigorous Calibration of a Cellular Automaton Model of Urban Growth[C]. Santa Fe：Third International

Conference/Workshop on Integrating GIS and Environmental Modeling,1996.

[19] SILVA E A. CLARKE K C. Calibration of the SLEUTH Urban Growth Model for Lisbon and Porto, Portugal[J]. Computers, Environment and Urban Systems, 2002, 26: 525-552.

[20] VERBURG P H, VELDKAMP T, BOUMA J. Land Use Change Under Conditions of High Population Pressure: the Case of Java[J]. Global Environmental Change,1999,9(4):304-312.

[21] HUNT J D. Agent Behaviour Issues Arising with Urban System Micro-simulation[J]. European Journal of Transport Infrastructure and Research,2003,2(3/4):234-254.

[22] PARKER D C, MERETSKY V. Measuring Pattern Outcomes in an Agent-based Model of Edge-effect Externalities Using Spatial Metrics[J]. Agriculture, Ecosystems & Environment,2004,101(2):234-250.

[23] TORRENS P M. SprawlSim: Modeling Sprawling Urban Growth Using Automata-based Models[J]. Agent-Based Models of Land-Use/Land-Cover Change, 2002, 10(7): 69-76.

[24] HUNT J D, ABRAHAM J E, SILVA D D, et al. Developing and Applying a Parcel-level Simulation of Developer Actions in Baltimore[C].[S. l. :s. n.],2008.

[25] HUNT J D, SILVA D D, ABRAHAM J E, et al. Microsimulating Space Development in Baltimore[C]. Hong Kong,[s. n.],2007.

[26] WEGENER M. Overview of Land-use Transport Models[J]. Handbook of Transport Geography and Spatial Systems,2004,5:127-146.

[27] ACHEAMPONG R A, SILVA E A. Land use-transport interaction modeling: A review of the literature and future research directions[J]. Journal of Transport and Land use, 2015,8(3):11-38.

[28] HARGREAVES A, Cheng V, Deshmukh S, et al. Forecasting how residential urban form affects the regional carbon savings and costs of retrofitting and decentralized energy supply[J]. Applied Energy,2017,186:549-561.

[29] MCCOLLUM D L, WILSON C, PETTIFOR H, et al. Improving thebehavioral realism of global integrated assessment models: An application to consumers' vehicle choices[J]. Transportation Research Part D: Transport and Environment,2017,55:322-342.

[30] WALSH C L, DAWSON R J, HALL J W, et al. Assessment of climate change mitigation

and adaptation in cities[J]. Proceedings of the Institution of Civil Engineers-Urban Design and Planning,2011,164(2):75-84.

[31] PREGNOLATO M,FORD A,ROBSON C,et al. Assessing urban strategies for reducing the impacts of extreme weather on infrastructure networks[J]. Royal Society Open Science,2016,3(5):160-183.

[32] BIERLAIRE M,DE PALMA A,Hurtubia R,et al. Integrated Transport and Land Use Modelling for Sustainable Cities,EPFL Press,Routledge(2015)[J]. Journal of Transport Geography,2018,72:275-276.

[33] MILLER E. The case for microsimulation frameworks for integrated urban models[J]. Journal of Transport and Land use,2018,11(1):1025-1037.

[34] HARVEY E P,CARWELL R C,McDONALD G W,et al. Developing integrated models by coupling together existing models:land use,economics,demographics and transport in Wellington, New Zealand[J]. Computers, Environment and Urban Systems, 2019, 74:100-113.

[35] ZIEMKE D,NAGEL K,MOECKEL R. Towards an agent-based, integrated land-use transport modeling system[J]. Procedia computer science,2016,83:958-963.

[36] LLORCA C,KUEHNEL N,MOECKEL R. Agent-based integrated land use/transport models:a study on scale factors and transport model simulation intervals[J]. Procedia Computer Science,2020,170:733-738.

[37] KUEHNEL N,ZIEMKE D,MOECKEL R,et al. The end of travel time matrices:Individual travel times in integrated land use/transport models[J]. Journal of Transport Geography,2020,88:102862.

[38] MOECKEL R,HEILIG M,HILGERT T,et al. Benefits of integrating microscopic land use and travel demandmodels:location choice,time use & stability of travel behavior [J]. Transportation Research Procedia,2020,48:1956-1967.

[39] NAMDEO A,GOODMAN P,MITCHELL G,et al. Land-use,transport and vehicle technology futures:An air pollution assessment of policy combinations for the Cambridge Sub-Region of the UK[J]. Cities,2019,89:296-307.

[40] HENSHER D A,HO C Q,ELLISON R B. Simultaneous location of firms and jobs in a transport and land use model[J]. Journal of Transport Geography,2019,75:110-121.

[41] EMBERGER G,PFAFFENBICHLER P. A quantitative analysis of potential impacts of

automated vehicles in Austria using a dynamic integrated land use and transport interaction model[J]. Transport Policy,2020,98:57-67.

[42] MANRIQUE J,CORDERA R,MORENO E G,et al. Equity analysis in access to Public Transport through a Land Use Transport Interaction Model. Application to Bucaramanga Metropolitan Area-Colombia[J]. Research in Transportation Business & Management, 2020:100561.1-100561.14.

[43] PENAZZI S,ACCORSI R,MANZINI R. Planning low carbon urban-rural ecosystems:An integrated transport land-use model[J]. Journal of Cleaner Production,2019,235: 96-111.

[44] YIN B,LIU L,COULOMBEL N,et al. Evaluation of ridesharing impacts using an integrated transport land-use model:a case study for the Paris region[J]. Transportation Research Procedia,2017,27:824-831.

[45] NOVIANDI N,PRADONO P,TASRIF M,et al. Modeling of dynamics complexity of land use and transport in megapolitan urban fringe(case of Bekasi city)[J]. Transportation research procedia,2017,25:3314-3332.

[46] 范炳全,张燕平.城市土地利用和交通综合规划研究的进展[J].系统工程,1993(02):1-5.

[47] 刘冰,周玉斌.交通规划与土地利用规划的共生机制研究[J].城市规划汇刊,1995(5):24-28.

[48] 李泳.城市交通系统与土地利用结构关系研究[J].热带地理,1998,18(4):307-10.

[49] 曲大义,王炜,王殿海.城市土地利用与交通规划系统分析[J].城市规划汇刊,1999(06):44-45.

[50] 毛蒋兴,阎小培.我国城市交通系统与土地利用互动关系研究述评[J].城市规划汇刊,2002(04):34-37.

[51] 周素红,闫小培.武汉城市空间结构与交通需求关系[J].地理学报,2005(01):131-142.

[52] 周素红,闫小培.基于居民通勤行为分析的城市空间解读——以武汉市典型街区为案例[J].地理学报,2006(02):179-189.

[53] 周素红,闫小培.武汉城市居住-就业空间及对居民出行的影响[J].城市规划,2006(05):14-18.

[54] 王媛媛,陆化普.基于可持续发展的土地利用与交通结构组合模型[J].清华大学学报(自然科学版),2004(09):1240-1243.

[55] 陆化普,王建伟,袁虹.基于交通效率的大城市合理土地利用形态研究[J].中国公路学报,2005,18(3):109-113.

[56] 潘海啸.轨道交通与大都市地区空间结构的优化[J].上海城市规划,2007(06):37-43.

[57] 潘海啸,沈青,张明.城市形态对居民出行的影响——上海实例研究[J].城市交通,2009(06):28-32.

[58] 潘海啸,陈国伟.轨道交通对居住地选择的影响——以上海市的调查为例[J].城市规划学刊,2009(05):71-76.

[59] 潘海啸,任春洋.轨道交通与城市中心体系的空间耦合[J].时代建筑,2009(05):19-21.

[60] 潘海啸.面向低碳的城市空间结构——城市交通与土地使用的新模式[J].城市发展研究,2010(01):40-45.

[61] 刘小平,黎夏,陈逸敏,等.基于多智能体的居住区位空间选择模型[J].地理学报,2010(06):695-707.

[62] 郑思齐,霍燚,张英杰,等.城市空间动态模型的研究进展与应用前景[J].城市问题,2010(09):25-30.

[63] 赵丽元.基于GIS的土地利用交通一体化微观仿真研究[D].成都:西南交通大学,2011.

[64] 史进,童昕,张洪谋,等.新城转型中的土地利用与能耗变化——UrbanSim应用探索[J].城市发展研究,2012(02):98-107.

[65] PAN H X, ZHONG M, HUNT J D. Integrated Land-use/Transport Model of Shanghai PECAS:2.0[C]. Shanghai,[s.n.],2017.

[66] ZHONG M, YU B L, LIU S B, et al. A method for estimating localised space-use pattern and its applications in integrated land-use transport modelling[J]. Urban Studies, 2018,55(16):3708-3724.

[67] ZHONG M, WANG W, HUNT J D, et al. Solutions to cultural, organizational, and technical challenges in developing PECAS models for the cities of Shanghai, Wuhan, and Guangzhou[J]. Journal of Transport and Land Use,2018,11(1):1193-1229.

[68] YU B L, ZHONG M, HUNT J D, et al. A Spatial Linear Programming Method for Estimating

Zonal Space Use Coefficients and its Application for Integrated Land Use Transport Modeling[C].Washington,D.C.:[s. n.],2017.

[69] 钟鸣.运用大数据及智能算法构建城市"高保真"土地-交通整体规划模型的一些尝试[C].武汉:[出版者不详],2017.

[70] ZHONG M. Enhancing the Fidelity of Integrated Land-use Transport Models with Big Data[C].Beijing:[出版者不详],2017.

[71] 丛雅蓉,王永岗,余丽洁,等.土地利用因素对城市轨道交通车站客流的时空影响分析[J].城市轨道交通研究,2021,24(1):116-121.

[72] 何尹杰,吴大放,刘艳艳,等.城市轨道交通对土地利用变化的影响——以广州市3、7号线为例[J].经济地理,2021,41(06):171-179.

[73] 邓瑶,李志纯.基于活动的瓶颈模型和收费机制:研究进展评述[J].系统工程理论与实践,2020,40(08):2076-2089.

[74] 陈弢,潘海啸.上海轨道交通与人口和就业岗位布局的耦合分析[J].城市规划学刊,2020(5):32-38.

[75] 张大川,刘小平,姚尧,等.(2016).基于随机森林CA的东莞市多类土地利用变化模拟[J].地理与地理信息科学,2016,32(5):29-36.

[76] 赵鹏军,万婕.城市交通与土地利用一体化模型的核心算法进展及技术创新[J].地球信息科学学报,2020,22(04):792-804.

[77] HUAI Y,LO H K,NG K F. Monocentric versus polycentric urban structure:Case study in Hong Kong[J]. Transportation Research Part A:Policy and Practice,2021,151:99-118.

[78] 刘志伟.基于可达性的土地利用与交通需求模型[D].南京:东南大学,2014.

[79] 谢波,庞哲,安子豪.基于交通安全视角的城市土地混合利用模式研究[J].城市发展研究,2020,27(8):中插19-中插24.

[80] 刘云舒,赵鹏军,吕迪.大数据城市通勤交通模型的构建与模拟应用[J].地球信息科学学报,2021,23(07):1185-1195.

[81] 牛方曲,王芳.城市土地利用—交通集成模型的构建与应用[J].地理学报,2018,73(02):380-392.

[82] 杨洁,朱权,杨丽辉,等.空港商务区交通与土地利用一体化研究[J].公路,2019,64(01):164-170.

[83] 徐淑贤,刘天亮,黄海军,等.自驾偏好、居民异质与居住选址——基于单中心城市

模型的空间均衡分析[J].管理科学学报,2020,23(06):73-89.

[84] 钟绍鹏,黎高睿,白鹭飞,等.基于道路畅通可靠度的土地利用开发强度研究:城乡治理与规划改革——2014中国城市规划年会论文集[C].北京:中国建筑工业出版社,2014.

[85] 赵鹏军,曹毓书.基于多源地理大数据与机器学习的地铁乘客出行目的识别方法[J].地球信息科学学报,2020,22(09):1753-1765.

[86] 杨健鹏,罗泽,张应明.土地利用演变过程的人工智能建模[J].数据与计算发展前沿,2020,2(03):137-145.

[87] NAKAMURA H,HAYASHI Y,MIYAMOTO K. Land Use-Transport Analysis System for a Metropolitan Area[C].[S. l.:s. n.],1983.

[88] NAKAMURA H,HAYASHI Y,MIYAMOTO K. A Land Use-Transport Model for Metropolitan Areas[J]. Journal of the Regional Science Association,2010,51(1):43-63.

[89] TFL. The London Land-use and Transport Interaction Model(LonLUTI)[R]. London:[s. n.],2014.

[90] SIMMONDS D. The Objectives and Design of a New Land-use Modelling Package:DELTA[M]. Berlin:Springer,2001.

[91] FELDMAN O,SIMMONDS D,SIMPSON T,et al. Land-use/transport interaction modelling of London[C].[S. l.:s. n.],2010.

[92] Bay Area Metro Center. Plan Bay Area 2040:Final Land Use Modeling Report[R].[S. l.:s. n.],2017.

[93] WADDELL P. UrbanSim:Modeling Urban Development for Land Use,Transportation and Environmental Planning[J]. Journal of the American Planning Association,2002,68(3):297-314.

[94] DIMITRIOU H T,COOK A H S. Land-use/Transport Planning in Hong Kong:A Review of Principles and Practices[M]. Oxford:Taylor & Francis,2019.

[95] WEGENER M. Operational urban models state of the art[J]. Journal of the American planning Association,1994,60(1):17-29.

[96] SOUTHWORTH F. A technical review of urban land use-transportation models as tools for evaluating vehicle travel reduction strategies[R].[S. l.:s. n.],1995.

[97] Putman,STEPHEN H. "Further results from the integrated transportation and land use model package (ITLUP)"[J]. Transportation Planning and Technology,1976,3:

165-173.

[98] ECHENIQUE M H. The Use of Integrated Land Use and Transport Models, The Cases of Sao Paulo, Brazil and Bilbao, Spain, W: Florian M. (Ed.)[J]. The Practice of Transportation Planning, 1985, 3: 263-286.

[99] ECHENIQUE M H, FLOWERDEW A D J, HUNT J D, et al. The MEPLAN models of bilbao, leeds and dortmund[J]. Transport reviews, 1990, 10(4): 309-322.

[100] ECHENIQUE M H, WILLIAMS I N. Developing theoretically based urban models for practical planning studies[J]. Sistemi Urbani, 1980, 1: 13-23.

[101] HUNT J D, ECHENIQUE M H. Experiences in the application of the MEPLAN framework for land use and transport interaction modelling[C]. Daytona Beach: [s. n.], 1993.

[102] HUNT J D, SIMMONDS D C. Theory and application of an integrated land-use and transport modelling framework[J]. Environment and Planning B: Planning and Design, 1993, 20(2): 221-244.

[103] HUNT J D. Calibrating the Naples land-use and transport model[J]. Environment and Planning B: Planning and Design, 1994, 21(5): 569-590.

[104] MARTÍNEZ F J. Towards the 5-stage land use-transport model, Land Use Development and Globalization: Selected Papers of the 6th World Conference on Transportation Research[C]. Lyon: [s. n.], 1992.

[105] MARTÍNEZ F J. The bid—choice land-use model: an integrated economic framework[J]. Environment and Planning A, 1992, 24(6): 871-885.

[106] MARTÍNEZ F. MUSSA: land use model for Santiago city[J]. Transportation Research Record, 1996, 1552(1): 126-134.

[107] MARTÍNEZ F J. Towards a microeconomic framework for travel behavior and land use interactions[C]. Austin: [s. n.], 1997.

[108] MARTÍNEZ F J. Towards a land use and transport interaction framework[J]. Handbook of transport modelling, 2000, 1: 393-407.

[109] MARTÍNEZ F J, Donoso P P. MUSSA Model: the theoretical framework: The 7th World Conference on Transportation Research, Vol. 2[C]. Sydney: [s. n.], 1995.

[110] ANAS A. Residential location markets and urban transportation. economic theory, econometrics and policy analysis with discrete choice models[M]. New York: Academic

Press,1982.

[111] WADDELL P. The Oregon Prototype Metropolitan Land Use Model:The ASCE Conference on Transportation,Land Use and Air Quality:Making the Connection[C]. Portland:[s. n.],1998.

[112] SIMMONDS D. The design of the DELTA land-use modelling package[J]. Environment and Planning B:Planning and Design,1999,26(5):665-684.

[113] HBA Specto Incorporated. Best Practice Review of Integrated Land Use-Transportation Models Scope for Model Development and Final Report[R]. Calgary:[s. n.],2013.

[114] HUNT J D,KRIGER D S,MILLRR E J. Current operational urban land-use-transport modelling frameworks:A review[J]. Transport reviews,2005,25(3):329-376.

CHAPTER FIVE 第5章

城市宏观交通模型构建关键技术

5.1 概述

本章主要介绍城市宏观交通规划模型构建的技术路线和实施途径,具体包括:①城市宏观交通模型的国内外研究现状,总结分析典型城市宏观交通模型建模框架;②城市市域和市区的宏观交通建模技术路线以及详细的建模步骤,并在此基础上提出构建城市多层次宏观交通模型的技术路线;③城市土地利用模型与宏观交通模型交互方法和接口规范制定;④对目前宏观交通模型交通流参数标定所需数据进行总结,详细地分析了各类交通流参数标定所需数据的采集需求,针对不同时空层次下(如市域与市区)的城市宏观交通模型交通流参数的标定,提出数据的采集内容、采集断面、采集频率和采集准确度等方面的需求标准。

5.2 宏观交通规划模型发展历程

城市交通需求与供给的矛盾日益严重,交通问题(如交通拥堵和排放污染)已经成为人们关注的热门话题。国内外城市交通发展的经验表明,单纯依靠扩建交通基础设施无法满足不断增长的交通需求,需要在宏观交通系统供给侧和需求侧对相关政策、策略、措施等方面进行总体优化,科学合理地分配交通资源的出行权、通行权和使用权,使城市交通始终处于有序、高效的运行状态[1]。

20世纪宏观交通模型已有初步发展,主要通过各种集计的手段来预测人和物在空间上的流动。1962年《联邦支持高速公路法》(FAHA—1962)要求在美国实施城市交通规划[2],确立了城市规划与交通发展的同等重要性。同时,宏观交通规划模型也在这一时期开始广泛应用于城市规划。随着经济的快速发展,欧美等国家经历了一个以城市大规模拓展和高速公路快速增长为特征的快速发展时期。为了降低投资风险,政府采取了加大城市交通规划论证研究等措施来指导交通基础设施建设。

国外交通领域的相关组织和学者在宏观交通规划模型的理论与方法研究方面已取得了较多成果。英国的交通需求预测模型[3]用于预测不同年份各地区的交通需求水平,该宏观模型为区域模型的构建提供了一定的数据基础,同时有效地避免了地区层面对于发展趋势过于乐观的估计。以伦敦为代表的英国城市构建了各个层次的模型用于指导城市交通规划、建设与管理等工作,为英国交通管理精细化奠定了基础[4]。美国纽约的

NYBPM(New York Best Practice Model)交通模型[5]可分为基于家庭的生成模型、基于活动的生成模型、基于出行路径的生成模型、交通流模拟和模型反馈五大模块。Borning 等[6]利用 UrbanSim 模型和华盛顿地区相关数据研究了交通政策对居民出行的影响。Golob 等[7]提出了一种基于效用理论的非集计出行需求预测模型,该模型能够利用出行者的出行预算作为出行效用来推算出行量。

基于活动的建模方法开始形成于 20 世纪 70 年代,开始对人们的出行行为进行研究。到了 20 世纪 90 年代,要求模型能够反映更多的交通控制措施的影响,更精细地刻画人的出行行为,并加强时间维度的分析,直接推动了基于活动的交通需求预测模型的发展。同时,信息技术和计算机处理能力的快速发展,为开发基于活动的宏观交通仿真模型提供了技术保障。

进入 21 世纪以来,欧美发达国家纷纷开发和应用基于活动的交通需求预测模型[8]。基于活动的建模方法认为活动与出行具有直接的因果关系,因此,可以根据人们从事活动的潜在决策过程对出行需求进行预测。基于活动的交通需求预测建模方法是多学科交叉的结果,包括经济学、社会学、心理学等社会科学,最主要的特点是:①出行需求源自人们的活动需求;②人们的出行受到各种约束。CARLA 和 STARCHILD 模型是比较早期的同类模型。CARLA 模型由 Jones 等于 1983 年开发,描述了最基本的行为假设,定义了客观约束条件,可输出可行的活动日程或活动模式[8];STARCHILD 模型[9]包括五个阶段,整合了一系列活动分析的方法,包括仿真、组合算法、模式识别与分类、多目标编程和传统选择模型。Hunt 等[10]介绍了美国加利福尼亚州全域交通需求预测模型中的基于活动的短距离个人出行模型,且使用家庭出行调查结果对模型进行了估算和校准。旧金山交通规划模型[11]采用了基于活动的方法来预测交通需求,相比传统的"四阶段"交通规划模型,这种基于活动的模型对出行者选择的条件更敏感。旧金山交通需求预测模型和传统交通模型的根本区别之一是它是基于出行环而不是基于出行段。出行环是指从出发地出发,一直到返回出发地的所有出行段组合,而出行段是从始发地到目的地的单程出行。因此,基于活动的交通规划模型结构比传统的"四阶段"交通规划模型更复杂。

随着计算机技术的发展,多智能体系统开始应用于交通规划领域,多智能体系统"自下而上"的研究思路,强大的复杂计算功能和时空动态特征,展现出许多传统模型在模拟空间复杂系统时空动态方面的不可比拟的优势。Auld 等[12]构建了 ADAPTS(Agent-based Dynamic Activity Planning and Travel Scheduling)模型,该模型可以动态模拟出行活动,相对于传统模型其预测结果更为精确。

经过30多年不断探究和实践,我国城市交通规划模型研究目前已经取得了较为丰富的成果。上海市根据1986年第1次综合交通调查数据,建立了上海宏观交通需求预测模型[13],经历了市区公交模型、城区交通规划模型、市域交通规划模型以及综合交通规划模型体系四个阶段。上海综合交通规划模型体系以"预测、模拟、预报"为核心功能,面向长三角、市域及中心城区等不同区域,包括道路交通、公共交通以及对外交通等多种交通方式。1992年,由英国海外发展署资助,MTV亚洲公司与北京城市规划设计研究院开展北京交通规划(Beijing Transport Planning Study,BTPS),由此建立了北京市第一个城市交通模型BTPS[14]。其后,在1995年与2001年对模型进行了两次更新,并在2003年提出了"市域-市区-区域-局部"的四层次交通模型体系,其中宏观模型构建的技术路线也从"四阶段"向基于活动的方法转变。1993年广州市政府与MVA亚洲公司合作,开展了广州市交通规划研究,引进了先进的技术手段——交通战略模型START和道路分配模型TRIPS。模型的整体架构由四大模型构成,分别是区域模型、战略模型、道路模型和公交模型[15]。

国内学术界也对城市交通规划模型进行了探讨和研究。2004年,邵春福从交通出行的发生和吸引、交通分布、交通方式划分和交通流分配等方面对交通需求预测进行了重点讲述[16]。2006年,陆化普从交通调查到交通模型,对国外交通规划建模理论、方法和应用进行了系统地探讨[17]。2007年,陆化普等阐述了交通规划理论最新研究成果和发展方向,重点介绍了当前交通需求预测理论研究的新进展及交通模型发展应用热点[18]。另外,还有很多交通领域的专家,如吉林大学杨兆升[19]、东南大学王炜[20-21]、同济大学徐尉慈[22]、北京工业大学关宏志[23]、北京交通大学毛保华[24]等交通领域专家在对城市交通规划建模优化、模型应用等方面开展了大量深入的研究。

国内学者对智能体模型的研究基本处于宏观交通建模领域,还处于发展初期。Wegener[25]指出,以智能体(Agent-based)为基础的土地利用模型是当今的发展方向。龙瀛[26]等采用多智能体(multi-agent)方法,建立了城市形态、交通能耗和环境的集成模型。何嘉耀[27]等从单元城市的角度,基于多智能体系统构建"自下而上"的城市微观模拟系统,结合竞租理论、交通规划理论等定量研究单中心城市与单元城市在交通效率和碳排放上的区别。

总体来看,国外的交通模型理论和建模方法较为成熟,且基于活动和智能体的非集计交通模型被越来越多的国外交通规划与管理部门运用。国内的城市交通模型起步较晚,方法和理论的先进性弱于国外且相关出行数据积累比较薄弱。

5.3 典型城市宏观交通模型框架比选与适用性分析

本节比选和梳理了东京、伦敦、旧金山、香港、北京、上海、广州、深圳八个典型城市的宏观交通模型,总结了其特点,以便为我国大中城市未来构建宏观交通模型提供经验与参考。

5.3.1 典型城市宏观交通模型框架比选

5.3.1.1 东京

1)模型介绍

东京都市区使用基于"四阶段"法构建的宏观交通规划模型来预测未来的交通需求。东京都市区宏观交通模型由两个部分组成,即战略模型和详细模型。战略模型进行广域的预测,详细模型进行基本规划区域的预测。

2)模型框架

东京都市区通过"四阶段"交通规划模型预测产生的集计交通量来进行交通生成、交通分布、交通方式划分及网络分配。

3)建模方法

东京采用的宏观交通需求预测方法如下:

(1)交通生成。

预测产生的集计出行需求(如出行生成与吸引)的方法步骤:

①交通小区划分;

②对于非基于家的出行,交通生成量根据不同人口指标分类计算;

③对于基于家的出行,按照区域聚集度分类进行分配计算。

(2)交通分布。

①区域(交通小区)间交通量设定:将交通小区间的距离作为阻抗因素,用 Logit 模型进行预测;

②区域内交通小区之间的出行速度标定;

③区域交通小区分布模型标定。

(3)交通方式划分。

采用巢式 Logit 模型进行交通方式划分,如图 5-1 所示。

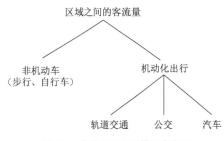

图 5-1 东京宏观交通模型中交通方式划分模型结构

(4) 交通分配。

采用用户均衡分配方法进行交通流量网络分配。

4) 模型应用

东京都市圈以东京市区为中心,以山手环线、武藏野铁路环线和其他铁路线路构成的铁路网络为骨架,形成了多中心的组团化结构。道路交通方面,1980 年,东京城市道路网和东京首都圈内的高速公路网骨架基本形成,主要由 7 条放射线高速公路和四圈层环状道路组成。近年来,东京都的道路建设主要是进行区域性高速公路网络化建设和道路沿路环境整治。

东京都市区宏观交通模型总体目标是协调各方利益,建立面向整个城市的综合交通规划体系,同时提供多方案的比选模式,并能够对不同方案进行有效评价。该模型的建模框架由传统"四阶段"法演变而来,交通分配和交通方式划分之间引入反馈程序,使模型更具有综合性。模型输出的内容主要包括不同区域的交通量和行驶速度,利用这些数据可进一步分析机动性、方便性、环境负荷、交通事故等各种评价指标,进而对投入费用及产出效益进行综合评估。

5.3.1.2 伦敦

伦敦的 LTS 模型(London Transportation Studies Model)[3]是一个宏观交通战略规划模型,涵盖伦敦及其周边地区的多种交通方式,可通过土地利用与交通整体规划模型预测未来年的人口和就业、新建交通基础设施、政策干预、宏观经济和其他因素(如车辆拥有量)对交通出行的影响,并根据出行成本的变化来预测交通需求的变化。LTS 模型框架基于传统的"四阶段"法,对城市综合交通系统进行建模,其基本结构如图 5-2 所示[28]。其中,前三个阶段在 LTS 模型的需求预测模型中执行,第四个阶段在 LTS 模型的网络分配模型中执行。需求预测模型考虑的交通方式有小汽车、公共交通和步行/自行车。公共交通包括公共汽车、国有铁路和地下轨道交通(包括轻轨和有轨电车)。LTS 模型还可为轻型货车、其他货车、长途汽车和出租车的交通需求进行建模预测。

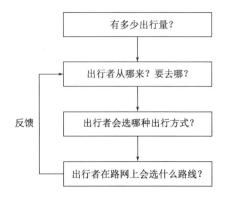

图 5-2 LTS 模型四阶段流程

5.3.1.3 旧金山

旧金山交通需求预测模型 SFM(San Francisco Model)采用了基于活动的建模方法来预测交通需求[29]。构建模型大部分的输入数据来源于美国大都会运输委员会 MTC(Metropolitan Transportation Authority)开展的旧金山居民家庭调查。模型每个组件都使用不同的数据源进行校正,然后通过五个时间段的交通量验证模型。该模型使用"全天模式"活动的建模方法,建模流程如图 5-3 所示[29]。该建模方法最初由 Bowman 和 Ben-Akiva 提出,后来首次被应用于波特兰地铁规划中。SFM 模型在设计上与波特兰模型相似,该模型的主要特点是[29]:

(1)将一个人的出行链作为一个重要的出行单元;
(2)对一个人一天内各种出行链进行建模;
(3)将每条出行链分解成一系列相互关联的出行;
(4)对每个个体的出行进行微观仿真。

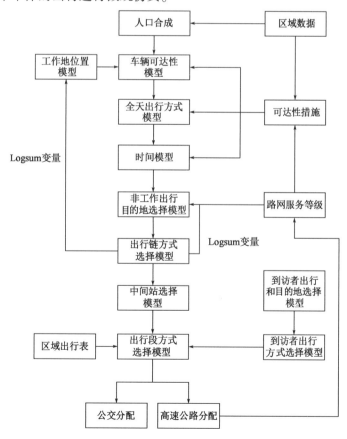

图 5-3 "全天模式"出行链建模流程

旧金山交通需求预测模型和传统模型的根本区别在于它是基于出行链而不是基于出行段。基于活动的模型可以通过评估主要公交线路、道路类型和站点的拥挤程度来判断是否在主要公交线路上增加或减少站点，还可以模拟复杂的多模式换乘的情况。然而，基于活动的交通模型在我国还未开展过任何规划实践应用，主要受到经费、研发人员数量和数据的精细度等方面的限制[30]。

5.3.1.4 香港

香港第一个 CTS(Comprehensive Traffic Study)模型建立于 1973 年，发展至今共进行了三次重大更新(CTS-2，CTS-2 update 和 CTS-3)。每次大规模的更新和升级都伴随着一次居民出行调查。从模型建立和校核时间来看，每次更新所花费的时间大致为 2~3 年。

1) CTS-2 模型结构变化

CTS-2 模型将"四阶段"法建模框架分解为 12 个子模型，分别为：网络与费用模型(Network and Cost Models)、家庭收入模型(Household Income Model)、小汽车拥有模型(Car Ownership Model)、出行产生模型(Trip Production Model)、出行吸引模型(Trip Attraction Model)、特殊出行模型(Special Travel Model)、出行分布和方式划分模型(Trip Distribution/Mode Split Model)、小汽车/出租车载客率模型(Car/Taxi Occupancy Model)、公交子方式划分模型(Public Transport Sub-Modal Split Model)、高峰模型(Peak-hour Model)、公共交通分配模型(Public Transport Assignment Model)和道路分配模型(Road Assignment Model)，另外提供了一个与货运模型的接口(Interface with Freight Transport Model)。

在 CTS-2 模型的升级中(CTS-2 updata)，主要变化是增加了货车模型(Goods Vehicle Model)代替 CTS-2 模型中与货运模型的接口。虽然仅此一点变化，但却是革命性的。在很长一段时间内，城市交通模型关注的重点都局限于客运交通，对于货车流量通常是将道路交通流量乘以一个百分比进行计算。然而，随着经济的发展，对于一些大城市特别是港口型和产业型城市，一个百分比已经远远不能满足要求，建立详细货运交通模型分析货运交通已成大势所趋。

2) CTS-3 模型概况

CTS-3 模型基于 EMME/2 交通分析软件，采用传统的"四阶段"交通需求预测建模方法。CTS-3 模型包含 405 个交通小区，交通网络系统由道路网络和公交网络两部分组成，交通小区和交通网络构成了交通分析的基本要素。为了方便基础信息的维护和更新，CTS-3 模型建立了专用地理信息系统，包含交通网络数据库和交通网络编辑功能，使得交通模型与地理信息系统整合在一起。此外,CTS-3 模型对道路网络进行了细化,特别是立交系统,模型中的立交不再是一个点,而是严格按其轮廓线处理,这使得模型中的立交交通流向与实际交通流向基本一致,图形表达更加直观[31]。香港 CTS-3 模型体系结构如图 5-4 所示。

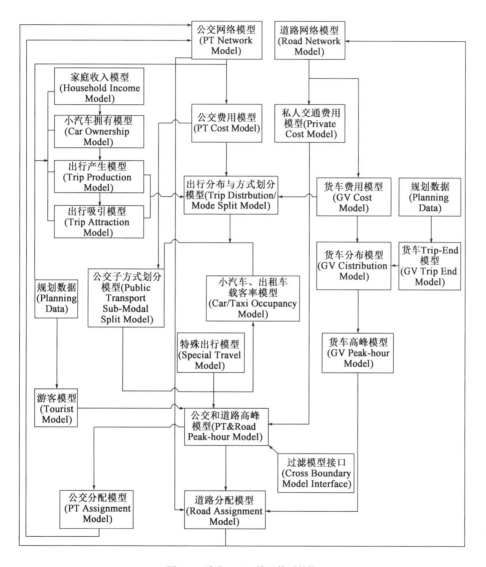

图 5-4　香港 CTS-3 模型体系结构

相比模型结构的变化,子模型的变化更趋于精细,从 CTS-2 到 CTS-3 模型的 10 个子模型比较见表 5-1。可以看出,CTS-3 模型相比 CTS-2 没有大的功能增减,大多体现在分类细化、计算方法优化等方面。同时也可以看出香港城市交通模型除了建模工作非常细致外,所掌握的基础数据也相当丰富。

从 CTS-2 到 CTS-3 模型的子模型比较　　　　表 5-1

模型		CTS-2	CTS-3
网络与费用模型	交通小区	274 个	405 个
	道路等级	9 类	18 类
	单车道最大道路通行能力	1900pcu/lane/h	2067pcu/lane/h
	轮渡/隧道收费	只考虑小汽车	分8类车:小汽车、出租车、小型巴士、轻型/小型/中型/大型货车和货柜车
	公交收费	单一收费系统,每种公交方式采用一种收费方式	跨区收费系统,不同区域出行收费不同
	广义费用	分私人交通与公共交通	分小汽车、出租车、公共交通、小型巴士
	私人交通广义费用	不区分区内、区外出行	区分区内出行与区外出行
家庭收入模型		7 类	9 类
小汽车拥有模型	模型表达式	线性回归模型与 Logit 模型,只包含小汽车总量预测模型	复合曲线,包含小汽车总量、摩托车、1 辆车、2 辆车
	参数	收入、可达性、停车收费	收入、公交可达性、停车收费、停车位供应、年龄
出行产生模型		无区域修正系数	引入区域修正系数
出行吸引模型		不同类型就业吸引率	模型表达式
特殊出行模型		分游客、跨境界线出行、机场	
出行分布与方式划分模型		重力模型与 Logit 模型	
小汽车/出租车载客率模型	模型表达式	线性模型	小汽车采用线性模型,出租车采用指数模型
	参数	费用	距离
公交子方式模型		Logit 模型	
高峰模型	模型表达式	高峰小时系数法	
	分类	小汽车、出租车、小型巴士、公交车	小汽车、出租车、小型巴士、公交车、货车

5.3.1.5 北京

1)模型介绍

在大数据广泛应用的背景下,北京市启动了新一轮的交通模型更新工作。基于丰富的基础数据,北京市城市规划设计研究院构建了用于更新宏观交通战略模型参数的多源大数据基础库平台(图5-5)。

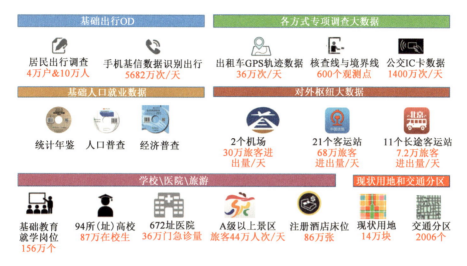

图5-5 用于更新北京宏观交通战略模型参数的多源大数据基础库平台

2)模型框架

北京市宏观交通战略模型 BJTM-V1 的建模框架主要包括出行产生模型、出行吸引模型、分布模型、高峰小时分布模型、方式分担模型和网络分配模型。其具体建模流程如图5-6所示。

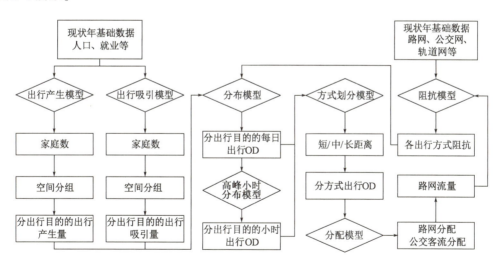

图5-6 BJTM-V1 模型建模流程

BJTM-V2 模型作为 BJTM-V1 模型的升级版,其建模流程如图5-7所示。在大数据的支撑下,BJTM-V2 模型在 BJTM-V1 模型的基础上,着重进行了2项拓展和1项更新工作,包括:

(1) 增加了流量人口模型;

(2) 增加了对外交通枢纽模型;

(3) 更新了居民出行需求模型。

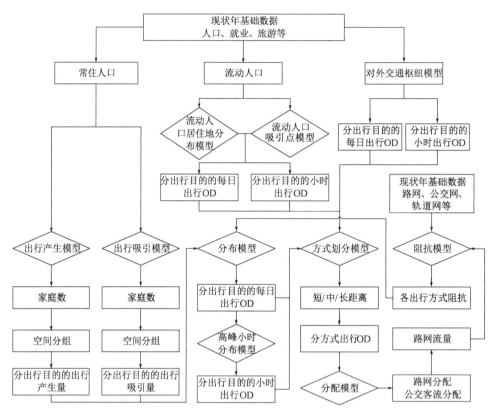

图 5-7　BJTM-V2 模型建模流程

3) 建模方法介绍

BJTM-V2 模型中各类人口的交通需求预测建模方法如图 5-8 所示。

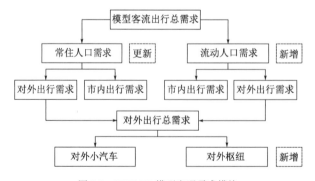

图 5-8　BJTM-V2 模型交通需求模块

模型内部各类出行需求具体介绍如下:

(1)常住人口市内出行需求。

北京常住人口市内出行需求结构如图5-9所示。模型维度包括两类家庭(有车家庭与无车家庭)、四类出行目的(基于家庭的上下班——HBW、基于家庭的上下学——HBS、基于家庭的其他目的——HBO、非基于家庭的出行——NHB)、七类出行方式(步行、自行车、电动车、小汽车、出租车、公交车、地铁)。

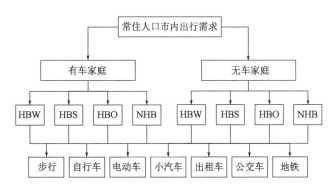

图5-9 北京常住人口市内出行需求结构

(2)流动人口市内出行需求。

北京流动人口市内出行需求结构如图5-10所示。模型维度包括三类出行目的(旅游、就医和其他)、七类出行方式(步行、自行车、电动车、小汽车、出租车、公交车、地铁)。

(3)对外出行需求(常住和流动人口)。

北京市对外出行需求结构如图5-11所示。对外出行方式分为小汽车出行和对外枢纽出行两大类。其中,对外枢纽又分为航空枢纽、铁路枢纽和长途客运枢纽三种。接驳方式包括七种,即小汽车、步行、自行车、电动车、出租车、公交车及地铁。

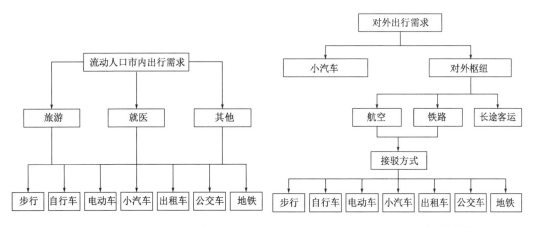

图5-10 北京流动人口市内出行需求结构　　图5-11 北京市对外出行需求结构

5.3.1.6 上海

进入 20 世纪 90 年代后,随着浦东新区的开发,上海社会经济开始呈现高速发展态势,城市交通也同步进入大规模建设发展时期。为进一步增强宏观交通模型功能,自 20 世纪 90 年代中期开始,上海市城市综合交通规划研究所开始构建上海综合交通模型体系。建模主要运用"四阶段"出行需求预测方法,重点对居民出行模型进行了全面改进[32]。

第一,在模型结构上,将方式预划分改为步行预划分和其他方式后划分两个模型,即步行方式仍然放在出行分布之前从全方式中拆分出来,其他方式则在出行分布之后进行细分。这样处理主要是考虑步行方式和其他方式相比比较独立,它更多是与土地利用相关。而其他方式采用后划分的主要原因是:随着出租车、汽车等数量的增加,部分市民出行开始从单一方式选择改为多方式选择,人们能够根据出发地至目的地交通情况来选择一种或者多种交通方式。

第二,出行目的从三种扩充为六种。将基于家的工作出行细分为基于家的上班出行和基于家的工作外派出行;将基于家的其他出行细分为基于家的上学和基于家的其他出行;将非基于家的出行细分为非基于家的工作出行和非基于家的其他出行。出行目的细分后能够更加细致地区分各种出行目的之间的交通行为差异性。例如,原有的基于家的工作出行包括上/下班出行和业务出行两种情况,而这两种出行在出行成本和交通方式上存在较大差异,上/下班出行的交通费用一般由个人承担,而业务出行的交通费用部分由单位承担,所以在选择交通方式上对于出行费用的敏感性差异较大。

第三,出行吸引模型中将交叉分类法改为多元线性回归法。主要是考虑随着交通小区数量的增多,连续性模型参数更能反映交通小区层面的细微差异性。模型参数自变量为分类岗位数,包括行政办公、商业、工业、大专院校、中小学校和其他类型。

第四,方式选择模型方法将转移曲线法改为 Logit 模型法。主要考虑随着出租车、小汽车等数量的增多,部分人群在出行时可以选择多种交通工具。因此,方式选择模型的方式结构包括公交、出租车、客车和自行车四种方式,其中,公交方式包括轨道和地面公交,客车包括小客车、大客车及摩托车。

第五,对出行分布模型的广义成本和方式选择模型效用函数的参数进行了细分,将原有的出行时间细分为车内时间和车外时间。车内时间是指人们乘坐交通工具的出行时间;车外时间是指人们在乘坐交通工具之前和之后的出行时间,如步行到达公交站点的时间。

5.3.1.7 广州

广州宏观交通规划模型由广州市交通规划研究院构建。该模型不但注重通过定量方法评估交通规划相互之间的关系,找出它们之间的平衡点,而且注重产生交通的本源,如经济政策、产业政策、未来重大开发项目、人口就业、家庭结构、用地等相关因素,力图用定量的工具精确描述与交通有关的因素及其与交通的互动性,实现对国民经济、城市、土地等相关规划的有效反馈。广州市交通规划模型运作流程如图 5-12 所示。

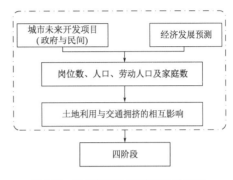

图 5-12 广州市交通规划模型运作流程

目前广州市宏观交通规划模型整体架构由三大模型构成,分别为:

区域模型:区域模型是宏观层面上的"四阶段"模型,重点预测进出及穿越广州市区的长距离出行,主要为区域交通规划服务;涵盖广州、佛山、东莞三市,总面积 13748km²;共分 660 个小区,其中广州市区为 560 个,广州其他地区为 13 个,佛山为 50 个,东莞为 37 个。

战略模型:涵盖广州市区,总面积 3843km²;小区数超过 600 个;基于车辆拥有、出行目的、阶层等方面预测出行需求,主要为城市综合交通规划、交通发展政策制定服务。

道路模型:涵盖广州市区,但道路模型更完整,共分 1600 个小区,按 6 个用户等级预测,主要为道路网络规划、交通量预测、收费敏感性分析、需求管理分析服务。

5.3.1.8 深圳

深圳是国内最早建立交通模型的城市之一,深圳宏观交通模型[33]由深圳交通研究中心开发与维护。1994 年,罗湖率先开展交通研究,与境外公司合作首次引入 TRIPS 交通规划软件。1995 年深圳开展第一次居民出行调查,利用当时最先进的 TRIPS 软件建立罗湖中心区道路宏观交通模型,包括 42 个内部小区和 15 个外部小区。1996 年深圳城市交通规划设计研究中心成立,深圳市依托交通中心组建了交通信息与建模人才团队,重点建设深圳特区道路交通模拟信息系统。1998 年深圳市交通仿真实验室成立,1999 年进一步扩展宏观交通规划模型,初步建立了全市 CTS/RDS 模型[34]。

近年来,深圳市大规模利用浮动车数据、定点采集数据,以及采样率高、成本低且可以大面积覆盖的手机用户移动数据,通过海量数据挖掘与快速处理技术和移动空间智能匹配技术,实现对城市人口组成、土地利用以及出行特征的动态分析,进一步提升宏观交通模型精度,为评估与分析城市交通运行状况提供了新的手段。

1)模型整体架构

深圳市交通仿真二期系统是一个面向规划管理、面向多用户一体化的系统,其中,深圳市宏观交通模型是仿真二期的核心模块。模型建模框架为传统的"四阶段"法,基本上通过每五年一次大规模居民出行调查更新模型参数。深圳市宏观交通需求预测模型结构如图5-13所示。

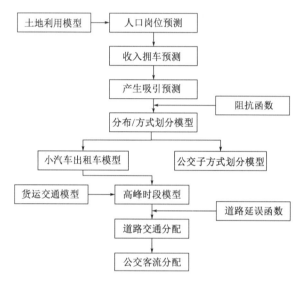

图5-13 深圳市宏观交通模型结构

2)建模方法

由于人口与岗位、家庭收入与车辆拥有量、交通量的发生与吸引预测依赖于土地利用和居民出行调查数据,因此,模型中此三个模块的模型参数相对稳定。但是,出行分布和方式划分受城市开发、公共交通设施发展及交通政策的影响较大。例如,规模较大的城市更新项目、轨道线路的开通,都会对居民的出行分布(主要为非通勤出行)和出行方式产生一定的影响,从而影响道路交通和公共交通的运营状况。出行分布模型、方式划分模型、高峰时段模型、交通分配模型的构建均以居民出行调查数据为基础,依据道路观测流量、速度等进行其建模参数的标定和验证。深圳市宏观交通模型基于TransCAD软件,使用GPS轨迹、公交刷卡及手机信令等多源数据进行开发与校核。

5.3.2 宏观交通模型适用性分析

以上八大典型城市的宏观交通模型的框架主要有两种模式:一种是一个模型覆盖多

个层次,以美国旧金山等地为代表;另一种是构建不同空间层次的宏观交通模型(如市区或市域、片区),以英国伦敦为代表。两种模式框架结构各有利弊。前者主要优点是各层次之间无缝衔接,一致性好;缺点是需要以基于活动的模型为基础。除美国旧金山基于活动的非集计宏观交通需求模型外,其他宏观交通需求预测模型都采用了"四阶段"集计建模方法。旧金山的基于活动的出行需求预测模型针对与个体活动息息相关的出行链进行建模,在美国以外的区域应用较少。目前国内还没有基于活动模型的成功应用案例,北京市在做相关的尝试,但主体结构还是以出行链为基础。另外,此类模型的运算时间较长,从目前可搜集到的模型计算时长报告来看,单次模型运行时间基本都在20h以上[14],还有,动态分配算法在微观层面无法保证绝对收敛,可能会引起宏观层面的不稳定。

基于"四阶段"法所构建的宏观交通模型的优点是模型架构较为简单,各层的运算效率都比较高,各层模型的构建与应用在国内有着成熟的经验;缺点是各层模型之间的数据交互需要精心设计,同时无法保证所有的数据交互都可以自动完成。在对比两个建模方法的优劣后,在国内当前数据与技术基础还比较薄弱的情况下,建议我国大中城市的宏观交通模型体系应该考虑构建多个宏观交通模型以对应不同空间层次上的决策支持需求。其中,对于市域层面建议采用技术成熟、应用广泛的"四阶段"宏观交通模型,对于市区层面,其数据收集相比市域层面较为容易,为满足日益增长的精细化城市管理需求,建议在市区层面尽量考虑采用基于活动的宏观交通模型。城市交通规划模型应用概况见表5-2。

城市交通规划模型应用概况　　　　表5-2

城市	宏观模型特点	模型应用
北京	"四阶段"原理及迭代反馈增加流量人口模型和对外交通枢纽模型	辅助交通战略与政策、为城市交通规划提供定量分析数据、支持局部区域交通组织设计和优化、评价交通运行状况等
上海	"四阶段"原理对人员出行模型功能技术进行改进	交通规划、政策和重大设施建设研究、城市交通运行研判、近期交通改善研究等
深圳	"四阶段"原理	交通规划方案评价、轨道交通规划、干线道路网规划方案评价、区域交通改善项目、交通组织、部分路段信号协调测试和分析、微观交通仿真
东京	基于"四阶段"预测产生的集计交通量进行交通分布、交通方式划分及交通量分配预测	中长期交通预测

续上表

城市	宏观模型特点	模型应用
伦敦	"四阶段"原理	道路收费方案,居住地/就业地开发,人口、岗位、经济因素变动
香港	CTS-3模型采用传统的"四阶段"需求预测方法	交通现状分析,未来交通需求和交通组织方案,开发项目交通实施建议
广州	车辆拥有模型、家庭收入模型、出行成本模型、出行分布模型、模式选择模型、高峰时段模型、载客率模型、道路网分配模型、公交成本模型、公交子模式模型、公交分配模型等,"四阶段"原理及多次迭代反馈	辅助区域交通规划 交通发展政策战略评价道路网规划 收费敏感性分析需求管理分析
旧金山	基于活动的模型	高效地使用公路交通设施和能源,出行和交通管理系统,出行需求管理系统

5.4 多层次宏观交通模型框架研究

1) 多层次交通模型建模种类分析

通过梳理国内外八个典型城市交通模型体系及宏观交通模型的相关研究,可以发现市区模型和城市市域模型分别在所考虑的交通方式种类、路网精细程度以及空间单元精细度等建模要素方面有所不同,具体表现在以下几个方面:

(1) 在所考虑的交通方式方面,市域模型主要考虑铁路、城市间公路、通勤铁路、城市对外公共交通;市区模型主要考虑道路、轨道交通、地面公交、地铁/轻轨、非机动车、行人等。

(2) 在路网精细程度方面,市域模型主要考虑高等级公路网、市域内城市主要道路,而市区模型主要考虑城市内主干道路网。

(3) 在空间单元精细度方面,市域模型主要是市区外以县级单位为空间单元,市区内以交通小区为空间单元,市区模型则基本上是以交通小区为空间单元。

(4) 在模型应用范围方面,市域模型以重要的区域交通基础设施的规划设计与评估为主,考虑各模式的平衡,注重客货运需求;市区模型则强调重要城市交通基础设施的规划设计与评估,注重人的出行。

(5) 在数据收集方面,市区模型相对于市域模型较为容易。多层次宏观交通模型建模要素见表5-3。

多层次宏观交通模型建模要素表   表 5-3

建模要素	空间区域	
	市域模型	市区模型
交通模式种类	铁路、市域间公路、通勤铁路、城市对外公共交通	道路、轨道交通、地面公交、地铁/轻轨、非机动车、行人等
路网精细度	高等级公路网、市域内城市道路	城市道路网
模拟的步长	5 年	5 年
模型输入数据的更新频次	依出行调查数据更新来定	依出行调查数据更新来定
建模时间分析单元	不考虑高峰和平峰	考虑高峰和平峰
空间单元精细度	市区外以县级单位为空间单元，市区内以交通小区为空间单元	以交通小区为空间单元
模型应用范围	重要交通基础设施的规划设计与评估，考虑各模式的平行，注重客货运需求	主要强调的是重要交通基础设施的规划设计与评估，注重人的出行
建模对象	市域宏观集计交通模型	市区宏观非集计交通模型

2）多层次宏观交通模型交互关系分析

本章建议的多层次宏观交通模型范围覆盖市区和整个市域。多层次宏观交通模型体系在构建之初，需要按照以下原则进行设计，以实现各层级之间的数据交互：

（1）在市区范围内，市区与市域交通模型应采用同一套交通分区，而在市区范围外，应采用较大的交通分区，或者在市域模型中采用交通大区。在市区模型中采用交通小区，交通大区和交通小区之间具有明确的"一对多"嵌套关系。

（2）考虑到市域宏观交通模型是通过城市边界的高速公路或者快速路入口和市域内的综合交通枢纽与市区宏观交通模型进行交互，所以应该考虑在这些区域设置定制化的交通小区，如将综合交通枢纽所在的城市区域和城市边界的关键交通卡口设置为一个单独的交通小区。

（3）从综合交通运输网络所包含的内容来讲，市域模型应当包含高等级道路网（如高速公路、快速路及主干道等）、市域铁路及长途公交客运网等，而市区模型应尽可能包含道路网（高速公路、快速路、主干道、次干道及支路）、轨道交通和常规公交及慢行交通网络（如步行绿道、自行车和非机动车路网）等。

市域与市区宏观交通模型之间的数据交互关系如图 5-14 所示。

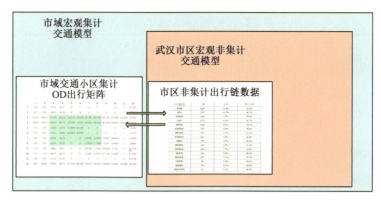

图 5-14　多层次宏观交通需求预测模型交互关系示意图

市域宏观集计交通模型覆盖中心城市及周边卫星城市,完全覆盖相应的市域宏观交通模型所服务的区域,而市区宏观非集计交通模型是针对中心城市进行建模的,模型覆盖范围相应有所减小。由图 5-14 可知,市域宏观集计交通模型的建模空间单元为交通小区,模型基础数据为集计的交通小区 OD 出行矩阵,不考虑个人具体出行信息,而市区交通模型的基础数据为非集计的交通小区 OD 出行矩阵,由居民出行链数据构成,且各出行链包含详细的居民活动和相应出行信息。市域宏观集计交通模型与市区非集计交通模型覆盖的地域为包含关系,模型间基础数据通过重要的交通走廊入口和综合交通枢纽相互关联。市区非集计交通模型的数据通过集计可成为市域宏观集计交通模型的一部分,而市域宏观集计交通模型的一些重要断面数据(如国家中心城市与其他地级市的重要交通走廊上的交通流量)也将作为市区交通模型的重要输入数据——外部出行数据,两者之间的数据可以相互补充、相互校验。

3) 多层次宏观交通模型体系构建

多层次宏观交通模型体系主要由市域宏观集计交通模型和市区宏观非集计交通模型组成,模型之间依据出行矩阵数据进行交互。多层次的模型体系架构及交互关系如图 5-15 所示。

从图 5-15 可知,多层次宏观交通模型体系包括市域宏观集计交通模型与市区宏观非集计交通模型。其中,在市域宏观集计交通模型中,模型主要由"四阶段"法中各个子模型组成,出行生成部分需要交通网络(高等级道路网、长途客运公交与铁路网、轨道交通网等)、交通区划数据以及人口岗位分布数据。在方式划分模块中,市域宏观交通模型出行矩阵需要划分为私家车、地铁/长途公交、铁路以及航空出行 OD 矩阵。此外,建议基于美国加利福尼亚州 ABM 非集计模型框架构建市区宏观非集计交通模型,该模型框架主要由出行调查、出行链数据库构建、活动链分配、Tour 级主导目的地及方式选择和 Trip 级从属目的地及方式选择、路网分配等工作步骤或模块构成,具体技术路线如

图 5-16 所示。在构建出行链数据库模块中,数据主要由常规交通小区吸引与发生出行量、特殊交通小区(包括机场、车站、码头)吸引与发生出行量组成。

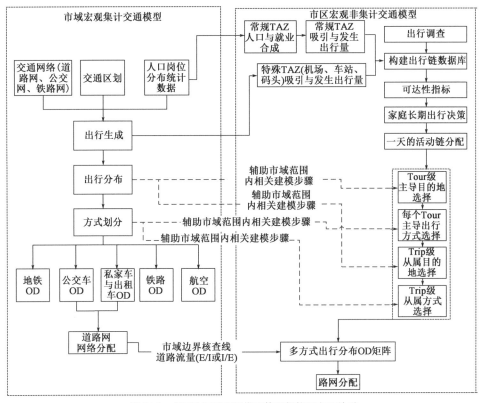

图 5-15 多层次宏观交通模型体系架构及交互关系

注:假设市域宏观集计交通模型和市区宏观非集计交通模型在市域层面采用同样的区域划分。

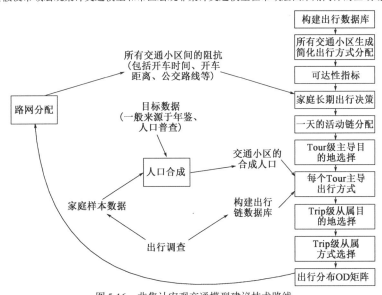

图 5-16 非集计宏观交通模型建议技术路线

在很多情况下,基于建模与决策支持需求,多层次宏观交通模型之间需要进行数据交互和验证,市域宏观集计交通模型出行生成部分可以提供特殊交通小区(如机场、码头和车站)吸引与发生量数据给市区非集计交通模型,为其提供这些特殊交通小区的出入交通量数据。同时,市域宏观交通模型的方式划分步骤产生的公交、出租车与私家车出行矩阵,可以用来进行路网分配,在高等级道路网上的路网分配结果可以为市区非集计模型的网络分配提供数据参考。另外,市域集计宏观交通模型也可以借鉴市区非集计交通模型中通过详细的居民出行数据所标定的出行生成、吸引、分布及方式划分等方面的建模参数。

5.5 城市土地利用模型与宏观交通模型交互数据接口设计与接口规范

因为土地利用形态的变化影响着城市交通的发生与分布的根源——社会经济活动的空间分布,而交通系统的发展则会对城市空间结构和土地利用形态产生催化作用,所以需要构建城市土地利用-交通整体规划模型以研究两者之间的互动耦合关系。

土地利用-交通整体规划模型主要包括土地利用模型与宏观交通规划模型。本书以 PECAS(Production,Exchange,Consumption Allocation System)土地利用-交通整体规划模型建模框架为例,说明两者之间的数据交互流程。在该整体规划建模框架中,可以根据建模需求,设计土地利用模型与交通需求预测模型的两种交互接口:整合型与连接型,其数据交互需求见表5-4。

整合型与连接型数据交互需求　　　　　　　　　　　表5-4

模型	交互模块	宏观交通模型输入数据	输入数据来源	数据交互需求
连接型接口	PECAS 模型社会经济活动空间分配模块和宏观交通模型的交通生成模块	人口、就业岗位与机动车保有量分布	土地利用模型社会经济活动空间分布矩阵	社会经济活动空间分布矩阵,由连接型接口路线计算得到每个交通小区的人口与就业(分类别)的数量,进而得到机动车保有量分布
整合型接口	PECAS 模型社会经济活动空间分配模块和宏观交通模型的方式划分模型	客运与货运 OD 矩阵,方式属性数据	土地利用模型分行业经济流矩阵	分行业经济量矩阵,通过整合型接口技术路线计算得到分方式客运与货运 OD 矩阵

此外,在土地利用模型与宏观交通模型之间,需要根据土地利用小区(LUZ)和交通小区(TAZ)的空间对应关系对数据进行转换,从而支持后续模型的运算和仿真。

以下将从整合型接口与连接型接口两个方面阐述土地利用-宏观交通仿真模型接口的数据结构及其特点。

5.5.1 连接型土地利用与宏观交通仿真模型接口规范

在连接型土地利用与宏观交通仿真模型接口中,土地利用模型与宏观交通需求预测模型均为独立运行,仅仅通过交互部分数据建立一种比较松散的连接关系。在这种建模框架下,土地利用模型仅仅将预测的社会经济活动(即人口与就业)空间分布结果传送给宏观交通需求预测模型。在运行宏观交通需求预测模型之前,需要将 PECAS 模型预测的各个交通或者土地利用小区的社会经济活动量转化为交通需求预测模型所需的人口与就业数据。

该接口的主要作用是实现社会经济活动空间分布数据向人口就业等相关数据的转换。其中,社会经济活动空间分布矩阵包括各种产业(以经济体量为单位)以及家庭(以家庭数量为单位)等在各个交通小区的分布数据。通过本书所定义的接口进行数据转化,可以得到人口、就业的空间分布数据,其数据转化关系显示如图 5-17 所示。

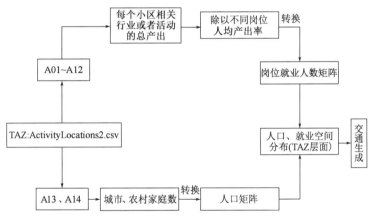

图 5-17 连接型土地利用与宏观交通仿真模型中人口、就业数据转换

其中,宏观交通需求预测模型的输入数据为各小区的人口与就业数据,该数据由土地利用模型提供。输入数据分为两个层级,即土地小区层级(LUZ)和交通小区层级(TAZ)。其中 A01~A12 为各类经济活动的经济量(以万元或者元为单位),具体见表 5-5。而 A13 与 A14 为城市、农村家庭数分别乘以该城市的城市户均人口与农村户均人口(可由当地的统计年鉴得到),可以近似得到城市和农村人口。

土地利用模型输出中所提供的社会经济活动　　　　　　　表 5-5

各类经济活动的经济量	社会经济活动分类	备注
A01	Agriculture-Operation	农业生产经济量
A02	Agriculture-Office	农业管理经济量
A03	Industry-Operation	工业生产经济量
A04	Industry-Office	工业管理经济量
A05	Transport&UtilityOperations	交通等公用事业生产经济量
A06	Transport&UtilityOffice	交通等公用事业管理经济量
A07	Commerce-service	商业服务经济量
A08	Education&Research	教育科研经济量
A09	OtherInstuitions (HealthWelfare + EntertainSportCulture)	其他机构 (医疗福利、娱乐、体育和文化)经济量
A10	GovernmentServices	政府服务经济量
A11	GovernmentAccounts	政府支出经济量
A12	CapitalAccounts	固定资产经济量
A13	Household-Urban	城市家庭户数
A14	Household-Rural	农村家庭户数

连接型土地利用与宏观交通仿真模型接口数据的具体计算流程如图 5-18 所示。

通过该接口进行数据转换的关键在于估计工作岗位和人口。其中,通过社会经济活动空间分布数据和劳动力生产率估算各个交通小区的就业岗位数据;通过城镇和农村两类家庭的家庭数分别乘以家庭平均人口(农村 3.2 人,城市 2.9 人),可以估算每个交通小区的城、乡人口数量,最终得到市区各交通小区的就业与人口分布矩阵(图 5-19)。

在此基础上,根据图 5-20 的流程,基于居民出行调查及统计年鉴等数据,以及人口数据估计机动车分布数据,机动车分布数据可运用于交通生成模型中机动车出行需求估计,实现土地利用模型与宏观交通模型的数据交互。

5.5.2　整合型土地利用与宏观交通仿真模型接口规范

整合型土地利用与宏观交通仿真模型数据接口流程如图 5-21 所示。

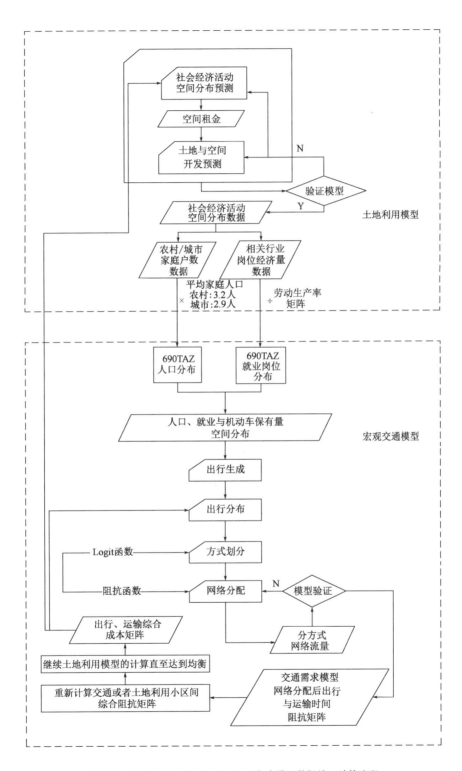

图 5-18 连接型土地利用与宏观交通仿真模型数据接口计算流程

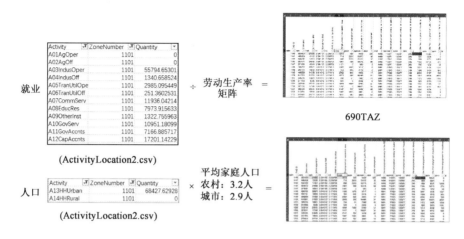

图 5-19 就业与人口分布矩阵示意图

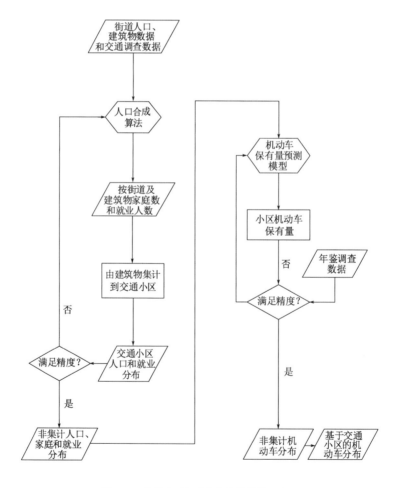

图 5-20 交通小区机动车分布估计算法流程

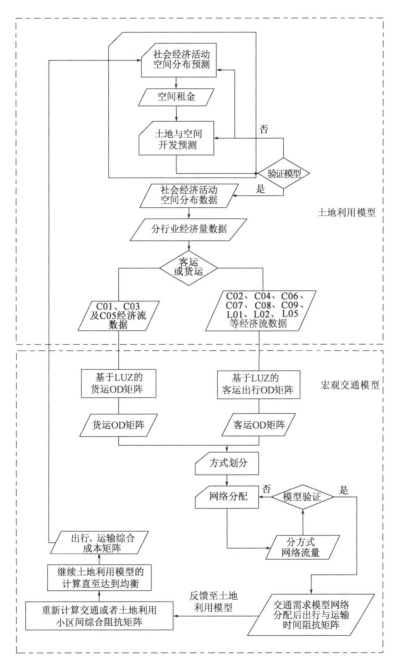

图 5-21 整合型土地利用与宏观交通仿真模型数据接口流程

连接型土地利用与交通一体化仿真建模方法虽然可以实现土地利用模型与宏观交通模型的数据交互和独立建模分析,两者互不影响,但是在建模理论和实践中都存在一些问题:首先,土地利用模型与交通模型并不是真正的"一体化"建模;其次,土地利用模型和宏观交通模型将各自产生一套 OD 矩阵,但两者是根据不同的建模理论和方法得到的，因此两者肯定存在一定的差异。因此，需要考虑更加完善的建模理论与方法——整合型土地利用与交通一体化仿真模型框架。在该框架下，土地利用模型与宏观交通需求预测模型将实现真正的一体化建模与分析。既然土地利用模型可以预测社会经济活动的空间分布（与宏观交通需求预测模型的人口与就业分布类似）及这些社会经济活动在空间上的交互（交换货物、服务或者劳动力的 OD 矩阵），那么土地利用模型首先根据技术系数确定各种社会经济活动（如农业、工业与服务业）在空间上（交通小区或者土地利用小区）所生产或者消费的各种商品的数量，然后再根据 Logit 模型确定这些商品的"消费"与"生产"市场（交通小区或者土地利用小区），进而完成"出行/运输生成"及"出行/运输分布"两个阶段的运算与预测。宏观交通需求预测模型仅需将土地利用子模型输出的 OD 矩阵进行"方式划分"与"网络分配"两步的运算与预测。整合型土地利用与交通仿真建模方法可以将社会经济活动选址，交通运输系统中的需求生成、分布、方式划分及路径选址行为等统一到微观经济学中个体"理性化"行为的随机效用理论框架下，具有理论先进性。另外，统一土地利用模型与宏观交通模型的 OD 矩阵对于开展城市整体规划也具有重要的现实价值与意义。

由图 5-22 可知，整合型土地利用与宏观交通仿真模型接口的设计目标在于将土地利用模型输出的各行业的经济交互矩阵转换为交通运输矩阵，并分为客运和货运两类 OD 矩阵（基于 LUZ 或者 TAZ）。土地利用模型考虑的出行类型包括 NHB、HBS、HBO 和 HBW，根据单位出行成本，计算得到了四种分目的客运出行矩阵，以此替代"四阶段"模型中的交通生成与交通分布模型。

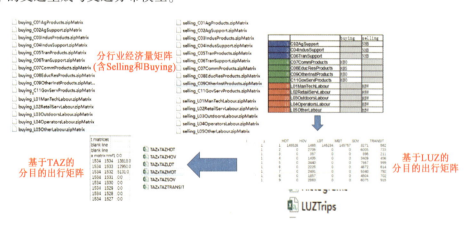

图 5-22 整合型土地利用与宏观交通模型数据接口转换流程

由图 5-22 可知，需要将资金流转化为货运流的商品包括 C01（农业产品）、C03（工业产品）和 C05（交通运输产品），而需要将资金流转化为客运流的商品包括 C02（农业管理）、C04（工业管理）、C06（交通运输管理）、C07（商业服务产品）、C08（教育科研产品）、

C09(其他机构产品)、L01(管理与技术人员)、L02(零售服务人员)、L05(其他服务人员)等。其中 C02、C04、C06 所对应的 OD 矩阵中的资金流数据将基于每次出行所创造的价值转化为 NHB 的出行量,而 C08 所对应的 OD 矩阵中的资金流数据将被转化为 HBS 的出行量,C07 和 C09 所对应的 OD 矩阵中的资金流数据将被转化为 HBO 出行量,L01、L02 和 L05 所对应的 OD 矩阵中的资金流数据将被转化为 HBW 的出行量。

通过 LUZ 与 TAZ 的"一对多"关系,将 LUZ 层级的 OD 矩阵数据向 TAZ 层级进行分解,将 $M \times M$ 土地利用小区 OD 出行矩阵转化成为 $N \times N$ 交通小区 OD 出行矩阵(其中 $N > M$),实现基于 LUZ 的 OD 出行矩阵向基于 TAZ 的 OD 矩阵转化,使 OD 矩阵数据满足宏观交通模型方式划分过程所需要的数据结构,由此可直接为方式划分模型提供输入。

该部分计算通过 JAVA 语言予以实现,其核心算法主要步骤包括:

(1)定义交通小区(TAZ)数量为 N,计算各土地小区 LUZ 的生成量向量(参数记为 OriginSamples)和吸引量向量(参数记为 DestinationSamples)。

(2)生成 $N \times N$ 的零矩阵,用于对后续数据结果的临时储存,方便数据之间的传递与转化。

(3)设立循环,从 $i=1$ 到 N,$j=1$ 到 N。从 $j=2$ 行开始,进行下述迭代计算:

①从 $i=2$ 列开始,在土地利用小区 OD 出行矩阵(luztrips)中,分别对以土地小区为出发点的出行量(记为 origLuz)、以土地小区为终点的出行量(记为 destLuz)和土地小区间产生的出行量(trips)进行赋值,分别为 $\text{luz}(j,1)$,$\text{luz}(l,i)$,$\text{luz}(j,i)$。同时,也给 TAZ 所对应的数组起始交通小区(origTAZs)和终点交通小区(destTAZs)赋予相应的 origLuz、destLuz 值,在运算程序中构建土地小区和交通小区之间的对应关系。

②通过基于某一个交通小区的出行轨迹 $\text{TAZ}(j,i)$,分别乘以其他小区对外生成量(OriginSamples[tazOrig])与对内吸引量(DestinationSamples[tazDest]),得到乘积,并对所有乘积进行求和运算,得到该小区均衡系数 AL。一般情况下,AL 为非零值,但如果出现均衡系数 AL 值为 0,则表示 OD 具备均衡性,此时均衡系数 AL 则需要通过数组 origTAZ 与 destTAZ 元素数量的乘积重新计算得到。

③通过计算公式:

$$\text{eTrips} = \frac{\text{trip} \times \text{originSamples}[\text{tazOrig}] \times \text{destinationSamples}[\text{tazDest}]}{\text{AL}} \quad (5\text{-}1)$$

得到 TAZ 相应期望出行值。

④利用泊松分布函数计算 (j,i) 的基于交通小区的出行数量(TAZ-trip),该函数可直

接在 JAVA 程序中调用,其函数形式为:

$$tazTripCount = poisson(eTrips, this.useNormalAt, this.useRoundedAt) \quad (5-2)$$

(4)从 $j=2$ 行开始,进行后续迭代计算,直到得到所有交通小区 OD 数据。

5.5.3 土地利用与宏观交通仿真模型接口规范总结

综合上述关于土地利用与宏观交通仿真模型接口与数据交互方法的设计,本节提出土地利用与宏观交通仿真模型接口规范(表5-6)。

土地利用与宏观交通仿真模型接口规范 表 5-6

接口类型	规范类别	具体规范细则
连接型模式的接口	数据输入输出规范	土地利用模型输入数据应为交通小区级的社会经济活动空间分布数据,应细分为相关行业岗位经济量数据与农村/家庭户数数据
		土地利用模型应通过连续型接口获得人口、就业岗位分布数据
	接口交互规范	连接型接口应实现经济活动数据向人口、就业数据的转化
		相关行业岗位经济量数据应除以相应的劳动生产率,得到交通小区就业岗位分布
		农村/家庭户数应乘以平均家庭人口,得到交通小区人口分布
		应通过交通小区就业岗位与人口分布数据,估计交通小区机动车保有量
整合型模式的接口	数据输入输出规范	土地利用模型输入数据应为社会经济活动空间交互 OD 数据,应细分为分行业经济流数据
		土地利用模型应通过整合型接口获得交通小区客运或货运 OD 分布矩阵
	接口交互规范	分行业经济量数据应进一步细分为生产型经济量数据与管理型经济量数据
		生产型经济量数据应当转化为基于土地利用小区的货运 OD 分布矩阵
		管理型经济量数据应当转化为基于土地利用小区的客运 OD 分布矩阵
		应当根据管理型经济量的行业特性,对基于土地利用小区的客运 OD 分布矩阵根据出行目的进行细分
	数据层级降解规范	数据接口应当实现 OD 矩阵从 $M \times M$ 的土地利用小区层级向 $N \times N$ 的交通小区层级分解,其中 M 小于 N

土地利用模型分为区域宏观经济模块、社会经济活动空间分配模块和空间开发模块三个部分,宏观交通模型主要以"四阶段"模型为代表。两个模型可以通过连接型和整合型两种接口与土地利用模型构成土地利用-宏观交通整体规划模型。其中整合型模式的接口目标在于将土地利用模型输出的各行业的经济交互矩阵转换为交通出行矩阵,应区分为客运和货运两类 OD 矩阵,其中土地利用模型需要根据出行目的考虑多种出行类型,并根据单位出行所创造的价值,计算得到相对应的出行矩阵,以此替代"四阶段"模型中的交通生成与交通分布模型。连接型模式的接口主要实现社会经济活动空间分布

数据向人口就业等相关数据的转换功能,其中社会经济活动空间分布数据包括各种产业、政府和家庭在各个交通小区的数量,通过接口的转换,可以得到人口、就业的空间分布数据。

5.6 宏观交通规划模型交通流参数标定数据需求标准

5.6.1 交通流参数标定需求分析

本节分析宏观交通规划模型所涉及交通流参数标定数据需求,针对四阶段中的每个阶段,需根据城市特点及相关调查数据的可用性选择具体的模型标定方法。由于路段数据是应用最广、获取途径最多,因此,本节首先梳理"四阶段"宏观交通模型中交通分配阶段子模型所对应的交通流参数标定及其数据采集需求,为需求标准提供理论支撑。

在交通分配阶段,模型核心是路阻函数。路阻函数与延误函数参数标定也涉及部分交通流参数的标定。本节分别以交叉口延误函数与路段阻抗函数为例,分析其中需要重点标定的交通流参数。

1) 交叉口延误函数[7]

交叉口延误是地面道路延误的重要组成部分。随着机动车保有量的快速发展,交叉口经常处于过饱和运行状态,延误增加明显。另外,随着 SCATS 系统联动感应控制的普遍应用,交通管理水平得以提高,减少了部分因控制造成的延误。这两方面的因素导致市域模型仅以进口道饱和度的指数函数来衡量交叉口延误,已不能确切反映实际交叉口延误时间。

地面交叉口延误拟采用《美国道路通行能力手册》(2000 版)中交叉口的延误函数。该函数包括均匀延误、随机延误、初始排队延误三部分。

$$d = d_1 PF + d_2 + d_3 \tag{5-3}$$

式中:d——各车道每车平均信控延误(s/pcu);

d_1——均匀延误,即车辆均匀到达所产生的延误(s/pcu);

PF——均匀延误的调整参数;

d_2——随机延误,即车辆随机到达并引起超饱和周期所产生的附加延误(s/pcu);

d_3——初始排队延误,即在延误分析期上一时段滞留车辆的初始排队给后续车辆增加的附加延误(s/pcu)。

参数 d_1 和 d_2 的计算公式如下：

$$d_1 = \frac{0.5C(1-\frac{g}{C})}{1-\left[\min(1,x)\frac{g}{C}\right]} \tag{5-4}$$

$$d_2 = 900T\left[(x-1)+\sqrt{(x-1)^2+\frac{8KIx}{cT}}\right] \tag{5-5}$$

式中：C——交叉口周期时长(s)；

g——进口道车道组绿灯通行时间(s)；

g/C——绿信比；

x——交叉口进口道车道组饱和度；

T——延误分析时段长度(取1h)；

K——感应控制的增量延误修正参数；

I——按上游信号灯汇入或限流的增量延误修正参数；

c——交叉口进口道车道组通行能力(pcu/h)。

考虑调查初始时交叉口就存在车辆排队对延误的影响，所以模型中增加延误 d_2 表示交叉口过饱和情况下的增加延误。而一般情况下，模型会设定各车道在分析期起点没有初始排队，因此初始排队附加延误 d_3 等于 0。

由以上论述可知，其涉及主要交通流参数为路段交通流量、路段自由流速度与当前车辆在路段上的行驶速度。

2) 路段阻抗函数

(1) 美国联邦公路局(BPR)路阻函数[35]。

函数的形式为：

$$t = t_i\left[1+\alpha_i\left(\frac{x_i}{C_i}\right)^{\beta_i}\right] \tag{5-6}$$

式中：t——当路段上的交通流为 x_i 时的拥挤旅行时间(s)；

t_i——路段 i 上的自由流行驶时间(s)；

x_i——路段 i 的实际流量；

C_i——路段 i 的通行能力；

α_i、β_i——常量。

由此可见，其涉及主要交通流参数为路段交通流量、路段自由流速度与路段平均速度。

(2) EMME2 锥形延误函数[36]。

EMME2 锥形延误函数是一种新型的流量密度函数,即 Conical 函数,其表达式为:

$$t_a = t_0 \left[2 + \sqrt{\beta^2 \left(1 - \frac{v_a}{C}\right)^2 + \alpha^2} - \beta\left(1 - \frac{v_a}{C}\right) - \alpha \right] \tag{5-7}$$

式中:t_a——当路段上的交通流为 v_a 时的拥挤旅行时间(s);

t_0——路段上的自由流行驶时间(s);

v_a——路段 a 的实际流量;

C——路段通行能力;

β——大于1的常量,$\alpha = (2\beta - 1/2\beta - 2)$。

由此可见,其涉及主要交通流参数为路段交通流量、路段自由流速度与路段平均速度。

(3) Akcelik 路阻函数。

Akcelik 路阻函数[37]是基于稳态延误理论和排队论导出的关系式。函数形式如式(5-8)所示。

$$t_a = t_0 + D_0 + 900T \left[\left(\frac{v_a}{C}\right) + \sqrt{\left(\frac{v_a}{C} - 1\right)^2 + \frac{8 J_D x}{C_1 T}} \right] \tag{5-8}$$

式中:t_a——当路段上的交通量为 a 时的拥挤旅行时间(s);

t_0——零流时间,即通过路段的交通量为零或极小时的自由流旅行时间(s);

D_0——信号控制产生的延误(s/pcu);

T——分配的时段长度(如分配的是高峰小时的矩阵,T 为 1h);

v_a——路段上机动车的交通量;

C——路段 a 下游信号控制交叉口在位于路段 a 上的进口道的通行能力;

J_D——表征交叉延误的参数;

x——交通流量;

C_1——路段 a 下游信号控制交叉口在位于路段 a 上的进口道的通行能力。

上述路阻或延误模型,都是从不同的角度,根据道路交通所处的不同状态修正延误函数,以求更真实地描述当前道路延误对当前交通流的特征产生的影响。这些函数中也都对交通流参数进行了一定的选择,主要包括路段交通流量、路段自由流速度与路段上当前车辆的行驶速度。

此外,其他学者也根据城市道路交通的特点,对交通流模型参数的标定提出了不同的见解,也提出了一系列定量分析的方法。

相关研究人员[38]从不同道路条件,构建交通路段阻抗模型、路段行程时间函数模型、综合路阻函数模型等,主要针对交通饱和度、路段平均形成速度、路段自由流速度、路段平均行程延误、路段交通流量等。也有研究针对交叉口延误进行研究,构建适应各种类型交叉口延误计算的统一模型,主要针对交叉口平均行程速度、交叉口自由流速度与路段交通流密度[39]。

总的来说,关于道路阻抗函数的研究比较成熟,大多数学者主要修正各种路阻函数模型相关参数,加强模型的适用性。主要交通流标定参数包括路段交通流量、路段自由流速度与路段平均速度。

交通分配模型相关研究主要集中在交叉口延误、混合交通流干扰延误和道路交通饱和度三大类交通流参数的标定,所使用的数据主要包括车辆平均运行速度与路段流量两种类型。

综合宏观交通模型中的"四阶段"模型与基于活动出行的宏观交通模型两大分支,本书梳理与总结了宏观交通模型交通流参数标定所需要的数据,主要集中在速度、交通流密度与交通流量三个方面。需要标定的交通流标定参数及其相应的数据采集内容见表5-7。

宏观交通模型需要标定的交通流参数及其数据采集内容 表5-7

模型类型	参数标定		采集内容	数据采集形式
交通分配	延误函数	信号交叉口延误时间[13]	信号控制道路不同方式(包括车辆、公交、非机动车)平均运行速度	卡口视频
			自由流状态下的不同方式(包括车辆、公交、非机动车)平均运行速度	地磁线圈、微波检测
		混合交通流干扰延误[40]	路段上不同方式(包括车辆、公交、非机动车)流量	地磁线圈、卡口视频
			自由流状态下的不同方式(包括车辆、公交、非机动车)平均运行速度	地磁线圈、微波检测
			混合流状态下的不同方式(包括车辆、公交、非机动车)平均运行速度	地磁线圈、卡口视频
		道路交通饱和度[41]	自由流状态下路段流量	地磁线圈、微波检测
			不同服务等级下的路段流量	卡口视频、地磁线圈、微波检测

5.6.2 交通流参数标定数据采集需求

5.6.2.1 流量参数标定数据采集需求

对于宏观交通模型而言,其与交通流量方面相关的交通流参数包括进入或离开交通小区的交通流量、分方式交通流量与道路交通饱和度,分别需要采集交通小区(多个)进出口交通流量、不同出行方式出行次数和路段交通流量。

交通流量定义为在单位时间内,通过道路某一地点、某一断面或某一条车道的车辆数,推荐使用卡口视频、车载 GPS 与地磁线圈等方式进行采集[39]。其中,在卡口视频收集交通流量参数标定所需数据后,需采用图像平滑技术和数学形态学等方法对视频图像进行降噪处理,因此可以用卡口视频采集交叉口或进出小区的交通流量参数标定所需的数据。而地磁线圈可用于收集路段交通流量等多项交通流参数标定所需数据,但在多方式混合的路段或者多车道融合的路段,难以单纯依靠地磁线圈采集流量参数标定所需数据,并且数据准确度会相应降低。

采集交通小区(多个)进出口交通流量时,最适宜的数据收集工具是卡口视频与车载 GPS/北斗卫星导航系统。其中,车载 GPS/北斗卫星导航系统一般以当前浮动车作为观测对象,在观测车上装载 GPS 或北斗卫星导航系统,收集车辆当前运行状态与位置信息,是浮动车检测的一个补充。在单车道情形下,两种采集方法的采集频率较高(1min),并且能获得较高准确度(95%)的数据[42]。

5.6.2.2 速度参数标定数据采集需求

宏观交通模型需要标定速度方面的交通流参数主要包括路段自由流速度和小区间平均行驶速度两种。

1)路段自由流速度参数标定的数据采集方法

自由流速度的基础数据需要对车辆通过路段的平均速度进行分布统计后再估算。因此,自由流速度参数标定需要采集自由流状况下车辆通过路段的速度。

车辆速度的采集需要将车辆数据与交通小区节点数据进行匹配,同时使用车载 GPS/北斗卫星导航系统与卡口视频等工具记录车辆到达与离开交通小区的时间。一方面用卡口视频数据标记离开或到达某个交通小区节点车辆的身份标识号(ID)和时间节点;另一方面以车载 GPS/北斗卫星导航系统记录该车辆的行驶轨迹与行程距离,从而综合计算自由流状况下车辆的平均行驶速度。

(1) 车载 GPS/北斗卫星导航系统数据采集。

基于车载 GPS/北斗卫星导航系统的数据采集技术是移动采集技术的一种,可以提供路段甚至整个路网的动态交通数据。基于车载 GPS/北斗卫星导航系统的数据采集系统一般由三个部分组成:车载设备、无线通信网络和数据处理中心。

在车载 GPS/北斗卫星导航系统的数据采集系统中,装备有 GPS/北斗卫星导航系统和通信设备的浮动车运行于路网中,将交通流数据通过无线通信网络周期性地发送到数据处理中心后,数据处理中心对采集数据进行处理,获取相关的交通信息。基于车载 GPS/北斗卫星导航系统的检测数据处理主要包括:地图匹配、行车路线推测、异常数据处理、道路旅行时间和平均速度估计等。

(2) 卡口视频数据采集。

卡口视频数据采集是利用卡口视频检测器对车辆牌照自动识别,从而采集动态交通流数据的方法。通过在两个相邻的检测点对同一辆车的牌照进行识别分析并同时提取交通流参数标定所需数据。

卡口视频记录单位时间内通过采集断面的车辆数量,从而精确地收集交通流量数据。由于卡口视频检测器在路段上都是成对出现的,根据车辆通过相邻检测器的时间,可以得到该车辆在这段路上的行驶时间,剔除异常数据后,平均计算多辆车的行驶时间可得到这段路的平均行驶时间。再根据已知路段长度即可计算得到路段的平均速度。对路段行程速度数据采集的现有方法中,卡口视频数据采集的精度最高,因此,通常将其作为速度的真值。

2) 小区之间车辆平均行驶速度

小区之间车辆平均行驶速度在宏观交通模型需要标定的交通流参数中具有较为重要的使用价值,而通行时间则是其中的关键数据。由于车辆运行轨迹与起终点具有一定随机性,因此可以采用卡口视频数据采集的方式,通过车辆 ID 与节点 ID 的匹配实现交通小区之间通行时间的采集。在同一小区节点同时记录车辆进入与离开交通小区的时刻,再根据车辆 ID 将进出交通小区或路段的时刻进行匹配,测算车辆在交通小区中的通行时间,再根据交通小区之间的距离计算小区间车辆平均行驶速度。

5.6.2.3 密度参数标定数据采集需求

宏观交通模型需要标定的交通流密度参数包括进出交通小区交通流密度、路段交通流密度与道路网络交通流密度,所需要收集的数据分别为小区进出口通过车辆时间间隔、路段车头间距与交叉口前车头间距。

通常情况下,车头间距和车头时距是交通流密度的主要表征数据。其中,车头间距是指在一条车道上同向行驶的一列车队中,前后相邻车辆之间的间距;车头时距是不同车辆先后到达同一断面的时间差距,因此需要对通过时间进行记录,形成时间序列,从而找出车辆间时间间隔,方便对相关参数进行标定。

目前,可以用来采集车头时距和车头间距的方法包括卡口视频、地磁线圈、车辆GPS/北斗卫星导航系统与微波检测等。各种方式适用于不同空间层次或情景,同时,不同采集方式在采集断面、采集频率与采集准确度上的需求各不相同。对小区进出口通过车辆时间间隔或交叉口前车头间距方面的数据,则最适宜通过卡口视频取得。

需要注意的是,在收集路段车头间距数据时不仅需要考虑本车道前后车的间距,还要同时考虑车辆与邻近车道车辆的车头间距的问题。因此,采集方法或数据源可以综合使用视频检测数据和地磁传感器数据[43]。其中,视频检测数据有助于检测邻近车道车辆的车头间距,而地磁传感器数据则更容易去辨识本车道车辆的车头间距。

5.6.3 交通流参数标定数据采集标准

5.6.3.1 数据采集断面与采集频率标准

1)采集断面数量的确定

(1)基于排名分析的宏观交通模型数据采集路段确定方法。

通过排名分析筛选交通流参数数据采集路段位置的步骤分为两个阶段。另外,每个阶段可根据标准确定交通量计数的最佳位置。通过总结,可以得到三个阶段的路段筛选流程,如下所示:

①第一阶段:基于路段上出行比例的筛选。

在第一阶段,交通计数位置的选择将使用 P_{id}^t 作为主要参数,该参数可代表每条路段的出行交叉特征,其实际意义是指通过路段 t 实现起点 i 到终点 d 之间出行比例(如果没有通过路段 t 完成的出行,则为0)。因此,为了获得出行比例和出行交叉总数之间的关系,将使用以下加权平均参数:

$$\hat{\mu} = \frac{k \sum_{id} T_{id} P_{id}^t}{N^2 \sum_{id} T_{id}} \tag{5-9}$$

式中:$\hat{\mu}$——路段的加权平均得分值;

k——交叉口 $P_{id}^t > 0$ 的路段数量;

N——区域中所有交通小区数量;

T_{id}——点 i 到终点 d 之间出行次数。

在第一阶段中,具有 $\hat{\mu}$ 为 0 值的路段,即未被驾驶员选择的路段,将在此阶段中被淘汰。同时,其他路段将根据其加权平均值进行排名。所有排名的路段将在下一阶段的选择中进一步使用。

②第二阶段:基于路段间关系的筛选。

在第二阶段,将根据路段间关系进行路段选择。在这个阶段,选择过程将考虑路段的相互依赖性和不一致性条件。第二阶段将执行通过第一阶段的所有路段。

③第三阶段:基于路段条件的筛选。

本阶段为宏观交通模型交通流参数标定数据采集路段选择的最终阶段。

a. 基于第一和第二阶段选择过程的路段排名标准。

通过第一和第二阶段的路段将被视为优选路段进行统计。使用本套标准是因为所选链路具有较高的 $\hat{\mu}$ 值,这意味着这些路段有许多交叉口信息,同时也是其 OD 间出行最优路径的一部分。此标准中的加权过程将基于已经通过第一和第二阶段筛选保留下来的所有路段排名列表予以实现。

b. 拥挤条件(饱和度)标准。

该标准假设特定路段的拥堵程度越高时,驾驶员选择该路段作为到达目的地的最佳路线的概率越低。因此,该标准中的加权过程将基于通过第一和第二阶段筛选保留下来的所有路段饱和度予以实现。饱和度越高,路段的排名下滑越快。

c. 阻抗条件标准。

该标准假设特定路段的阻抗越大,驾驶员选择该路段作为到达目的地的最佳路线的概率越低。因此,该标准中的加权过程将基于通过第一和第二阶段筛选保留下来的所有路段阻抗予以实现。阻抗越高,路段的排名下滑越快。

基于以上路段条件,路段可在前两个阶段基础上完成最终筛选。因此,第三阶段主要采用简单的多标准分析法即可进一步确定用于宏观交通模型交通流参数数据采集的路段。

(2)不同模型采集断面数量与精细度的区别。

根据模型的范围差异,断面设置的标准也会有所区别。对于市域模型,市域外以高速公路、快速路收费站、检查站为采集断面,在市域内以市区模型核查线为采集断面,其断面精细度包括高等级公路网、市区内城市道路(快速路、主干道);而对于市区模型,则以市区模型核查线为采集断面,其断面精细度包括市区内城市主干道路网(快速路、主干道、次干道)。

2）速度参数标定所需数据采集断面与采集频率标准

速度数据应用范围较广，数据需求不尽相同，主要使用车载 GPS/北斗卫星导航系统、卡口视频与地磁线圈等采集方法完成数据采集。这三种方法在采集频率、采集断面和采集内容等方面有不同的采集标准。速度参数标定所需数据采集断面与采集频率标准见表 5-8。

速度参数标定所需数据采集断面与采集频率标准[44]   表 5-8

数据来源	采集内容	采集频率		采集断面
		采集间隔（s）	统计频率（年）	
卡口视频	路段平均速度	30~60	1	路口前单方向多车道 300m
	自由流状态下的车辆运行速度			路口前单方向多车道 300m
	小区之间车辆行驶速度			小区进出口前 300m
车载 GPS/北斗卫星导航系统	车辆行驶速度	60~120	1	单个车辆单元
	小区之间车辆平均速度			通过小区进出口的车辆
地磁线圈	路段平均速度	120	1	路口前单方向单车道 200m
	自由流状态下的车辆行驶速度			路口前单方向单车道 200m

3）交通流量参数标定所需数据的采集断面与采集频率标准

交通流量参数标定所需数据的采集主要依靠地磁线圈，但也可以采用卡口视频或者车载 GPS/北斗卫星导航系统完成数据采集。交通流量参数标定所需数据采集断面与采集频率标准见表 5-9。

交通流量参数标定数据采集断面与采集频率标准[44]   表 5-9

数据来源	采集频率		采集断面
	采集间隔（s）	统计频率（年）	
地磁线圈	120	1	交通小区出入口前单方向单车道 200m
卡口视频	30~60	1	交通小区出入口前 300m
车载 GPS/北斗卫星导航系统	60~120	1	进出交通小区出入口的单个车辆单元

不同采集方法得到的数据由于其面向的车辆位置断面与检测对象不同，其采集断面与采集频率需求标准存在一定差异。

4）车头时距/间距参数标定所需数据采集断面与采集频率标准

交通流密度参数标定所需数据主要依靠车载 GPS/北斗卫星导航系统与卡口视频两种方式完成采集，但也可以使用微波检测与地磁线圈等方法来实现数据采集。这几种采集方法所得到的数据在采集频率和采集断面等方面的需求差别较大。车头时距/间距参数标定所需数据采集断面与采集频率标准见表5-10。

车头时距/间距参数标定所需数据采集断面与采集频率标准[44]　　表5-10

数据来源	采集频率		采集断面		
	采集间隔（s）	统计频率（年）	交通小区	路段	交叉口
卡口视频	30~60	1	小区出入口单向多车道	路口前单方向多车道300m	交叉口前300m
车载GPS/北斗卫星导航系统	30~60	1	小区出入口单向单车道车辆	路段上单个车辆	通过交叉口的车辆
地磁线圈	60~120	1	小区出入口单向多车道	路口前单方向单车道200m	交叉口前200m
微波监测	60~120	1	小区出入口单向单车道每隔100m间隔	单方向多车道200m间隔	交叉口前100m

5.6.3.2 数据采集准确度标准

1) 速度参数标定所需数据的准确度标准

速度参数标定所需数据的采集需综合采用多种方法，而各方法获取的数据结构与采集内容各有差异。根据准确度要求，本书罗列了各类数据在不同层次上的数据需要，针对不同的数据来源，提出速度参数标定所需数据的采集准确度需求标准见表5-11。

速度参数标定所需数据的采集准确度需求标准[44]　　表5-11

数据来源	采集准确度需求					
	交通小区		路段		交叉口	
	基本要求	推荐要求	基本要求	推荐要求	基本要求	推荐要求
卡口视频	90%	92%	90%	93%	90%	93%
车载GPS/北斗卫星导航系统	90%	95%	93%	95%	90%	93%
地磁线圈	88%	90%	88%	90%	88%	90%

2) 交通流量参数标定所需数据的准确度标准

交通流量参数标定所需数据主要包括出入交通小区交通流量、分方式交通流量与路段交通流量等，可以综合采用卡口视频、车载GPS/北斗卫星导航系统和地磁线圈等多种方法完成数据采集，各方法获取的数据结构与采集内容各有差异。交通流量参数标定所需数据准确度标准见表5-12。

交通流量参数标定所需数据采集准确度标准[45]   表 5-12

数据来源	采集准确度需求					
	出入交通小区交通流量		分方式交通流量		路段交通流量	
	基本要求	推荐要求	基本要求	推荐要求	基本要求	推荐要求
卡口视频	90%	92%	90%	93%	90%	93%
车载 GPS/北斗卫星导航系统	90%	95%	93%	95%	93%	95%
地磁线圈	90%	92%	88%	90%	90%	92%

3）交通流密度参数标定所需数据的准确度标准

交通流密度参数标定所需数据采集主要为车头间距，各方法获取数据结构与采集内容各有差异。交通流密度参数标定所需数据准确度标准见表 5-13。

交通流密度参数标定所需数据采集准确度标准[45]   表 5-13

数据来源	采集准确度需求					
	小区出入车辆间隔时间		路段车头间距		交叉口前车头间距	
	基本要求	推荐要求	基本要求	推荐要求	基本要求	推荐要求
卡口视频	93%	95%	90%	93%	93%	95%
车载 GPS/北斗卫星导航系统	90%	93%	90%	93%	90%	93%
地磁线圈	88%	90%	88%	90%	90%	92%
微波线圈	88%	90%	85%	90%	90%	92%

5.6.3.3 多层次宏观交通模型交通流参数标定数据需求标准

宏观交通模型包括市域与市区两个时空层次。不同时空层次的交通流参数标定所需数据需求也会有所差异，具体包括：

（1）在交通模式种类方面，市域模型主要考虑高速铁路、市域间公路、通勤铁路、城市对外公共交通等城市之间通行的交通模式；而市区模型主要考虑道路、轨道交通、地面公交、非机动车、行人等城市内部交通模式。

（2）在路网精细度方面，市域主要考虑高等级公路网、市域内城市主要道路；市区模型主要考虑市区内城市主干道路网。

（3）在模型输入数据的更新频次方面，两个层次宏观交通模型都是依据出行调查数据更新来确定。

（4）在空间单元精细度方面，市域模型在市域外以高速公路、快速路收费站、检查站为采集断面；在市域内以市区模型核查线为采集断面。市区模型以市区模型核查线为采集断面。

多层次模型之间存在数据间的关联,市域宏观交通模型出行生成部分可以提供特殊的交通小区,如机场、码头和车站吸引与发生量数据给市区交通模型,用来构建出行链数据库。同时,市区宏观交通建模的方式划分步骤产生的公交、出租车与私家车出行矩阵,可以用来进行路网分配。

因此,本节在考虑不同时空层次宏观交通模型的数据采集需求差异性后,制定不同时空层次下宏观交通模型交通流参数标定数据需求标准,见表 5-14。

多层次宏观交通模型交通流参数标定数据需求标准　　表 5-14

需求指标		空间层次	
		市域模型	市区模型
采集时间需求	采集频率	5 年	1 年
	时间单元	考虑高峰和平峰	考虑高峰和平峰
采集空间要求	采集断面	在市域外以高速公路、快速路收费站、检查站为采集断面;在市域内以市区模型核查线为采集断面	以市区模型核查线为采集断面
	断面精细度	高等级公路网、市区内城市道路(快速路、主干道)	市区内城市主干道路网(快速路、主干道、次干道)
采集内容	采集对象范围	市域间公路交通流数据	市区内道路交通流数据
采集精度		90%	95%

5.7　本章小结

城市宏观交通规划模型体系的发展是一个长期持续的过程,本章在研究国内外典型宏观模型发展与应用情况的基础上,形成具有我国城市和交通发展特征的宏观交通模型体系的发展建议。基于我国城市和交通发展特征并结合我国大中城市交通规划的实际需求,对传统宏观交通模型进行改进,讨论提出了城市多层次宏观交通规划模型。改进措施包含对模型的结构重新审视,使之适用我国城市和交通特色。在多层次宏观交通模型中,详细介绍城市市区和市域的宏观交通模型在体系中的定位及适用范围。同时,详细介绍了城市土地利用模型与宏观交通模型交互方法与接口规范,提出了"连接型"和"整合型"两种数据交互与方法。最后,对宏观交通规划模型交通流参数标定数据需求标准及采集需求和标准进行了分析总结。

本章参考文献

[1] 张文斌,王博.长沙市高新区宏观交通系统规划研究[J].湖南交通科技,2019,45(02):168-171.

[2] ALTSHULER A,WOMACK J P,Pucher J R. The Urban Transportation System:Politics and policy Innovation[M].[S.l.:s.n.],1979:21.

[3] TFL. The London Transportation Studies Model(LTS)[R]. London:Transport for London,2016.

[4] 洪晓龙.乌鲁木齐城市综合交通模型体系研究[J].公路交通科技(应用技术版),2017,13(08):302-306.

[5] NY Metropolitan Transportation Council. NY Best Practice Model Documents[EB/OL].[2008-02-25]. http://www.nymtc.org/project/BPM/bpmindex.html.

[6] BORNING A,WADDELL P,RUTH F. Urbansim:Using Simulation to Inform Public Deliberation and Decision-Making[J]. Integrated,2008,17:439-464.

[7] GOLOB T F,BECKMANN M J,ZAHAVI Y. A utility-theory travel demand model incorporating travel budgets[J]. Transportation Research Part B,1981,15(6):375-389.

[8] JONES P,DIX M,CLARKE M,et al. Understanding travel behavior[M].[S.l.:s.n.],1983.

[9] REEKER W W,MCNALIY M G,ROOT G S. A model of complex travel behavior:Part 1——Theoretical development [J]. Transportation Research Part A, 1986, 20 (4): 307-318.

[10] HUNT J D,STEFAN K J,BROWNLEE A T,et al. Short Distance Personal Travel Model (SDPTM)in the California Statewide Transportation Demand Model[C]. Washington, D.C.:[s.n.],2012.

[11] 郭伟娜,田大江,张胜雷.美国旧金山发展智能交通的经验及其对我国智慧城市建设的启示[J].智能建筑与智慧城市,2018(01):26-31.

[12] AULD J,MOHAMMADIAN A K. Activity planning processes in the Agent-based Dynamic Activity Planning and Travel Scheduling(ADAPTS)model [J]. Transportation Research Part A. Policy and Practice,2012,46(8):1386-1403.

[13] 陆锡明,陈必壮,董志国.上海综合交通模型体系研究:中国建筑学会2007年交通

模型学术交流会论文汇编[C].上海:[出版者不详],2007.

[14] 李春艳,陈金川,郭继孚.北京:四层次综合交通模型体系[J].城市交通,2008,6(1):32-34.

[15] 贺崇明,马小毅.广州:综合、系统、精确的交通规划模型[J].城市交通,2008,6(1):45-47.

[16] 邵春福.交通规划原理[M].北京:中国铁道出版社,2004.

[17] 陆化普.交通规划理论与方法:第2版[M].北京:清华大学出版社,2006.

[18] 陆化普,黄海军.交通规划理论研究前沿[M].北京:清华大学出版社,2007.

[19] 杨兆升.交通规划方法[M].北京:人民交通出版社,1996.

[20] 王炜,徐吉谦.城市交通规划理论与方法[M].北京:人民交通出版社,1992.

[21] 王炜,杨新苗,陈学武.城市公共交通系统规划方法与管理技术[M].北京:科学出版社,2002.

[22] 徐慰慈.城市交通规划论[M].上海:同济大学出版社,1998.

[23] 关宏志.非集计模型:交通行为分析的工具[M].北京:人民交通出版社,2004.

[24] 毛保华.交通规划模型及其应用[M].北京:中国铁道出版社,1999.

[25] WEGENER M. Overview of Land-use Transport Models[J]. Handbook of Transport Geography and Spatial Systems,2004(5):127-146.

[26] 龙瀛,毛其智,杨东峰,等.城市形态、交通能耗和环境影响集成的多智能体模型[J].地理学报,2011,66(8):1033-1044.

[27] 何嘉耀,叶桢翔.基于多智能体系统的单元城市交通需求特性研究[J].华东交通大学学报,2013,30(03):5-11.

[28] TFL Planning. London's Strategic Transport Models,Strategic Modeling Brochure[R]. London:Strategic Analysis Team,2017.

[29] SAN FRANCISCO COUNTY TRANSPORTATION AUTHORITY. San Francisco Travel Demand Forecasting Model Development:Final Report[R]. San Francisco:San Francisco County Transportation Authority,2002.

[30] 焦国安,金霞,杨菲,等.中美城市交通模型现况评估[J].城市交通,2008(02):77-82.

[31] 陈先龙.香港先进城市交通模型发展及对广州的借鉴[J].华中科技大学学报(城市科学版),2008(02):91-95.

[32] 陈必壮,陆锡明,董志国.上海交通模型体系[M].北京:中国建筑工业出版社,2011.

[33] 张晓春,邵源,孙超.深圳市城市交通规划创新与实践:2016年中国城市交通规划年会论文集[C].北京:中国建筑工业出版社,2016.

[34] 丘建栋,赵在先.深圳市交通规划决策支持体系研究[J].交通与运输,2013,12:11-14.

[35] US Bureau of Public Roads. Traffic Assignment Manual for Application with A Large, High Speed Computer[M]. Washington, D. C. :[s. n.],1964.

[36] 陈旭,陆丽丽,曹祖平,等.道路阻抗函数研究综述[J].交通运输研究,2020,6(2):30-39.

[37] AKCELIK R. The Highway Capacity Manual Delay Formula for Signalized Intersections[J]. ITE J,1988,58(3):23-27.

[38] 四兵锋,钟鸣,高自友.城市混合交通条件下路段阻抗函数的研究[J].交通运输系统工程与信息,2008,8(1):68-73.

[39] 付静静.基于点、线、面层次的干线公路交通运行状态评价指标分析[D].西安:长安大学,2013.

[40] 王玉杰,邵国霞.城市快速路菱形立交入口微观仿真模型的标定与验证[J].公路交通科技(应用技术版),2013,9(11):395-398.

[41] DFT of London. Transport analysis Guidence:Guidence for the senior Responsible Officer[R]. London:Department of Transport,2017.

[42] 周学松,唐金金,魏贺.交通变革:多元与融合 2016年中国城市交通规划年会论文集[C].北京:中国建筑工业出版社,2016.

[43] 陈伦.基于微波数据的连续交通流预测方法研究[D].北京:北京交通大学,2018.

[44] MEI L T,LAM W H K. Balance of Car Ownership under User Demand and Road Network Supply Conditions—Case Study in Hong Kong[J]. Journal of Urban Planning & Development,2004,130(1):24-36.

[45] BJØRNER T B,Leth-Petersen S. Dynamic Models of Car Ownership at the Household Level[J]. International Journal of Transport Economics,2005,32(1):57-71.

第6章

城市公共交通仿真建模关键技术

6.1 概述

本章在参考国内外对于公共交通模型和多模式交通网络建模的理论与实践成果基础上,借鉴相关先行研究思想,采用超级网络对多模式公共交通系统进行建模。在公共交通客流分配模型方面,构建基于超级网络和有效路径的公共交通方式划分与网络分配组合模型。该模型无须对不同公共交通方式单独进行交通方式划分与网络分配,而是通过在由各种公共交通方式组成的超级网络中寻找基于多种交通方式的最优路径,同步开展方式划分及网络分配。此外,目前已有部分建模软件可以提供以超级网络的方式建模,但从建模需求的角度来看,这些软件在应用上存在诸多限制。因此,本章提出了以自主编程实现的超级网络为基础的公共交通仿真建模技术路线,能够实现定制化建模以及应对多类复杂应用场景,更具灵活性与自由度,解决了当前建模软件的诸多限制问题。

6.2 公共交通建模研究发展历程

本节主要对国内外有关公共交通建模的理论进行梳理,主要从城市公共交通网络模型的构建方法、路径搜索算法、公共交通流量分配模型以及当前公共交通建模主流软件等方面展开,分析了当前公共交通模型构建的方法及其优缺点,为本章公共交通仿真模型构建关键技术提供了理论基础。

6.2.1 城市公共交通网络建模现状

城市公共交通网络拓扑结构的描述与表征是构建城市公共交通网络模型的重要基础。因此,高效地构建合理的多模式公共交通网络尤为重要。常见的公共交通网络拓扑模型主要包括基于图论、GIS、状态转移的网络模型以及超级网络模型四大类。

采用传统图论进行公共交通网络构建时,首先要将公共交通网络近似处理为赋权有向图。公交站点利用"点"进行表示,连接公交站点的路段利用"边"进行表示。通过该方法构建的公共交通网络拓扑结构可以反映网络实际的空间位置与相关特征(如预期相关的出行距离与时间)。该方法在一定程度上能够较好地描述公共交通网络的拓扑关系,但在多模式公共交通网络节点和路段属性较多的情况下,公共交通网络的空间数据表达较为模糊。传统图论方法只能对单一模式的交通网络进行模拟,对多模式公共交通网络之间的相互联系难以模拟。基于 GIS 构建公共交通网络拓扑结构可以完整表达路网的交通特征,有效描述多模式公共交通网络,但对公共交通网络要素纳入不足,导致无法构成综合的公共交通系统数据框架,且多模式公共交通数据库的有效性和扩展性尚未得到证实。此外,这些模型难以表示出不同模式公共交通网络各自的独立性和相互的关联性,因此,在城市多模式公共交通网络建模时很难推广应用[1]。基于状态转移扩展网络构建公共交通网络模型,是将多模式公共交通网络分解成状态网络以及不同模式的公共交通子网络。在每个 OD 对中,所有可能用于出行的路径都会进行连接。该方法着重考虑公共交通模式之间的联系,但是缺乏对网络实际空间位置的描述,而且虚拟点的带入使网络表述较为复杂,增加了算法的时间复杂度和空间复杂度。

  针对较为复杂的城市公共交通网络以及现有网络构建方法存在的缺陷,相关学者开始考虑采用超级网络的思想来模拟多模式交通出行。Sheffi 和 Daganzo[2]在 1980 年首次提出了由 super-network 网络形态来表达交通网络(节点对应空间位置,边对应物理连接的网络)。Page 等[3]认为超级网络中的节点表示给定集合的网络中的空间位置,弧线表示在给定集合的网络中的组合出行路径和组合性选择偏好(时间或费用、舒适度等)。Liao 等[4]阐述了建立超级网络的三个步骤:首先将一个网络分成两个子网络,每个子网络都包含所有指定模式链接,然后分配给所有活动的车辆,最后这些离散的网络通过状态标记的链接转换形成超级网络。此外,Liao 等[5]构建了包含多个子网络的超级网络,该网络把停车换乘也作为一种交通方式,考虑了出行者所有活动的选择路径。四兵锋团队[6-9]分别在 1998、2006、2008 及 2013 年基于超级网络理论构建了自行车、公交车和一般机动车的混合客流城市交通网络,并以北京地区客流为例进行了验证。谢辉等[10]通过构建虚拟节点和换乘线段,将复合交通系统转化为由小汽车网络、公交网络和轨道交通网络组合而成的超级网络,建立了基于超级网络的分析评估模型。通过以上研究可知,超级网络不仅能保证不同公共交通模式网络的独立性,还能反映各种交通方式网络间的互相转换,相对于前三种建模方法更适合城市多模式公共交通网络建模。

6.2.2 公共交通网络建模路径选择研究现状

  在实际的公共交通出行中,出行者在进行出行决策时,一般不会考虑出行起讫点之间的所有路径。大部分广义费用较高的路径根本不会被选择,可能被选择的路径的广义出行费用一般会在处于出行者的可容忍范围之内。广义出行费用超出此范围的一般不会被考虑。被出行者考虑使用的路径称为有效路径。在进行公共交通客流分配之前,首先需要构建 OD 对之间的有效路径集合,而后再进行客流分配。有效路径集合的建立以有效路径搜索算法为基础,一般以最短路径搜索算法为前提,通过增加一定的约束,对路径进行判断。根据黄海军[11]的研究,在城市大规模路网中,一般情况下,OD 对之间可能被出行者考虑的有效路径在 5~8 条。有效路径搜索算法一般以最短路径搜索算法为基础,主流的有效路径算法有 K 最短路径算法和 Dial 算法等。

K 最短路径算法本质上是一种删除算法,通过不断删除原网络中最短路径上的某一个路段,在新的网络中搜索得到新的最短路径,即为第 2 条最短路径,不断重复,直到搜索到 K 条最短路径为止。但是,利用删除算法求取前 K 条最短路径时,路径彼此之间的相似度很高,不符合出行者进行路径选择的实际情况,需要采取一定的规则,将某些明显不合理的路径过滤掉。

Dial[12]是最早研究路径搜索算法的学者之一,提出了能够完整实现 Logit 网络配流模型的有效路径搜索算法-Dial 算法。严格来说,Dial 算法并不需要枚举出有效路径,通过对有效路径的定义,直接求解起讫点之间有效路径所构成的有效路段集合。所有的有效路径均包含于有效路段集合之中,以有效路段集合为基础进行流量分配。Dial 算法因为不需要枚举路径而具有较高的效率,然而在求解有效路径的过程中,由于对于有效路段的定义过于严格,往往会损失部分有效路径。四兵锋等[13-14]基于 Dial 算法存在的不足,提出基于路径伸展系数的改进的 Dial 算法,并以此求解有效路径,并以算例进行验证,同时指出了这种改进的 Dial 算法的优缺点。对于路径伸展系数,可以确定有效多路径搜索范围,参考多名学者在这方面的研究,Leurent[15]给出了这个参数在公路网中的经验值为 2.6,在城市路网中的经验值为 2.3~2.5。而 Zijpp 和 Catalano[16]提出该参数在公路网中的经验值为 1.4,在城市路网中的经验值为 1.25,与 Leurent 给出的经验值相差较大。

6.2.3 公共交通网络分配模型研究现状

传统的宏观公共交通模型大多为单模式交通配流模型或者简单地涉及两种及以上交通方式的配流模型。单模式交通配流模型主要是在宏观交通模型完成方式划分步骤后,针对某一单一交通方式进行网络配流,即在传统的公共交通单模式配流模型中,主要基于常规公交或者轨道交通单独进行建模。有些模型在单一交通方式模型的基础上简单考虑了公共交通与其他出行方式之间的混合出行情况,构建了涉及两种交通方式的配流模型,主要包括常规公交与私家车或非机动车、轨道交通与私家车或非机动车等[1]。单模式配流模型对于单一交通方式可以获得较好的配流结果,但无法模拟基于多种交通方式的出行行为和在多种交通方式之间换乘的出行行为。

针对单一交通方式模型存在的缺陷,研究人员开始关注多模式交通网络分配模型。初期,研究人员一般只研究两种交通模式,大多数为小汽车和轨道交通或小汽车和公共汽车的组合模式,但未考虑出行者在多种公共交通方式之间换乘的出行方式。例如,Fernandez 和 Florian[17]研究只采用私家车和地铁交通两种交通方式的出行行为,建立配流模型并使用 Frank-Wolfe 算法求解,然而该研究并没有明确地给出换乘数量和种类。黄海军[18]提出私家车和地铁组合方式下的考虑换乘点的变分不等式均衡配流模型,并提出算法求解。此外,韩印等[19]分析了公共汽车及小汽车出行的广义费用,研究出行信息对用户和对路径选择的影响,以此为基础提出了 SUE 平衡配流模型,并对解的唯一性和可行性进行了证明。孟梦[20-21]提出了组合网络中换乘条件下广义费用表达式,基于 Logit 模型建立了多模式交通网络下 SUE 模型,分别应用 MSWA 和 MSA 算法对模型进行求解。李红莲[22]在其硕士论文中研究了可换乘的城市交通网络拓扑模型,建立了小汽车、公共汽车、地铁的多模式超网络模型。通过建立行驶弧、换乘弧和上、下网弧的费用函数,提出有效路径的概念,设计了基于 Logit 加载的 SUE 模型与算法,并进行了算例分析。

在对公交客流分配问题的研究中,早期分配模型的求解算法[23-24]主要基于启发式算法以确定选择路径集。这些方法最大的制约在于不能很好地解决和反映公交客流分配涉及的候车时间延误、拥挤成本等动态影响,却又将其用于高度拥挤的公交网络,会产生与实际不符的分配结果。同时,共线问题仍未能得到考虑和解决。因此,早期的研究存在很大的局限性,不能作为城市公交服务网络设计、优化和长期规划的决策支持工具。

Dial 等[25]作为最早考虑公交分配问题的学者,于 1967 年提出了"主干线路段"概念。1971 年,Dial[26]提出了改进的 Logit 模型。该模型的最大优点是不用枚举 OD 对之间的全部有效路径,从而大大提升了算法的运算效率。但是,该模型更适用于个体机动车的流量分配。为了解决共线问题,Dial 在 Logit 模型的基础之上提出了 Logit 递推模型,将共线线路看成一个物理路段,并将原来所有共线线路的发车频率之和作为合并线路的运行频率。该方法为解决城市公交客流分配中的共线问题奠定了理论基础。为避免公交共线带来的影响,刘志谦等[27]在传统 Logit 模型中引入各个 OD 对之间的公交路径独立系统,提出了容量限制下基于时刻表的随机用户均衡模型。其研究中采用改进的 Logit 模型计算路径选择概率,最后运用实例公交网络分配结果对模型和算法的有效性进行验证。结果表明：较传统 Logit 模型的分配结果而言，改进的 Logit 模型的分配结果更为合理。四兵锋等[28]分析了用 Dial 算法求解城市交通网络随机配流问题产生错误的根本原因，并根据路径费用信息重新定义了有效路径。在此基础上，提出了利用路段费用信息判定有效路径的必要条件，并结合网络拓扑排序方法，提出了改进的 Dial 算法。最后，采用北京市轨道交通网络的基础数据，对两种算法进行了比较。结果表明，改进的 Dial 算法不仅保留了原算法的优越性，而且避免了结果出现异常，其计算效果明显优于原算法。

6.2.4 公共交通模型应用现状

随着计算机技术的发展，交通规划领域涌现出各种各样的应用软件。从最早的城市交通规划软件 UTPS 到 MINUTP、TRANPLAN，再到现在的主流软件 TransCAD、CUBE Voyager、EMME 等，这些软件都提供了完整的公共交通模型的建模方法和工具。

TransCAD 软件提供的网络分配模型包括最短路径分配模型、最优战略分配模型、用户均衡分配模型和随机用户均衡分配模型等。其中，最短路径分配模型、最优战略分配模型是非均衡分配模型，没有考虑公共交通容量的限制，都是先通过路径选择模型选择路径，然后将公共交通 OD 分配到路径上。而用户均衡分配模型、随机用户均衡分配模型是均衡分配模型，这两种模型考虑了公共交通容量以及拥挤等的影响，根据 OD 间路线的相对吸引力将出行分配到多条路径上。

CUBE Voyager 软件提供的主要公共交通模型包括费用模型、分配模型和拥挤模型等，以多路径分配模型为例，其主要应用 Logit 模型选择路径，在交通分配中引入容量限制。在 CUBE Voyager 软件中，将公共交通分配分为路径建立（Path Building）和加载（Loading）两部分。路径建立的目的是确定 OD 之间的所有可能路径，并计算它们的出行时间，为加载出行流量做准备。路径建立后，CUBE Voyager 软件应用一系列的流量加载模型（包括步行选择模型、子模式选择模型、服务模型、选择下车节点模型等）将出行加载到公共交通路线和步行路段上。在流量加载模型中，除服务模型以外均采用 Logit 选择模型。另外，CUBE Voyager 软件中提供的拥挤模型与容量限制分配模型类似，考虑了公共交通系统的容量和出行时间的关系。在拥挤模型中，步行路段或公共交通线路与道路混合路段的拥挤时间采用路段时间和乘法曲线[multiplicative（MCRV）curves]、附加曲线[additive（ACRV）curves]计算。

EMME 软件提供的公共交通分配模型包括最优战略公共交通分配模型、拥挤模型、容量限制模型和确定性公共交通分配模型等，其中最常用的为最优战略公共交通分配模型和确定性公共交通分配模型。EMME 软件中的最优战略模型是一种多路径分配方法,其出行费用计算的方法与 TransCAD 软件相同。确定性公共交通分配方法一般用于发车频率较低的区域之间的公共交通。此外,EMME 软件中提供了宏功能实现网络分配[29]。在 EMME 软件中,宏是由许多操作命令、输入参数以及中间变量构成的文件,可以灵活实现 EMME 软件的许多附加功能。本质上,宏属于 ASC 码文本文件,可使用文本文件的编辑器编写。因此,可以根据 EMME 软件中现有的网络分配功能,根据需求使用宏命令扩展原有的功能[30]。

在当前主流交通规划软件中,TransCAD 软件提供的公共交通分配模型几乎涵盖了所有公共交通分配方法,包括均衡和非均衡方法;CUBE Voyager 软件提供的公共交通网络分配方法主要用于公共交通线路选择建模,针对各种情况应用各种 Logit 选择模型,提供了较为详细的公共交通拥挤模型;EMME 软件也提供了较为全面的公共交通分配模型,通过 Modeller 模块,可实现多种公共交通分配模型,也可通过宏命令实现公共交通分配。

6.3 公共交通模型框架比选与适用性分析

不同城市的公共交通发展情况有所区别,因此其构建的公共交通模型也有所差别。本节将对东京、伦敦、旧金山、香港、北京、上海、广州、深圳八个典型城市的公共交通模型进行梳理与比选,总结其模型的特点,为国内大中城市开展面向决策支持的城市公共交通仿真建模提供参考。

6.3.1 公共交通模型框架介绍

6.3.1.1 东京

1972 年,东京市的城市轨道交通服务规划中首次采用了出行需求分析。1985 年,其轨道交通需求分析中首次采用了"四阶段"交通需求预测模型。2000 年,日本交通政策审议会提出将采用多项式 Logit(MNL)模型用于方式划分,考虑到公共交通共线的问题,其公共交通模型采用基于 probit 的随机用户均衡(SUE)模型进行路径选择分析。另外,由于东京市轨道交通网络密度较高,通常采用基于 MNL 的 SUE 模型进行模拟分析[31]。

以轨道交通为例,通勤期间经常会出现车内拥堵,而车内拥堵可能会对乘客的路线选择带来影响。东京市轨道交通分配模型需求预测分析引入了拥堵的成本函数,并重点考虑了三项因素:车内拥堵、随机路径选择和路径选择集。在建模中,分别采用了多项式 Logit(MNL)、结构化多项式 probit(SMNP)、用户均衡(UE)、基于 Logit 的随机用户均衡(SUE)、基于 probit 的随机用户均衡(SUE)和全有全无(AON)等六种分配模型进行预测和比较分析[31]。这六种配流模型在误差项、广义成本函数和相应的出行路径选择行为假设等方面存在着一定的差异。在生成路径选择集时,东京市轨道交通分配模型使用四种方法进行路径搜索,分别为:

(1)基于广义出行成本,不使用启发式搜索算法生成路径选择集。

(2)基于出行时间成本,不使用启发式搜索算法生成路径选择集。

(3)基于广义出行成本,使用启发式搜索算法生成路径选择集。

(4)基于出行时间成本,使用启发式搜索算法生成路径选择集。

其中,AON 分配模型和用户均衡(UE)分配模型不限制选择集。多项式 Logit(MNL)、结构化多项式 probit(SMNP)、基于 Logit 的随机用户均衡(SUE)、基于 probit 的随机用户均衡(SUE)使用上述四种方法搜索路径选择集。六种模型的运行结果对比见表 6-1。

表 6-1 面向方式划分的六种分配模型运行结果对比[31]

模型	路径选择集生成方法	迭代次数	计算时间(min)	决定系数 R^2	均方根误差
AON	—	1	3.18	0.986	45238
UE	—	17	30.87	0.989	42140
MNL	方法 1	1	7.02	0.982	51853
MNL	方法 2	1	6.85	0.981	54316
MNL	方法 3	1	10.25	0.990	38916
MNL	方法 4	1	9.67	0.992	34721
SMNP	方法 1	1	19.95	0.981	54567
SMNP	方法 2	1	20.03	0.980	55738
SMNP	方法 3	1	31.77	0.991	37273
SMNP	方法 4	1	32.27	0.992	33512
基于 Logit 的 SUE	方法 1	21	150.65	0.990	40057
基于 Logit 的 SUE	方法 2	2	13.68	0.982	52922
基于 Logit 的 SUE	方法 3	10	102.12	0.992	35330

续上表

模型	路径选择集生成方法	迭代次数	计算时间（min）	决定系数 R^2	均方根误差
基于 Logit 的 SUE	方法 4	7	67.43	0.992	34032
基于 probit 的 SUE	方法 1	21	431.20	0.990	39946
基于 probit 的 SUE	方法 2	2	40.05	0.981	54323
基于 probit 的 SUE	方法 3	11	351.13	0.993	32855
基于 probit 的 SUE	方法 4	8	257.90	0.993	33125

根据模型的运行结果可以发现，AON 模型的运行时间最短，其次是使用方法 1 和方法 2 进行路径搜索的 MNL 模型。MNL 模型和 SMNP 模型的运行时间比 AON 模型长，基于 Logit 的 SUE 模型和基于 probit 的 SUE 模型的运行时间比 UE 模型长，原因在于随机分配方法需要对多条路径进行计算，而确定性分配方法只对一条路径进行计算。基于 probit 的 SUE 分配模型比基于 Logit 的 SUE 分配模型时间长，原因在于，在 probit 模型中计算概率的时间要比 Logit 模型更长。UE 的计算时间比 AON 长，基于 Logit 的 SUE 模型和基于 probit 的 SUE 模型的运行时间比 MNL 和 SMNP 长，说明均衡分配模型的时间要比非均衡分配模型长，但是从精度看，均衡分配模型的精度总体要高于非均衡分配模型。总体而言，基于 probit 的 SUE 分配模型的精度最高，但是该模型所需的运行时间最长。

当前，东京市公共交通模型发展较为成熟，其公共交通需求预测使用相同的路径选择经验数据，运用多种模型方法进行预测，分析不同公共交通分配模型的应用对公共交通系统中客流量的预测结果所造成的影响，即采用多种模型开展交叉验证分析。

6.3.1.2 伦敦

Railplan 模型是由伦敦交通研究模型 LTS 衍生而出，它是在 LTS 模型的交通分布和方式划分步骤完成后，对公共交通需求进行网络配流的模型。初始模型于 1988 年在 EMME 平台中开发，于 2015 年移植到 CUBE 平台。不同于传统轨道客流预测模型，Railplan 模型脱离了"四阶段"法的反馈循环过程，而是基于定期更新的需求矩阵，采用拥挤模型进行网络分配，可以更加快速、精确地研判高峰时段大客流对发车频率、换乘便捷度、接驳水平、票价票制等综合服务水平的影响。

Railplan 模型将 LTS 模型生成的公共交通需求分配到以下公共交通方式中：巴士、国有铁路、地铁、轻轨、有轨电车[32]。

同时，Railplan 模型还包括一个步行网络，用于表示公共交通系统接驳和服务之间的转移。Railplan 模型可以预测新服务（如新增站点）带来的影响（例如车辆速度的变化），其网络模块如图 6-1 所示[33]。拥挤度从低到高显示为灰色、绿色、黄色、红色、黑色、紫色。

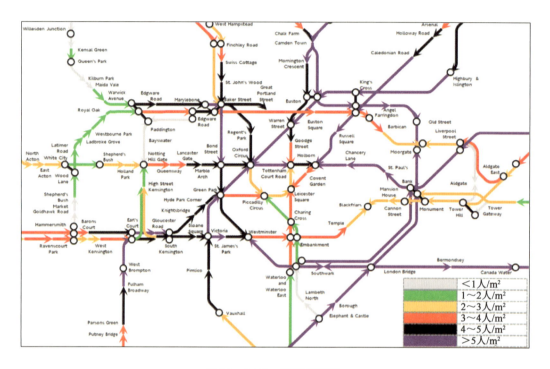

图 6-1　Railplan 模型网络模块

Railplan 模型采用经典的 Logit 模型对公共交通出行需求进行分配[32]。因为该模型的敏感度针对不同出行目的存在一定差异，所以可以基于该模型面向不同出行目的进行网络分配。

Railplan 模型通常用于评估交通方案或交通基础设施建设。模型还可以得到以下数据：在车站上、下车的人数，往返不同地点的乘客编号，区域拥挤程度，在车站换乘的人数，分方式的乘客总出行时间和距离。

Railplan 模型可以模拟公共交通出行者可能使用的路线和服务选择，以及由此产生的伦敦及周边公共交通网络拥挤程度。近年来，英国交通部门一直致力于制定行业准则，制定了包含针对 Railplan 模型建模的运输分析指南（WebTAG）等[32]。

6.3.1.3 旧金山

旧金山的公共交通系统涵盖了公共汽车、地铁、有轨电车、无轨电车、缆车等多种交通方式,形成了城市的综合公共交通网络,其中包括湾区快速交通系统 BART、公共汽电车、轻轨等。

1)公共交通方式划分模型

国外学者在研究公共交通方式划分模型时,通常从城市居民个体的角度来表征成本结构和其他影响因素。公共交通方式划分模型假设每个个体均寻求出行成本最小化,并且每个个体均有三种出行选择,即独自驾驶、乘坐公共汽车或乘坐有轨车辆(包括重铁和轻轨)。个人出行成本最小化模型如下:

$$\text{Trip Cost} = m + T_a d_a + T_v d_v \tag{6-1}$$

式中:Trip Cost——出行成本;

m——花费的金钱;

T_a——等待时间;

d_a——等待时间的系数;

T_v——乘车时间;

d_v——乘车时间的系数。

出行费用包括金钱和时间成本,其中时间成本分为等待时间(T_a)和乘车时间(T_v)。O'Sullivan[34]将该模型应用到旧金山公共交通中,结果表明等待时间的边际效用大于车内出行时间的边际效用,并且汽油成本的波动影响出行者的金钱成本,进而影响乘客是否选择公共交通工具。

2)公共交通模型

旧金山公共交通模型由四种不同的模型来预测使用公共交通工具的乘客人数。其中,恒定弹性模型、事件弹性模型和行为滞后模型采用普通最小二乘法(OLS)估计弹性,而价格工具模型采用两阶段最小二乘法(2SLS)回归估计系数。两阶段最小二乘法是将因变量的误差项与自变量相关联,并使用工具变量对系数进行合理估计。另外,恒定弹性模型和事件弹性模型是在 Currie 等[35]的研究成果的基础上进行改进的。

对于每种运输方式,都应用了这四种模型,模型中应用的变量见表 6-2[36]。

旧金山公共交通需求预测模型变量名称含义 　　表 6-2

变量名称	含义
$\log(Ridership_t)$（独立变量）	每月客流量的自然对数。测量汽油价格的累积效应，以及控制变量对公共交通总客流量的影响
$\log(GasPrice_t)$（独立变量）	每月平均汽油价格的自然对数。主要自变量为每月平均汽油价格，该价格由美国能源情报署获得的每周平均汽油价格推算而来。$\log(CrudePrice_t)$ 为每月平均原油价格的自然对数，与 $\log(GasPrice_t)$ 变量相似
$\log(GasPricelag_t)$（独立变量）	人们对汽油价格的延迟反应，被用于行为滞后模型中。在这个模型中，该变量用于调查人们是否会对公共交通的客流量做出反应，汽油价格会出现 6 个月的延迟
M_i（控制变量）	月份。这些月份的虚拟变量（1~11 月）将有助于解释一年中不同时段之间旅行模式所经历的固有季节性差异
$Year_i$（控制变量）	年份。虚拟变量（2003—2015 年），解释公共交通客运量的年度同比影响
$Unemp_t$（控制变量）	旧金山湾区的失业率。提供了研究对象的人口统计概况，并可能解释当宏观经济结构重组或影响消费模式的因素出现时，公交客流量突然受到冲击的原因
FI_t（控制变量）	票价。即自第一期调查（2002 年 1 月）以来的票价上涨，可能影响公交客运量
$Upgrade_i$（控制变量）	服务范围。服务范围的增加（新线路的扩展）可能吸引更多的人口，从而影响公交客流量
$\log(VehHrs_t)$（控制变量）	汽车营业时间。有助于进行月份之间的比较。每个月的汽车营业时间取决于每个月的天数、假期安排和罢工等

(1) 恒定弹性模型（Constant Elasticity Model）。

$$\log(Ridership_t) = \alpha + e_0 \log(GasPrice_t) + \sum_{i=1}^{11} \gamma_i M_i + \sum_{i=2003}^{2015} \delta_i Year_i + \beta_1 \log(VehHrs_t) +$$

$$\beta_2 Unemp_t + \beta_3 Upgrade_i + \beta_4 FI_t + \mu_t \tag{6-2}$$

式中，α、e_0、γ_i、δ_i、β_1、β_2、β_3、β_4、μ_t 为待标定系数。该模型假设在 2002—2015 年整个调查期间弹性不变的情况下来衡量弹性。

(2) 事件弹性模型（Event Elasticity Model）。

$$\log(Ridership_t) = \alpha + (e_0 + \beta_1 Upgrade_i + \beta_2 FI_i)\log(GasPrice_t) +$$

$$\sum_{i=1}^{11}\gamma_i M_i + \sum_{i=2003}^{2015}\delta_i Year_i + \beta_3\log(VehHrs_t) +$$

$$\beta_4 Unemp_t + \beta_5 Upgrade_i + \beta_6 FI_t + \mu_t \tag{6-3}$$

式中,α、e_0、γ_i、δ_i、β_1、β_2、β_3、β_4、β_5、β_6、μ_t为待标定系数。该模型可以很好地度量弹性,允许弹性随着事件的发生而变化。例如,系统升级和票价上涨,这些都是合理的变化,很可能会改变公共交通的需求弹性。

(3)价格工具模型(Instrumental Model)。

$$\log(Ridership_t) = \delta + e_0\log(GasPrice_t) + ControlVars + \sum_{i=1}^{11}\gamma_i M_i +$$

$$\sum_{i=2003}^{2015}\delta_i Year_i + \beta_1\log(VehHrs_t) + \beta_2 Unemp_t +$$

$$\beta_3 Upgrade_i + \beta_4 FI_t + \varepsilon_t \tag{6-4}$$

式中,δ、e_0、γ_i、δ_i、β_1、β_2、β_3、β_4、ε_t为待标定系数,ControlVars 为模型控制变量。为了解释汽油价格和公共交通客流量之间可能存在的内生性,该模型使用了原油(西德克萨斯中质原油)价格工具。这使得模型预测的公共交通需求和外生的原油价格具有一定的相关关系。

(4)行为滞后模型(Behavioral Lag Model)。

$$\log(Ridership_t) = \alpha + e_0\log(GasPrice_{t-6}) + \sum_{i=1}^{11}\gamma_i M_i + \sum_{i=2003}^{2015}\delta_i Year_i +$$

$$\beta_1\log(VehHrs_t) + \beta_2 Unemp_t + \beta_3 Upgrade_i + \beta_4 FI_t + \mu_t \tag{6-5}$$

式中,α、e_0、γ_i、δ_i、β_1、β_2、β_3、β_4、μ_t为待标定系数。该模型除了自变量包含滞后的汽油价格$GasPrice_{t-6}$对数外,其他部分与常弹性模型基本完全相同。

旧金山公共交通模型深入研究了汽油价格与公共交通系统客流量之间的关系,量化了汽油价格及其对公共交通出行的影响之间的关系,尤其是该成本对公共交通出行率的影响。该研究使用时间序列数据分析旧金山湾区汽油价格与公共交通乘客量之间的关系,得出的平均交叉弹性值范围在 0.0581~0.147。

此外,旧金山公共交通分配模型在评价最优策略的基础上,采用多路径算法,即为每个出行者选择一条路径,将预期的总出行时间最小化。

6.3.1.4 香港

香港最著名的交通需求预测模型为 Comprehensive Transportation Studies(CTS)模

型,即综合交通研究模型。该模型网络包括道路网络和公共交通网络。香港公共交通模型采用 EMME 软件,依托传统的"四阶段"需求预测方法构建,前三个阶段与宏观交通需求预测模型相同,第四阶段采用公共交通分配模型(Public Transport Assignment Model)对第三阶段产生的公共交通流量进行分配。

此外,香港针对公共交通线网的线路选择和客流预测问题进行了一系列的探索与实践,如考虑拥挤和弹性线路频率的 SUE 公共交通分配模型、基于动态时间表的公共交通模型等。

基于拥挤和弹性线路频率的 SUE 公共交通分配模型在固定公交车队规模和固定车辆出行时间的假设下,将每条公交线路的频率扩展为与车辆在各站点停留时间相关的频率,考虑了容量限制和弹性线路频率的影响[37]。基于动态规划网络的随机交通分配模型利用基于时间表的方法来描述车辆的运动,建立动态的交通分配模型,可用来评估线路的变化或新线路的增加,也可用来评估乘客需求的变化[38]。基于动态时间表的公共交通模型利用时刻表及容量约束求解最优路径,可用于公共网络构建、最优路径生成及客流分配等。该模型的分配过程是动态的,即在输入多个站点到站点行程表中,模型输出在时间表中指定的每个站点的每次运行的载客量,可用于评估线路或时刻表或乘客需求变化对一个公共交通系统的影响[39]。

可以看出,香港公共交通模型仍然基于"四阶段"交通需求预测模型构建。而且,基于频率和基于时间表的公共交通分配模型在香港的研究应用较多,在此基础上考虑容量限制、流量变化及乘客需求变化等多种因素给公共交通客流所带来的影响。

6.3.1.5 北京

北京市公共交通模型以市区模型的需求分析结果作为开发与应用基础,针对公共交通网络系统特点,细化线路沿途与站点周边的用地、人口、就业岗位等基础数据,并引入站组的概念。公共交通模型以公共交通站点和站组为分析单元,侧重于现状公共交通 OD 分析技术和公共交通网络分配模型。

北京市公共交通模型整体结构分为网络构建、数据融合、矩阵推算、网络客流分配四个模块[40]。

1) 网络构建

网络构建主要为细化和调整现有市区模型网络,使其满足公共交通模型需求,包含公共交通线路与道路网匹配、公共交通站点与道路网匹配、公共交通站组与公共交通网匹配及站组与交通小区匹配。

2)数据融合

以公共交通站组和公共交通网络系统为平台,采用关联、相关、估计、组合、校正等处理方法加工处理多源数据,最大限度地实现多源数据的完全转换或信息共享。具体实现过程如下:

(1)公共交通系统编号。

包括线路编号、站点编号及站组编号(包含通过的线路和站点信息,还要与交通小区编号对应)。

(2)多源数据融合。

以公共交通站组为基础,按系统编号规则,采用多源异构数据融合技术,整合基础数据(空间数据、公交运营线路信息、站点信息)、IC卡数据、跟车调查数据、轨道交通调查数据、市区模型数据等,使其具有比较好的一致性,方便数据互通互用,相互校对。

其中,多源数据中的公共交通运营线路调查数据只能获取部分样本OD矩阵信息,若想得到各线路分方向站间OD矩阵,需对其进行扩样。扩样过程首先选定样本数据和总体控制数据一致的数据分类标准;然后确定扩样过程所采用的指标或数据项,并分析指标或数据项之间的约束关系,建立扩样的方程式;最后求解扩样系数,并将扩样系数应用至样本数据。

3)矩阵推算

分线路站点间OD矩阵的数据主要来源于IC卡数据、跟车调查数据和轨道交通调查数据等,针对不同票制线路和有无调查数据情况,将所有线路分为以下三种类型:

(1)分段计价线路。在IC卡数据中有各站点乘客上车和下车信息(北京市常规公交上下车均需要刷卡,但是国内绝大部分城市常规公交下车不需要刷卡,所以系统也就无法提供下车站点信息),利用IC卡数据统计得到该线路分方向上下站点出行信息和刷卡总数,即可方便获得该线路分方向OD矩阵。

(2)被调查的单一票价线路。在调查数据中有乘客上车和下车信息,利用调查得到的样本OD矩阵和线路IC卡刷卡总数,即可获得该线路分方向OD矩阵。

(3)未调查的单一票价线路。利用线路沿途各站点对应站组的出行信息、线路IC卡刷卡总数以及从上两类线路OD矩阵中统计的出行距离分布等出行特征,采用Fratar等方法,即可推算该类线路分方向OD矩阵。

针对以上三种类型线路,分别建立分线路分方向的站间OD矩阵。在此基础上,可建立基于IC卡数据的公共交通出行站组OD矩阵,并可对公共交通总体出行站组OD矩阵进行扩样和校核。

(4)建立公共交通总体出行站组 OD 矩阵。

在建立以上三种矩阵后,就可以利用 IC 卡数据中乘客换乘刷卡信息和乘客上下车对应站组信息,将各线路站间 OD 矩阵重新组合汇总,找到乘客实际出行路径和出行起讫点,形成新的基于 IC 卡数据的公共交通总体出行站组 OD 矩阵。

其中最重要的工作是从不同线路间可能的换乘信息中找到实际的换乘量和换乘站组,其步骤如下:

①定义不同线路间的换乘可能性,建立换乘线路对(双向换乘线路)中分站组和分方向组合的换乘信息表。

②以换乘信息来统计 IC 卡刷卡记录中该换乘线路对的换乘量,然后统计换乘量总和。基于换乘线路对中不同站点、不同方向换乘量比例,分别计算换乘信息表中各站组和方向组合的换乘量。如果换乘线路对前后均为分段计价线路,因换乘线路对的方向与上下站点均为已知,可直接统计得到该线路对换乘调整矩阵;如果换乘线路对包含单一票制线路,则需要以各换乘站组为基础,建立该换乘线路对分换乘站组和分方向的换乘调整矩阵。

③因公共交通网络中任一线路的任一站点都可归于某个具有唯一编号的站组,将基于 IC 卡数据的分线路分方向站间 OD 矩阵加上各换乘线路对的换乘调整矩阵,即可得到基于 IC 卡数据的公共交通出行站组 OD 矩阵。

(5)公共交通总体出行站组 OD 矩阵扩样和校核。

不同线路 IC 卡的刷卡比例不同,为了将 IC 卡数据处理得到的 OD 矩阵扩样至全体公共交通乘客出行 OD 矩阵,需要根据换乘线路对不同公共交通线路的扩样系数进行相乘后开方,再确定相对合理的扩样系数。矩阵校核的原理首先是在估算模型中输入初始矩阵和道路查核线的公共交通客流数据(即为校核 OD 调查成果精度,在调查区内按天然或人工障碍设定调查线,实测穿越该线的各道路断面上的交通量),并设置各类输入数据的置信水平;其次,模型通过公共交通出行 OD 矩阵与实际道路上公共交通客流量之间的约束关系,不断迭代搜索,求解最优矩阵,使得最终矩阵与初始矩阵的分布特征一致,且矩阵分配的流量与道路查核线观测流量的误差控制在允许的范围内。

4)网络客流分配

为了对模型中公共交通出行时间、出行距离等指标进行标定,需将全网络 OD 矩阵分配到已构建完成的公共交通网络中,对比分析有无公共交通网络情况下的客流分布、运行速度等评价指标,再对出行时间、距离等参数进行标定。针对既有公共交通网络存在的问题,调整相关指标和参数,并进行多次模拟试算,找到相对较优的公共交通线路、站点调整方法。通过模型也可以规划近期公共交通网络,并对不同的规划方案进行预评估和后评价等。结合市区模型开发成果,细化市区模型预测的公共交通需求矩阵,将交通小区细分至公共交通站组系统,得到基于站组系统的未来年公共交通出行OD矩阵,并将其分配至未来年公共交通网络中,可以评估分析远景年公共交通系统运营状况。

在该研究中,北京市公共交通模型紧密结合公共交通系统的供给与需求的变化,以需求为导向构建了该市的公共交通模型。该公共交通模型不仅为北京市公共交通快线系统研究和三环专用道系统可行性研究提供了公共交通OD矩阵和客流预测依据,还用于评价轨道交通客流预测结果。

6.3.1.6 上海

上海市公共交通模型主要采用"四阶段"交通需求预测方法进行建模。公共交通网络通过特殊的格式和路网进行关联管理。在前三个阶段中,建模方法与宏观交通需求预测方法相同。在第四阶段交通分配模块中,公共交通OD被分配到公共交通网络上,进而得到各公共交通模式的断面和站点客流量。上海市公共交通网络包括轨道交通、市郊列车、有轨电车、磁浮列车、常规公交等。

上海市公交线网客流分配模型是研究轨道交通及地面公交线网全天客流的线路分布特征及线网服务水平的交通模型[41]。从模型精度上来说,轨道交通用于标定的调查数据较为完整。因此,其精度达到全网、线路、站点等各层面的要求;地面公共交通基于现有调查数据所收集信息的详细程度,可以达到全网、区域线网以及主要客运走廊上的相关精度要求。上海市公共交通线网客流分配模型采用最优战略分配模型,模型详细流程结构如图6-2所示。该模型将交通需求预测模型预测的轨道交通和常规公交出行需求OD矩阵分配到路网中,执行最优战略分配法得到相关的客流。其关键技术包括:

(1)客流调整技术。对输入的OD矩阵进行细化分析,包括平衡、调整OD矩阵,基于调查数据反推OD矩阵并调整等。

(2)阻抗函数标定技术。阻抗函数关乎每个OD对路径的选择,该技术包括选择阻抗函数公式以及标定关键参数。

(3)客流分配算法研究。包括动态多路径概率法以及最优战略法。

根据上海市第四次综合交通大调查更新数据及上海市宏观交通出行需求预测模型,对公共交通客流OD矩阵进行调整,技术路线如图6-3所示[41]。对居民出行调查OD从出行端点、出行特征曲线以及校核线空间分布的多层次修正,得到轨道和地面公共交通全日出行OD表。

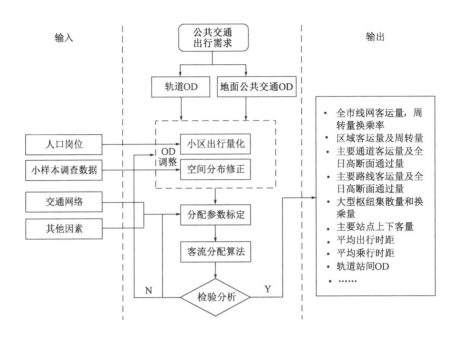

图 6-2 上海市公共交通线网客流分配模型流程结构[41]

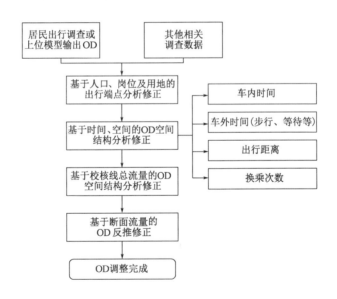

图 6-3 上海市公共交通客流 OD 调整技术路线

图 6-4 为 2010 年上海市公共交通线网客流分配模型的预测结果。从图 6-4 可以看出,上海市公共交通客流预测结果呈蜘蛛形状,即中心城区客流较大,城市外围客流骤减。针对地面公共交通客流量进行检验,得到该模型的预测值与观测值之间的决定系数 R^2 值为 0.835,表明模型精度较高。图 6-5 为模型预测值与观测值之间的拟合图。

图 6-4　上海市公共交通客流 OD 分布蛛图[41]

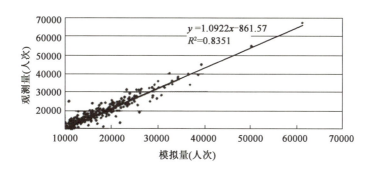

图 6-5　上海市地面公共交通线路客运量预测值与观测值之间的拟合图

以 2009 年为例,上海市公共交通模型的构建主要基于第 3 代交通卡数据、公共汽车卫星定位系统数据、轨道交通自动售票检票系统(AFC)数据、居民出行调查等多源数据,通过以上多种新技术获取数据从而构建更加完善、精准的公共交通模型。

6.3.1.7　广州

广州市公共交通模型[42]基于传统的"四阶段"交通需求预测模型构建,主要分为两大部分,第一部分是公共交通子模式的方式划分模型,第二部分是公共交通网络分配模型。广州市公共交通模型总体流程如图 6-6 所示。

1)公共交通子模式划分模型

公共交通子模式划分模型采用的是分层 Logit 模型,上层是对轨道模式和非轨道模式两种模式的划分,下层是对轨道模式的选择进一步分成以下三种类型:

(1)使用了任一轨道模式。

(2)使用了地铁,但未使用区域轨道模式。

(3)使用了区域轨道,但未使用地铁模式。

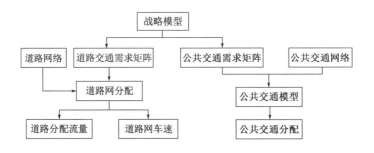

图 6-6　广州市公共交通模型总体流程[42]

常规公交可与上述任意一种轨道交通类型接驳,具体流程如图 6-7 所示。

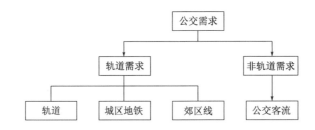

图 6-7　广州市公共交通模型内部方式划分流程[42]

2)模型标定

在模型参数标定模块中,需要输入偏好数据、网络的公共交通出行成本数据、观测常规公交客运量、观测地铁客运量。该模块主要包括初始化参数、输入公共交通方式划分结果矩阵、对比观测值与预测值、校正等。

具体来说,首先使用 RP 调查数据(显示性偏好数据)作为模型标定框架所用的初步参数,与公共交通的出行成本信息一起代入所设定的子方式划分模型,然后用居民出行调查中得到的常规公交和地铁出行以及上车人数的数据,来校正公共交通模型。在 Cube Voyager 中的具体标定过程如图 6-8 所示。

3)模型校核

通过分析可知,公共交通模型校核结果无论是从整体,还是从地铁分线流量拟合情况来看,所有的误差都控制在 10% 以下。通过对广州市公共交通模型的调研分析,该误差控制在 10% 以内,说明该公共交通模型有较高的预测和模拟精度。

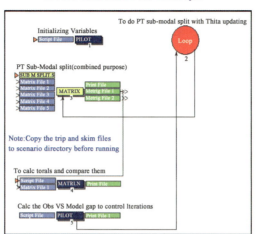

图 6-8 广州市公共交通参数标定 CUBE 模型[42]

4)模型实现

根据交通方式划分的结果,将公共交通 OD 矩阵表输入到公共交通分配模型进行网络配流。在 CUBE Voyager 软件中的公共交通分配模型的结构图如图 6-9 所示,包含 OD 矩阵表、NET 网络文件、阻抗函数模块、网络流量分配模块等[42]。

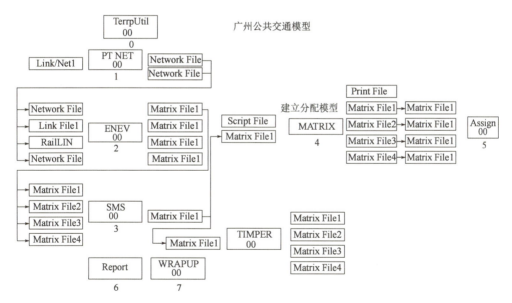

图 6-9 基于 CUBE Voyager 软件的广州市公共交通网络分配模型

通过运行公共交通分配模型,可以产生以下预测结果:

(1)轨道和公交出行;

（2）常规公交和地铁上车人数；

（3）常规公交和地铁乘客总里程数；

（4）每条线估计的常规公交和地铁上车人数；

（5）每条线估计的常规公交和地铁乘客总里程数；

（6）公共交通可达性。

6.3.1.8 深圳

深圳市公共交通模型的核心是公共交通 OD 矩阵。传统公共交通模型一般通过跟车问卷调查获取公共交通 OD，该方法投入大而精度低。深圳市公共交通模型[43]研发采用智能公共交通新技术，包括视频监控技术、IC 卡收费技术、车辆卫星定位系统技术等，无须外业跟车调查，通过融合新技术所采集的数据，挖掘各类型数据间内在联系，分析乘客一日活动公共交通出行链的逻辑过程，进而推算出公共交通 OD 矩阵。同时，借助模块化编程技术，快速地完成从原始数据到目标结果的自动化处理，从而实现快速构建公共交通模型。

深圳市公共交通模型研究中引入大量的智能交通技术，如利用公共交通监控视频录像，不需要外出跟车即可完成站点上下客量调查，借助 IC 卡刷卡时刻及对应公共交通车辆卫星定位位置信息的逻辑关系，能匹配并获取一定样本的 OD 对，通过公共交通乘客出行链时空特征，可辨识一次出行与换乘出行等。

1）公共交通 OD 推算方法

（1）乘客上车站点推算。

持卡人在刷卡瞬间，刷卡设备（POS 设备）将记录刷卡时间，并发送数据到公共交通运营数据中心。POS 设备与车辆 ID 有一一对应关系，车辆 ID 和车载卫星定位设备同样有一一对应关系。查找刷卡时间一定范围内车载卫星定位系统的坐标信息，结合公共交通模型中线网 GIS 站点坐标，匹配到某线路的站点位置，最终返回持卡人的上车站点位置。

时间是联系刷卡与卫星定位位置的重要标识，假设刷卡时间在车辆进站之后，而又在车辆进入下一个站点之前（即假设刷卡站点与实际上车站点相符，无跳站），通过式（6-6）可获取卫星定位系统数据表中对应的上车站点。

$$(T_0 - T_{wait}) \leqslant T_{pos} < T_2 \quad （始发站）$$
$$T_1 \leqslant T_{pos} < \min(T_1 + T_{gap}, T_2) \quad （非始发站）$$

(6-6)

式中：T_{pos}——刷卡时刻；

T_0——车辆始发出站时刻；

T_1——车辆在某停靠进站时刻;

T_2——车辆在下一次停靠进站时刻;

T_{wait}——乘客始发站最大等候时间;

T_{gap}——车辆最大站间运行时间。

T_{wait} 与 T_{gap} 参数需要根据城市实际情况进行调整。

(2)乘客下车站点推算。

国内大多数城市公共汽车采用一票制,即仅需要上车刷卡,下车不刷卡。因此,刷卡数据没有下车时间与位置记录,不能用判断上车站点的方法,来判断下车站点。但是由于城市居民一日出行通常具有规律性,即从家出发、工作结束后回家,所以大部分双向公共汽车出行的始发与终到站点具有"反向对称"特征。以工作出行为例:某人由居住地刷卡乘车到达工作地,完成第 1 次出行,此时只知道上车站点而不知道下车站点;乘客下班开始第 2 次出行,由工作地刷卡上车,此次出行的起点站假设认为是第 1 次出行的终点。由此可知,对同一张 IC 卡,在连续的两次刷卡记录中,后一次刷卡记录的上车站点是上一次出行的下车站点,那么利用连续两次的刷卡数据可帮助判断乘客的出行终点。

可通过以下步骤获得下车站点和下车时间:

①数据准备。两日的 IC 卡数据表,运用乘客上车站点推算方法,获得刷卡的上车站点。

②下车站点。在数据库中循环选择读取某一目标卡号,按时间升序,某一行的下车站点,等于下一行的上车站点,最后一行的下车站点,为第 1 行的上车站点。如果某一目标卡号在两日只出现一次,则忽略此目标卡号。

③下车时间。查询公共汽车卫星定位系统表数据,结合公交车辆 ID、上车站点及上车刷卡时间,可以得到在该次车辆运行班次行程内车辆到达下车站点的时间,即为该乘客的下车时间。下车站点可能是一次出行的终点,也可能是一次出行的换乘点。

(3)换乘站点判别。

如何判别是否有换乘站点存在,通过下面以一天三次刷卡为例,用以下逻辑推算式(6-7)可判别图 6-10 中的 B 站点是否为换乘站点。

图 6-10 深圳市公共交通三次刷卡对应站点示例

$$\begin{cases} (T_B - T_A) < T_{95\%} + T_{wait}; (T_B - T_A) > \propto \\ (T_C - T_B) < T_{95\%} + T_{wait}; (T_C - T_B) > \propto, A \neq B \neq C \end{cases} \quad (6-7)$$

式中：T_A, T_B, T_C——持卡人在 A,B,C 站点的刷卡时间；

$T_{95\%}$——居民公共交通出行时间 95% 分位数为一次出行的置信区间；

T_{wait}——公交车站台平均候车时间；

$\propto$——刷卡间隔参数，一般取 0.5min，为防止一卡多人同时使用特殊情况。

如果式(6-7)条件均满足，则 B 站点为换乘站点。多次换乘可用相同的方法循环推算。

(4)获取公共交通出行 OD 矩阵的编程方法与结果示例。

由于计算过程复杂，数据量庞大，需要运用数据库和编程技术对 IC 卡和卫星定位系统数据进行挖掘与逻辑运算。根据深圳、昆山等城市的经验，采用 Access 系统强大的数据统计特性，利用软件的查询功能和 VBA 编程，通过对表中的数据进行更新查询、选择查询、追加查询等操作，实现对公共交通线路出行 OD 矩阵的推算。图 6-11 为深圳市公共交通模型最终推算 OD 部分数据结果(所展示的数据进行了脱敏，因此卡号只展示前几位)。

POS

ID	卡号	刷卡时间Ne	线路	上车站点	下车站点	Transfer	O_Station	D_Station
11756	215300250	6:43:55	281	华岗路	339省道	☐	华岗路	339省道
11757	215300050	6:43:55	101	火车站南广场	光明新村	☐	火车站南广场	光明新村
11758	215300250	6:43:55	108	正阳桥	交管中心	☐	正阳桥	交管中心
11759	215300250	6:43:55	53	国防园	昆山宾馆	☐	国防园	昆山宾馆
11760	215300250	6:43:55	109	施条	震阳路增光路	☐	施条	震阳路增光路
11761	215300250	6:43:55	135	黄浦江路景泾	黄浦江路前进	☐	黄浦江路景泾	黄浦江路前进
11762	215300300	6:43:55	60	胜利村	秀峰桥	☐	胜利村	秀峰桥
11763	215300250	6:43:56	216	时代大厦	蓬朗小学	☐	时代大厦	蓬朗小学
11764	215300250	6:43:56	109	施条	震阳路增光路	☐	施条	震阳路增光路
11765	215300300	6:43:56	90		富士康	☐		富士康
11766	215300050	6:43:57	2	雍景湾	第三人民医院	☑		长运电子
11767	215300250	6:43:57	119	汽车客运南站	火车站	☐	汽车客运南站	火车站
11768	215300010	6:43:58	18	东门美颂巴黎	望山南路	☐	东门美颂巴黎	望山南路
11769	215300250	6:43:58	109	施条	震阳路增光路	☐	施条	震阳路增光路
11770	215300250	6:43:58	1	新生首末站	北门路花园路	☐	新生首末站	北门路花园路
11771	215300250	6:43:58	19	苇城路	亿丰装饰城	☐	苇城路	亿丰装饰城
11772	215300250	6:43:58	5	仓基街		☐		
11773	215300950	6:43:58	90		富士康	☐		富士康
11774	215300010	6:43:59	41		樾阁路东门街	☐		樾阁路东门街
11775	215300010	6:43:59	12	周市交警中队	亭林公园	☐	周市交警中队	玉山福利院
11776	215300010	6:43:59	8	洞庭湖路	新城域花园	☐	洞庭湖路	新城域花园
11777	215300010	6:43:59	27	群益小区	奥灶馆	☐	群益小区	奥灶馆
11778	215300010	6:43:59	18	柏庐公园		☐		
11779	215300050	6:43:59	17	汽车客运南站	樾河路公交首	☑		张浦
11780	215300300	6:43:59	109	太平洋保险公	七桥村	☑		珠江北路
11781	000000003	6:44:00	102	花桥国际商务	陆家中学	☐	花桥国际商务	雄鹰路
11782	215300010	6:44:00	90		玉山福利院	☑		
11783	215300010	6:44:00	115	昆太路	湖亭路	☐	昆太路	湖亭路
11784	215300010	6:44:00	135	黄浦江路景泾	客运北站	☐	黄浦江路景泾	客运北站
11785	215300050	6:44:00	2	青城之恋	苏南小商品市	☐	青城之恋	苏南小商品市
11786	215300250	6:44:00	119	火车站	长虹大桥	☐	火车站	长虹大桥
11787	215300250	6:44:00	19	苇城路	百润发	☐	苇城路	百润发
11788	215300250	6:44:00	18	柏庐公园	北门路亿升路	☐	柏庐公园	北门路亿升路
11789	215300250	6:44:00	102	鞋城	仕泰隆模具城	☐	鞋城	仕泰隆模具城

图 6-11　深圳市公共交通模型推算 OD 结果数据表(部分)[43]

2)构建公共交通模型

通过以上方法可以获取完整的现状公共交通 OD 矩阵，结合 TransCAD 建模软件中的公共交通线路和站点，建立公共交通模型，在模型软件中把公共交通 OD 分配到公共交通线网中。

建立公共交通模型的主要目的是计算现状公共交通线网或规划公共交通线网的各种评估指标，如客运量、满载率、断面客流量等数据。图 6-12 展示了深圳市公共交通模型整体建模过程。

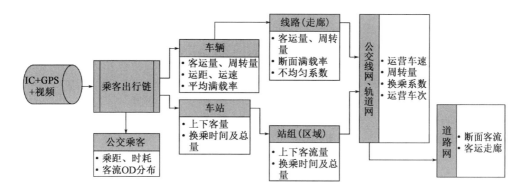

图 6-12　深圳市公共交通模型建模流程[43]

深圳市基于智能公共交通技术所获取的多源大数据提出了快速构建公共交通模型的建模方法,重点研究了乘客上下车及换乘客流求取方法,通过 VBA 编写程序推算 OD 矩阵,在输入数据获取方法上采取了一系列智能技术。

6.3.2　公共交通建模框架适用性分析

东京的轨道交通模型主要采用"四阶段"模型进行建模;伦敦没有采用"四阶段"模型,而是采用了 Railplan 模型构建轨道交通模型,对高峰时段大客流进行研判。对于香港、北京、上海、广州和深圳而言,仍然是采用"四阶段"模型对公共交通网络进行建模,但是每个城市使用的商业软件有所差别,基本为 CUBE Voyage、EMME 和 TransCAD 软件。

通过对东京、伦敦、旧金山、香港、北京、上海、广州、深圳八个典型城市的公共交通模型体系进行研究,可将这些城市的公共交通模型的建模框架与建模方法进行梳理(表6-3)。

典型城市公共交通模型体系梳理与对比　　　　表6-3

城市	公共交通模型架构	模型构建软件	模型特点
东京	"四阶段"模型	—	运用结构化多项式 Probit(SMNP)、用户均衡(UE)、基于 Logit 的随机用户均衡(SUE)、基于 Probit 的随机用户均衡(SUE)等多种公交分配模型交叉验证
伦敦	Railplan 模型	EMME、CUBE Voyager	脱离"四阶段"法的反馈循环过程,可以快速、精确地研判高峰时段大客流对综合服务水平的影响

续上表

城市	公共交通模型架构	模型构建软件	模型特点
旧金山	—	—	包括恒定弹性模型、事件弹性模型、价格工具模型和行为滞后模型,可深入研究油价与公共交通客流量之间的相互影响关系
香港	"四阶段"模型（CTS-3模型）	EMME	CTS-3模型较CTS-2模型更为细化,对计算方法进行了优化
北京	"四阶段"模型	CUBE Voyager	细化了线路沿途与站点周边的用地、人口、就业岗位等基础数据,侧重于现状公共交通OD分析技术和公共交通网络分配模型
上海	"四阶段"模型	Trans CAD、EMME	基于第3代交通卡数据、公共汽车卫星定位系统数据、轨道交通AFC数据、居民出行调查等多源连续数据构建公共交通模型
广州	"四阶段"模型	CUBE Voyager	使用多源大数据,包括居民出行与流量数据、社会经济数据、交通信息数据、手机与互联网数据等支撑广州公共交通模型的构建
深圳	"四阶段"模型（CTS/RDS模型）	TransCAD	融合新技术采集数据,借助模块化编程技术,数据来源精度较高

可以发现,这些城市的公共交通模型大多在"四阶段"交通需求预测模型的基础上建立,在方式划分阶段通过建立巢式Logit模型首先对私人交通、非机动车交通、出租车与公共交通进行划分,然后细化公共交通为常规公交与轨道交通,如图6-13所示。

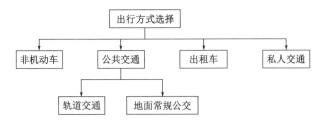

图6-13 巢式Logit交通方式模型

总的来说,典型城市仍然通过商业交通建模软件,基于"四阶段"交通需求预测模型构建其相应的公共交通模型,一般只对常规公交和轨道交通进行单一方式的或一体化的网络分配。但是,公共交通网络较为复杂,需要考虑的因素众多,使用商业软件构建公共交通模型时,其提供的模式比较固定,可扩展性差,模拟仿真相对较为粗略,难以表征复杂的公共交通情况,存在选择性少、灵活性差的缺陷。

开展城市公共交通运输体系研究最为重要的是公共交通网络模型的构建。结合前文分析可知,在公共交通网络建模研究方面,国内外有很多学者只是借用图论建立简单的单一方式网络模型,然后对该模型进行相关的研究,建立的网络模型复杂程度较低,且缺乏层次性和系统性。自超级网络概念被提出后,由于其多层性、多级性、多属性等特点,众多学者通过建立超级网络对其他问题如路径优化、最短路径、交通流分配等进行求解。基于超级网络的思想,根据个性化的需求编写程序构建公共交通模型,可以跳出通过商业软件构建模型比较固定、灵活性差的困境。

6.4 基于超级网络的公共交通建模架构

通过对国内外公共交通模型体系进行比选与分析,结合国内城市公共交通的实际情况,本节提出基于超级网络构建多模式公共交通模型以模拟各子交通方式之间的相互竞争与合作关系。在交通分配模块中,针对单一交通方式配流的缺陷,提出基于超级网络和有效路径的公共交通方式划分与交通分配组合模型,按照建模实践中的需求,使用Java程序设计相应的模块进行有效路径搜索与网络客流分配,无须再单独进行公共交通方式划分、交通分配。该模型可根据个性化的需求修改相应的模块,与其他城市的公共交通模型相比,所提出的模型灵活性高、可拓展性好。基于超级网络的公共交通模型建模技术路线如图6-14所示。

基于超级网络的公共交通模型具体建模步骤包括:

(1)在空间上表征城市交通小区、公交站点、轨道交通站点等城市公共交通站点。

(2)通过创建合理的连接弧(如轨道交通站点接驳距离不超过1km,常规公交站点不超过600m),将城市交通小区质心、公共交通站点、枢纽连接到城市道路网络,构建城市公共交通超级网络。

(3)分析公共交通超级网络中各种模式和各种路段(如道路、轨道及常规公交线路和换乘弧)交通阻抗,包括以换乘等待时间和换乘费用为主要参考因素的换乘阻抗,量化所有影响阻抗的因素,构建路段综合阻抗函数。

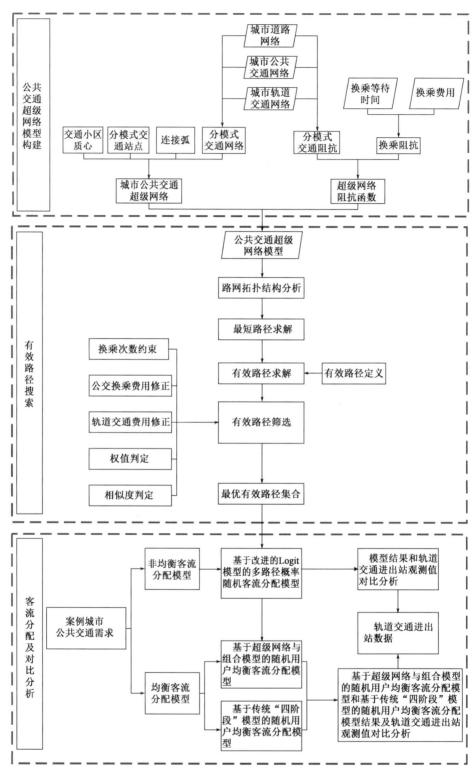

图 6-14 基于超级网络的公共交通模型建模技术路线

(4) 分析网络拓扑结构，根据图的储存结构相关理论，将公共交通超级网络转换为计算机程序可识别的数据结构。

(5) 定义公共交通出行有效路径，判定与处理相似路径，采用 Java 编程语言实现有效路径搜索算法及其筛选算法，构建公共交通出行 OD 对间有效路径集合。

(6) 采用 Java 编程语言实现基于改进的 Logit 模型的多路径随机配流或随机用户均衡客流分配算法，对基于超级网络的公共交通方式划分与交通分配组合模型进行客流分配，并对比模型预测结果和轨道交通进出站观测数据。如果误差在设定的范围之内，则终止该分配算法；否则回到步骤（5），调整有效路径搜索算法的参数，重新构建有效路径集，并重新基于该有效路径集和新的网络配流参数开展新一轮的客流分配，直到模型预测结果和重要公共交通站点的进出站观测数据的误差在预先设定的阈值范围之内。

根据所提出的基于超级网络的公共交通模型建模技术路线，下面对每个模块的具体构建方法进行详细介绍。

6.4.1 基于多模式网络及虚拟连接弧的超级网络构建方法

随着轨道交通的快速发展，常规公交和轨道交通处于既竞争又合作的状态。一般来说，轨道交通对于公共交通出行者的吸引力远强于常规公交，无论是时间成本和舒适度都优于常规公交。常规公交的优点在于可达性优于轨道交通，乘坐费用也低于轨道交通，其票制票价通常为一票制 1 元或 2 元。随着公共交通优先发展战略[44]的提出，很多学者提出将轨道交通与常规公交一体化发展[45-47]作为缓解城市交通拥堵的一种思路。另一方面，轨道交通与常规公交一体化发展将进一步提升公共交通系统吸引力，使更多乘客通过混合使用常规公交和轨道交通的组合出行方式达到减少出行时间或者费用的目的。

超级网络非常适合用于描述和分析基于多种公共交通方式的混合出行行为。城市公共交通超级网络主要建立在节点与线段对应实体的基础网络上，通过在各个不同的子网络中添加虚拟连接弧，将抽象的出行决策行为具体化，复杂问题简单化，将不具有网络拓扑结构的问题转化为一般网络问题。通过融合常规公交与轨道交通子网络以及步行/骑行道路网络构建超级网络，传统的单一模式交通网络由实际路段连接（简称"实连接"）组成，各个子网络之间通过构建虚拟连接弧进行连接。公共交通超级网络基本结构如图 6-15 所示。

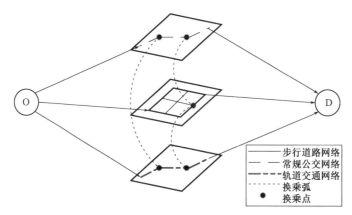

图 6-15 公共交通超级网络基本结构

网络要素是首要分析的部分。三层子网络作为主体,道路网络是指实际道路,也指可用于公交接驳的步行/骑行网络,节点表示实际存在的道路路口或虚拟的网络交点;常规公交网络的边表示公交线路区段,节点表示公交站点;轨道交通网络的边表示轨道线路区段,节点表示轨道交通站点。此外,还需特别构建代表出行者起点和终点的交通小区质心(后续会就该问题展开详细阐述)。在构建公共交通超级网络时,需要在各个子网络之间构建虚拟连接弧,在公共交通网络中实际存在的网络要素之间建立连接并对相应的出行行为进行表征(如公交站点之间的换乘行为)。这些虚拟连接弧的构建源于现实生活的真实换乘情况。具体构建过程如下:

(1)建立公共交通出行者出行起讫点与道路节点之间的虚拟连接弧,用以模拟出行者从某一小区行进至道路路口和从道路路口行进至目的地(如公交站点)的过程。

(2)构建道路与轨道交通站点之间的双向连接弧,表示出行者从道路网步行或骑行至轨道交通站点或者从轨道交通站点行进至附近道路的过程。

(3)构建常规公交站点与道路网络之间的双向连接弧,表示出行者从道路行进至常规公交站点或从常规公交站点行进至道路的过程。

(4)构建公共交通站点与其对应的子交通网络之间的连接弧以及公共交通站点与公共交通线路之间的连接弧,表示出行者在公共交通站点等候上车的过程。

基于以上公共交通超级网络,模拟出行者使用公共交通出行一次的过程:

(1)一般情况下,出行者从起始交通小区出发,步行至该交通小区附近的道路路口,这个过程需要使用连接起始交通小区至附近道路网络路口的连接弧。

(2)出行者沿着道路网络行进,到达目标公共交通站点(常规公交或者轨道交通站点),这个过程中需要使用道路网络以及公共交通站点与道路的连接弧。

(3)出行者从公共交通站点乘坐公共交通出行,这个过程中需要使用公共交通站点与其相对应的公共交通子网络(如常规公交或者轨道交通)之间的连接弧(如公交站点连接至其所提供停泊的公交线路的连接弧),进行上车或者下车的行为。

(4)若出行者需要进行同站换乘,通过公共交通站点、枢纽与其对应的交通子网络之间的连接弧即可完成换乘。

(5)若出行者需要异站换乘,出行者首先通过公共交通站点与其对应的交通子网络之间的连接弧行进至交通站点,然后通过公共交通站点与道路间的连接弧行进至道路;当出行者回到道路上时,又回到了步骤(2)所描述的状态,不同的是,出行者已经完成了本次公共交通出行的一部分。

(6)当出行者结束使用轨道交通网络和常规公交网络后会返回到道路网络,从道路网络的某个路口行进至此次出行的终点(目的地交通小区)。这个过程中需要使用终点至附近道路网络路口连接弧,这与步骤(1)中所使用的出发点至附近道路网络路口的连接弧性质一样。

由上述分析可知,整个公共交通超级网络由三层子网络作为主体构成,这三层子网络分别是供出行者步行或骑行使用的道路网络,供公共汽车使用的常规公交网络以及供轨道交通使用的轨道交通网络。这些作为主体的子网络均为实连接,代表实际存在的线路;虚连接主要包括出发点或终点到道路网络节点间连接弧、公共交通枢纽、站点与道路连接弧、站点与其相对应的交通子网络之间的虚拟连接弧。公共交通超级网络构成要素如图6-16所示。

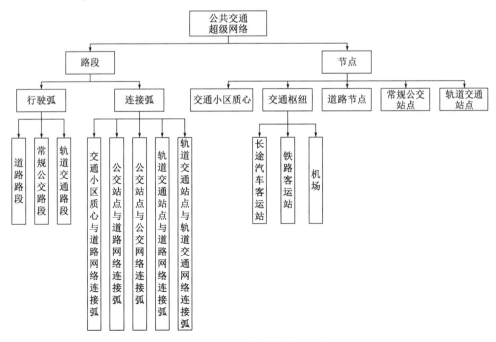

图6-16 公共交通超级网络构成要素

6.4.2 超级网络有效路径综合路阻函数的构建方法

在出行者使用公共交通出行的过程中,出行者一般需要综合考虑出行起点 r 点至终点 s 点之间的每一条可行路径的时间、费用、换乘次数、换乘费用等因素。本节通过构建路段阻抗函数量化影响出行者出行的因素,为路径搜索以及客流分配模型奠定基础。

公共交通超级网络中各路段阻抗相互独立,公共交通出行者可能选择的每一条可行路径阻抗可表示为各路段阻抗之和[48],即:

$$C(i,j) = \sum_{k=0}^{m} \left[F_k(i,j) + T_k(i,j) \right], (i,j) \in E \tag{6-8}$$

式中:$C(i,j)$——一个 OD 对中路径的综合阻抗;

m——组成该路径的 m 个路段;

$F_k(i,j)$——第 k 个路段(i,j)的费用成本;

$T_k(i,j)$——第 k 个路段(i,j)的时间阻抗;

E——一个 OD 对中的所有路段的集合。

通过公共交通超级网络分析可知,整个公共交通超级网络中包含:步行/骑行道路网络、轨道交通网络、常规公交网络以及它们之间多种虚拟连接弧。下面分别对这些子网络及虚拟连接弧构建其阻抗函数。

(1)步行/骑行道路网络。

步行/骑行道路网络供出行者步行使用,假设步行/骑行道路网络中没有费用阻抗❶,只含有时间阻抗,时间阻抗与路段的长度以及步行的速度相关[49],阻抗函数可表示为:

$$T_{\text{walk}}(i,j) = \lambda_{\text{walk}} \frac{l_{\text{walk}}(i,j)}{v_{\text{walk}}}, (i,j) \in E_{\text{walk}} \tag{6-9}$$

式中:$T_{\text{walk}}(i,j)$——步行/骑行道路网络中路段(i,j)的时间阻抗;

λ_{walk}——步行/骑行路段时间权重折算系数;

$l_{\text{walk}}(i,j)$——路段(i,j)的长度(km);

v_{walk}——步行/骑行速度(km/h);

E_{walk}——步行/骑行网络边的集合。

---

❶ 如果是使用租赁自行车或者电动车,也需要考虑相应的费用。

(2)常规公交网络。

常规公交网络为实际公交线路,本身具有时间阻抗和费用阻抗。如果某种出行方式的费用可以按照路段费用之和进行计算,称为具有费用可加性,如一些高速公路对汽车实行进出口收费制度,按照出入口路段距离累加出入口收费。但是轨道交通或常规公交对乘客的收费不仅仅依靠距离进行计算,如乘客坐一站的票价为 2 元,坐两站的票价可能仍然为 2 元,这时路径费用不等于组成路径的各路段费用之和的计费模式称为费用的非可加性。现在城市常规公交多为单一票制,上车时一次性支付固定票价,同样具有非可加性。若是将票价费用作为每个路段的固定货币费用,显然存有不合理性,因为一次常规公交出行通常包含多个公交区段,而出行者只需要在上车时支付费用。因此,在构建公共交通超级网络模型的时候,需要将公交出行的货币费用转移到公交站点与公交线路之间的连接弧中,每次乘坐公交通过该连接弧支付一定的费用更为符合实际情况,而常规公交网络中不再考虑费用阻抗,仅考虑时间阻抗。

随着近年来公共交通优先发展战略的提出,城市公交专用道的快速建设,城市交通高峰时期公共汽车和机动车在不同的道路上运行,一般不会发生拥堵现象。本节采用旅行速度作为公共汽车行驶速度[50]。该旅行速度根据城市公共汽车实际卫星定位轨迹数据计算得到城市公共汽车平均速度,计算过程中已经考虑城市交叉口时间延误以及由路段拥堵造成的时间延误,故本节不再额外考虑其他时间阻抗。

对于车内拥挤,采用建立拥挤阻抗系数的方式表示车内拥挤程度。在乘客乘车的过程中,当公共汽车内乘客数量不大于座位数时,所有乘客均有座位,车内不存在拥挤现象;当乘客数量大于公共汽车的容量限制时,车内出现拥挤,乘客乘车舒适度急剧下降;当乘客数量在公共汽车的容量限制和座位数量之间时,车内处于一般拥挤状态。车内的拥挤度和乘客数量、公共汽车座位数和最大载客数息息相关[49]。

综上,拥挤系数的计算可以表示为一个阶梯函数,如式(6-10)所示。

$$\rho_{ij} = \begin{cases} 0 & (x_{ij} \leq S_{ij}) \\ \alpha \dfrac{x_{ij} - S_{ij}}{S_{ij}} & (S_{ij} \leq x_{ij} \leq C_{ij}), (i,j) \in E_{\text{bus}} \\ \alpha \dfrac{x_{ij} - S_{ij}}{S_{ij}} + \beta \dfrac{x_{ij} - C_{ij}}{C_{ij}} & (x_{ij} \geq C_{ij}) \end{cases} \quad (6\text{-}10)$$

式中:ρ_{ij}——常规公交区段(i,j)的拥挤度系数;

x_{ij}——公交区段(i,j)的乘客数量;

S_{ij}——公交区段(i,j)的客车座位数量；

C_{ij}——公交区段(i,j)的最大载客数量；

E_{bus}——常规公交网络边的集合；

α、β——校正参数。

由车内拥挤所产生的拥挤阻抗与乘车时间息息相关。在公共汽车的乘车区段内乘客数量固定的情况下，某个区段的拥挤阻抗应该为拥挤阻抗系数和乘车时间的乘积。一般情况下将拥挤阻抗系数加入时间阻抗函数中，计算路段时间阻抗的同时也将拥挤阻抗计算在内[49]，时间阻抗函数可表示为：

$$T_{\text{bus}}(i,j) = \lambda_{\text{bus}} \frac{l_{\text{bus}}(i,j)}{v_{\text{bus}}}(1+\rho_{ij}), (i,j) \in E_{\text{bus}} \tag{6-11}$$

式中：$T_{\text{bus}}(i,j)$——公交路段(i,j)的时间阻抗；

λ_{bus}——公交路段运行时间权重折算系数；

$l_{\text{bus}}(i,j)$——路段(i,j)的长度(km)；

v_{bus}——公交路段的旅行速度(km/h)；

ρ_{ij}——常规公交路段(i,j)的拥挤度系数；

E_{bus}——常规公交网络边的集合。

(3)轨道交通网络。

轨道交通由于在特定的线路中运行，不存在拥堵所引起的时间延误，速度较为稳定，时间阻抗根据路段长度及轨道交通行驶速度计算得到。本节中使用轨道交通旅行速度进行计算，依据路线全程总距离与行驶总时间计算旅行速度，且该速度的计算已经考虑列车停站等待乘客上车的时间延误。费用阻抗较为特殊，针对轨道交通采用按距离梯级收费的情况，由于每个区段的货币费用在不同路径存在不等的情况，具有费用非可加性，无法进行量化，只能通过求解每公里地铁出行平均费用的方式计算，使其具有费用可加性[49,53]。本节提出轨道交通的费用阻抗计算公式如下：

$$F_{\text{sub}}(i,j) = \eta_{\text{sub}} \rho_{\text{sub}} l_{\text{sub}}(i,j), (i,j) \in E_{\text{sub}} \tag{6-12}$$

式中：$F_{\text{sub}}(i,j)$——轨道交通区段(i,j)的费用阻抗；

η_{sub}——轨道交通路段费用权重折算系数；

ρ_{sub}——平均每公里费用(元/km)；

$l_{\text{sub}}(i,j)$——路段(i,j)的长度(km)；

E_{sub}——轨道交通网络所有边的集合。

时间阻抗函数类似于常规公交时间阻抗函数[49]，同样需要先构建表达拥挤阻抗系数的阶梯函数：

$$\rho_{ij} = \begin{cases} 0 & (x_{ij} \leqslant s_{ij}) \\ \alpha \dfrac{x_{ij} - s_{ij}}{s_{ij}} & (s_{ij} \leqslant x_{ij} \leqslant c_{ij}), (i,j) \in E_{\text{sub}} \\ \alpha \dfrac{x_{ij} - s_{ij}}{s_{ij}} + \beta \dfrac{x_{ij} - c_{ij}}{c_{ij}} & (x_{ij} \geqslant c_{ij}) \end{cases} \quad (6\text{-}13)$$

式中：ρ_{ij}——轨道交通区段(i,j)的拥挤度系数；

x_{ij}——轨道交通区段(i,j)的乘客数量；

s_{ij}——轨道交通区段(i,j)的客车座位数量；

c_{ij}——轨道交通区段(i,j)的最大载客数量；

E_{sub}——轨道交通网络边的集合；

α、β——校正参数。

和常规公交类似，将拥挤阻抗系数加入时间阻抗函数中，计算路段时间阻抗的同时也将拥挤阻抗计算在内[49]。时间阻抗函数可表示为：

$$T_{\text{sub}}(i,j) = \lambda_{\text{sub}} \frac{l_{\text{sub}}(i,j)}{v_{\text{sub}}} (1 + \rho_{ij}), (i,j) \in E_{\text{sub}} \quad (6\text{-}14)$$

式中：$T_{\text{sub}}(i,j)$——轨道交通路段(i,j)的时间阻抗；

λ_{sub}——轨道交通路段时间权重折算系数；

$l_{\text{sub}}(i,j)$——轨道交通路段(i,j)的长度（km）；

v_{sub}——轨道交通路段的旅行速度（km/h）；

ρ_{ij}——轨道交通路段(i,j)的拥挤度系数；

E_{sub}——轨道交通网络边的集合。

(4) 交通小区质心与道路连接弧。

交通小区质心与道路连接弧供出行者在交通小区质心与道路节点之间出行使用，该连接弧可以并入步行/骑行道路网络一并考虑。

(5) 公交站点与道路连接弧。

公交站点与道路连接弧供出行者在公交站点与道路之间使用，该连接弧可以并入步行/骑行道路网络一并考虑。

(6) 轨道交通站点与道路连接弧。

轨道交通站点与道路连接弧供出行者在轨道交通站点与道路之间使用，该连接弧可以并入步行/骑行道路网络一并考虑。

(7) 公交站点与公交线路连接弧。

公交站点与公交线路连接弧供出行者从公交站点转移至公交路段使用，具有时间阻抗和费用阻抗,其中时间阻抗主要来源于候车时间,费用阻抗来源于公共汽车的乘车费用[53]。该连接弧阻抗函数计算公式如下：

$$\begin{cases} F_{\text{bus}_{con}}(i,j) = c_{\text{bus}_{con}} n_{\text{bus}_{con}}, (i,j) \in E_{\text{bus}_{con}} \\ T_{\text{bus}_{con}}(i,j) = \lambda_{\text{bus}_{con}} T_{\text{bus}_{con}}, (i,j) \in E_{\text{bus}_{con}} \end{cases} \quad (6\text{-}15)$$

式中：$F_{\text{bus}_{con}}(i,j)$ ——公交站点与公交线路连接弧路段(i,j)的费用阻抗；

$T_{\text{bus}_{con}}(i,j)$ ——公交站点与公交线路连接弧路段(i,j)的时间阻抗；

$c_{\text{bus}_{con}}$ ——分摊到公交车上车和下车连接弧的费用；

$n_{\text{bus}_{con}}$ ——公交站点与公交线路连接弧路段(i,j)费用权重折算系数；

$\lambda_{\text{bus}_{con}}$ ——公交站点与公交线路连接弧路段(i,j)时间权重折算系数；

$T_{\text{bus}_{con}}$ ——平均候车时间；

$E_{\text{bus}_{con}}$ ——常规公交站点与公交线路连接弧的集合。

(8)轨道交通站点与轨道交通线路连接弧。

轨道交通站点与轨道交通线路连接弧供出行者在轨道交通站点与轨道交通线路之间转移使用,本身不具有费用阻抗,只具有时间阻抗。时间阻抗分为两个部分,一部分为从轨道交通站点步行至候车点时间,根据步行距离求解；另一部分为候车时间[49,53]。该连接弧阻抗函数计算公式如下：

$$T_{\text{sub}_{con}}(i,j) = \lambda_{\text{walk}} \frac{l_{\text{sub}_{con}}(i,j)}{v_{\text{walk}}} + \lambda_{\text{sub}_{con}} T_{\text{sub}_{con}}, (i,j) \in E_{\text{sub}_{con}} \quad (6\text{-}16)$$

式中：$T_{\text{sub}_{con}}(i,j)$ ——轨道交通站点与轨道交通线路连接弧路段(i,j)的时间阻抗；

λ_{walk} ——步行路段时间效用权重折算系数；

$l_{\text{sub}_{con}}(i,j)$ ——轨道交通站点与轨道交通线路连接弧路段(i,j)的长度(km)；

v_{walk} ——步行速度(km/h)；

$\lambda_{\text{sub}_{con}}$ ——轨道交通候车时间权重折算系数；

$T_{\text{sub}_{con}}$ ——平均候车时间；

$E_{\text{sub}_{con}}$ ——轨道交通站点与轨道交通线路连接弧的集合。

6.4.3 公共交通超级网络有效路径搜索算法

在实际公共交通出行中,出行者进行出行决策时,一般不会考虑出行起讫点之间的所有路径,大部分阻抗较高的路径并不会被选择,而可能会被出行者选择的路径称之为有效路径。本节基于路径搜索算法重新定义有效路径,基于公共交通超级网络及其阻抗函数提出有效路径搜索算法,并利用 Java 语言编写程序实现算法。

对于最短路径的求解,借鉴经典的 Dijkstra 算法进行最短路径求解。有效路径的求解一般以最短路径为基础。首先借鉴 Dial 算法对于有效路段的定义,具体内容为:对于 OD 对起讫点 r、s 间的任意路段 $l_{i,j}$ 满足式(6-17)时,该路段为有效路段,而由有效路段组成的路径即为有效路径。

$$r(i) < r(j), s(i) > s(j) \tag{6-17}$$

式中:$r(i)$——路段 $l_{i,j}$ 起点 i 至起点 r 的最短路径阻抗;

$r(j)$——路段 $l_{i,j}$ 终点 j 至起点 r 的最短路径阻抗;

$s(i)$——路段 $l_{i,j}$ 起点 i 至终点 s 的最短路径阻抗;

$s(j)$——路段 $l_{i,j}$ 终点 j 至终点 s 的最短路径阻抗。

最短路径阻抗均通过最短路径算法求得。

Dial 算法对有效路段的定义清晰易懂,有效路段的起点 i 离出行起点 r 的距离必须比终点 j 离出行起点 r 的距离近,有效路段的起点 i 离出行终点 s 的距离必须比终点 j 离出行终点 s 的距离远。这是符合常理的,Dial 算法通过对有效路段的限制能够有效地避免路径中出现环路。先求解有效路段,然后根据有效路段组成的有效路径,使用 Logit 模型进行配流,严格意义上说,Dial 算法并不求解路径,其所搜索到的均为有效路段。

然而 Dial 算法对于有效路段的定义较为严格,阻抗较低的路径可能会不满足 Dial 算法的定义,进而被判定为非有效路段,但阻抗较高的路径反而被用于流量分配的情况,这是不符合常理的。为了克服这种缺陷,四兵锋等[51]通过重新定义有效路径,提出伸展系数的概念。他认为可能被选择的路径阻抗值一般会处于出行者的可容忍范围之内,超出此容忍范围的路径一般不会被考虑。根据四兵锋等[51]对有效路径的重新定义,如果某个路段同时满足式(6-18),则判断该路径为有效路径。

$$\begin{cases} r(i) < r(j), s(i) > s(j) \\ r(i) + t_{ij} + s(j) \leq (1 + H) c_{\min}^{rs} \end{cases} \tag{6-18}$$

式中:$r(i)$——路段 $l_{i,j}$ 起点 i 至起点 r 的最短路径阻抗;

$r(j)$——路段 $l_{i,j}$ 终点 j 至起点 r 的最短路径阻抗;

$s(i)$——路段 $l_{i,j}$ 起点 i 至终点 s 的最短路径阻抗;

$s(j)$——路段 $l_{i,j}$ 终点 j 至终点 s 的最短路径阻抗;

t_{ij}——路段 $l_{i,j}$ 自身的路段阻抗;

H——路径容忍系数;

$c_{\min}^{rs}$——起点 r 至终点 s 之间最短路径的阻抗。

对于路径容忍系数的选取,四兵锋等[51]通过测试不同伸展系数对路径选取的影响后,发现 H 值取值偏小时,搜索到的有效路径实际上为最短路径,用该有效路径进行配流,结果与实际情况有很大的差距;随着 H 值逐渐增大,搜索到的有效路径也逐渐增多,配流结果逐渐趋近于实际情况;当 H 值达到一定值(如 0.15)时,继续增加 H 值可以搜索到更多有效路径,但是配流结果无明显变化。这是因为新找到的有效路径阻抗较大,分配到的流量微乎其微,不会对配流产生显著影响。因此,路径容忍系数对于配流结果符合实际情况,出行者在出行时一般不会考虑路径阻抗值超出一定可容忍范围的路径,尽管这些路径同样可行。城市公共交通网络是一个大规模网络,路径搜索较为复杂,在保证模型精度的同时减少不必要的计算量,本节参考以上研究成果,采用 H 值为 0.15 进行计算。

基于路径搜索算法重新定义有效路径,制定程序判断有效路径的实现流程。有效路径搜索算法流程图如图 6-17 所示。

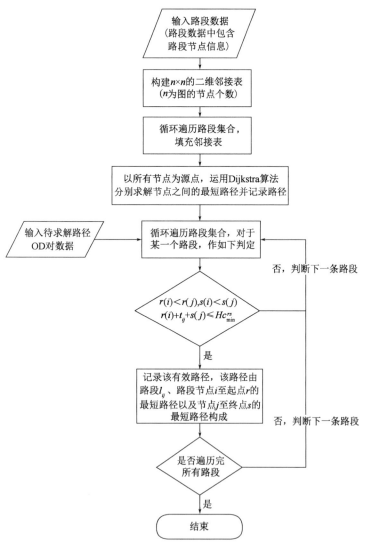

图 6-17 有效路径搜索算法流程图

(1) 初始化,输入网络路段集合中所有路段数据。

(2) 读取路段数据,根据路段节点信息构建二维邻接矩阵。

(3) 使用 Dijkstra 最短路径算法,以网络中所有节点作为单源起点,求解节点之间最短路径,并在数据库中记录每条最短路径,以便程序调用。

(4) 输入待求解有效路径 OD 对数据。

(5) 对于某一个 OD 对,遍历路段集合。对于某一个路段,判断是否满足有效路径定义,若否,转至下一条路段;若是,转至步骤(6)。

(6) 记录该有效路径,该路径由路段 $l_{i,j}$、路段节点 i 至起点 r 的最短路径以及节点 j 至终点 s 的最短路径构成。

(7) 判断是否遍历路段集合中所有路段,若否,转至下一条路段;若是,该 OD 对有效路径搜索结束。

本节采用四兵峰等重新定义的有效路径[51],更为充分地考虑了现实生活中诸多情况,也增加了更为严谨的约束条件。但是在城市公共交通网络中,网络结构非常复杂,符合上述约束条件的有效路径可能会有数十条甚至数百条,在这种情况下,需要筛选有效路径,挑选符合出行者实际出行中所考虑有效路径。

根据黄海军[52]的研究,在城市大规模路网中,一般情况下 OD 对之间可能被出行者选择的有效路径在 5~8 条。城市公共交通出行者实际出行过程中一般不会考虑超过 5 条路径,在保证模型精度的同时提高计算效率,减少不必要的计算量,本书取有效路径集合中阻抗之和最小的 5 条有效路径用于网络分配。

在公共交通出行的过程中,换乘次数是影响出行者路径选取的重要因素之一。广义出行成本相近的两条路径,用户一般更倾向于选取换乘次数较少的一条,但是难以量化换乘次数对出行者路径选取的影响,也无法在路段阻抗函数当中有所体现。在日常生活中,公共交通出行过程中换乘次数一般不会超过两次。本书通过约束有效路径换乘次数,筛选有效路径,进而实现分析换乘次数如何影响有效路径选取的目标。根据有效路径的定义,对于有效路径的判定代码(部分)如图 6-18 所示。

```
254     //有效路径初步判定条件
255     if (
256         //r(i)<r(j),有效路段的起点i离出行起点O点的距离必须比终点j离出行起点O点的距离近
257         this.O_Dijkstra.getDistTo(from_node_id) < this.O_Dijkstra.getDistTo(to_node_id)
258
259         //s(i)>s(j),有效路段的起点i离出行终点D点的距离必须比终点j离出行终点D点的距离远
260         && this.D_Dijkstra.getDistTo(from_node_id) > this.D_Dijkstra.getDistTo(to_node_id)
261
262         //有效路径阻抗不能超过最短路径阻抗的(1+H)倍,H为容忍度系数
263         && this.O_Dijkstra.getDistTo(from_node_id) + this.D_Dijkstra.getDistTo(to_node_id)
264         + edge.getWeight() <= H*this.O_DistanceTo_D
265     )
```

图 6-18 有效路径判定代码(部分)

6.4.4 基于超级网络的公共交通方式划分与交通分配组合模型构建

本章构建基于自主研发的超级网络与超级路径的公共交通客流分配模型,实际上是融合交通方式划分与交通分配的组合模型。在超级网络中通过寻找多种慢行与公共交通方式(如:步行、自行车、常规公交、轨道交通)并存的超级路径,直接进行客流分配即可。

以超级网络为基础建立的超级路径,包含出行者出行方式与出行路径,可以完整体现出行者的出行行为,所以基于超级路径进行交通流分配可以高效实现交通方式划分与交通分配组合模型。本章在城市轨道交通网络、常规公交网络与步行/骑行道路网络组成的超级网络上进行公共交通客流分配,并将进一步对比分析其分配结果与基于"四阶段"交通需求预测模型的网络分配结果。

以本节构建的公共交通超级网络以及有效路径求解算法为基础,基于改进的 Logit 模型的多路径随机概率客流分配模型进行路径选择与流量分配。改进的 Logit 模型的相关理论,模型公式如下:

$$\begin{cases} f_k = P_k^{rs} F \\ P_k^{rs} = \dfrac{\mathrm{e}^{\left(-\dfrac{\theta c_k^{rs}}{c_{\min}}\right)}}{\sum_l \mathrm{e}^{\left(-\dfrac{\theta c_l^{rs}}{c_{\min}}\right)}}, \forall r,s,k \end{cases} \tag{6-19}$$

式中:f_k——在第 k 条路径上所分配到的流量;

P_k^{rs}——起讫点 r、s 间第 k 条路径被出行者选择的概率;

F——起讫点 r、s 之间的公共交通总需求;

θ——参数,表示出行者对于网络的熟悉程度;

c_k^{rs}——第 k 条路径的阻抗;

$c_{\min}$——起讫点 r、s 最短路径的阻抗;

c_l^{rs}——起讫点 r、s 有效路径集中各路径的阻抗。

当 θ 趋近于无穷大时,$P_k^{rs}=1$,这表示所有出行者均能准确地找到最短路径,采用最短路径进行出行;当 θ 趋近于 0 时,各路径被选择的概率相等,出行者无法区分最短路径,随机选择路径进行出行。刘剑锋[53]在其博士论文的研究中发现,改进 Logit 模型中的参数 θ 值会对配流结果产生一定的影响,但影响并不显著。孙鸢英[54]通过计

算机模拟得到参数 θ 的变化范围比较稳定,一般情况下在 3.00~4.00,通过选取 $\theta=$ 3.00 进行配流,得到了良好的计算结果。本节参考以上学者对于 θ 取值的研究,同样取 θ 的值为 3.00。

实际上,多路径随机概率客流分配模型在交通分配中属于非均衡配流模型。该模型完全根据有效路径集合中各条有效路径的阻抗进行随机概率分配,无法考虑网络中各路段所分配的流量对于路段阻抗的影响。也就是说,使用该模型进行交通分配必须满足一个前提条件,即网络中路段的阻抗不随流量的改变而变化,这在网络路段不具有容量限制时是合理的,但是在公共交通中的公交路段和轨道交通路段都具有其承载极限。根据前文对于路段阻抗函数的分析可知,在现实生活中,出行者通过选择不同出行路径,每个 OD 对间的各条有效路径的阻抗随着流量改变而变化,最终各条有效路径的阻抗近似相等,出行者无论选择哪条路径出行都具有近似的效用,整个公共交通网络处于近似平衡的状态。交通分配模型中均衡模型正是用以描述交通网络平衡状态下的分配模型。常用的交通分配均衡模型为随机用户均衡模型。本书采用基于 Logit 加载的随机用户均衡客流分配模型实现基于超级网络的公共交通均衡分配。当然,为了对比非均衡模型与均衡模型的差异性,本书利用多路径随机概率客流分配模型同样进行了客流分配,具体分配结果见后续章节。

本章采用基于 Logit 加载的随机用户均衡配流模型对多路径随机概率配流模型进行迭代求解,使得最后的配流结果能够达到网络均衡的状态。当交通网络达到随机平衡状态时,出行者不能通过单方面改变出行路径减少期望的广义出行成本。实现随机用户均衡配流模型,常用的方法为迭代加权法,即 MSA(Method of Successive Averages) 算法。

MSA 算法的具体步骤如下:

(1)初始化,令路段初始流量 $x_a^{(0)}=0, \forall a \in A$,设置迭代次数 $n=1$。

(2)按照当前各路段的交通量 $x_a^{(n)}$,根据路段流量及本章构建的阻抗函数更新路段阻抗。

(3)根据步骤(2)中更新的路段阻抗,以有效路径搜索算法以及基于改进的 Logit 模型的多路径随机概率配流模型为基础进行路径选择与流量分配,得到辅助流量 $y_a^{(n)}$。

(4)使用加权平均法更新当前各路段的交通流量 $x_a^{(n+1)}$,公式如下:

$$x_a^{(n+1)} = x_a^{(n)} + \frac{y_a^{(n)} - x_a^{(n)}}{n}, \forall a \in A \qquad (6\text{-}20)$$

(5)判断是否满足精度要求。如果$x_a^{(n+1)}$与$x_a^{(n)}$差值满足精度要求(ε为预先给定的误差限值,考虑到本章中的实例城市具有大规模的公共交通网络,为了提高计算效率,取ε为0.025),则停止计算;否则,令$n = n+1$,返回步骤(2)。

$$\frac{\sqrt{\sum_a \left[x_a^{(n+1)} - x_a^{(n)} \right]^2}}{\sum_a x_a^{(n)}} < \varepsilon \qquad (6\text{-}21)$$

6.5 基于超级网络的城市公共交通建模示范案例

基于第6.4节提出的公共交通超级网络的构建方法,本节以武汉市为例,首先构建武汉市公共交通超级网络模型,定义不同方式的阻抗函数,继而搜索每个OD对之间的有效路径。在此基础上,构建公共交通方式划分与交通分配组合模型并进行客流分配。最后,本节将基于超级网络的公共交通方式划分与交通分配组合模型的预测结果与"四阶段"模型的预测结果进行对比,验证本方法要优于基于"四阶段"的交通需求预测模型。

6.5.1 公共交通超级网络模型构建

以武汉市为例,构建基于超级网络的公共交通模型。在构建公共交通超级网络模型之前,需要创建交通小区及质心,建立交通小区质心与道路节点间虚拟连接弧,联系交通小区与道路网络,以模拟城市居民的出行行为。一个交通小区周围往往存在多个道路路口,为了模拟现实出行行为,出行者从交通小区出发点前往道路路口的路线也存在多条。不同的出行者在不同的出行需求下会选择前往不同的道路路口的路线,故而需要构建多条交通小区质心与道路节点的虚拟连接弧。其中,使用TransCAD软件在每个交通小区质心与道路网络节点间构建5条不超过800m的虚拟连接弧,最终构建的虚拟连接弧如图6-19a)所示(以一个交通小区质心为例)。

在创建公交站点与公交线路间虚拟连接弧时,本节使用ArcGIS软件中近邻分析工具创建。实际路网中,一个公交站点往往供多条公交线路共同使用,对于每个公交站点,需要构建多条虚拟连接弧与该站点停靠的多条公交线连接。由于近邻分析工具只能构建单个公交站点到最近公交线路的连接弧,本节通过在 ArcGIS 软件中使用 Python 脚本语言编程,编写一个双层循环实现多条连接弧的创建。

具体步骤如下:

(1)按公交站点 ID 选取公交站点 i,将站点 i 作为当前站点开始搜索。

(2)根据通过公交站点 i 的公交线路信息,从公交线路中筛选经过公交站点 i 的所有公交线路,放入集合 Ω 中。

(3)在集合 Ω 中选取公交线路 j,使用近邻分析工具构建站点 i 到公交线路 j 之间的虚拟连接弧。

(4)判断公交线路 j 是否为集合 Ω 中最后一条线路,若是,转至下一步;若否,使 $j = j+1$,转至步骤(3)。

(5)判断公交站点 i 是否为公交站点中最后一个站点,若是,算法结束;若否,使 $i = i+1$,转至步骤(1)。

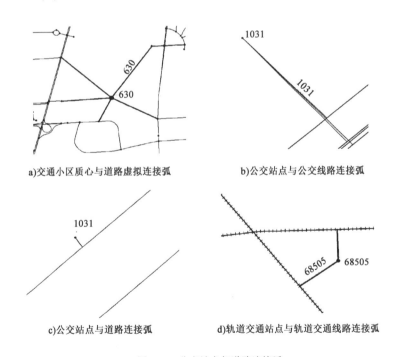

a)交通小区质心与道路虚拟连接弧　　　　b)公交站点与公交线路连接弧

c)公交站点与道路连接弧　　　　d)轨道交通站点与轨道交通线路连接弧

图 6-19　公交站点与道路连接弧

和交通小区质心连接弧继承 TAZ 编号类似,为了保证公交站点和与其相连接的虚拟连接弧之间的对应关系,需要为公交站点创建一个独立的编号。在 ArcGIS 数据库中为公交站点增加 BusStationID 字段,并且通过近邻分析工具使得与公交站点连接的虚拟连接弧自动继承来自该公交站点的唯一编号,所构建的公交站点到公交线路之间虚拟连接弧如图 6-19b)所示(以一个公交站点为例)。

其次,本节通过构建公交站点与道路节点之间的虚拟连接弧以表达城市公共交通出行者从道路前往公交站点的过程。同样使用 ArcGIS 软件中的近邻分析工具构建该虚拟连接弧。一般情况下,公交站点与相邻的道路连接即可,该虚拟连接弧构建结果如图 6-19c)所示(以一个公交站点为例)。

和创建常规公交站点与公交线路连接弧类似,本节同样使用 ArcGIS 软件中近邻分析工具构建轨道交通站点与轨道线路间虚拟连接弧,以表征城市公共交通出行者从轨道交通站点乘坐轨道交通出行的过程。该连接弧同样继承来自站点的唯一编号属性,如图 6-19d)所示(以一个轨道交通站点为例)。

通过构建轨道交通站点与道路之间的虚拟连接弧表征城市公共交通出行者从道路前往轨道交通站点的过程,不同于公交站点只需要与最近的道路连接。轨道交通站点较为特殊,一般情况下,轨道交通站点会设置多个站点入口。为了精确模拟这种实际情况,本模型中需要构建多条轨道交通站点与道路虚拟连接弧。

所构建的武汉市公共交通网络构成要素见表 6-4。通过融合常规公交、轨道交通子网络、步行/骑行道路网络等,构建武汉市公共交通超级网络,如图 6-20 所示。

武汉市公共交通网络构成要素 表 6-4

类型	性质	数量(个)
步行/骑行道路网络	边	69924
轨道交通网络	边	216
常规公交网络	边	20230
交通小区质心与道路网络连接弧	边	5116
公交站点与道路网络连接弧	边	4564
公交站点与公交网络连接弧	边	18944
轨道交通站点与道路网络连接弧	边	946
轨道交通站点与轨道交通网络连接	边	204
交通小区质心	节点	690
常规公交站点	节点	2282
轨道交通站点	节点	96
道路节点	节点	24620

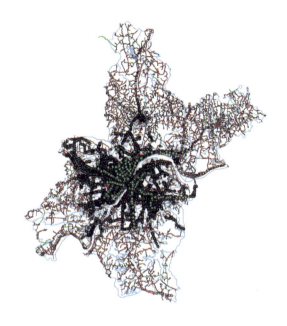

图 6-20 武汉市公共交通超级网络市域总览图

另外,对武汉市公共交通(包括常规公交和轨道交通)的刷卡数据进行分析,常规公交、轨道交通的时空客流分布结果如图 6-21~图 6-23 所示。

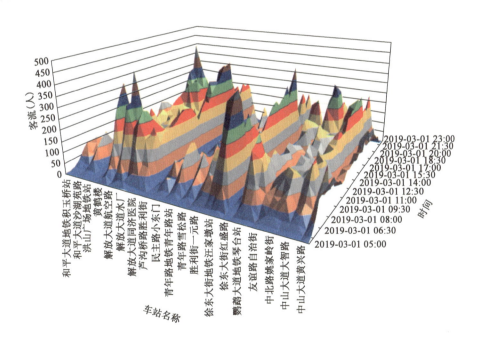

图 6-21 常规公交站点刷卡上车客流

205

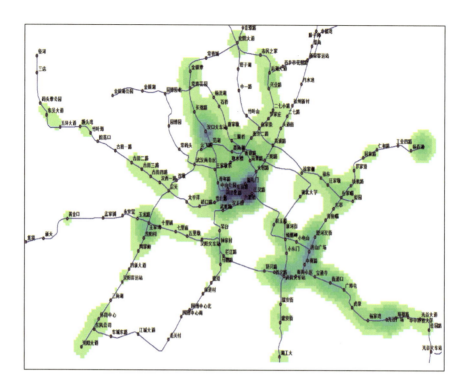

图 6-22　地铁进闸客流分布

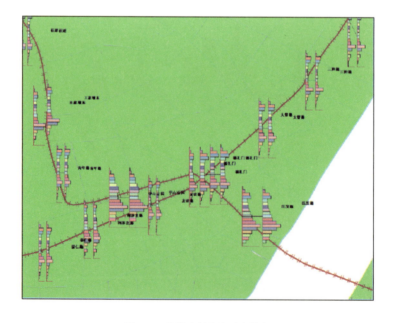

图 6-23　地铁出闸客流时空分布

6.5.2 公共交通超级网络有效路径综合路阻函数构建

基于构建的公共交通超级网络,本节以武汉市为例,构建路段阻抗函数。武汉市公共交通超级网络中包含步行/骑行道路网络、轨道交通网络、常规公交网络以及它们之间多种虚拟连接弧,下面分别对这些子网络及虚拟连接弧构建其阻抗函数。

(1)步行/骑行道路网络。

步行/骑行道路网络和交通小区质心与道路连接弧、公交站点与道路连接弧、轨道交通站点与道路连接弧一样,供出行者步行使用,所以其阻抗计算方法相同。根据式(6-9),本节借鉴武汉市宏观交通预测模型更新报告[55]已经标定完成的权重系数,步行路段时间权重折算系数取值为0.04,步行旅行速度根据文献[50]取值为4.0km/h。

(2)常规公交网络。

对于车内拥挤,通过调查统计,案例城市公共汽车座位数S_{ij}大多为32座。根据现行《机动车运行安全技术条件》(GB 7258)规定,公共汽车乘客人数的核定,应当按照公共汽车内可供乘客站立的面积大小进行计算。案例城市武汉市公共汽车实测有效站立面积约为6.8 m^2,按照标准每0.125 m^2可站立1人,即每平方米8人,由此计算C_{ij}约为86人。α和β为校正参数,其值一般通过调查数据统计回归得出,刘剑锋[53]在其博士学位论文中对α和β值对于轨道交通拥挤度系数的影响进行了大量的研究及灵敏度分析,发现当α取值为1、β取值为2时效果较好。

对于时间阻抗函数,本节借鉴武汉市宏观交通预测模型更新报告[55],常规公交道路网络阻抗计算时间权重折算系数取值为0.02。路段长度通过 ArcGIS 软件计算几何功能求解,公共汽车旅行速度根据文献[50]取值为18.9km/h。

(3)轨道交通网络。

轨道交通网络的阻抗函数同常规公交相似,借鉴武汉市宏观交通预测模型更新报告[55],轨道交通路段费用权重折算系数取值为0.128,平均每公里费用取值为0.28元,路段时间权重折算系数取值为0.02,路段长度通过 ArcGIS 软件计算几何功能求解。武汉市地铁集团提供的2016年轨道交通各线路承载量数据见表6-5。

武汉市2016年轨道交通各线路座位席数及满载人数 表6-5

线路编号	1号线	2号线	3号线	4号线
座位席数(座)	176	264	264	264
满载人数(人)	950	1440	1440	1440

s_{ij}及c_{ij}按表6-5取值。α 和 β 为校正参数,取值参考文献[44]。根据武汉市地铁集团提供的数据,轨道交通旅行速度见表6-6。

武汉市 2016 年轨道交通各线路旅行速度　　　　表6-6

线路	旅行速度(km/h)	线路	旅行速度(km/h)
1 号线	31.35	3 号线	31.73
2 号线	35.07	4 号线	32.36

(4)公交站点与公交线路连接弧。

通过统计武汉市 2016 年公交线路发车时间得到各公交线路发车间隔,取发车间隔的一半即为出行者的平均候车时间[56]。公交线路发车时间样本数据见表 6-7。

武汉市 2016 年公交发车时间样本数据(部分)　　　　表6-7

路线	发车时间					
公交 1 路	5:30	5:40	5:50	6:00	6:10	6:20
公交 2 路	6:00	6:10	6:20	6:30	6:40	6:50
公交 576 路	5:30	5:40	5:50	6:00	6:10	6:20
公交 591 路	6:30	6:40	6:50	7:00	7:05	7:10
公交 811 路	6:00	6:10	6:20	6:30	6:40	6:50
公交 817 路	7:00	7:05	7:10	7:15	7:20	7:25
公交 905 路	6:35	6:40	6:45	6:50	6:55	7:00

根据武汉市 2016 年公共汽车收费政策,公共汽车票价为一票制,执行每人次 2 元的价格(除部分阶梯收费、特惠线等线路),使用 IC 卡刷卡支付享受 8 折优惠。鉴于城市公共交通出行者 IC 卡覆盖率较高,取一次乘坐公共汽车车费用为 1.6 元,分摊到上车连接弧和下车连接弧各 0.8 元。本节借鉴武汉市宏观交通预测模型更新报告[55],公交站点与公交线路连接弧费用权重折算系数取值为 0.128,路段时间权重折算系数取值为 0.04。

(5)轨道交通站点与轨道交通线路连接弧。

轨道交通候车时间根据轨道交通线路发车时间确定,见表6-8。

武汉市 2016 年轨道交通发车时间样本数据(部分)　　　　表6-8

路线	发车时间					
地铁 1 号线	6:00	6:07	6:14	6:21	6:28	6:35

续上表

路线	发车时间					
地铁 2 号线	6:00	6:04	6:09	6:13	6:18	6:22
地铁 3 号线	6:15	6:26	6:37	6:48	6:59	7:10
地铁 4 号线	6:05	6:13	6:21	6:29	6:37	6:45

本节借鉴武汉市宏观交通预测模型更新报告[55],轨道交通站点与轨道交通线路连接弧步行路段时间效用权重折算系数取值为 0.04,路段长度由 ArcGIS 软件中计算几何功能求解,步行旅行速度参考文献[50]取 4.0km/h,轨道交通候车时间权重折算系数取值为 0.04,平均候车时间取发车间隔的一半。根据上述分析,将各种类型的路段的阻抗函数的标定结果进行汇总(表 6-9)。

阻抗函数标定结果　　表 6-9

路段类型	参数	公式	取值
步行/骑行道路网络、交通小区质心与道路连接弧、公交站点与道路连接弧、轨道交通站点与道路连接弧	步行路段时间权重折算系数	λ_{walk}	0.04
	步行速度	v_{walk}	4km/h
常规公交网络	座位数	S_{ij}	32 座
	最大载客数量	C_{ij}	86 人
	校正参数	α	1
	校正参数	β	2
	时间权重折算系数	λ_{bus}	0.02
	公共汽车旅行速度	v_{bus}	18.9km/h
轨道交通网络	路段费用权重折算系数	η_{sub}	0.128
	平均每公里费用	ρ_{sub}	0.28
	路段时间权重折算系数	λ_{sub}	0.01
	校正参数	α	1
	校正参数	β	2
	座位数	S_{ij}	见表 6-5
	最大载客数量	C_{ij}	见表 6-5
	轨道交通旅行速度	v_{sub}	见表 6-6

续上表

路段类型	参数	公式	取值
公交站点与公交线路连接弧	分摊到公共汽车上车和下车连接弧的费用	$c_{\text{bus}_{con}}$	0.8
	费用权重折算系数	$n_{\text{bus}_{con}}$	0.128
	时间权重折算系数	$\lambda_{\text{bus}_{con}}$	0.04
	平均候车时间	$T_{\text{bus}_{con}}$	发车时间间隔的一半
轨道交通站点与轨道交通线路连接弧	步行路段时间权重折算系数	λ_{walk}	0.04
	步行速度	v_{walk}	4km/h
	候车时间权重折算系数	$\lambda_{\text{sub}_{con}}$	0.04
	平均候车时间	$T_{\text{sub}_{con}}$	发车时间间隔的一半

6.5.3 基于超级网络的公共交通方式划分与交通分配组合模型结果分析

本节基于超级网络与有效路径，构建了公共交通方式划分与交通分配组合模型，并采用非均衡方法和均衡方法分别构建了非均衡客流分配模型和均衡客流分配模型。为验证本书基于自主编程实现的超级网络的公共交通建模的有效性与实用性，将基于本方法的客流预测结果与传统方法进行对比，以武汉市为案例城市进行了实例分析。

由于本节中案例城市武汉市城市规模较大，公共交通系统较为复杂，公交线路多达数百条，常规公交和轨道交通的线路断面流量数据均难以获取。因此，本节使用由武汉市地铁集团提供的 2016 年 10 月某一工作日的轨道交通进出站（共 96 个站点）流量数据作为观测值，与模型预测结果进行对比，分析模型的预测精度以及有效性。实际上，轨道交通进出站流量也是断面流量的一种，只不过不是线路断面流量，而是上下车连接弧的断面流量。

6.5.3.1 非均衡客流分配模型结果分析

使用武汉市公共交通 OD 需求数据作为模型输入数据，结合 Java 编程语言编写程序实现基于超级网络的多路径随机概率配流模型。从得到的流量分配结果中提取出轨道交通进出站数据，随机挑选部分轨道交通站点的配流部分结果见表 6-10。

多路径随机概率配流模型部分结果　　　　　　　　　表 6-10

站点	进站流量			出站流量		
	模型结果（人）	观测值（人）	误差（%）	模型结果（人）	观测值（人）	误差（%）
东吴大道	4124	11124	62.92	6867	9546	28.05
四新大道	3371	4141	18.58	2176	3972	45.20
永安堂	3424	2471	38.58	3714	2312	60.65
玉龙路	4897	8276	40.83	6152	7686	19.96
汉西一路	11034	8440	23.51	10922	8759	19.81

全部站点进出站流量模型预测结果与观测值对比如图 6-24 所示。

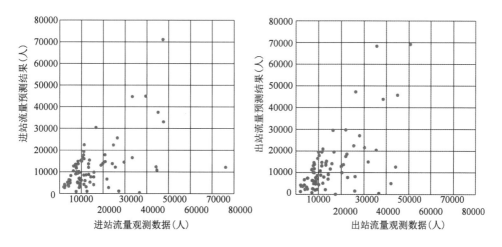

图 6-24　轨道交通进（左）出（右）站流量观测值与预测值对比

由以上轨道交通站点进出站流量模型预测结果与观测值的对比图可以直观地发现，从总体趋势上来看，多路径随机概率配流模型对于流量的分配结果和观测流量是能够相互呼应的，这证明组合模型建模思路的正确性，模型具有一定的有效性，但是对比图中的点仍然较为离散，这说明模型并不具有良好的精度。对所有站点的进出站流量模型预测结果与观测值进行统计分析可以得到表 6-11、表 6-12 中的分析结果。

非均衡模型预测结果误差分析　　　　　　　　　表 6-11

进出站	误差		
	最大值	最小值	平均值
进站	90.64%	0.64%	46.51%
出站	94.23%	0.07%	46.46%

非均衡模型预测结果误差处于不同区间概率　　　　表 6-12

进出站	误差概率 P			
	误差 <10%	误差 <20%	误差 <30%	误差 <50%
进站	9.37%	20.83%	29.17%	54.17%
出站	6.25%	23.96%	33.33%	56.25%

由以上误差统计分析结果可知，大量站点的预测结果不够理想，存在较大误差。模型预测结果中，进站流量和出站流量的平均误差分别高达 46.51% 和 46.46%，误差小于 30% 的站点比例分别仅为 29.17% 和 33.33%。这说明模型还存在着一定的问题。实际上，对于非均衡客流分配模型来说，其优点是不用考虑拥挤、模型简单、求解速度快，但是无法考虑到网络中各路段所分配的流量对于路段阻抗的影响。这在网络路段不具有容量限制时是合理的，但是在公共交通中的公交路段和轨道交通路段都是具有其承载极限的，不考虑拥挤所带来的路径阻抗的增加和出行效用的降低是不符合实际的，对于模型的精度有着显著的影响，这也是非均衡模型预测结果精度欠佳的主要原因。基于此，在已经构建的非均衡客流分配模型的基础上，本章构建了随机用户均衡配流模型，对基于超级网络的公共交通方式划分与交通分配组合模型进行均衡客流分配。

6.5.3.2　均衡客流分配模型结果分析

前文中的非均衡模型的配流结果并不乐观，这是因为在非均衡分配方法中，未考虑流量对于路段阻抗的影响。实际上，路径上的流量会随着出行者的选择而改变，反过来又影响出行者进行路径选择。因此，在非均衡模型的基础上，构建了基于 Logit 加载的随机用户均衡配流模型对基于超级网络的公共交通方式划分与交通分配组合模型进行均衡分配，并采用 MSA 算法实现模型，使用 Java 编程语言编写程序实现 MSA 算法，最终得到均衡模型的配流结果。另外，为了对比本章中构建的基于超级网络的公共交通方式划分与交通分配组合模型的预测结果，严格按照"四阶段"交通需求预测建模步骤，使用巢式 Logit 模型对公共交通再次进行二次交通方式划分，得到单独的轨道交通出行 OD 矩阵，借助主流的交通规划软件 TransCAD 中的随机用户均衡模型对轨道交通进行客流分配。随机挑选部分轨道交通站点的两种模型配流结果见表 6-13。

两种模型随机用户均衡配流结果(部分)　　　　　表 6-13

站点	进站流量					出站流量				
	模型结果（人）		观测值（人）	误差（%）		模型结果（人）		观测值（人）	误差（%）	
	组合模型	"四阶段"模型	—	组合模型	"四阶段"模型	组合模型	"四阶段"模型	—	组合模型	"四阶段"模型
广埠屯	25143	19307	27139	7.35	28.86	25822	21152	25999	0.69	18.09
洪山广场	22377	35903	26486	15.51	35.56	26204	32365	27917	6.14	15.93
崇仁路	12243	20701	15777	22.40	31.21	11768	21977	16414	28.30	33.89
永安堂	2728	3315	2471	10.39	34.17	2865	3386	2312	23.94	46.46
竹叶海	8128	3926	7367	10.34	46.71	8160	4118	6911	18.07	40.41

通过表 6-13 随机挑选的部分站点的两种模型的流量分配结果对比,仅对于这部分站点的预测结果来说,组合模型的预测结果要明显优于"四阶段"模型,"四阶段"模型的预测结果误差明显较大。由于"四阶段"模型中未考虑城市公共交通使用者使用常规公交与轨道交通混合出行的行为,从模型的建模思路上本身就存在着一定的缺陷,产生一定的误差也是合理的。当然,从随机的几个站点的结果对比并不能全面地比较两种模型的精度。图 6-25 是两种模型全部站点进出站流量模型预测结果与观测值对比。

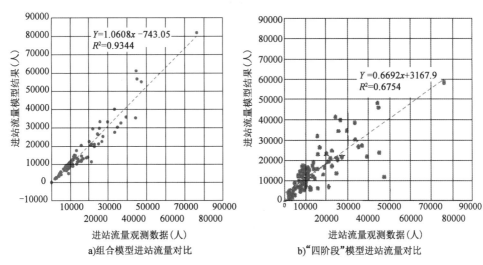

a) 组合模型进站流量对比　　b)"四阶段"模型进站流量对比

图 6-25

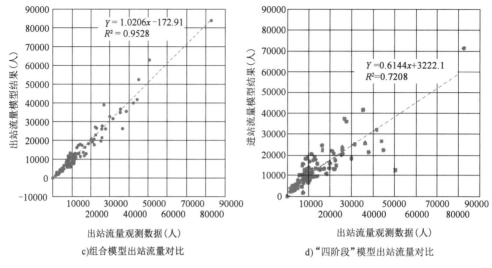

c) 组合模型出站流量对比　　　　d) "四阶段"模型出站流量对比

图 6-25　组合模型与"四阶段"模型进出站流量对比

由模型预测结果和观测结果的对比图可以直观地看出,两种模型均取得了一定的预测精度,但是组合模型的结果对比图中的点更为靠近中心斜 45° 的对角线,这说明模型预测结果和观测值的误差较小。基于"四阶段"的公共交通模型的预测结果对比图中的点虽然也较为靠近中心对角线,具有一定的有效性。但是对比组合模型来看,误差明显较大,点也更为离散。从数据上来看,组合模型的进站流量和出站流量均和观测结果具有较高的相关性系数,分别为 0.934 和 0.953;而基于"四阶段"的公共交通模型的相关性系数分别仅为 0.675 和 0.721,虽然具有一定的预测效果,但是模型精度明显不如组合模型。对两种模型所有站点的进出站流量模型预测结果与观测值进行统计分析可以得到表 6-14 中的分析结果。

两种模型随机用户均衡配流结果误差分析　　　　表 6-14

模型	进出站	最大值	最小值	平均值
组合模型	进站	46.25%	0.38%	14.25%
	出站	49.96%	0.36%	16.21%
"四阶段"模型	进站	86.81%	0.70%	33.15%
	出站	87.69%	0.05%	29.78%

由表 6-14 可以看出,超级网络的组合模型预测进站流量、出站流量与观测流量之间的平均误差分别为 14.25% 和 16.21%,而基于"四阶段"的公共交通模型分别为 33.15% 和 29.78%。两种模型虽然取得了一定的预测精度,但是组合模型的预测效果明显要好于基于"四阶段"的公共交通模型,进站流量预测误差和出站流量预测误差分

别降低18.90%和13.57%,组合模型的最小误差分别为0.38%和0.36%,基于"四阶段"的公共交通模型最小误差分别为0.70%和0.05%,说明两种模型在部分站点取得了良好的预测结果,组合模型最大误差分别为46.25%和49.96%,而"四阶段"模型最大误差分别为86.81%和87.69%,说明两种模型在部分站点预测效果欠佳,但是组合模型的预测效果仍然要优于"四阶段"模型。为了从总体上判断两种模型的预测效果,两种模型随机用户均衡配流结果误差处于不同区间概率见表6-15。

两种模型随机用户均衡配流结果误差处于不同区间概率   表6-15

进出站	误差概率 P					
	误差<10%		误差<20%		误差<30%	
	组合模型	"四阶段"模型	组合模型	"四阶段"模型	组合模型	"四阶段"模型
进站	33.33%	20.83%	79.17%	34.38%	93.75%	50.00%
出站	34.38%	16.67%	64.58%	34.38%	89.58%	59.38%

由表6-15可以看出,基于超级网络的组合模型预测进站流量、出站流量之间的误差小于10%的比例分别为33.33%和34.38%,而"四阶段"模型分别为20.83%和16.67%;组合模型误差小于20%的比例分别为79.17%和64.58%,而"四阶段"模型分别为34.38%和34.38%;组合模型误差小于30%的比例分别为93.75%和89.58%,而"四阶段"模型分别为50.00%和59.38%。总体而言,组合模型具有良好的预测精度,而基于"四阶段"的公共交通模型的预测精度欠佳。对比组合模型和基于"四阶段"的公共交通模型的预测结果,组合模型均要优于基于"四阶段"的公共交通模型。该对比结果证明了所构建的基于超级网络的公共交通方式划分与交通分配组合模型的随机用户均衡配流具有良好的预测结果。

对模型预测的轨道交通、常规公交上下车的总客流进行统计分析,将其匹配到相应公共交通网络的站点上并进行可视化,从图6-26和图6-27可以直观看出整个武汉市的公共交通站点流量大小情况:汉口、武昌客流较大,新城区客流相对较小。该结论基本符合实际情况。

总的来说,公共交通均衡模型的配流结果要优于非均衡模型,基于超级网络的公共交通方式划分与交通分配组合模型的配流结果要优于传统的基于"四阶段"的公共交通模型。非均衡模型由于不考虑网络的容量以及拥挤效应对出行行为的影响,难以取得较好的预测精度,而基于"四阶段"的公共交通模型只能考虑单一模式出行,必然会存在着一定的误差,而基于超级网络的公共交通方式划分与交通分配模型在采用随机用户均衡配流模型进行均衡网络配流时取得良好的预测精度,因此可以证明本书基于自主编程实现的公共交通超级网络建模方法的有效性与实用性。但同时,从模型的最大误差以及平均误差来看,模型仍然存在着一定的不足,也说明模型还有进一步提升之处。

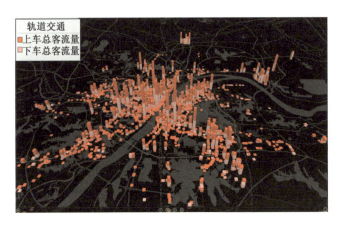

图 6-26　轨道交通上下车流量可视化

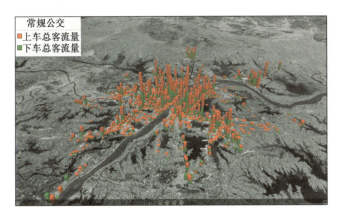

图 6-27　常规公交上下车流量可视化图

6.6　宏观交通模型与公共交通模型接口设计与规范

作为宏观交通模型的特例与重要补充,传统的宏观公共交通模型大多采用单模式交通配流模型,在"四阶段"交通需求预测模型的基础上构建各个公共交通方式的子模型。然而,对各种出行方式进行单独的 OD 矩阵预测及网络分配,无法分析市民基于多种交通方式的出行行为和综合交通运输系统多种交通方式之间的竞争、合作关系,也因此无法对公共交通系统总体的规划、设计与运营管理等提供有效的决策支持。在关于公共交通客流分配模型方面,本章构建了基于超级网络和有效路径的公共交通方式划分与交通分配组合模型,无须进行单一公共交通方式划分与交通分配,通过在由各种公共交通方式组成的超级网络中寻找基于多种交通方式的超级路径进行交通分配。因此,宏观交通模型对公共交通模型的数据转换,存在着两种不同类型的接口设计思路——基于普通网络和基于超级网络。

传统模型一般基于单一出行模式考虑,需要通过单独建立各个子交通方式的网络进行客流分配。单一出行模式是指出行者在一次出行中,只使用单一方式出行,出行者可以在同种交通方式之间换乘但不可以中途转换交通方式。因此,在基于传统模型的接口设计上,可以不必对公共交通模型与宏观交通模型在 OD 区域分布范围上进行特殊转换,其接口更主要集中在单方式 OD 矩阵的划分上,需要从宏观交通模型中的全方式 OD 分布矩阵中,估计各个单一公共交通方式(含常规公交、轨道交通等)的 OD 矩阵。

而城市公共交通超级网络主要建立在节点与线段对应实体的基础网络上。通过融合常规公交与轨道交通子网络以及步行/骑行道路网络进行构建,将传统的单一模式交通网络由代表实际路段的线段组成,连接各个子网络间通过构建虚拟的连接弧,来构建公共交通超级网络。因此,对于基于超级网络的接口设计思路,需要引入的数据即公共交通的出行分布矩阵,同时也需要将公共交通的网络从宏观交通模型中提取出来,从而计算公共交通超级网络阻抗函数。

综合上述关于宏观交通模型与公共交通模型接口与数据交互方法的设计,本节提出宏观交通模型与公共交通模型接口规范(表 6-16)。其中,宏观交通模型与公共交通模型之间的接口规范,需要考虑传统模型和超级网络模型这两种情况,其中后者则更侧重于全方式 OD 矩阵的划分与公共交通网络的阻抗计算。

宏观交通模型与公共交通模型接口规范 表 6-16

规范类别	具体规范细则
传统模型	宏观交通模型的全方式 OD 矩阵可以通过接口提供公共交通中各个方式的 OD 矩阵
超级网络模型	宏观交通模型的全方式 OD 矩阵可以通过接口提供包含所有公共交通方式的公共交通出行 OD 矩阵
	可以通过接口,获取宏观交通模型中的所有公共交通方式的网络数据

6.7 本章小结

本章首先对公共交通模型构建现状、国内外典型城市的公共交通模型进行了分析比选,提出基于自主编程开发的超级网络以构建公共交通仿真模型的一般方法。在此基础上,本章以武汉市为例,构建了公共交通超级网络模型,基于时间阻抗和费用阻抗以及拥挤度系数构建了各子交通方式的路段阻抗函数及方式间的换乘阻抗函数,开发了公共交通超级网络全部建模要素和其阻抗函数;重点分析了城市公共交通使用者在开展常规公交与轨道交通组合出行时的路径选择行为,并采用非均衡与均衡配流模型对基于超级网络的公共交通方式划分与交通分配组合模型进行客流分配。最后,提出了宏观交通模型与公共交通模型的接口规范。

本章参考文献

[1] 付旻. 城市多模式公共交通网络计算机模型构建技术研究[D]. 南京:东南大学,2018.

[2] SHEFFI Y,DAGANZO C F. Computation of equilibrium over transportation networks:The case of disaggregate demand models[J]. Transportation Science,980,4(2):155-173.

[3] PAGE F,WOODERS M H,KAMAT S. Networks and farsighted stability[J]. Journal of Economic Theory,2002,120(2):257-269.

[4] LIAO F,ARENTZE T,TIMMERMANS H. Supernetwork approach for multimodal and multiactivity travel planning[J]. Transportation Research Record,2010,2175(1):38-46.

[5] LIAO F,ARENTZE T,TIMMERMANS H. Supernetwork approach for modeling traveler response to park-and-ride[J]. Transportation research record,2012,2323(1):10-17.

[6] 四兵锋,高自友. 城市公交网络均衡配流模型及算法的研究[J]. 公路交通科技,1998,15(3):41-44.

[7] 四兵锋,孙壮志,赵小梅. 基于随机用户平衡的混合交通网络流量分离模型[J]. 中国公路学报,2006,19(1):93-98.

[8] 四兵锋,赵小梅,孙壮志. 城市混合交通网络系统优化模型及其算法[J]. 中国公路学报,2008,21(1):77-82.

[9] 四兵锋,高自友. 交通运输网络流量分析与优化建模[M]. 北京:人民交通出版社,2013.

[10] 谢辉,于晓华,晏克非. 城市复合交通系统容量超级网络评估方法[J]. 同济大学学报(自然科学版). 2011(12):1789-1794.

[11] 黄海军. 城市交通网络平衡分析[M]. 北京:人民交通出版社,1994.

[12] DIAL R B. Transit pathfinder algorithm[J]. Highway Research Record,1967(205):67-85.

[13] SI B F, ZHONG M, ZHANG H Z, et al. An improved Dial's algorithm for Logit-based traffic assignment within a directed acyclic network[J]. Transportation Planning and Technology, 2010, 33(2):123-137.

[14] 四兵锋, 张好智, 高自友. 求解 Logit 随机网络配流问题的改进 Dial 算法[J]. 中国公路学报, 2009, 22(01):78-83.

[15] LEURENT F M. Curbing the computational difficulty of the Logit equilibrium assignment model[J]. Transportation Research Part B: Methodological, 1997, 31(4):315-326.

[16] ZIJPP N J V D, CATALANO S F. Path enumeration by finding the constrained K-shortest paths[J]. Transportation Research Part B, 2005, 39(6):545-563.

[17] FERNANDEZ E, DE-CEA J, FLORIAN M, et al. Network equilibrium models with combined modes[J]. Transportation Science, 1994, 28:182-192.

[18] 黄海军, 李志纯. 组合出行方式下的混合均衡配流模型及求解算法[J]. 系统科学与数学, 2006, 26(3):352-361.

[19] 韩印, 袁鹏程. 多用户多方式混合随机交通平衡配流模型[J]. 交通运输工程学报, 2008, 8(1):97-101.

[20] 孟梦. 组合出行模式下城市交通流分配模型与算法[D]. 北京:北京交通大学, 2013.

[21] 孟梦, 邵春福, 曾靖靖, 等. 停车换乘条件下组合出行模型及算法[J]. 吉林大学学报(工学版), 2013, 43(6):1465-1470.

[22] 李红莲. 可换乘条件下的城市多模式交通流分配研究[D]. 北京:北京交通大学, 2011.

[23] LAMPKIN W, SAALMANS R. The design of routes, service frequencies, and schedules for a municipal bus undertaking:a case study[J]. Operational Research Society, 1967, 18(4):375-397.

[24] ANDREASSON I. A method for the analysis of transit networks[C]. Amsterdam:North-Holland, 1976.

[25] DIAL R B. Transit pathfinder algorithm[J]. Highway Research Record, 1967, (205):67-81.

[26] DIAL R B. A probabilistic multipath traffic assignment model which obviates path enumeration[J]. Transportation research, 1971, 5(2):83-111.

[27] 刘志谦,宋瑞. 基于时刻表的公交配流算法研究[J]. 重庆交通大学学报(自然科学版),2010,29(1):114-120.

[28] 四兵锋,张好智,高自友. 求解 Logit 随机网络配流问题的改进 Dial 算法[J]. 中国公路学报,2009,22(01):78-83.

[29] 张福勇. 三大交通规划软件的比较分析研究[D]. 西安:长安大学,2004.

[30] 冉江宇,过秀成,何明,等. 面向城市规划道路网评价的 EMME 宏开发设计研究[J]. 交通信息与安全,2011,29(02):59-62.

[31] KATO H,KANEKO Y,INOUE M. Comparative analysis of transit assignment:Evidence from urban railway system in the Tokyo Metropolitan Area[J]. Transportation,2010,37(5):775-799.

[32] WebTAG. Transport Analysis Guidance:WebTAG[EB/OL]. [2013-10-29]. https://www.gov.uk/guidance/transport-analysis-guidance-webtag.

[33] TFL Planning. London's strategic transport models,strategic modeling brochure[R]. London:Transport for London,Strategic Analysis Team,2017.

[34] APTA(n. d.). Ridership Report[EB/OL]. [2015-12-9]. http://www.apta.com/resources/statistics/Pages/ridershipreport.aspx.

[35] Currie,Graham,Phung,et al. Transit Ridership,Auto Gas Prices,and World Events:New Drivers of Change[J]. Transportation Research Record:Journal of the Transportation Research Board,2007,1992:3-10.

[36] Hansen. Understanding public transit ridership through gasoline demand:Case study in San Francisco Bay Area,CA[D]. Berkeley:Department of Economics University of California,2006.

[37] LAM W,ZHOU J,SHENG Z H. A capacity restraint transit assignment with elastic line frequency[J]. Transportation Research Part B:Methodological,2002,36(10):919-938.

[38] TONG C O,WONG S C. A stochastic transit assignment model using a dynamic schedule-based network[J]. Transportation Research Part B:Methodological,1999,33(2):107-121.

[39] TONG C O,WONG S C. A schedule-based time-dependent trip assignment model for transit networks[J]. Journal of Advanced Transportation,1999,33(3):371-388.

[40] 刘常平,郭继孚,陈金川,等.北京市公共交通模型构建与应用[J].城市交通,2008,6(1):19-22.

[41] 陆锡明,陈必壮,董志国.上海综合交通模型体系研究[C].上海:[出版者不详],2007.

[42] 广州市交通规划研究院.新广州交通模型发展与实践[R].广州:[出版者不详],年份不详.

[43] 丘建栋,葛华,邵源,等.运用智能公交技术快速构建公交模型的新方法:公交优先与缓堵对策——中国城市交通规划2012年年会暨第26次学术研讨会论文集[C].[出版地不详:出版者不详],2012.

[44] 张泉,黄富民,杨涛.公交优先[M].北京:中国建筑工业出版社,2010.

[45] 郭本峰,张杰林,周欣荣,等.城市轨道交通与常规公交一体化发展策略研究:公交优先与缓堵对策——中国城市交通规划2012年年会暨第26次学术研讨会论文集[C].[出版地不详:出版者不详],2012.

[46] 孟永平.与轨道交通衔接的常规公交一体化方法研究:2013中国城市规划年会论文集[C].[出版地不详:出版者不详],2013.

[47] 朱飘,龙科军.轨道交通与常规公交竞合关系一体化研究[J].交通科学与工程,2019,035(001):94-100.

[48] 蒋忠海,邹志云.城市公交网络阻抗函数模型[J].华中科技大学学报(城市科学版),2006(S2):109-111.

[49] 四兵锋,毛保华,刘智丽.无缝换乘条件下城市轨道交通网络客流分配模型及算法[J].铁道学报,2007(06):12-18

[50] HUSS A,BEEKHUIZEN J,KROMHOUT H,et al. Using GPS-derived speed patterns for recognition of transport modes in adults[J]. International Journal of Health Geographics,2014,13(1):40.

[51] 四兵锋,张好智,高自友.求解Logit随机网络配流问题的改进Dial算法[J].中国公路学报,2009,22(01):78-83.

[52] 黄海军.城市交通网络平衡分析[M].北京:人民交通出版社,1994.

[53] 刘剑锋.基于换乘的城市轨道交通网络流量分配建模及其实证研究[D].北京:北京交通大学,2012.

[54] 孙鸢英,王竞,蒲琪.基于随机网络加载的城市轨道交通客流分配模型[J].城市轨

道交通研究,2014,17(10):115-118.

[55] 武汉市交通发展战略研究院.武汉市宏观交通预测模型更新报告[R].武汉:武汉市交通发展战略研究院,2012.

[56] LARSEN O I,SUNDE Ø. Waiting time and the role and value of information in scheduled transport[J]. Research in Transportation Economics,2008,23(1):41-52.

CHAPTER SEVEN

第7章

城市中微观交通仿真模型构建关键技术

7.1 概述

本章介绍城市中微观交通仿真建模方法并重点关注高效率构建大规模中微观交通仿真模型的关键技术。首先,梳理了东京、伦敦、旧金山、北京、广州、深圳、上海、香港八个典型城市的中微观交通仿真模型体系,充分对比了它们所采用的中微观交通仿真建模方法与平台软件。其次,比选了其中适合大范围区域仿真且效率高的交通仿真平台,并以武汉市为案例,提出了适用于我国大中城市的中微观交通仿真模型配置方法以及中微观仿真快速构建关键技术,为该类城市的中微观交通仿真模型建设和开发提供参考。

本章基于中观交通仿真软件 Dynameq,以武汉市汉口核心区为仿真示范区,建立了中观交通仿真模型,并详尽介绍了 Dynameq 软件从仿真场景的设置到模型的校核与评价等的全套技术方案,以及聚焦如何以 Dynameq 软件为基础来提高仿真建模效率的关键技术流程。本章在建模过程中充分考虑了包含基础路网快速构建、交通流参数快速配置、信号控制方案快速创建这三种技术在示范区的具体应用和验证,较为完整地阐述了仿真示范区的中观交通仿真模型的构建过程及其结果,为本书后文中在 3D Web 城市仿真平台下构建宏中微观一体化交通仿真系统提供了技术基础。

本章所构建的中微观交通仿真模型需要与宏观交通仿真模型进行对接以完成构建城市一体化交通仿真模型体系的目标,因此,在对 Dynameq 交通仿真软件的 API 接口和数据文件结构进行梳理之后,系统地介绍了宏观交通仿真模型与中微观交通仿真模型的交互方法与数据接口,充分利用了 Dynameq 软件的可扩展性对相关中微观仿真快速建模方法进行了较为详细的阐述。

7.2 城市中微观交通仿真模型框架比选与适用性分析

目前,全球已有几十种商业化的中微观交通仿真模型和集成软件,广泛应用于交通设计、交通规划、交通安全等领域。一方面,在不同范围和仿真需求下,需要不同的交通仿真模型与之适配;另一方面,各个城市也有属于自己独特的交通特点。因此,针对不同城市的交通特点,选取合理的中微观交通仿真模型尤为重要。下面对一些典型城市的中微观交通仿真模型进行介绍。

7.2.1 典型城市中微观交通仿真模型体系

1) 东京

东京先后开发了 SOUND（Simulation on Urban Road Network with Dynamic Route Choice）、AVENUE（Advanced and Visual Evaluator for Road Networks in Urban Areas）、PARAMICS（PARAllel MICroscopic Simulation）等中微观交通仿真模型[1-2]。其中，SOUND 模型由东京大学开发，随后被 iTransport 实验室完善并转化为商业交通仿真软件，SOUND 模型主要用于大规模区域的交通仿真，但其交通流模型相对简化（如无变道、基于速度-间距关系的跟车行为模拟等[3]）。AVENUE 模型主要适用于中小规模区域的交通仿真，相比 SOUND 模型而言，可开展更为详细的中微观交通仿真工作。PARAMICS 为商业级微观交通仿真模型，也主要用来进行中小规模的区域中微观交通仿真工作。

2) 伦敦

伦敦市的交通仿真模型体系主要分为四层，分别是：London Strategic Model、Cordon Area model、Micro-simulation model、Local Area Model，每个模型的建设采用了不同的建模技术，如图 7-1 所示。

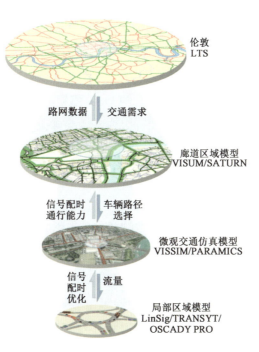

图 7-1 伦敦交通仿真模型体系

对于微观交通仿真模块，伦敦通常使用的是 VISSIM 和 PARAMICS 软件，伦敦市交通管理部门在路段流量饱和、交叉口进出口堵塞、优化信控方案等问题上广泛地使用

VISSIM 和 PARAMICS 软件[4]。

3）旧金山

旧金山中微观交通仿真模型主要基于 Dynameq 和 PARAMICS 软件。旧金山交通管理局使用 Dynameq 软件的动态交通分配（DTA,Dynamic Traffic Assignment）模型为规划人员提供更精细的交通系统服务水平视图,能更好地了解旧金山周围的道路交通运行状态。2012 年,为了更精确地评估旧金山过境交通状况,提高旧金山交通仿真模型的评估可靠性,旧金山交通管理局在美国联邦公路管理局的资助下完成了全市 DTA 模型的开发[5]。此外,由于具有良好的二次开发潜力,旧金山使用了 PARAMICS 软件模拟了湾区高速公路运行情况,展现了 PARAMICS 软件在应用程序开发和评估校准过程中的实用性[6]。

4）北京

北京市城市规划设计研究院已经研发了一个较为完善的城市一体化仿真模型平台,可用于交通规划、交通设计、交通运营管理等多个领域的决策支持。在中观交通仿真平台的构建过程中,该院主要使用了以下模型：

（1）TranCap 模型。该模型主要面向整体战略规划、综合交通规划层面,即根据土地利用和交通条件来开展交通承载力分析(分析的主要指标有:岗位密度、人口密度、职住混合度、过境比例、车公里供给、车公里需求等),进而指定规划方案。

（2）DTALite 模型。2016 年,该院与美国亚利桑那州立大学合作,首次将 DTALite 模型的动态交通分配方法应用于国内城市。DTALite 模型的动态交通分配方法提高了应对特殊交通需求分析时的仿真精度,提升了精细化交通需求分析水平。

（3）CUBE Avenue 模型。应用中观准动态交通分配模型 CUBE Avenue,从而更加精细、直观地对园区等区域路网体系运行状态进行评估,对拥堵节点进行分析。

5）广州

广州主要开展了三轮交通战略规划,20 世纪 90 年代的第一轮交通战略规划主要是针对中心城区而构建的宏观交通仿真模型。2000 年以后,广州已不再满足于宏观、中观的静态交通分析,更关注于中观、微观的动态交通分析,因此在开展的第二轮交通战略规划中,构建了宏中微观一体多模式市域交通模型。广州市交通规划研究所制定了一个以深度为主,深度和广度两方面拓展的计划,引进了一系列宏观、中观、微观软件,通过图像和数据文件的链接实现了软件间的整合,提升了广州交通模型的完整性、精确性和适应性。其中,广州在构建中观交通仿真模型的过程中,使用的仿真软件包括:TransCAD、CUBE Voyager、EMME/2、VISUM；在构建微观交通仿真模型的过程中使用的微观交通仿真软件包括:VISSIM 和 Synchro V6,前者用来进行仿真分析和 3D 仿真演示,后者用来进行信号控制分析和交通评价。广州最新一轮的交通战略规划基于大数据构建区域综合运输模型,依托传统数据、互联网位置数据以及移动通信数据,搭建基础数据库-模型-前端仿真展示的宏观-中观-微观交通仿真集成平台。

6)深圳

2000—2005 年,深圳交通仿真平台由面向特区范围的宏观交通模型系统扩展到全市域及中、微观交通仿真模型系统协同开发。2000—2004 年,深圳建设了全国第一个城市交通仿真系统。2002—2005 年,借鉴香港经验,深圳配合重点地段及片区交通改善规划,系统建立了宏观、中观、微观多层次交通仿真模型体系[7]。深圳以往中观交通仿真软件主要使用的是 SATURN 软件,微观交通仿真软件使用的是 PARAMICS 软件。

深圳市城市交通仿真系统始于 2004 年,一期建设以获取动态数据作为开发的关键突破口和研发重点,主要内容及特色有以下几个方面[8-9]:

(1)大规模动态信息采集。大规模利用出租汽车数据采集动态交通数据,实时采集 5000 辆出租汽车的卫星定位系统数据,数据处理规模居各城市前列。在主要交通走廊安装了 67 套雷达定点检测设备,通过 GPRS(General Packet Radio Service)无线通信网络传输动态定点数据。

(2)共享式公用信息平台。完成"公用信息平台"的框架结构设计并实现了该平台的初步功能,接入道路交通网络、居民出行调查库、浮动车数据、定点流量采集等数据库。

(3)综合交通信息服务。系统建设面向公众、技术人员和政府部门等三类用户,提供了 8 个核心功能模块的信息服务。

二期项目引入实时动态交通数据,充分利用仿真软件的接口,将交通仿真软件的计算和数据输入输出分离开来,大大减少了规划人员与模型人员的交互工作量。同时,基于简化开发和维护工作的考虑,采用了 PTV-Vision 方案[10],包括 VISUM、VISSIM 和 VISUM Online 软件等,分别构建了包含轨道交通仿真模型在内的宏观综合交通模型,独立分区的中观交通仿真模型,以及满足各种详细需求的微观交通仿真模型。

7)上海

上海市交通仿真平台以传统"四阶段"交通需求预测模型为基础进行技术和应用创新,重点服务城市交通规划,兼顾交通政策、建设、管理等决策评价功能,为上海城乡规划提供定量决策分析服务。模型平台分为基础数据库、模型分析与数据交互、模型成果数据应用三个层次,形成了土地利用、客/货运交通、对外和区域交通、中微观交通仿真等一套完善的技术框架体系。其中,中微观交通仿真模型主要采用了 TransModeler、AIMSUN、VISSIM 等软件工具,用来仿真公共交通、高速公路、快速路和城市典型区域的交通,并搭建了 7 大类、20 多个交通现状和规划基础数据库,以便实现模型的有效应用和修正。

8)香港

早在 1973 年,香港就开始构建综合交通(Comprehensive Transport Study,CTS)模型。香港主要使用自主开发的 CTS 模型和 BDTM(Base District Traffic Models)模型,两者的精度不同,适用范围也不一样。首先,由 CTS 综合交通模型在全港范围内进行宏观上的交通分配,然后,再通过 BDTM 模型进行矩阵的反推和道路车流量的重新分配[11-12]。

BDTM 模型基于交通仿真软件 SATURN 进行开发。SATURN 是一个中观的交通系统仿真软件,该软件中道路系统被简化成由节点(node)和路段(link)构成的网络模型。由于 BDTM 模型的重要应用之一是评价路段和交叉口的交通运行状况,所以模型不仅能进行大范围的路段流量预测,还可以模拟特定交叉口的布局和转向流量,并对路段和交叉口的运行状况做出评价。交通分配结果也比一般的宏观交通模型更加翔实。

7.2.2 典型城市特征对比

通过上述对典型城市中微观交通仿真模型体系的梳理(表 7-1),可得到以下结论:

典型城市中微观交通仿真模型体系梳理与对比　　　　　表 7-1

城市	中微观交通模型	模型体系特点
东京	SOUND、AVENUE、PARAMICS 等	模型体系较为健全
伦敦	VISSIM、PARAMICS 等	中微观交通模型同其他层次的模型的交互性好,可相互补充
旧金山	Dynameq、PARAMICS 等	适合进行动态交通分配
北京	TranCap、DTALite、CUBE-Avenue 等	模型体系较为完善,还包含有中观交通枢纽仿真模型,也比较注重动态交通分配
广州	VISSIM 等	作为一体化交通仿真模型的一部分,主要使用 VISSIM 软件来进行信息系统控制和交通影响评价
深圳	SATURN、PARAMICS、VISSIM 等	已经有较为完善的一体化的中微观交通仿真模型体系,对仿真软件的 API 接口使用和开发较好

续上表

城市	中微观交通模型	模型体系特点
上海	TransModeler、AIMSUN、VISSIM 等	模型完善,模型的数据交互实现较好
香港	VISSIM 等	得益于香港较为先进的基础设施,其交通基础数据也较为丰富,因此较为适合 VISSIM 模型

(1)城市交通仿真模型体系应当以宏、中、微观一体化为目标,且宏、中、微观交通仿真模型之间应该具备良好的交互性。

(2)伦敦市交通仿真模型体系健全,且不同层面的模型之间可以实现相互补充,可以成为国内交通仿真模型体系的发展目标。

(3)从国内的典型城市来看,北京市交通模型体系相对来说比较完善。北京市已完成宏、中、微观交通模型开发,形成统一的模型平台,基于关键参数形成双向互动传导,可用于城市交通规划、设计与运营管理等多个领域的辅助决策。

(4)城市交通仿真模型体系都包含了相应的市域与片区模型,强调了针对不同的时空范围应该基于不同的建模技术与方法(如集计或者非集计、中观仿真或者微观仿真等)构建不同类型的模型,以适应政策分析、交通管理与调控的需要。

(5)国内典型城市使用的交通规划与仿真软件除了近年部分交通类咨询项目中使用的 TranStar、TESS 等自主知识产权软件外,大部分采用了国外的商业软件。宏观交通模型以 TransCAD 和 EMME 软件为主;中观交通仿真模型以 TransModeler 和 Dynameq 软件为主,主要针对交通组织及大型房地产开发的交通影响评价等开展政策分析;微观交通仿真模型以 TransModeler、VISSIM 和 PARAMICS 软件为主。

本节梳理了东京、伦敦、旧金山、北京、广州、深圳、上海、香港八个典型城市的中微观交通仿真模型体系。本章的主要目标是研究面向大城市的中微观交通仿真模型快速构建技术,探索中微观交通仿真如何适应大规模路网和多源交通大数据,同时保证具有较高的建模效率与运行效率,研究相应的中微观交通仿真模型快速构建方法。

7.3 中微观交通仿真模型快速构建方案

交通仿真作为智能交通系统(ITS)的常用分析和评估手段,已被广泛应用于城市道路规划、交通流理论、交通管理方案评价、交通信号优化配时等诸多方面。交通仿真模型的构建过程一般包含:构建仿真路网、设定路网的交通流参数、输入路网的交通需求、输入路网的信号控制方案、进行交通仿真动态交通分配、开展仿真结果评价等步骤。其中，构建仿真路网通常是构建中微观交通仿真模型中最为耗时的步骤，无论是直接绘制路网，还是在导入现有路网后进行修正的过程，均需要耗费大量的人力物力。因此，如何通过技术手段改进和提高中微观交通仿真模型的建模效率和精度，进而实现快速、高效地交通仿真建模，对于未来智能交通系统的发展具有重要意义。快速中微观交通仿真建模技术路线如图7-2所示。

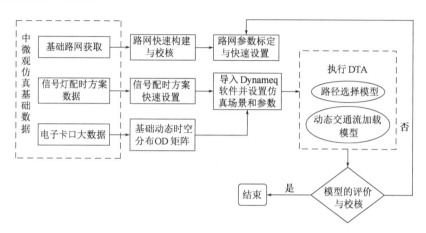

图 7-2　快速中微观交通仿真建模技术路线图

7.4　基于 Dynameq 软件的交通仿真建模流程

Dynameq 是加拿大 INRO 公司开发的一款商业中观动态交通分配仿真软件。其核心优势在于构建了一套基于事件机制的高效率动态交通分配算法以及车道级的交通流仿真，其执行一次交通分配和仿真所需要的时间相对更短。因此，Dynameq 软件在进行大范围、拥挤道路网的交通仿真时也能保证时效性和有效性。下面详细阐述 Dynameq 软件的具体建模步骤[13-16]。

7.4.1　基础网络快速构建

7.4.1.1　设置仿真场景

场景属性文件是创建仿真场景的第一个必需文件，可设定仿真的全局属性，主要包括：

（1）STUDY_PERIOD：仿真时段。

(2) EVENTS:路网事件时间。

(3) VEH_CLASSES:车辆类别(Car、Truck、HOV 等)。

(4) VEH_TYPES:车辆类型(Small_truck、Large_truck 等)。

(5) VEH_CLASS_GROUPS:车辆通行权定义。

(6) GENRALIZED_COSTS:广义费用函数定义。

(7) FACILITY_TYPES:设施类型。

7.4.1.2 路网建模

Dynameq 软件中,模型的建立是通过建立工程(project)文件来实现的。而一个工程文件下面可包括多个方案(scenarios),仿真路网的建立即是属于一个方案。Dynameq 软件中路网的建立方式可以分为两类,一类是从 EMME 软件、GIS 文件、Synchro 软件中直接导入路网和信号控制方案,再在 Dynameq 软件中进行进一步的修改,如模型参数的设置、信号控制方案的输入等,形成最终的仿真路网。另一类是建立空白路网,再加载背景图(背景图有图像文件、GIS 文件),利用 Dynameq 软件中的绘制路网功能,在背景图上描出路网,完成基本路网的绘制,进而进行路网属性的设置,最终完成仿真路网的建立。

直接将 Shapefile 格式的 GIS 路网导入 Dynameq 软件之后会存在一些错误或警告信息,因为 Shapefile 格式的路网所包含的信息并不能在 Dynameq 软件中完全还原现实中的道路网(图 7-3)。例如,Shapefile 格式的 GIS 路网一般不包含路网中路段各车道转向信息,而 Dynameq 软件本身内置有一套转向设定规则,所以软件在处理过程中必然与现实中的路网有较大差异,需要进行校正。这些差异主要体现为:

(1) 道路形状和位置与实际不符。

(2) 交叉口类型与实际不符(包括信号交叉口与非信号交叉口)。

(3) 交叉口车道转向与实际不符合。

(4) 道路车道数与实际不符合。

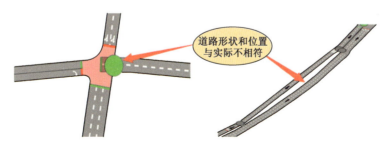

图 7-3 Dynameq 软件导入路网后生成的典型错误

针对上述举例,可开展以下工作进行解决:首先对照完整的地图将原路网缺失的路段进行补全,再对照卫星底图调整路网的位置和形状;然后手动修正路网错误;最后对照实景地图等包含车道信息的地图数据调整交叉口转向、路段车道数等。经过一系列修正可以得到较为准确的路网。修正后的路网及路网细节如图7-4和图7-5所示。

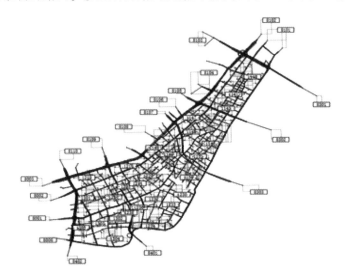

图7-4　修正后的路网

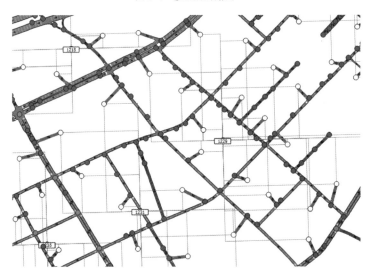

图7-5　修正后的路网细节

在完成路网主体的修正后,为了将交通需求同构建的路网关联起来,需要进一步绘制路网交通小区和质心点。作为交通产生或吸引的基本单元,交通小区的应用可以降低交通分析的复杂程度,有利于交通规划的顺利开展。交通小区的划分会考虑小区内的道路、土地利用、人口等特征,其基础数据获取相对容易,降低了大规模交通调查所耗费的人力和物力成本,为交通需求预测提供了保障[17]。交通小区的划分需要有科学的方法和划分标准。一方面,如果交通小区划分太粗糙会造成交通分配的结果不够精确,导致很多交通小区内的交通量集中在某些主要的路段上;另一方面,如果交通小区划分太过细致,又会使得工作量大大增加。交通小区的设置是否科学将直接影响 OD 矩阵的获取难易程度和交通仿真的精确度。

中心城区一般都有着密集的高清智能卡口系统,记录着海量的过车信息。在此基础上,卡口系统可以记录路网中的被检测点位全天候的车辆出行信息,并将记录的信息传至终端的数据库中进行存储。在此基础上,系统可自动识别车牌号码、车牌颜色、车牌类型和车辆型号等信息。通过对城市电子卡口采集到的数据进行充分挖掘可获取 OD 矩阵,以武汉市汉口核心区为例,基于电子卡口点位分布划分的交通小区如图 7-6 所示。武汉市汉口核心区内的电子卡口基本覆盖了主要的桥隧和道路,为基于卡口数据切分OD 矩阵提供了基础路网配置完成的 Dynameq 仿真系统界面如图 7-7 所示。

图 7-6　交通小区分布图(左)及电子卡口点位图(右)

图 7-7　汉口核心区 Dynameq 仿真系统界面

7.4.1.3 估计交通需求

为构建城市交通仿真模型,对电子卡口采集到的数据进行充分挖掘,获取 OD 矩阵,其具体步骤包括:

(1)建立卡口基站网络。首先确定卡口基站经纬度,在地图上标定卡口基站的位置,将卡口基站视为 OD 矩阵的出行起讫点,统计卡口基站的个数和分布情况,并分析基站所在道路的交通状况。

(2)采集卡口原始数据。卡口系统可以通过视频识别技术采集到通过车辆的基本信息及通过该卡口的时间,这些数据统称为原始数据。采集到的原始数据具体包括车牌号、通过时间、车身颜色、车辆类型等。

(3)匹配获取 OD 矩阵。对不同卡口采集到的原始数据进行比对可以得到相应的匹配数据。匹配数据主要包括车牌号、经过起点卡口的时间、经过终点卡口的时间等,通过对匹配数据的处理得到起讫点之间的出行量。

利用 python 或其他编程语言设计程序按照上述标准及流程获取全部机动车 OD 矩阵,并对获得的初始机动车 OD 矩阵数据进行筛选和分析,选定研究区域,对机动车 OD 矩阵进行空间切片,所得结果轨迹包含车牌信息、监测设备信息、车道信息、时间记录、OD 状态、交通小区编号等。卡口记录的车辆轨迹信息如图 7-8 所示(详情请参考图 7-46)。

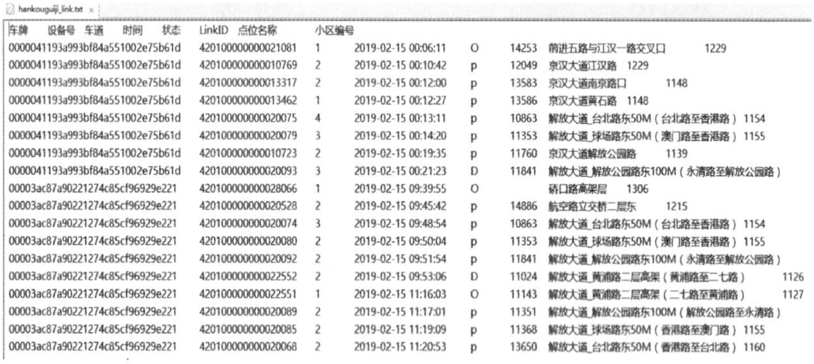

hankouguiji_link.txt

车牌	设备号	车道	时间	状态	LinkID	点位名称	小区编号
0000041193a993bf84a551002e75b61d	420100000000021081	1	2019-02-15 00:06:11	O	14253	前进五路与江汉一路交叉口	1229
0000041193a993bf84a551002e75b61d	420100000000010769	2	2019-02-15 00:10:42	p	12049	京汉大道江汉路	1229
0000041193a993bf84a551002e75b61d	420100000000013317	2	2019-02-15 00:12:00	p	13583	京汉大道南京路口	1148
0000041193a993bf84a551002e75b61d	420100000000013462	1	2019-02-15 00:12:27	p	13586	京汉大道黄石路	1148
0000041193a993bf84a551002e75b61d	420100000000020075	4	2019-02-15 00:13:11	p	10863	解放大道_台北路东50M(台北路至香港路)	1154
0000041193a993bf84a551002e75b61d	420100000000020079	3	2019-02-15 00:14:20	p	11353	解放大道_球场路东50M(澳门路至香港路)	1155
0000041193a993bf84a551002e75b61d	420100000000010723	2	2019-02-15 00:19:35	p	11760	京汉大道解放公园路	1139
0000041193a993bf84a551002e75b61d	420100000000020093	3	2019-02-15 00:21:23	D	11841	解放大道_解放公园路东100M(永清路至解放公园路)	
00003ac87a90221274c85cf96929e221	420100000000028066	1	2019-02-15 09:39:55	O		硚口路高架层	1306
00003ac87a90221274c85cf96929e221	420100000000020528	2	2019-02-15 09:45:42	p	14886	航空路立交桥二层东	1215
00003ac87a90221274c85cf96929e221	420100000000020074	3	2019-02-15 09:48:54	p	10863	解放大道_台北路东50M(台北路至香港路)	1154
00003ac87a90221274c85cf96929e221	420100000000020080	2	2019-02-15 09:50:04	p	11353	解放大道_球场路东50M(澳门路至香港路)	1155
00003ac87a90221274c85cf96929e221	420100000000020092	2	2019-02-15 09:51:54	p	11841	解放大道_解放公园路东100M(永清路至解放公园路)	
00003ac87a90221274c85cf96929e221	420100000000022552	2	2019-02-15 09:53:06	D	11024	解放大道_黄浦路二层高架(黄浦路至二七路)	1126
00003ac87a90221274c85cf96929e221	420100000000022551	1	2019-02-15 11:16:03	O	11143	解放大道_黄浦路二层高架(二七路至黄浦路)	1127
00003ac87a90221274c85cf96929e221	420100000000020089	2	2019-02-15 11:17:01	p	11351	解放大道_解放公园路东100M(解放公园路至永清路)	
00003ac87a90221274c85cf96929e221	420100000000020085	2	2019-02-15 11:19:09	p	11368	解放大道_球场路东50M(香港路至澳门路)	1155
00003ac87a90221274c85cf96929e221	420100000000020068	2	2019-02-15 11:20:53	p	13650	解放大道_台北路东50M(香港路至台北路)	1160

图 7-8 卡口记录的车辆轨迹信息

将各车辆轨迹中起点和终点对应的交通小区编号进行整理后,得到 OD 矩阵(表 7-2)。

部分全天 OD 矩阵示例 表 7-2

起点	终点	车辆数(出行量)
1126	1126	5458
1126	1127	2976

续上表

起点	终点	车辆数（出行量）
1126	1139	3617
1126	1140	5473
1126	1141	289
1126	1142	736
1126	1143	73
1126	1145	584
1126	1146	250
1126	1147	556

在得到 OD 矩阵后，可以对其进一步做时间上的切分。选取早高峰 7:00—9:00 时间段仿真区域的 OD 矩阵，按照 15min 一次的粒度，将其切分为 8 个小矩阵，所得矩阵结果见表 7-3（以 7:00 及 8:00 的情况为例）。

分时 OD 矩阵示例 表 7-3

起点	终点	车量数（出行量）
8101	1148	4
8002	8106	8
1235	8001	8
1140	8002	16
8108	1302	6
1235	8002	6
1235	8104	2
1148	8104	10
8302	8109	28
8106	8104	20

为了验证所获取 OD 矩阵的精准度，需要对所得的分时 OD 矩阵进行校核。随机挑选了部分汉口核心区典型路段，校核情况见表 7-4。

部分路段 OD 矩阵校核结果 表 7-4

路段名称	精准度（正确识别比例）	路段名称	精准度（正确识别比例）
黄浦路	0.86	汉口桥	0.89
黄埔大道	0.94	民权路	0.96
长江隧道	0.80	香港路	0.95
晴川桥	0.89	中山大道	0.81
江汉一桥	0.92	卢沟桥	0.89

从分时 OD 矩阵校核结果可以看出,上述校核结果显示所选取的十条路段的比率平均值为 0.89,表明获取的分时 OD 矩阵能够较好反映道路交通需求情况。

7.4.1.4 信号控制方案设置

在 Dynameq 软件中,使用节点"node"来表示交叉口。因此,设置信号配时方案需要在节点的属性界面上进行。Dynameq 软件信号配时方案的设置有两种方式。第一种是手动在 Dynameq 软件的节点(node)属性界面设置,第二种则是从外部模型(标准的 Dynameq 配时文档、Synchro 等)进行导入。Dynameq 软件内置多种信号配时模式,但默认使用固定信号控制配时模式。

7.4.1.5 执行动态交通分配

在完成路网的创建、修改、交通控制方案的输入、交通需求矩阵的处理之后,可以执行动态交通分配(DTA,Dynamic Traffic Assignment),生成交通仿真结果,从而可以对结果进行分析、对仿真进行评价。在执行仿真之前,必须对动态交通分配(DTA)进行定义,主要需要定义的参数有:OD 矩阵、车辆类型(Vehicle Types)、信号配时方案(Control Plans)、广义费用(Generalized Cost)等。

7.4.2 模型参数标定

Dynameq 软件可以从微观和中观两个角度描述道路交通流的特性[14],其微观交通仿真模型基于一个简化的车辆跟驰模型。在该模型中,Dynameq 软件只计算每辆车在路段出入口的时间点,并将其记录为"事件",这实际上忽略了车辆在路段行程中的具体位置信息,这也正是它的仿真速度较一般中观仿真模型更快的原因。图 7-9 为 Dynameq 软件车辆跟驰模型流量-密度关系图。

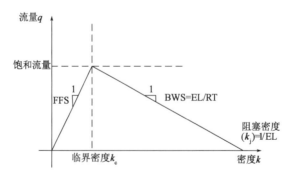

图 7-9 Dynameq 软件车辆跟驰模型流量-密度关系图

Dynameq 软件车辆跟驰模型的流量-密度关系图可近似为简化的三角形,其中:FFS(Free Flow Speed)表示自由流速度,RT(Respond Time)表示驾驶员反应时间,BWS(Backwards Wave Speed)表示反向波速,EL(Effective Length)表示车辆有效长度。第一段(上升段)的正斜率等于自由流速度(FFS),第二段(下降段)的负斜率的绝对值等于反向波速(BWS),它的值等于车辆有效长度(EL)的倒数。因此,Dynameq 软件的三个仿真参数即是:车辆有效长度(EL),驾驶员反应时间(RT)以及自由流速度(FFS)。所以,保证仿真模型的精度的关键是在仿真场景相应的交通状况下对这三个仿真参数进行标定。

本节所描述的技术方案和参数标定的结果详见本书第 8 章,此处不再赘述。

7.4.3 模型数据输出

Dynameq 软件能够将大量仿真结果输出转换为动态直观的表示形式,从整个路网到单个车道车辆队列的运动形态等。Dynameq 软件的 DTA 模块的主要输出是车辆轨迹及仿真结果,例如流量、密度、速度、行驶时间、车辆数量和排队长度等,所有的仿真结果可在指定的时间间隔上产生并进行可视化展示。

7.5 基于 Dynameq 软件的中微观交通仿真快速构建技术

7.5.1 基础路网快速构建

7.5.1.1 路网冗余节点去除

在 Dynameq 软件中导入 GIS 路网文件后生成的路网中会存在大量的冗余节点,即三个节点构成一条曲线上的两条路段,若这两条路段的车道数相同,即可判断中间的节点为冗余节点。去掉冗余节点后的一条道路和原有的两条道路总体物理属性一致。此外,去除冗余节点可以提高仿真平台的计算效率,达到快速开展仿真建模与结果展示的目的。

冗余节点可以通过调用路网 API 接口进行去除,这得益于 Dynameq 软件提供的大量二次开发 API 接口,通过这些接口,可直接对路网中的元素(路段、节点、质心、仿真参数等)进行读写,其中接口 link(ID)可读取对应 ID 的路段,node(ID)可读取对应 ID 的节点,delete_node(ID)可以删除指定编号的路网节点。在此之前,需要对冗余节点进行判断,将识别出来的节点编号返回接口进行删除。删除冗余节点技术路线图如图 7-10 所示。

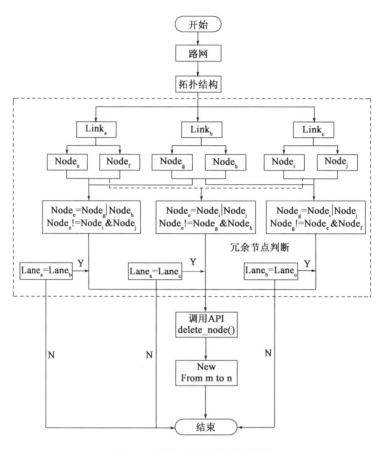

图 7-10　删除冗余节点技术路线图

对冗余节点的判断依据是当某个节点有且只有两条连接路段,且这两条路段的车道数一致,那么这两条路段的公共节点则属于冗余节点。在判断出冗余节点后即可通过调用以上接口进行删除。以任意三条路段(Link≥3 同理)为例,算法步骤如下:

(1)任意选择三条路段:$Link_a$、$Link_b$、$Link_c$;

(2)根据路网拓扑结构找到路段端点:$Node_e$、$Node_f$;$Node_g$、$Node_h$;$Node_i$、$Node_j$;

(3)路段公用节点判断:$Node_e$ | $Node_f$ = $Node_g$ | $Node_h$,即如果 $Node_e$ 或 $Node_f$ 与 $Node_g$ 或 $Node_h$ 中的一个相同,则表明有 $Link_a$ 和 $Link_b$ 有一个公有节点;

(4)进一步地,车道数判断:$Lane_a$ = $Lane_b$,并且对应的车道也形同;

(5)调用接口,删除冗余节点:delete_node(e)。

7.5.1.2 转向禁止警告处理

Dynameq 软件会自动进行路网有效性检测，无论何时打开仿真场景文件或向其导入路网数据，Dynameq 软件都会执行有效性检测任务。检测结果信息分为错误信息和警告信息，错误信息指出了在利用路网运行 DTA 仿真之前必须要解决的问题，警告信息指出了潜在的问题，但还需要用户进行最终排查确认。

其中，"转向禁止警告"是最为常见的错误信息，如果不解决，Dynameq 软件无法得到正确的仿真结果。当路网中出现"WARNING - movement（NW-T）at node XXX from link XXX to link XXX is prohibited"这类警告，可能的原因是路网中存在两条相邻的路段且均经过该节点，但在路网中这两条路段并未连通，在 Dynameq 软件中表现为禁止转向，视觉上表现为"断头路"。针对这类问题的路网，修正技术路线如图 7-11 所示。

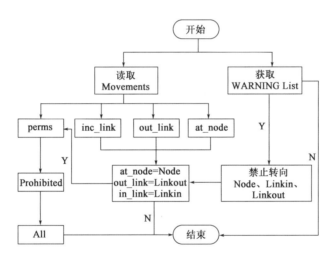

图 7-11　禁止转向错误设置修正

Dynameq 软件主要输入输出文件有九种。其中，Movements 文件描述了车辆的运动轨迹及状态信息，文件数据结构见表 7-5。

Movements 文件数据结构　　　　表 7-5

字段名	备注
at_node	车辆运动所在节点编号
inc_link	车辆行驶驶入路段编号
out_link	车辆行驶驶出路段编号
dir	行驶方向
fspeed	自由流速度

续上表

字段名	备注
perms	转向禁止设置(Prohibited /All)
inlanes	进口道车辆转向的占用车道数
outlanes	出口道车辆转向的占用车道数
inalign	进口道所占用的车道中,距离道路内侧最近的车道的 ID 号
outalign	进口道所占用的车道中,距离道路内侧最近的车道的 ID 号
tfollow	跟车时间,“ -1”表示数量由软件决定

由表 7-5 可知,“perms”这个参数控制着车道的转向设置,“Prohibited”代表禁止通行,“All”代表允许通行,在修正参数设置前需要对警告信息进行判断,具体步骤如下:

(1)读取 Movements 文件:at_node、inc_link、out_link、perms。

(2)获取控制窗口警告信息列表信息:node、Linkin、Linkout。

(3)信息对比:若存在经过同一节点且拓扑结构相同的相邻两条路段,则判断禁止转向设置错误;否则设置正确。

(4)参数修正:Prohibited→All。

7.5.2 交通仿真参数快速配置

Shapefile 文件是较常见的路网文件,该文件包含了 Dynameq 软件所需路网的各种属性,如图 7-12 所示。路网中路段的驾驶员反应时间因子(ResponseFa)、有效长度因子(LenfacFac)、自由流速度(speed)等属性都存储在 Shapefile 文件中,因此,通过改动这些属性的数据再导入 Dynameq 软件中即可实现交通仿真参数的快速配置。

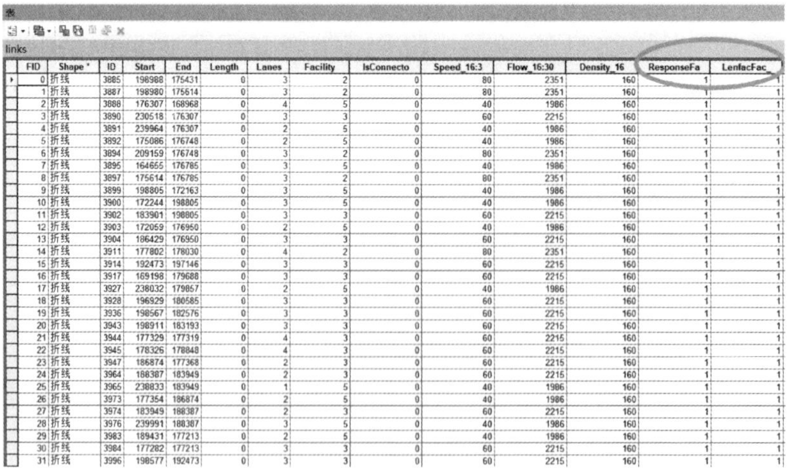
表
links

FID	Shape *	ID	Start	End	Length	Lanes	Facility	IsConnecto	Speed_16:3	Flow_16:30	Density_16	ResponseFa	LenfacFac_
0	折线	3885	198988	175431	0	3	2	0	80	2351	160	1	1
1	折线	3887	198980	175614	0	3	2	0	80	2351	160	1	1
2	折线	3888	176307	168968	0	4	5	0	40	1986	160	1	1
3	折线	3890	230518	176307	0	3	3	0	60	2215	160	1	1
4	折线	3891	239964	176307	0	2	5	0	40	1986	160	1	1
5	折线	3892	175086	176748	0	2	5	0	40	1986	160	1	1
6	折线	3894	209159	176748	0	3	2	0	80	2351	160	1	1
7	折线	3895	164655	176785	0	3	5	0	40	1986	160	1	1
8	折线	3897	175614	176785	0	3	2	0	80	2351	160	1	1
9	折线	3899	198805	172163	0	3	5	0	40	1986	160	1	1
10	折线	3900	172244	198805	0	3	5	0	40	1986	160	1	1
11	折线	3902	183901	198805	0	3	3	0	60	2215	160	1	1
12	折线	3903	172059	176950	0	2	5	0	40	1986	160	1	1
13	折线	3904	186429	176950	0	3	3	0	60	2215	160	1	1
14	折线	3911	177802	178030	0	4	2	0	80	2351	160	1	1
15	折线	3914	192473	197146	0	3	3	0	60	2215	160	1	1
16	折线	3917	169198	179688	0	3	3	0	60	2215	160	1	1
17	折线	3927	238032	179857	0	2	5	0	40	1986	160	1	1
18	折线	3928	196929	180585	0	3	3	0	60	2215	160	1	1
19	折线	3936	198567	182576	0	3	3	0	60	2215	160	1	1
20	折线	3943	198911	183193	0	3	3	0	60	2215	160	1	1
21	折线	3944	177329	177319	0	4	3	0	60	2215	160	1	1
22	折线	3945	178326	178848	0	4	3	0	60	2215	160	1	1
23	折线	3947	186874	177368	0	2	3	0	60	2215	160	1	1
24	折线	3964	188387	183949	0	2	3	0	60	2215	160	1	1
25	折线	3965	238833	183949	0	1	5	0	40	1986	160	1	1
26	折线	3973	177354	186874	0	2	5	0	40	1986	160	1	1
27	折线	3974	183949	188387	0	2	3	0	60	2215	160	1	1
28	折线	3976	239991	188387	0	3	5	0	40	1986	160	1	1
29	折线	3983	189431	177213	0	2	5	0	40	1986	160	1	1
30	折线	3984	177282	177213	0	3	3	0	60	2215	160	1	1
31	折线	3996	198577	192473	0	3	3	0	60	2215	160	1	1

图 7-12　路网输入文件示例

ArcGIS 软件可通过空间连接功能,将一套 GIS 路网的相关属性,按照一定的空间相似原则,匹配到另外一套 GIS 路网中,具体技术路线如图 7-13 所示。

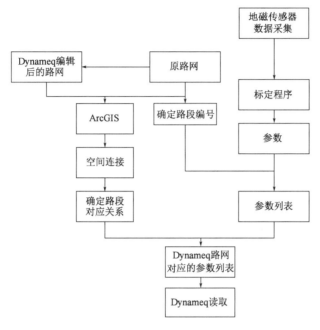

图 7-13　交通仿真参数快速读取技术路线图

首先在 Dynameq 软件中将已经建立好的路网按照 Shapefile 文件格式导出,并在 ArcGIS 软件中打开。同时将武汉市地磁点位的图层导入到 ArcGIS 软件中。图 7-14 是地磁线圈和与其匹配的路网地图。图 7-15 是 Dynameq 软件输出的 Shapefile 格式的路网。两者均采用 WGS1984 的坐标系,但 Dynameq 软件在建模过程中路网经过了多次调整,细节上和原路网有一定的区别。

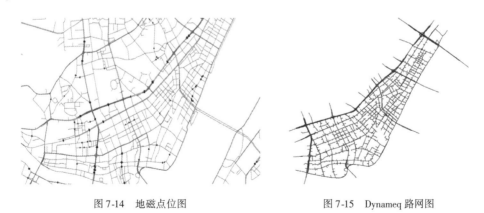

图 7-14　地磁点位图　　　　图 7-15　Dynameq 路网图

将基于地磁数据计算出的车辆有效长度因子匹配到地磁数据的路网图层上,再在 ArcGIS 软件中通过地磁数据所在的 Link_ID 将两者关联,接着将预先计算好的交通仿真参数写入 Dynameq 软件所使用的 Shapefile 文件中,再用 Dynameq 软件直接读取该文件建立路网。

7.5.3 信号控制方案快速创建

Dynameq 仿真平台可按照一定的规则生成默认信号控制方案。但为了开展大规模真实路网的交通仿真,需要快速导入和创建真实的信号配时方案,尽量避免在创建交通仿真场景时手动创建。

Dynameq 软件所支持的定时和定周期控制方案在创建新的控制方案时可以直接从文本文件读取,每一个信号控制点的信息分为两类:控制方案属性和信号相位。图 7-16 为一个信号控制方案示例文件。

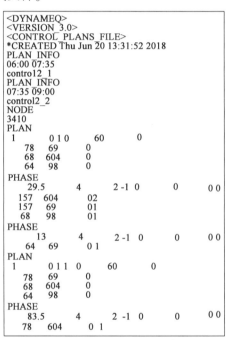

图 7-16 信号控制方案文件示例

从文件示例可以看出,该文件主要分为两部分,分别为控制方案属性和相位定义两部分。控制方案属性说明见表 7-6。

控制方案属性说明　　　　　　　　　　表 7-6

字段名及符号	字段说明
PLAN_INFO、NODE、PLAN、PHASE	关键字
6:00、7:35	起止时间
NODE	节点编号
PLAN	控制属性

其中具体的相位定义规则由 8 个基本数据构成,详情见表 7-7。

相位定义规则说明 表 7-7

列	数据描述
1	0：Constant plan；1：Fixed；6：Fixed + TSP；7：Ramp Meter,信号控制类型
2	同步补偿(秒)
3	相位同步
4	相位周期(秒)
5	公交优先模式(TSP)——0：无；1：相位插入；2：绿灯延时/红灯早断
6	公交优先检测时间(秒)
7	公交优先延误时间(秒)
8	Ramp Meter 控制模式下路段列表

定义好具体的信号配时模式后,控制车辆在交叉口运动的数据格式见表 7-8。

控制车辆数据说明 表 7-8

列	数据说明
1	车辆运动进口路段编号
2	车辆运动出口路段编号
3	车辆往复运动(0,n)

表 7-6 至表 7-8 为信号控制方案中控制属性说明及具体控制参数说明。用于相位控制部分主要包括 8 列数据,相位属性说明见表 7-9。而用于相位控制的具体数据格式一般为 4 列,相位控制数据说明见表 7-10。

相位属性说明 表 7-9

列	数据说明
1	绿灯时间(秒)
2	黄灯时间(秒)
3	红灯时间(秒)
4	公交优先控制等级(−1 表示无等级)
5	公交优先车道数
6	增加绿灯时间
7	减少绿灯时间
8	相位类型(始终为 0)

相位控制数据说明 表 7-10

列	数据描述
1	车辆运动进口路段编号
2	车辆运动出口路段编号
3	车辆往复运动$(0,n)$
4	是否允许通行——1:不允许,2:允许

表 7-9 和表 7-10 中的所有数据都可以通过调用 Dynameq 软件提供的 API 接口进行数据写入或修改。综合前面所述的方案,快速创建信号控制方案的思路如图 7-17 所示。

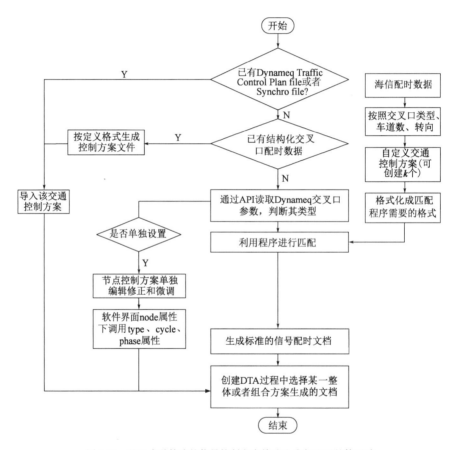

图 7-17 基于多种策略的信号控制方案快速生成与配置整体思路

根据技术路线,可以分为三种情况:第一种情况,在已有标准信号配时方案文档的情况下,可直接导入 Dynameq 软件中进行信号控制方案的配置;第二种情况,在已有结构化的配时方案情况下,直接按照 Dynameq 软件定义的信号配时文档格式生成配时方案文件,再导入 Dynameq 软件中进行配置;第三种情况,按照自定义的思路快速生成信号配时文档,导入 Dynameq 软件中进行配置。在自定义的前提下,也可以使用 Dynameq 软件的 API 接口,将外部同类型信号配时方案匹配到 Dynameq 软件中的对应交叉口,但当信号配时方案有限,无法覆盖所有类型的信号交叉口时,需要使用其他方法对 Dynameq 软件中的剩余信号交叉口进行单独配置,再通过 API 接口写入 Dynameq 软件。下面首先介绍如何通过匹配程序快速设置信号配时方案(以汉口核心区 Dynameq 模型为例)。

汉口核心区的信号交叉口超过 150 个,要实现上述多策略的信号控制方案快速生成与配置,首先考虑将汉口核心区的信号控制交叉口分为两种类型:第一种是已经有信号配时方案数据的交叉口,如核心区部分交叉口有海信公司的配时方案,这类数据可直接采用;第二种是没有信号配时方案数据的交叉口。其中,部分交叉口可以通过已有信号配时方案的信号交叉口来进行近似匹配,其余交叉口则按照现实交通流数据进行计算。以固定配时为例,匹配方案如图 7-18 所示,其中匹配的标准将在下文详细介绍。

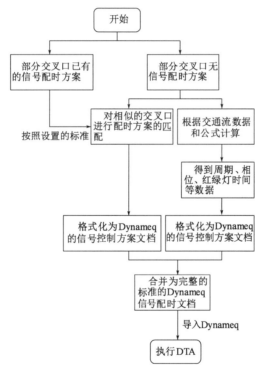

图 7-18　自定义信号控制方案快速生成与配置整体思路

7.5.3.1　利用 API 接口通过相似匹配实现配时方案的快速配置

目前已有包括汉口核心区在内的武汉市市域内信号交叉口的配时数据共计 438 个。为了将已有的信号交叉口配时方案关联到 Dynameq 模型中的没有信号配时方案的交叉口,首先要将这些信号交叉口按照其进出口道及其空间几何形状将其分为信号控制的行人过街路段、T形交叉口、十字形交叉口。其中，主要用于行人通行的路段共62个，T形交叉口119个，十字形交叉口257个，如图7-19~图7-21所示。

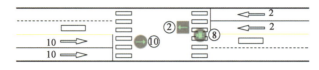

图7-19　信号控制的行人过街路段

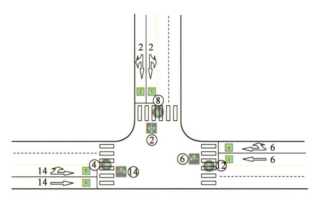

图7-20　T形交叉口示例

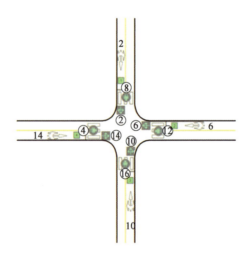

图7-21　十字形交叉口示例

以十字形交叉口为例，四个进出口道方向从1个车道到4个车道，不限制每个车道的直行、左转和右转，不限制相位的设置，可以组合成几十万种不同的配时方案类型。在此基础上，可对上述三类交叉口进一步分类，得到更接近实际信号交叉口的类型。当各方向车道数较多时，现有的数据量不足以支撑找到相近或相同的信号交叉口，例如，双向8车道以内的行人通行的路段有40个，各个方向进出口车道数量之和小于5的十字形交叉口有61个，各个方向进出口车道数量之和小于4的十字形交叉口有52个。除了将交叉口的车道数、车道转向以及相位设置完全一致的信号交叉口放在一类以外,也可将车道数相近(车道数相差不超过 2 个),各个方向进口道的车道转向一致的信号交叉口划分为一类,如图 7-22 和图 7-23 所示。

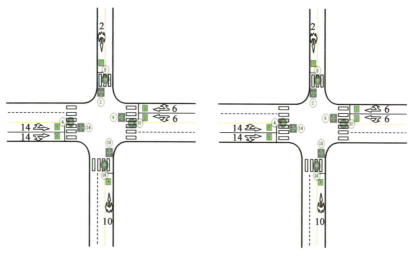

图 7-22　完全相同的十字形交叉口分类示例

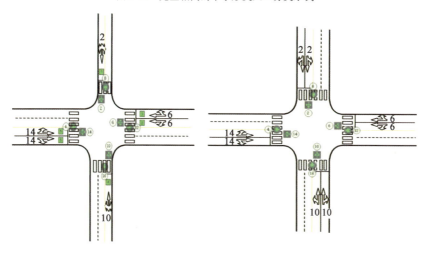

图 7-23　相似的十字形交叉口分类示例

按照上述相同和相近的规则对信号交叉口进行分类。相同指的是交叉口的类型、车道数、转向完全一致;相似指的是交叉口的类型相同,每个方向的车道数相近,转向一致。基于这个标准,最终将有行人通行的信号交叉口分为 20 类,T 形交叉口分为 24 类,十字形交叉口分为 29 类。

然后,需要对信号交叉口的信息进行格式化,并对信号交叉口的各个方向的转向进行统计,对相位信息和配时方案信息进行统计。所设计的交叉口数据格式如图 7-24 所示。对于十字形交叉口来说,先选定其中一个路口的方向,将其定为"D_1"方向,然后按照顺时针方向,将其余三个路口定为"D_2""D_3""D_4"三个方向,生成为"Direction"一列;然后,在每一个路口,可能会有直行、左转、右转三种方向的车道,分别用a,b,c来表示它们,生成"Direction_label"一列;剩下就是相位信息,相位是上述方向的组合,对于一个交叉口的第一个相位,都用"1"来表示,第二个相位用"2"表示,第三个相位用"3"表示,以此类推,生成"Phase"这一列;该交叉口的配时方案周期放在"circle_time"这一列,某个相位的绿灯、黄灯和红灯时间分别放在"green_time""yellow_time"和"red_time"这三列。

ID	Direction	Direction_label	Phase	circle_time	green_time	yellow_time	red_time
测试(144670)	D_1	a1	1	42	21	3	0
测试(144670)	D_1	c1	1	42	21	3	0
测试(144670)	D_2	a1	1	42	21	3	0
测试(144670)	D_2	b1	1	42	21	3	0
测试(144670)	D_2	c2	1	42	21	3	0
测试(144670)	D_3	b1	2	42	15	3	0
测试(144670)	D_3	c1	2	42	15	3	0
测试(144670)	D_4	a1	2	42	15	3	0
测试(144670)	D_4	b1	2	42	15	3	0
测试(144959)	D_1	a1	1	50	17	3	0
测试(144959)	D_1	c1	1	50	17	3	0
测试(144959)	D_2	a1	1	50	27	3	0
测试(144959)	D_2	b1	2	50	27	3	0
测试(144959)	D_2	c1	1	50	27	3	0
测试(144959)	D_3	b1	1	50	17	3	0
测试(144959)	D_3	c1	1	50	17	3	0
测试(144959)	D_4	a1	2	50	27	3	0
测试(144959)	D_4	b1	2	50	27	3	0
安居西路温馨路	D_1	a2	1	53	27	3	0
安居西路温馨路	D_1	b1	1	53	27	3	0
安居西路温馨路	D_1	c1	1	53	27	3	0
安居西路温馨路	D_2	a2	2	53	27	3	0
安居西路温馨路	D_2	b1	2	53	27	3	0
安居西路温馨路	D_2	c1	2	53	27	3	0
安居西路温馨路	D_4	a1	2	53	27	3	0
安居西路温馨路	D_4	c1	2	53	27	3	0
台北一路高雄路	D_1	a1	1	48	20	3	0
台北一路高雄路	D_1	b1	1	48	20	3	0
台北一路高雄路	D_2	b1	2	48	22	3	0
台北一路高雄路	D_2	c1	2	48	22	3	0
台北一路高雄路	D_3	a1	1	48	20	3	0
台北一路高雄路	D_3	c1	1	48	20	3	0
台北一路高雄路	D_4	a2	2	48	22	3	0
台北一路高雄路	D_4	b1	2	48	22	3	0
台北一路高雄路	D_4	c1	2	48	22	3	0

图 7-24 信号交叉口数据格式

例如:对于武汉市安居西路-温馨路的信号交叉口,其"D_1"进口道方向有一个直行车道、一个右转车道;"D_2"进口道方向有一个直行车道、一个左转车道、两个右转车道;"D_3"进口道方向有一个左转车道、一个右转车道;"D_4"进口道方向有一个直行车道、一个左转车道。该交叉口的配时方案有两个相位,第一个相位由"D_1"进口道方向和"D_2"进口道方向的转向组成,第二个相位由"D_3"进口道方向和"D_4"进口道方向的转向组成,且第一相位的绿灯、黄灯时间分别是19s、3s;第二相位的绿灯、黄灯时间分别是17s、3s。

接着需要对 Dynameq 路网中的信号交叉口进行识别和判断,具体操作方法是先通过 Dynameq 软件的 API 接口将路网中的信号交叉口信息输出,再将 Dynameq 软件中的信号交叉口和已知配时方案的信号交叉口进行匹配,进而输出一个 Dynameq 软件的标准信号配时输入数据文档,将其导入 Dynameq 软件即可,具体操作步骤如图 7-25 所示。

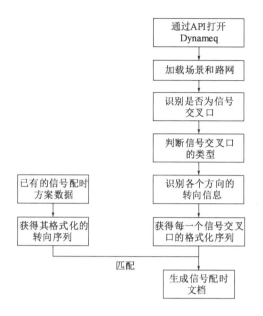

图 7-25　Dynameq 软件信号配时技术路线

具体实现方法如下：首先，通过 API 接口运行和打开 Dynameq 软件，然后加载需要操作的场景，并加载在该场景下的路网（图 7-26）。

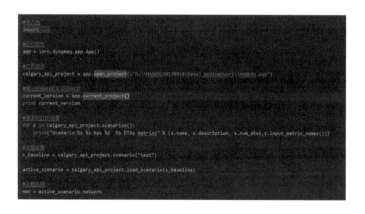

图 7-26　通过 API 加载 Dynameq 路网

然后，通过 network 模块下的 node 接口、control_type 接口，遍历该场景下的所有节点，输出节点的 ID 以及节点信号控制类型。control_type 接口输出的标签为"SIGNALIZED"和"UNSIGNALIZED"，前者表示信号交叉口，后者表示非信号交叉口。接着通过程序将带有"SIGNALIZED"标签的交叉口挑选出来，即可得到汉口核心区所有的信号交叉口所在的节点 ID，处理后得到信号交叉口的数量为 170 个。Dynameq 场景的属性统计如图 7-27 所示。

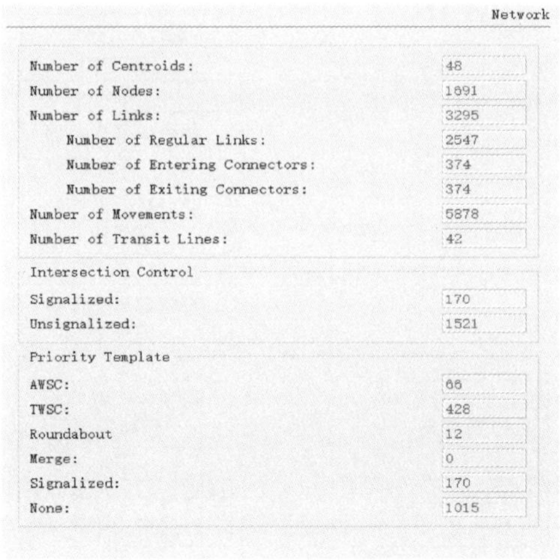

```
                                                              Network
Number of Centroids:                      48
Number of Nodes:                          1691
Number of Links:                          3295
    Number of Regular Links:              2547
    Number of Entering Connectors:        374
    Number of Exiting Connectors:         374
Number of Movements:                      5878
Number of Transit Lines:                  42
Intersection Control
Signalized:                               170
Unsignalized:                             1521
Priority Template
AWSC:                                     66
TWSC:                                     428
Roundabout:                               12
Merge:                                    0
Signalized:                               170
None:                                     1015
```

图 7-27　Dynameq 场景的属性统计

由图 7-27 可知，通过软件接口输出的信号交叉口的数量和软件中显示的数量是相同的，可以证明使用该接口和上述程序判断信号交叉口的类型和数量是正确的。接着需要将信号交叉口划分为行人通行的信号交叉口、十字形交叉口、T 形交叉口。对于任意一个交叉口来说，一个方向至少有进口道或者出口道中的一个，或者两个都有。所以，通过判断进口道和出口道的数量即可判定交叉口的类型，Dynameq 软件在路网的 node 模块下提供了 outgoing_links 和 incoming_links 两个接口。前者用来识别对应交叉口所有的出口道的路段编号信息，后者用来识别对应交叉口所有的进口道的路段编号信息，然后通过程序对进出口道的数量进行比较，例如，进口道数量和出口道数量中最高的数量为 2 时，则表明该信号交叉口为行人通行信号交叉口；如果数量为 3 时，则对应 T 形交叉口；如果数量为 4 时，则对应十字形交叉口；如果数量超过 4 时，则命名为"不规则交叉口"。执行后，得到行人通行的信号交叉口 34 个，T 形交叉口 99 个，十字形交叉口 34 个，不规则交叉口 3 个，合计 170 个。同前一步输出的信号交叉口数量是一致的。

针对信号交叉口的进出口道进行转向输出，主要用到 turn 模块下的 at、start、end、direction、category 这几个接口，其中 at 接口表示一个转向所在的节点 ID；classgroup = 1 表示该转向允许车辆通行；start 接口表示该转向所在的起始路段编号，即进口道 ID；end 接口表示该转向所在的结束路段编号；direction 接口表示交叉口的一个特定进口道的方向信息，主要有 8 个方向：NB（北）、NE（东北）、EB（东）、SE（东南）、SB（南）、SW（西南）、WB（西）、NW（西北）；category 接口描述的是车道的转向信息，具体包括：RIGHT、LEFT、THROUGH。通过遍历上述已经挑选出来的十字交叉口，再对 category 标签进行限定，即可批量输出一个交叉口每一个进口道所有的转向信息。

为了方便匹配，在输出的时候，将上述8个方向转化成了数字输出。按照顺时针方向的顺序，NB至NW8个方向分别对应数字1～8，并且方向按照对应数字由小到大依次排列。图7-28和图7-29是从Dynameq软件中输出的信号交叉口的各种信息。其中，"Intersection_id"表示交叉口的ID；"inlink_id"表示该交叉口的所有进口道ID；"Direction"表示对应进口道的方向；"outlink_id"表示该交叉口的所有出口道ID；"Direction_label"表示该进口道交叉口的数量以及类型。图7-30表示按上述规则排序之后的信号交叉口信息。

```
if net.turn(int(number_02.start),int(number_02.end)).category == 'THROUGH' :
    i = net.turn(int(number_02.start),int(number_02.end)).inlanes("00:00")
    # print "交叉口 %d 在进口道 %d 的右转道有 %d 条" % (number_02.at,number_02.start,i)
    link_number = int(number_02.start)
    print "%d  %d %s  %d a%d " %(number_02.at,number_02.start,net.link(link_number).direction,number_02.end,i)
    f_09.write(str(number_02.at)+'  ')
    f_09.write(str(number_02.start)+'  ')
    f_09.write(str(net.link(link_number).direction) + '  ')
    f_09.write(str(number_02.end) + '  ')
    f_09.write('a')
    f_09.write(str(i)+ '\n' )


elif net.turn(int(number_02.start),int(number_02.end)).category == 'LEFT' :
    i = net.turn(int(number_02.start),int(number_02.end)).inlanes("00:00")
    # print "交叉口 %d 在进口道 %d 的左转道有 %d 条" % (number_02.at,number_02.start,i)
    link_number = int(number_02.start)
    print "%d  %d %s  %d a%d " % (number_02.at,number_02.start,net.link(link_number).direction,number_02.end,i)
    f_09.write(str(number_02.at) + '  ')
    f_09.write(str(number_02.start) + '  ')
    f_09.write(str(net.link(link_number).direction) + '  ')
    f_09.write(str(number_02.end) + '  ')
    f_09.write('b')
    f_09.write(str(i) + '\n')
```

图7-28　信号交叉口各个进口道的转向信息

```
Intersection_id,inlink_id,Direction,outlink_id,Direction_label
144670  9396  EB  10311  c2
144670  125996  SB  10311  b1
144670  9396  EB  386497  b1
144670  295249  WB  386497  a1
144670  609  NB  386497  c1
144670  609  NB  10311  a1
144670  125996  SB  77  c1
144670  9396  EB  77  a1
144670  295249  WB  77  b1
144959  9408  EB  9405  a1
144959  294888  WB  9405  b1
144959  9408  EB  9406  c1
144959  294887  NB  9406  a1
144959  294887  NB  294889  b1
144959  294888  WB  294889  c1
144959  667  SB  9406  b1
144959  667  SB  294889  a1
144959  667  SB  9405  c1
145106  122581  SB  132900  b1
145106  122802  EB  132900  c1
145106  122802  EB  383779  b1
145106  391129  WB  383779  a1
145106  122581  SB  383935  a1
```

图7-29　信号交叉口原始输出数据

inlink_id	Intersection_id	outlink_id	Direction	Direction_label
144670	609	386497	1	c1
144670	609	10311	1	a1
144670	9396	10311	3	c2
144670	9396	386497	3	b1
144670	9396	77	3	a1
144670	125996	10311	5	b1
144670	125996	77	5	c1
144670	295249	386497	7	a1
144670	295249	77	7	b1
144959	294887	9406	1	a1
144959	294887	294889	1	b1
144959	9408	9406	3	a1
144959	9408	9406	3	c1
144959	667	9406	5	b1
144959	667	294889	5	a1
144959	667	9405	5	c1
144959	294888	9405	7	b1
144959	294888	294889	7	c1
145106	848	383779	1	c1
145106	848	383935	1	b1
145106	848	132900	1	a1
145106	122802	132900	3	c1
145106	122802	383779	3	b1
145106	122802	849	3	a1
145106	122581	132900	5	b1
145106	122581	383935	5	a1
145106	122581	849	5	c1
145106	391129	383779	7	a1
145106	391129	383935	7	c1
145106	391129	849	7	b1
147929	9450	9451	1	a1
147929	9450	383177	1	c1
147929	9450	392263	1	b1
147929	134350	9451	3	c1
147929	134350	383177	3	b1
147929	134350	294921	3	a1
147929	121947	9451	5	b1
147929	121947	294921	5	c1

图 7-30 处理后的信号交叉口输出数据

对于交叉口匹配,由于不同的交叉口具有不同的转向信息,如果两个交叉口属于同一种类型(类型是指十字形交叉口、T 形交叉口、行人通行的信号交叉口),且每个进口道的转向信息都相同的话,则可以认为这两个交叉口是匹配的,具体步骤如下:

(1)对 Dynameq 软件输出的交叉口信息进行预处理,按照交叉口的 ID 进行遍历,将其所有的"Direction_label"输出成一行序列,如图 7-31 所示。同时,对格式化的配时方案表格进行预处理,也可以输出一组特定的序列,如图 7-32 所示。例如,对于 Dynameq 软件中编号为 144670 的信号交叉口,可以知道它的序列是:"a1c1a1b1c2b1c1a1b1";对于已知配时方案的二七路-黑泥湖西路这个信号交叉口,它的序列是"b1c1a2b1c1b1c1a2b1c1"。

```
D:\py.3.8.2\python.exe C:/Users/ITS/Desktop/pipeichengxu/tiaoxuanluduan.py
[['144670' 'a1c1a1b1c2b1c1a1b1']
['144959' 'a1b1a1c1a1b1c1b1c1']
['145106' 'a1b1c1a1b1c1a1b1c1a1b1c1']
['147929' 'a1b1c1a1b1c1a1b1c1a1b1c1']
['148066' 'b1c2a1b1a1c2a1c1']
['153472' 'b1c3a1b1a1c3a1b1c1']
['153648' 'a1b1c3a1b1c3a1b1c3a1b1c3']
['153705' 'b1c3b2c2b2c3b2c2']
['172287' 'b1c1b1a1a1c1']
['175008' 'a1b1c1a1b1c1a2b1b1c1']
['176307' 'b1c3a1b1a1c3a1b1c2']
['177213' 'b1c2a1b1c1a1b1c2b2c1']
['179524' 'a1b1c1a1b1c1a1b1c1']
['179827' 'a1b1c1a1b1c1a1b1c1a1b1c1']
['183193' 'a1b1c4a1b1c3a1b1c3a1b1c3']
['188387' 'a1b1c2a1b1c1a1b1c2a1b1c1']
```

图 7-31 处理后的信号交叉口输出序列

```
[['安居西路温馨路' 'D_1' 'a1b1c1']
 ['安居西路温馨路' 'D_2' 'a1b1c1']
 ['安居西路温馨路' 'D_3' 'a1b1c1']
 ['安居西路温馨路' 'D_4' 'a1b1c1']
 ['测试(144670)'   'D_1' 'a1c1']
 ['测试(144670)'   'D_2' 'a1b1c2']
 ['测试(144670)'   'D_3' 'b1c1']
 ['测试(144670)'   'D_4' 'a1b1']
 ['测试(144959)'   'D_1' 'a1c1']
 ['测试(144959)'   'D_2' 'a1b1c1']
 ['测试(144959)'   'D_3' 'b1c1']
 ['测试(144959)'   'D_4' 'b1b1']]
```

图 7-32 已知配时方案的交叉口输出序列

（2）虽然 Dyanmeq 软件中的交叉口序列在输出的时候按照其进口道编号顺时针方向输出，已经格式化的信号交叉口配时方案同样按照顺时针方向排序，但需要将它们各自的方向一一对应。所以，需要连续输出两次交叉口转向序列。如图 7-33 所示，输出两次的交叉口序列形成一个首尾相连的圆环，再通过程序判断已有的配时方案组成的序列是否完整地存在于圆环之中。若存在，则判断两个交叉口是同一类型的交叉口，可进行配时方案匹配。

```
a1b1b1c1a1c1a2b1c1a1b1b1c1a1c1a2b1c1
a1b1c1a1b1c1a1b1c1a1b1c1a1b1c1a1b1c1
a1c1a1b1c2b1c1a1b1a1c1a1b1c2b1c1a1b1
a1c1a1b1c1b1c1a1b1a1c1a1b1c1b1c1a1b1
```

图 7-33 合并后的已知配时方案的交叉口输出序列

（3）确定两个交叉口可匹配后，可利用程序建立两个交叉口的对应关系，将每一个进口道的每一个车辆转向进行对应。比如编号为 144670 的交叉口的方向"1"的右转向车道和温馨路的方向"D_1"的右转向车道一一对应。依次类推，每条车道都可以得到一一对应关系，然后用程序将两个交叉口的信息合并成一个表格输出。合并之后可以匹配 Dynameq 软件中的信号交叉口及其对应的已知配时方案的交叉口，以及其相位和相应的配时方案。已知配时方案的交叉口输出序列如图 7-34 所示。最后，基于配时方案中的 Phase 属性，将相同相位所在的进口道和出口道 ID 以及周期、红黄绿等时间输出，格式化为标准的 Dynameq 软件信号配时文档，即可完成信号配时方案的快速匹配。

intersection_id	inilink_id	outlink_id	Direction_x	Direction_label_x	ID_x	Phase_difference	linkID	ID_y	Direction_y	Direction_label_y	sim	circle	green	yellow	red_time
0	144670	609	10311	1	a1	测试(144670)	0	0	测试(144670)	10	a1	1	42	21	3	0
1	144670	609	386497	1	c1	测试(144670)	0	1	测试(144670)	10	c1	1	42	21	3	0
2	9396	77	386497	3	a1	测试(144670)	0	2	测试(144670)	20	a1	1	42	21	3	0
3	9396	10311	3	b1	测试(144670)	0	3	测试(144670)	20	b1	1	42	21	3	0
4	9396	10311	3	c2	测试(144670)	0	4	测试(144670)	20	c2	1	42	21	3	0
5	125996	10311	5	b1	测试(144670)	0	5	测试(144670)	30	b1	2	42	15	3	0
6	125996	77	5	c1	测试(144670)	0	6	测试(144670)	30	c1	2	42	15	3	0
7	295249	386497	7	a1	测试(144670)	0	7	测试(144670)	40	a1	2	42	15	3	0
8	295249	77	7	b1	测试(144670)	0	8	测试(144670)	40	b1	2	42	15	3	0
0	144959	294887	9406	1	a1	测试(144959)	0	0	测试(144959)	40	a1	2	50	27	3	0
1	144959	294887	294889	1	b1	测试(144959)	0	1	测试(144959)	40	b1	2	50	27	3	0
2	9408	9405	3	a1	测试(144959)	0	2	测试(144959)	10	a1	1	50	17	3	0
3	9408	9406	3	b1	测试(144959)	0	3	测试(144959)	10	b1	1	50	17	3	0
4	9408	667	294889	5	c1	测试(144959)	0	4	测试(144959)	20	c1	2	50	27	3	0
5	667	9406	5	b1	测试(144959)	0	5	测试(144959)	20	b1	2	50	27	3	0
6	667	9405	5	c2	测试(144959)	0	6	测试(144959)	20	c2	1	50	17	3	0
7	294888	9405	7	a1	测试(144959)	0	7	测试(144959)	30	a1	1	50	17	3	0
8	294888	294889	7	c1	测试(144959)	0	8	测试(144959)	30	c1	1	50	17	3	0
0	147929	9450	132900	1	a1	安居西路-温馨路	0	0	安居西路-温馨路	10	a1	1	42	19	3	0
1	147929	9450	392263	1	b1	安居西路-温馨路	0	1	安居西路-温馨路	10	b1	1	42	19	3	0
2	9450	383177	1	c1	安居西路-温馨路	0	2	安居西路-温馨路	10	c1	1	42	19	3	0
3	134350	294921	3	a1	安居西路-温馨路	0	3	安居西路-温馨路	20	a1	2	42	17	3	0
4	147929	383177	3	b1	安居西路-温馨路	0	4	安居西路-温馨路	20	b1	2	42	17	3	0
5	134350	9451	3	c1	安居西路-温馨路	0	5	安居西路-温馨路	20	c1	2	42	17	3	0
6	121947	392263	5	a1	安居西路-温馨路	0	6	安居西路-温馨路	30	a1	1	42	19	3	0
7	121947	9451	5	c1	安居西路-温馨路	0	7	安居西路-温馨路	30	c1	1	42	19	3	0
8	147929	294921	5	a1	安居西路-温馨路	0	8	安居西路-温馨路	30	a1	1	42	19	3	0
9	294922	383177	7	a1	安居西路-温馨路	0	9	安居西路-温馨路	40	a1	2	42	17	3	0
10	294922	9451	7	b1	安居西路-温馨路	0	10	安居西路-温馨路	40	b1	2	42	17	3	0
11	294922	392263	7	c1	安居西路-温馨路	0	11	安居西路-温馨路	40	c1	2	42	17	3	0
0	145106	848	132900	1	a1	安居西路-温馨路	0	0	安居西路-温馨路	10	a1	1	42	19	3	0
1	145106	848	383935	1	b1	安居西路-温馨路	0	1	安居西路-温馨路	10	b1	1	42	19	3	0
2	145106	848	383779	1	c1	安居西路-温馨路	0	2	安居西路-温馨路	10	c1	1	42	19	3	0
3	128802	849	3	a1	安居西路-温馨路	0	3	安居西路-温馨路	20	a1	2	42	17	3	0
4	145106	122802	383779	3	b1	安居西路-温馨路	0	4	安居西路-温馨路	20	b1	2	42	17	3	0
5	145106	122802	132900	3	c1	安居西路-温馨路	0	5	安居西路-温馨路	20	c1	2	42	17	3	0
6	145106	122581	383935	5	b1	安居西路-温馨路	0	6	安居西路-温馨路	30	b1	1	42	19	3	0
7	145106	122581	132900	5	c1	安居西路-温馨路	0	7	安居西路-温馨路	30	c1	1	42	19	3	0

图 7-34 已知配时方案的交叉口输出序列

如图 7-34 所示,在本案例中 Dynameq 软件中编号为 144670、144959、147929、145106 的信号交叉口成功实现了匹配,并且其信号配时方案可在 Dynameq 软件中成功实现替换,如图 7-35 和图 7-36 所示。

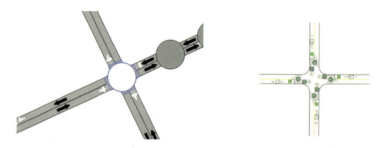

图 7-35 信号交叉口 147929(左),安居西路-温馨路交叉口(右)

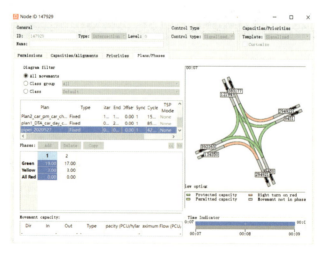

图 7-36 Dynameq 软件中某交叉口信号配时方案

7.5.3.2 基于交通流数据设置默认信号交叉口配时方案

在进行信号交叉口配时快速匹配之后,存在部分信号交叉口无法通过匹配获得配时方案的情况。针对这部分信号交叉口,基于交通检测器或交通分配得到的交通流数据,采用相应公式计算其配时方案,其计算步骤如下[18]:

(1)估算交叉口每个进口道的车流量和饱和流量。

(2)求出每个进口道的车流量系数 y,并为每个相位选择最大的 y 值(即每个进口道的最大流量比)。

(3)将各个相位的 y 值相加得出整个交叉口的 y 值。

(4)确定路口的绿灯间隔时间和损失时间 L:

$$L = \sum (l + I + A) \tag{7-1}$$

式中:l ——每个相位的起动损失时间;

I——绿灯间隔时间;

A——黄灯时间。

(5)利用最佳周期计算公式计算周期时间:

$$C_0 = \frac{1.5L + 5}{1 - y} \tag{7-2}$$

(6)用周期时间减去总损失时间得出有效绿灯时间,并将其按各个值的比率分配给各个相位:

$$g_1 = \frac{y_1}{y}(C_0 - L) \tag{7-3}$$

$$g_2 = \frac{y_2}{y}(C_0 - L) \tag{7-4}$$

(7)将各个有效绿灯时间与信号损失时间分别相加,得到实际的绿灯时间,即设置在信号控制器上的相位绿灯时间。

需要注意的是,流量比是到达流量与饱和流量之比;车道流量比为进口道上各条车道的到达流量与该车道饱和流量之比,即:

$$y_i = \frac{q_i}{S_i} \tag{7-5}$$

式中：y_i——车道流量比；

q_i——i 车道到达流量（pcu/h）；

S_i——i 车道饱和流量（pcu/h）。

最后，将基于交通流数据计算得到的信号交叉口配时方案格式化为标准的 Dynameq 软件信号控制文档的格式，放入前面已经生成的标准信号控制文档中，再通过 API 接口创建信号配时方案，即可实现 Dynameq 软件的信号配时方案的快速生成。

7.6 宏观交通模型与中微观交通仿真模型交互数据接口设计与规范

宏观交通仿真模型与中微观交通仿真模型之间的数据接口关键在于应用时空切片算法完成宏观 OD 矩阵向中微观 OD 矩阵的转换，具体要求见表 7-11。其中，需要考虑宏观交通仿真模型中 OD 矩阵与中微观交通仿真模型中 OD 矩阵之间的时空维度差异。

宏观交通模型与中微观交通仿真模型的接口要求　　　表 7-11

输入数据	输入数据来源	输出数据	输入接口要求
分方式宏观 OD 矩阵	宏观交通模型	中微观区域机动车 OD 矩阵数据	以时空切片算法将宏观 OD 矩阵分割成中观 OD 矩阵
		动态路段流量及速度、交叉路口的延误统计、路段延误统计、加速度、车辆车型统计；基础动态时空 OD 矩阵	以时空切片算法将宏观 OD 矩阵分割成微观 OD 矩阵

宏观交通模型与中微观交通仿真模型的数据接口关系如图 7-37 所示。其中，不仅考虑以上两种模型 OD 矩阵之间的差异，实现两种 OD 矩阵之间的转化与对接，还需考虑宏观交通路网与中微观交通路网（路段、车道等）之间的阻抗参数差别。此外，本节也提出中观交通模型与宏观交通模型之间的数据反馈接口。当道路结构发生一定改变时，中观交通仿真模型对宏观交通仿真模型的反馈与校核效果可参见图 7-37。

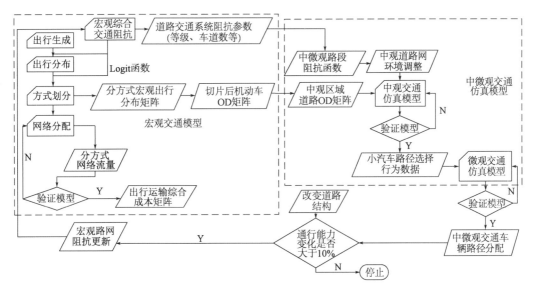

图 7-37　宏观交通模型与中微观交通仿真模型的数据接口关系

7.6.1　宏观交通模型与中微观交通仿真模型的交互数据需求

目前,静态 OD 矩阵估计理论已经较为成熟。相比之下,动态 OD 矩阵估计模型还处于发展阶段,尤其是城市路网动态 OD 矩阵估计模型。近年来随着检测器技术的发展,移动源数据被引入并与路段流量数据相结合,以提高 OD 矩阵估计的精度。当前动态 OD 矩阵估计模型主要利用先验 OD 矩阵信息、时变的路段流量数据,或者是与移动源数据相结合开展 OD 矩阵动态估计,得到动态 OD 矩阵。然而,由于实际中动态先验 OD 矩阵难以获取、时变流量数据覆盖范围有限以及基于解析法的动态交通分配模型计算量大等问题,基于流量的动态 OD 矩阵估计模型在真实城市路网估计中的应用效果欠佳。

鉴于此,本节结合固定数据源和移动源数据的各自优势,利用相对较为成熟的静态 OD 矩阵估计模型和动态 OD 矩阵估计模型相结合的方法,开展城市路网动态 OD 矩阵估计。首先,假设同一时段内,全天静态 OD 矩阵等于多个分时、动态 OD 矩阵的总和;其次,基于上述假设,利用人口、就业、机动车保有量等社会经济活动信息等基础数据和宏观交通需求预测模型估计静态 OD 矩阵,将得到的数据作为静态控制总量,然后利用卡口数据等大数据估计得到每个 OD 矩阵对的时变拆分比例(又称时变拆分因子),对静态控制总量进行拆分,得到面向空间、时间和路径(通过机动车经过的卡口轨迹进行聚类得到)的时空 OD 矩阵切片方法。

7.6.1.1 宏观交通模型与中微观交通模型间数据结构差异

在提出接口设计思路之前,首先需分析宏观交通模型 OD 矩阵与中微观交通仿真模型 OD 矩阵数据结构的差异。

1) 宏观交通模型 OD 矩阵结构形式(EMME)

宏观交通模型 OD 矩阵的数据结构包括,起点交通小区 ID,终点交通小区 ID,以及各种交通出行方式[小汽车(auto)、出租车(taxi)、自行车(bike)、公共汽车(bus)、地铁(subway)等]在交通小区之间的交通量统计值。宏观 OD 出行矩阵数据结构形式如图 7-38 所示。

Origin	Destination	auto	taxi	bike	bus	subway
3285	3285	0	0	0	0	0
3285	1419	134.49743	2.08867296	8.39628849	0	0
3285	1423	13.16617	0.73931704	0.09451341	0	0
3285	1416	14.816478	1.10499073	1.07853131	0	0
3285	1415	28.379702	1.93514626	1.20304675	0	0
3285	1451	26.48238	1.45287779	0.53360295	0	0
3285	1528	17.966262	0.6526454	0.38109309	0	0
3285	1522	19.203726	0.24787228	0.54840177	0	0
3285	1520	11.753463	0.23907201	0.00746499	0	0
3285	1519	10.550425	0.17654082	0.27303421	0	0
3285	1521	16.622961	0.36409155	0.01294794	0	0
3285	1608	29.360402	0.37510519	0.01222568	0	0
3285	1605	17.51434	0.18454217	0.00217097	0	0
3285	1516	13.715573	0.08825058	0.19617601	0	0
3285	1517	12.736396	0.07552111	0.18808272	0	0
3285	1515	15.896051	0.10276737	0.00118194	0	0
3285	1609	10.912925	0.08011874	0.00695581	0	0
3285	1606	17.879551	0.1176603	0.00278822	0	0
3285	1611	20.684998	0.30330577	0.0116966	0	0
3285	2140	10.938	4.04185205	4.02014835	0	0
3285	2139	27.98704	8.39090217	10.632791	0	0

图 7-38 宏观 OD 出行矩阵数据结构形式

图 7-38 中:"Origin"表示出行起点交通小区编号,"Destination"表示出行终点交通小区编号;"auto、taxi、bike、bus、subway"表示不同的交通出行方式,对应从交通小区出行到另一个交通小区的交通量(其中数据仅供参考,尚未取整);当小区之间不存在某种具体的交通方式时,交通量设置为0。

2) 中微观 OD 矩阵

中微观 OD 矩阵的数据结构分为两种形式,即线性格式与完整格式。

(1) 线性格式。中微观 OD 矩阵的线性格式如图 7-39 所示。

由图 7-39 可见,线性格式可显示中微观 OD 矩

```
FORMAT:linear
VEH_CLASS
Car
DATA
07:00
08:00
SLICE
08:00
15      21      1
15      22      1
15      23      1
15      25      1
15      26      1
15      27      1
15      28      1
15      50      1
15      600     34
```

图 7-39 中微观 OD 矩阵的线性格式

阵(来自 Dynameq 软件)的详细信息,如格式类型标识符(linear)、车辆类型(Car)、仿真时间(7点到8点)、数据时间切片(8点),以及当前交通小区到其他交通小区出行的各路径交通流量,但每行仅仅以线性形式展示具有出行流量的 OD 出行数据,省略了出行流量为 0 的 OD 出行数据。

(2)完整格式。中微观 OD 矩阵的完整格式如图 7-40 所示。

```
FORMAT:full
VEH_CLASS
Car
DATA
07:00
08:00
SLICE
08:00
         15      16      19      20      21      22      23      24      25
         26      27      28      29      30      31      32      33      34
         35      36      37      38      39      40      41      42      43
         44      45      46      47      48      49      50      51      52
         53      54      55      56      57      58      60      61      62
         63      64      69      70      71      72      73      79      600
         601     602     603     604     605     606     607     608     610
         611     612     613     614     615     616     617     618     619
         801     802     803     804     609
15       0       0       0       0       1       1       1       0       1
         1       1       1       0       0       0       0       0       0
         0       0       0       0       0       0       1       0       0
         0       0       0       0       0       0       0       0       34
         0       1       0       0       0       3       0       0       0
         0       0       0       0       0       0       0       0       0
         0       1       1       2       0
```

图 7-40 中微观 OD 矩阵的完整格式

由图 7-40 可见,完整格式中首先显示中微观 OD 矩阵的信息,如格式类型标识符(full)、车辆类型(Car)、仿真时间(7点到8点)、数据切片时间(8点),随后以完整格式展现所有从起始点交通小区向其他交通小区出行的各路径交通流量数据。与线性格式不同,完整格式的 OD 矩阵不省略出行流量为 0 的 OD 出行数据。

7.6.1.2 宏观与中观 OD 矩阵对接需求与空间切分方法

宏观交通模型的出行 OD 矩阵与中观交通模型的动态 OD 矩阵对接包括三个层面:时间、空间、路径选择。宏观与中观交通需求(OD 矩阵)空间切片与对接示意图如图 7-41 所示。以一整天的武汉市机动车交通出行量为例,假设以 30min 为一个时间单元(可以根据需求确定不同的时间间隔),可以将宏观静态 OD 矩阵按照机动车出行时刻是否在某一个时间单元内进行切分,一天的交通出行量可以切分成 48 个 OD 矩阵片段;任选其中一个 OD 矩阵片段(图 7-41 中以 8:00—8:30 为例),可以从空间的宏观层面切至中观层面,如将 Y 作为中观区域研究对象,Y 区域进一步细分为 4 个中观小区,机动车与该中观区域的空间关系可以分为四种途经状态(以下简称"出行状态")以及不途经的情况。机动车行驶轨迹与该中观区域 OD 切片矩阵的空间关系如图 7-42 所示。

(1)起终点均在中观区域,如图 7-42 中 A 所示。

(2)起点在中观区域,终点在中观区域外,如图 7-42 中 B 所示。

(3)起点在中观区域外,终点在中观区域,如图 7-42 中 C 所示。

(4)起终点均在中观区域外的过境车辆,如图 7-42 中 D 所示。

(5)完全不途径中观区域,该部分车辆在中观仿真可以忽略不计,如图 7-42 中 E 所示。

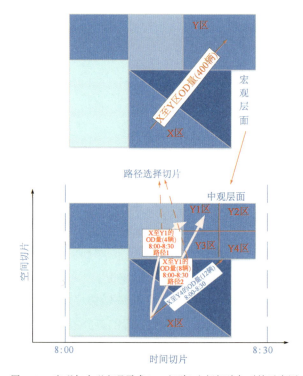

图 7-41 宏观与中观交通需求(OD 矩阵)空间切片与对接示意图

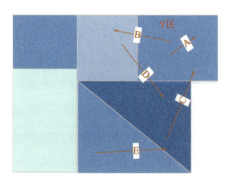

图 7-42 机动车行驶轨迹与该中观区域 OD 切片矩阵的空间关系

对于前四种情况,分别研究其选择不同路径的比例,最终实现路径上的切分。宏观OD矩阵向中观OD矩阵切分的流程如图7-43所示。以图7-43为例,选取了C类出行状态进行了路径切分的示意,将从X区至Y区的机动车路径分为两条,分别切分出两条路径上8:00—8:30的OD量,完成了时间、空间、路径选择的三次切分。

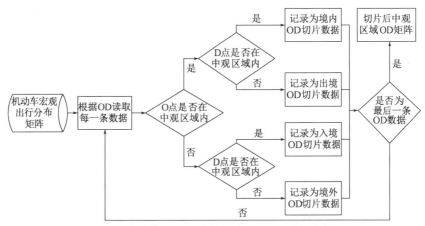

图 7-43　宏观模型 OD 矩阵向中观模型 OD 矩阵切分流程

具体流程如下:

(1)从宏观模型的OD矩阵数据中获取所有机动车出行链,分析所有车辆出行的起讫点及其途径区域。

(2)从宏观区域中分割出中观仿真区域,一般通过次干道的分割划分较为适合。

(3)选取任意一辆机动车,按照其出行的起讫点和是否经过中观仿真区域对其进行出行划分,并将其归类到ABCD四个矩阵。

①起终点均在中观区域内的车辆OD归为A矩阵。

②起点在中观区域,终点在中观区域外的车辆OD归为B矩阵;

③起点在中观区域外,终点在中观区域内的车辆OD归为C矩阵;

④起终点均在中观区域外的过境车辆归为D矩阵;

⑤完全不途经中观区域的车辆对中观仿真不产生影响,在中微观对接过程中可以忽略不计,因此将其排除。

(4)重复步骤(3),直至完成所有车辆OD划分与归类。

(5)将切片后的OD矩阵输入到中观仿真模型。

通过以上流程可实现宏观OD矩阵向中微观OD矩阵的空间切割并实施仿真。

7.6.1.3　宏观与中观 OD 矩阵接口与时间切分方法

对已完成空间切割的各个中微观OD矩阵进行时间切割,形成分时OD矩阵。中观

OD 实现时间切分转换流程如图 7-44 所示。

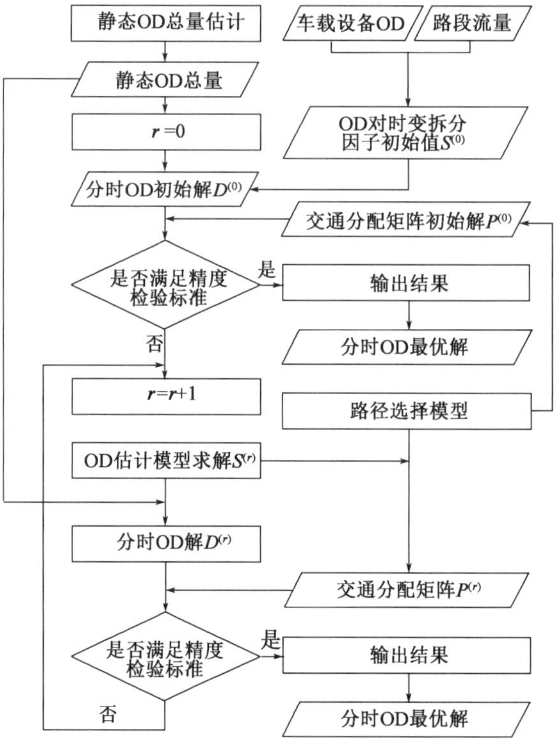

图 7-44 中观 OD 实现时间切分转换流程

具体流程如下：

(1) 对现有的静态 OD 总量进行估计，获取其总量，再根据车辆 OD 与路段流量，计算 OD 对时变拆分因子初始值，结合静态 OD 总量获取分时 OD 初始解。

(2) 通过路径选择模型，计算得到交通分配矩阵的初始解，由此综合分时 OD 初始解，判断其是否满足精度检验标准。如果满足则输出结果获得分时 OD 最优解；如果不满足，则进入后续迭代。

(3) 将分时 OD 初始解引入到不等式约束的非线性规划分时 OD 估计模型，求解 OD 时变拆分因子，再次对静态 OD 总量进行切分，获得分时 OD 解。

(4) 将路径选择模型，引入到分时 OD 估计模型，计算交通分配矩阵。由此综合分时 OD 初始解，判断其是否满足精度检验标准。如果满足则输出结果获得分时 OD 最优解；如果不满足，则重复步骤(3)和步骤(4)，直到获得分时 OD 最优解。

在具体的实践中，可利用 Python 或其他编程语言按照上述标准及流程处理已获得的 OD 矩阵数据。

7.6.1.4 OD 矩阵时空切片接口具体流程

OD 矩阵时空切片接口根据实际应用需求分为有现状年卡口数据和无现状年卡口数据两种情况,其分别结算方法如下:

1)有现状年卡口数据的中观 OD 矩阵时空切分

(1)划分中观层面下的交通小区边界和范围,构建较宏观交通小区图层更为精细的交通小区图层。该中观交通小区边界和范围必须和仿真系统其他模块中所用的边界和范围保持一致。

(2)根据卡口的经纬度信息,将卡口位置映射到中观交通小区图层。

(3)卡口数据清洗后,从卡口数据中获取所有机动车出行链,并根据卡口位置映射到中观交通小区。

(4)将全市域所有中观交通小区[以全市域为计算对象,而不是仅仅以步骤(1)中选定的部分中观区域为计算对象,是为了保证所有 OD 矩阵的起讫点更为精确,减少边界计算问题]以及所有车辆作为对象,以 30min(根据具体需求来设定)的时间间隔,分析所有机动车出行的起讫点及其经过的交通小区,按照机动车每次出行的出发时刻将全天 OD 矩阵划分为 48 个动态 OD 矩阵,形成存储文件(此步骤实现了全市域时间层面上的切片)。

(5)选择要进行 OD 矩阵计算的中观区域。以 Python 软件为例,选取流程如图 7-45 所示。

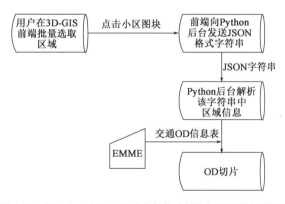

图 7-45 以 Python 及 3D-GIS 系统架构为例的中观区域选择流程

(6)在全市域 OD 的某一时间切片上,按照机动车出行的起讫点,在选定的中观仿真区域中,统计机动车的 A,B,C,D,E 五种情况,分别存储前四种情况下的 OD 矩阵及相应机动车经过的卡口。该步骤实现了全市域到选定中观区域的空间切片。

(7)分别对 A、B、C、D 四种情况下的每辆机动车的轨迹进行统计,并完成路径聚类。统计出每一路径上四种出行状态的机动车数量,并存入数据表中。该部分实现了基于中观区域车辆路径选择行为的路径切片功能。同时,根据路径切片信息,将机动车行驶经过的中观交通小区作为相应 OD 期望线的起始点。

(8)将步骤(7)中划分好的 OD 矩阵(含时间、空间、路径信息)输入到中观仿真模型。

2)无现状年卡口数据的 OD 矩阵切分

(1)首先获取研究区域内人口、就业和机动车保有量空间分布以及社会经济活动信息以构建土地利用模型,然后结合交通"四阶段"法中的出行生成、出行分布、交通方式划分方法推算出机动车静态宏观全天 OD 矩阵。

(2)收集历史年份的卡口数据。

(3)执行有现状年卡口数据流程中的步骤(1)~(6),得到历史卡口数据的时间与空间的综合切片 OD 矩阵,注意此处需要对时空切片后的矩阵进行操作。

(4)根据历史卡口 OD 矩阵数据构建每个 OD 对间的时变和空间拆分比例,它是指每一时段某个 OD 对之间的出行量 $T_{ijl}(k)$(含前述的四类出行状态,参数为 l,分别取 1,2,3,4)占该 OD 对间全部时段出行总量 $T_{ij}(k)$ 的比例,如式(7-6)所示:

$$S_{ij}(k) = \frac{T_{ijl}(k)}{T_{ij}} \tag{7-6}$$

式中:$S_{ij}(k)$——第 k 时段从交通小区 i 到交通小区 j 的拆分因子;

k——出发时段编号,$k=1,2,\cdots\cdots,47,48$,即每个时段时长为 30min。

根据式(7-6)可以得到基于时空单元的切分因子矩阵。

(5)执行有现状年卡口数据流程中的步骤(7),得到基于历史数据的路径选择行为特征,并计算出选定中观区域的每一路径上四类出行状态的比例,将该比例作为路径切分因子。步骤(4)和步骤(5)可调整。

(6)将步骤(4)和步骤(5)中的因子相乘得到最终的、可以反映时空及路径切分的因子矩阵,然后将该因子矩阵与得到的静态 OD 矩阵相乘,得到切分的选定中观区域、选定时段、不同出行阶段、不同路径选择条件下的 OD 切片矩阵。

(7)将切片的 OD 矩阵输入到中观仿真模型。

(8)基于卡口大数据的 OD 动态切片与宏、中观 OD 矩阵对接,其流程如图 7-46 所示。

第7章 城市中微观交通仿真模型构建关键技术

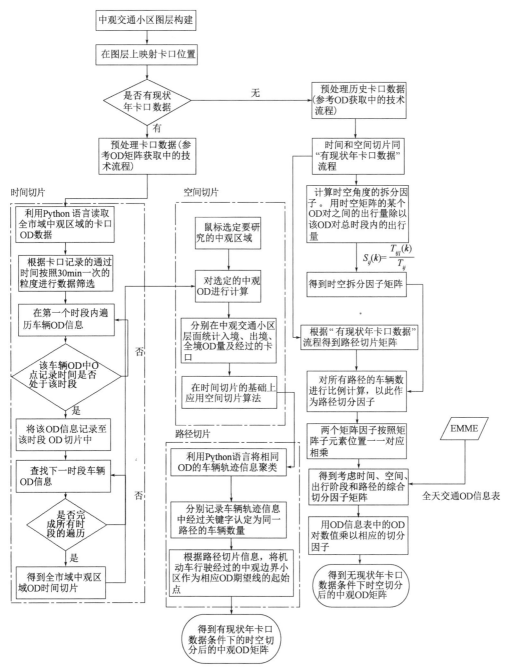

图 7-46 基于卡口大数据的 OD 动态切片与宏、中观 OD 矩阵对接流程

3）宏观 OD 矩阵向中微观 OD 矩阵转换实例

本研究选定汉口核心区域作为研究区域，对机动车出行数据进行空间切片，该数据包含车牌信息、监测设备信息、车道信息、时间记录、OD 状态、交通小区编号等，具体如图 7-47～图 7-50 所示。

car selectApro.txt | car selectBpro.txt | car selectCpro.txt | hankouOD.txt | car selectEpro.txt

000362f6d1ace5e6432c56459ec670c9	420100000000021832	2	2019-02-15 15:16:03	D	14910	京汉大道-玉带家园门口	1307
000373129e778e13e2296550b6e62c27	420100000000020277	1	2019-02-15 10:49:58	O	13570	长江隧道_天津路出口前（武昌至汉口）	1150
000373129e778e13e2296550b6e62c27	420100000000011598	3	2019-02-15 10:53:11	p	13578	京汉大道球场横街	1147
000373129e778e13e2296550b6e62c27	420100000000021769	3	2019-02-15 10:53:48	p	13579	京汉大道与球场横街北100米	1147
000373129e778e13e2296550b6e62c27	420100000000028110	2	2019-02-15 11:09:01	p		三阳路D匝道	1141
000373129e778e13e2296550b6e62c27	420100000000028119	3	2019-02-15 11:09:38	D		三阳路隧道主线汉口岸入口	1142
000373129e778e13e2296550b6e62c27	420100000000011086	3	2019-02-15 22:16:23	O	5137	汉阳大道鹦鹉大道路口	2103
000373129e778e13e2296550b6e62c27	420100000000020256	1	2019-02-15 22:19:08	p	14913	江汉一桥	2102
000373129e778e13e2296550b6e62c27	420100000000021852	1	2019-02-15 22:20:53	D	14454	利济北路高架-汉口桥	1301
0003c583ba0c8afd5d35b1c85b77adab	420100000000018300	1	2019-02-15 08:21:34	O	11355	解放大道-香港路	1158
0003c583ba0c8afd5d35b1c85b77adab	420100000000022482	1	2019-02-15 08:24:21	D	13574	长江隧道大智路进口	1150
0003c583ba0c8afd5d35b1c85b77adab	420100000000011602	3	2019-02-15 11:15:42	O	11217	解放大道黄浦大街转盘	1140
0003c583ba0c8afd5d35b1c85b77adab	420100000000011755	4	2019-02-15 11:16:44	p	11939	武汉大道161医院	1126
0003c583ba0c8afd5d35b1c85b77adab	420100000000021718	4	2019-02-15 11:17:40	p	11205	黄浦大街与工农兵路南口路东	1126
0003c583ba0c8afd5d35b1c85b77adab	420100000000011977	4	2019-02-15 11:37:56	p	13765	解放大道黄浦大街转盘	1127
0003c583ba0c8afd5d35b1c85b77adab	420100000000011755	4	2019-02-15 11:38:25	p	11939	武汉大道161医院	1126
0003c583ba0c8afd5d35b1c85b77adab	420100000000021718	4	2019-02-15 11:39:19	D	11205	黄浦大街与工农兵路南口路东	1126
0003c583ba0c8afd5d35b1c85b77adab	420100000000020463	4	2019-02-15 14:41:19	O	10992	青年路万松园横路	1228
0003c583ba0c8afd5d35b1c85b77adab	420100000000020464	5	2019-02-15 14:41:20	p	10992	青年路万松园横路	1228

图 7-47 A 类轨迹记录(起终点均在中观区域)

car selectApro.txt | car selectBpro.txt | car selectCpro.txt | car selectDpro.txt | car selectEpro.txt

000362f6d1ace5e6432c56459ec670c9	420100000000021829	1	2019-02-15 14:49:00	O	14910	京汉大道-玉带家园门口	1307
000362f6d1ace5e6432c56459ec670c9	420100000000010764	3	2019-02-15 14:50:31	p	14882	京汉大道崇仁路	1307
000362f6d1ace5e6432c56459ec670c9	420100000000021833	2	2019-02-15 14:55:32	p	14560	崇仁路-荣华街交叉口南50米	1308
000362f6d1ace5e6432c56459ec670c9	420100000000021846	2	2019-02-15 14:57:01	p	14839	京汉大道崇仁路地铁站以东20米	1308
000362f6d1ace5e6432c56459ec670c9	420100000000011878	2	2019-02-15 15:11:42	p	14840	京汉大道硚口教育局	1308
000362f6d1ace5e6432c56459ec670c9	420100000000011878	2	2019-02-15 15:11:44	p	14840	京汉大道硚口教育局	1308
000362f6d1ace5e6432c56459ec670c9	420100000000013094	1	2019-02-15 15:12:53	p	14496	京汉大道-宝庆路	1307
000362f6d1ace5e6432c56459ec670c9	420100000000011877	2	2019-02-15 15:13:32	p	14837	京汉大道硚口教育局	1307
000362f6d1ace5e6432c56459ec670c9	420100000000010765	2	2019-02-15 15:14:43	p	14509	京汉大道崇仁路	1307
000362f6d1ace5e6432c56459ec670c9	420100000000021831	1	2019-02-15 15:16:03	p	14910	京汉大道-玉带家园门口	1307
000362f6d1ace5e6432c56459ec670c9	420100000000021832	2	2019-02-15 15:16:03	D	14910	京汉大道-玉带家园门口	1307
000373129e778e13e2296550b6e62c27	420100000000020277	1	2019-02-15 10:49:58	O	13570	长江隧道_天津路出口前（武昌至汉口）	1150
000373129e778e13e2296550b6e62c27	420100000000011598	3	2019-02-15 10:53:11	p	13578	京汉大道球场横街	1147
000373129e778e13e2296550b6e62c27	420100000000021769	3	2019-02-15 10:53:48	p	13579	京汉大道与球场横街北100米	1147
000373129e778e13e2296550b6e62c27	420100000000028110	2	2019-02-15 11:09:01	p		三阳路D匝道	1141
000373129e778e13e2296550b6e62c27	420100000000028119	3	2019-02-15 11:09:38	D		三阳路隧道主线汉口岸入口	1142
000373129e778e13e2296550b6e62c27	420100000000011086	3	2019-02-15 22:16:23	O	5137	汉阳大道鹦鹉大道路口	2103
000373129e778e13e2296550b6e62c27	420100000000020256	1	2019-02-15 22:19:08	p	14913	江汉一桥	2102
000373129e778e13e2296550b6e62c27	420100000000021852	1	2019-02-15 22:20:53	D	14454	利济北路高架-汉口桥	1301

图 7-48 B 类轨迹记录(起点在中观区域,终点在中观区域外)

car selectApro.txt | car selectBpro.txt | car selectCpro.txt | car selectDpro.txt | car selectEpro.txt

00019882d9669a2eab4aa1974a9b0c54	420100000000020256	1	2019-02-15 18:57:01	O	14913	江汉一桥	2102
00019882d9669a2eab4aa1974a9b0c54	420100000000021853	2	2019-02-15 18:58:29	p	14454	利济北路高架-汉口桥	1301
00019882d9669a2eab4aa1974a9b0c54	420100000000017420	2	2019-02-15 18:59:16	D	14342	青年路解放大道	1219
00019882d9669a2eab4aa1974a9b0c54	420100000000013415	2	2019-02-15 20:47:48	O	14831	京汉大道游艺路口	1219
00019882d9669a2eab4aa1974a9b0c54	420100000000010411	3	2019-02-15 20:48:24	p	14957	京汉大道武展东路	1301
00019882d9669a2eab4aa1974a9b0c54	420100000000013501	2	2019-02-15 20:48:57	p	14410	京汉大道友谊路	1219
00019882d9669a2eab4aa1974a9b0c54	420100000000013492	1	2019-02-15 20:49:53	p	11323	京汉大道前进四路口	1218
00019882d9669a2eab4aa1974a9b0c54	420100000000013319	3	2019-02-15 20:50:31	p	12051	京汉大道前进五路	1218
00019882d9669a2eab4aa1974a9b0c54	420100000000010769	1	2019-02-15 21:14:28	p	12049	京汉大道江汉路	1229
00019882d9669a2eab4aa1974a9b0c54	420100000000013317	2	2019-02-15 21:14:58	p	13583	京汉大道南京路口	1148
00019882d9669a2eab4aa1974a9b0c54	420100000000013462	3	2019-02-15 21:15:47	p	13586	京汉大道黄石路	1149
00019882d9669a2eab4aa1974a9b0c54	420100000000013315	1	2019-02-15 21:16:39	D	11834	京汉大道_交易路口	1148
0005e5ca43820412b6105f315fc88344	420100000000017653	2	2019-02-15 14:40:46	O	5244	滨江大道-拦江路	2103
0005e5ca43820412b6105f315fc88344	420100000000022573	2	2019-02-15 14:41:21	p	5025	晴川大道（拦江路-汉阳大道）	2103
0005e5ca43820412b6105f315fc88344	420100000000013305	2	2019-02-15 14:41:31	p	5025	晴川大道汉阳大道	2103
0005e5ca43820412b6105f315fc88344	420100000000010477	1	2019-02-15 14:43:29	p	5022	晴川大道龟北路	2102
0005e5ca43820412b6105f315fc88344	420100000000021501	1	2019-02-15 14:43:39	p	5034	晴川桥汉阳上桥引桥落地点往南50米	2101
0005e5ca43820412b6105f315fc88344	420100000000021502	2	2019-02-15 14:43:39	p	5034	晴川桥汉阳上桥引桥落地点往南50米	2101
0005e5ca43820412b6105f315fc88344	420100000000011041	1	2019-02-15 14:48:40	p	14305	沿江大道与民生路	1233

图 7-49 C 类轨迹记录(起点在中观区域外,终点在中观区域)

001a32b68b851aeae891bf4c373380dd	420100000000011413	2	2019-02-15 04:55:10	O	14392	友谊路-民主一街	1237			
001a32b68b851aeae891bf4c373380dd	420100000000010836	2	2019-02-15 04:55:26	p	14393	友谊路民主二路	1237	14390	友谊路民主二路	1235
001a32b68b851aeae891bf4c373380dd	420100000000010836	2	2019-02-15 04:55:26	p	14393	友谊路民主二路	1237	14390	友谊路民主二路	1235
001a32b68b851aeae891bf4c373380dd	420100000000017613	1	2019-02-15 05:00:22	p	14397	中山大道前进四路路口	1237			
001a32b68b851aeae891bf4c373380dd	420100000000015122	2	2019-02-15 05:02:23	p	14209	自治街前进一路口	1231			
001a32b68b851aeae891bf4c373380dd	420100000000013500	3	2019-02-15 05:03:02	p	14408	京汉大道友谊路	1218			
001a32b68b851aeae891bf4c373380dd	420100000000010052	1	2019-02-15 05:03:26	p	11557	解放大道新华路口	1218			
001a32b68b851aeae891bf4c373380dd	420100000000020107	3	2019-02-15 05:04:35	p	14775	解放大道_万松园路西50M（万松园路至青年路）	1215			
001a32b68b851aeae891bf4c373380dd	420100000000017416	3	2019-02-15 05:04:43	p	14779	青年路解放大道	1215			
001a32b68b851aeae891bf4c373380dd	420100000000021829	1	2019-02-15 05:09:37	p	14910	京汉大道-玉带家园门口	1307			
001a32b68b851aeae891bf4c373380dd	420100000000011829	2	2019-02-15 05:17:29	p	14635	利济北路利济东路	1301			
001a32b68b851aeae891bf4c373380dd	420100000000021854	3	2019-02-15 05:18:11	p	14454	利济北路高架-汉口桥	1301			
001a32b68b851aeae891bf4c373380dd	420104000000010074	1	2019-02-15 05:18:22	p		武胜路航空路立交上桥处	1306			
001a32b68b851aeae891bf4c373380dd	420100000000020466	2	2019-02-15 05:19:36	D	11138	青年路万松园横路	1215			
001a32b68b851aeae891bf4c373380dd	420100000000020109	2	2019-02-15 06:03:15	O	14443	解放大道_新世界酒店西50M（崇仁路至青年路）	1306			
001a32b68b851aeae891bf4c373380dd	420100000000020466	2	2019-02-15 06:04:44	D	11138	青年路万松园横路	1215			
001a32b68b851aeae891bf4c373380dd	420100000000010355	1	2019-02-15 09:11:12	O	11450	解放大道江汉路	1154			
001a32b68b851aeae891bf4c373380dd	420100000000010770	1	2019-02-15 09:11:30	p	11445	京汉大道江汉路	1218			
001a32b68b851aeae891bf4c373380dd	420100000000013320	2	2019-02-15 09:11:52	p	12050	京汉大道前进五路	1229			

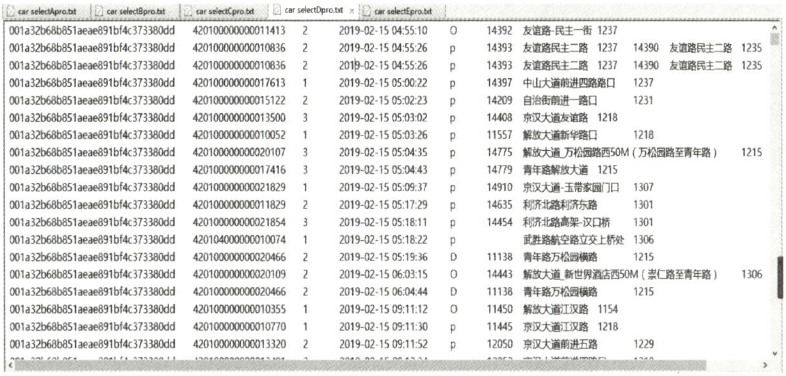

图 7-50　D 类轨迹记录(起终点均在中观区域外的过境车辆)

利用 ArcGIS 软件选取 A 类轨迹车辆信息数据,绘制其轨迹并用带箭头的实线表示,将选中的数据归属于中观区域。A 类轨迹中车辆记录示例如图 7-51 所示,车辆 OD 轨迹如图 7-52 所示。

000373129e778e13e2296550b6e62c27	420100000000020277	1	2019-02-15 10:49:58	O	13570	长江隧道_天津路出口前（武昌至汉口）	1150
000373129e778e13e2296550b6e62c27	420100000000011598	3	2019-02-15 10:53:11	p	13578	京汉大道球场横街	1147
000373129e778e13e2296550b6e62c27	420100000000021769	3	2019-02-15 10:53:48	p	13579	京汉大道与球场横街北100米	1147
000373129e778e13e2296550b6e62c27	420100000000028110	2	2019-02-15 11:09:01	p		三阳路D匝道	1141
000373129e778e13e2296550b6e62c27	420100000000028119	3	2019-02-15 11:09:38	D		三阳路隧道主线汉口岸入口	1142

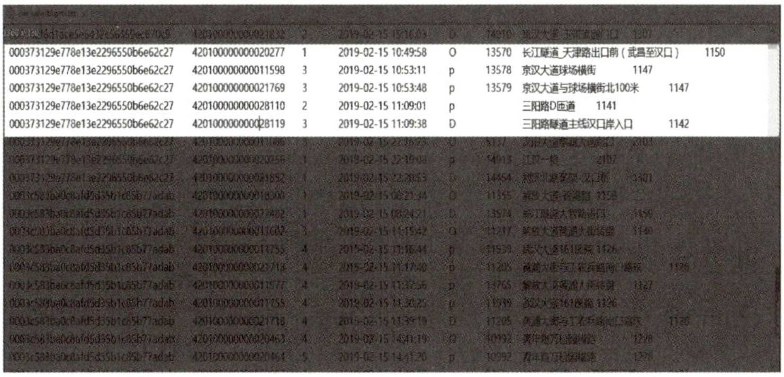

图 7-51　A 类轨迹中车辆记录示例

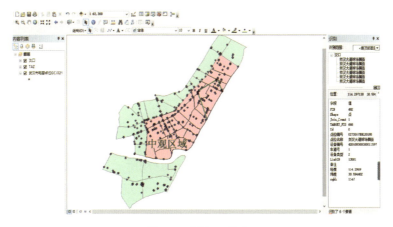

图 7-52　车辆 OD 轨迹

该车辆 OD 轨迹起终点均在中观区域内,即为 A 类型矩阵,证明所得数据结果符合预定标准。

通过空间的切分以后,对 OD 矩阵进一步做时间上的切分。以图 7-52 中区域(粉色部分)为例进一步做时间上的切分。

选取 8:00—9:00 时间段中观区域的 OD 矩阵,以 15min 为时间粒度,将其切分为 4 个 OD 矩阵,部分切分结果如图 7-53 和图 7-54 所示。

图 7-53　中观区域 OD 矩阵时间切分结果示例(8:00—8:15)

图 7-54　中观区域 OD 矩阵时间切分结果示例(8:15—8:30)

最终,宏观模型 OD 矩阵向中微观仿真模型 OD 矩阵完成了时空切分转化,数据结构变化过程如图 7-55 所示。在图 7-55 中可以看到,从宏观区域 OD 矩阵(690 TAZs)到中观区域(175 TAZs)OD 矩阵,完成了空间分割,继而将 8:00—9:00 时间段内的 OD 矩阵按 15min 时间粒度切分为分时 OD 矩阵,实现了时间分割。

第7章 城市中微观交通仿真模型构建关键技术

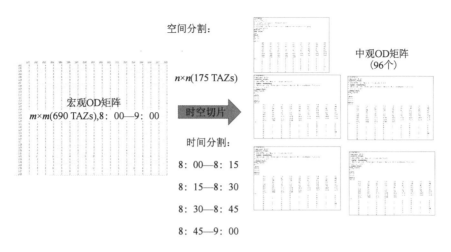

图 7-55　OD 矩阵时空切片计算示意图

7.6.2　中观交通模型与宏观交通模型的数据交互需求与接口规范

7.6.2.1　中观交通模型与宏观交通模型的数据交互需求

在某些决策支持情形下,在中微观交通仿真模型中,针对重大交通基础设施对局部路网的影响进行分析后,有可能需要在此基础上通过宏观交通模型分析该基础设施对整个道路网络的影响。此时,因为局部道路通行能力发生了较大变化,此时需要将中观仿真模型所得到的阻抗去反向标定宏观交通模型中路段阻抗模型的参数,通过宏观交通模型分析其对整个路网运行情况的影响。

因此,本节针对中观交通仿真模型对宏观交通 OD 的反馈机理,提出一个较为可行的数据反馈接口技术路线,流程如图 7-56 所示。

由图 7-56 可见,中微观交通模型对宏观交通模型的数据反馈接口流程分为两个阶段:

(1) 中观交通动态分配反馈。将中观分时 OD 矩阵导入到中观 DTA 模型中,获取路段或单车道的动态交通信息,包括路段占用率、路段流量、路段交通延迟,用于现有路段阻抗的调整,输出路段交通分配数据。

(2) 通行能力变化判断与宏观 OD 矩阵反馈。路网调整后,首先判断道路通行能力是否发生较大调整,如调整变化较大(如整体路网通行能力变化大于 10%),则根据路段阻抗进行整合,得到路网阻抗信息,并与前期的宏观路网阻抗进行对比与校核;若变化较小,则原有宏观 OD 矩阵不发生变化。若发生较明显变化(各时段所有路段阻抗平均 MSE 超过 5%),则根据微观流量与现有阻抗对宏观路网 OD 进行反推,对宏观路网 OD 进行集计,最后通过宏观交通模型实现宏观交通路网 OD 数据的更新与路网交通分配数据调整。

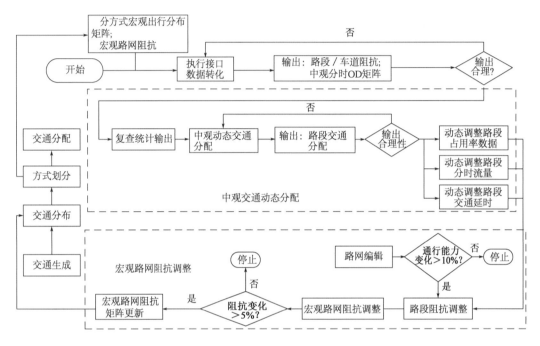

图 7-56　中微观交通模型对宏观交通模型的数据反馈接口示意图

7.6.2.2　宏观交通模型与中观交通仿真模型接口规范

综合上述关于宏观交通模型与中观交通仿真模型接口与数据交互方法的分析,本书总结并提出宏观交通模型与中观交通仿真模型接口规范(表 7-12)。接口规范适用于宏观交通模型与中观交通仿真模型之间的交互,以及宏观交通模型与公共交通模型之间的交互。其中,宏观交通模型与中观交通仿真模型的数据对接的实现方法是对宏观交通模型计算得到的道路机动车宏观出行分布矩阵,以中观区域尺度完成时空切片,得到中观区域的 OD 矩阵。

同时,宏观交通模型与中观交通仿真模型的数据接口中不仅考虑这两类模型 OD 矩阵之间的差异,实现两种 OD 矩阵之间的转化与对接,还需考虑宏观交通路网与中观交通路网(路段、车道等)之间的阻抗参数差别。宏观交通模型主要为中观仿真模型提供分方式宏观出行分布矩阵和宏观路网阻抗,而中观仿真模型通过数据接口得到路段/车道阻抗和中观分时 OD 矩阵。此外,中观仿真模型也会对宏观交通模型提供反馈,通过中观道路阻抗变化反馈到宏观路网阻抗,重新调整宏观交通路网阻抗函数的相关参数(如分时 OD 矩阵、阻抗等),并执行交通生成与分配过程。

宏观交通模型与中观交通仿真模型的接口规范　　　表 7-12

规范类别		具体规范
数据输入输出规范	宏观交通模型数据输入输出规范	宏观交通模型应当通过接口输入或者得到分方式的宏观出行分布矩阵与宏观路网阻抗
		分方式的宏观出行分布矩阵数据结构应当包括起点交通小区 ID,终点交通小区 ID,以及各种方式在交通小区之间的交通量统计值
		中观仿真模型应当通过接口获得中观层面的分时 OD 矩阵
	中观交通模型数据输入输出规范	中观分时 OD 矩阵数据结构应当包括出行方式,仿真时间范围,数据时间切片或时间节点,以及当前交通小区到其他交通小区出行的各路径交通流量
接口交互规范	宏观交通模型向中观交通模型交互接口规范	应当将该接口划分为时间、空间、路径三个层面
		应当根据出行起讫轨迹与中观交通区域的关系,定义所有机动车出行链类型,并对出行链进行类别划分,形成中观区域空间层面上的 OD 切片
		应按照机动车每次出行的出发时刻将全天 OD 矩阵划分为 m 个分时段的动态 OD 矩阵(m 应为 24 的倍数),形成中观区域时间层面上的 OD 切片
		应当统计各出行链类型下的出行轨迹,合计每一路径上不同出行类型的机动车数量,完成中观区域路径层面上的 OD 切片
		在储存 OD 矩阵数据时,应当兼顾时间、空间和路径三个层级的数据结构要求
	中观交通模型向宏观交通模型交互接口规范	该接口设计只适用于道路交通条件发生改变的情形,因此必须首先判断道路或者路段的通行能力是否发生较大调整
		应当将中观交通仿真模型所确定的路段阻抗整合到宏观交通仿真模型中,调整其路段阻抗函数的相关系数,重新运行宏观交通模型,开展相应的交通仿真决策支持
		应当将中观分时 OD 矩阵导入到中观 DTA 模型中,获取路段或单车道的动态交通信息,包括路段占用率、路段流量、路段交通延迟

7.6.3 中观交通模型与微观交通模型的数据交互需求

7.6.3.1 中观交通模型与微观交通模型的数据交互需求

对于微观交通仿真模型而言,需要输入的数据包括:交通控制方案、自定义移动优先方案、公交专用道属性数据、中观 OD 矩阵、用户自定义的属性值、用户自定义的路径。

事实上,中观与微观交通仿真模型的区别在于中观交通模型较为依赖 OD 矩阵,而微观交通仿真模型更侧重于提取基于车辆微观路径的时空向量(或微观 OD 矩阵)。因此,该部分的重点在于将中观的 OD 矩阵进行基于时间与空间的切分,得到微观车辆的时空轨迹向量(或微观 OD 矩阵),由此应用于微观交通仿真模型。

中观与微观交通仿真模型的数据接口整体流程如图 7-57 所示。具体流程包括:

(1)中观分时段 OD 数据首先根据仿真时间对 OD 数据进行调整,将时间切分成多个按时间段(如 8:00—8:15 的分时矩阵划分成为 8:00—8:05,8:05—8:10,8:10—8:15 的 OD 矩阵)分割的矩阵,并在考虑交叉口延迟的前提下,形成车辆路径时序轨迹(轨迹数据包括车辆编号及对应交叉口的到达时间与离开时间)。

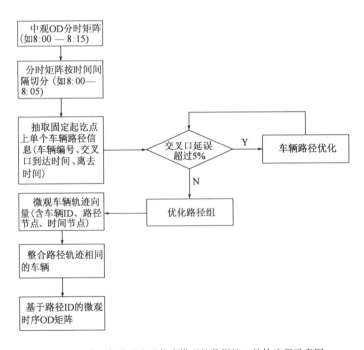

图 7-57 中观与微观交通仿真模型的数据接口整体流程示意图

(2)对车辆路径时序轨迹进行校核,若现有路径下车辆通过交叉口时间延误超过实际的5%,则对原有车辆的路径组进行更新,可选路径集合中会集成最新的基于时间最短的车辆最优路径。

(3)在步骤(2)的基础上,对车辆最优路径进行序列整理,形成微观车辆轨迹向量,其内容主要包括车辆ID、路段节点序列(即以路段节点表示的车辆路径)与时间节点序列(即以节点表示车辆路径中每一个节点对应的时间),具体格式为:{车辆ID,(路段节点1,……,路段节点n),(时间节点1,……,时间节点n)}。

(4)根据路段节点序列对微观车辆轨迹向量进行集计,最终形成基于路段节点的微观时序OD矩阵,其具体格式为:{路段ID,流量,(路段节点1,……,路径节点n),时间段}。

通过以上步骤,完成中观OD分时矩阵向微观分时OD矩阵的转换计算。

7.6.3.2 中观城市交通仿真模型与微观交通仿真模型接口规范

综合上述关于中观交通仿真模型与微观交通仿真模型接口与数据交互方法的分析,本书总结并提出中观交通仿真模型与微观交通仿真模型接口规范(表7-13)。

中观交通仿真模型与微观交通仿真模型的接口规范　　表7-13

规范类别	具体规范
数据输入输出规范	中观交通仿真模型应当提供小汽车路径选择行为数据与中观交通模型OD矩阵等数据
	微观交通仿真模型应当通过接口获得微观车辆的时空轨迹向量(或微观OD矩阵)
	微观车辆的时空轨迹向量的数据结构应当包括路段ID、流量、路段节点序列、时间节点序列等构成
接口交互规范	中观车辆OD数据转化为车辆轨迹向量数据,应当注意两组数据间时间节点与空间坐标相互匹配
	中观路网数据转化为车辆轨迹向量数据,需要保证路网数据的GIS坐标必须与车辆运行轨迹的轨迹节点ID相互匹配,防止位置偏移误差
	观测站车辆计数数据与车辆轨迹数据对接,需要保证监测数据的时间间隔必须与微观轨迹向量的时间间隔保持一致,同时保证时间节点相互匹配,轨迹数据与路网上的路段节点相互匹配,保证车辆在路网上的位置准确

在这个接口交互过程中,中观区域OD矩阵结合区域通行能力与区域交通流等相关数据输入到基于DTA模型的中观交通仿真模型中,得到小汽车路径选择行为数据;同时,小汽车路径选择行为数据也可作为中观与微观交通仿真模型的接口,在此基础上,引入有效车辆长度与驾驶员反应时间等参数,以及微观区域道路的OD矩阵和交叉口信号

控制数据,可以实现微观交通仿真模型的运行。

此外,中、微观交通仿真模型之间在数据尺度上有一定的差距,因此需要构建相应的数据接口规范。中观交通仿真模型侧重于描述路段上交通流特性与车辆分配,而微观交通仿真模型则侧重于驾驶员行为与单车道或者交叉口的车辆运行行为。因此,中观交通仿真模型的则数据结构是以中观交通小区为空间单元的中观 OD 矩阵,而微观交通仿真模型的数据结构更偏向于由车辆本体、时间序列与坐标位置构成的微观 OD 矩阵。中观与微观交通仿真模型接口的作用在于,将中观的 OD 矩阵进行时间与空间的切分,得到微观车辆的时空轨迹向量(或微观车辆 OD 矩阵),由此应用于微观交通仿真模型。

7.7 本章小结

本章梳理了东京、伦敦、旧金山、北京、广州、深圳、上海、香港八个典型城市的中微观交通仿真模型体系。在此基础上,根据武汉市的城市条件,从大规模和高效率两方面出发,选择合适的交通仿真平台;以武汉市为案例,提出了适用于特大城市的交通仿真模型配置方法以及中微观仿真快速构建的技术方案,为特大城市的交通仿真模型建设和开发提供重要参考经验。

本章采用中观交通仿真软件 Dynameq 作为交通仿真建模的软件依托,并建立了武汉市汉口核心区的中观交通仿真模型,详尽介绍了 Dynameq 软件从设置仿真场景、建立仿真路网、计算交通需求、设置信号控制方案到执行交通分配的仿真流程和注意事项,同时聚焦如何以 Dynameq 软件为基础来提高仿真效率的关键技术方案研究。建模过程中充分结合交通流大数据,并且考虑了包含基础网络快速构建、交通流参数快速获取、信号控制方案快速创建三项技术的具体实施方法,为本书后文考虑在 3D Web 环境下构建宏中微观一体化交通仿真系统提供了技术基础。

本章还对 Dynameq 交通仿真软件的 API 接口和数据文件结构进行了梳理。同时,结合宏观交通仿真模型,对宏观交通模型与中微观交通仿真模型交互需求与数据接口,包含宏观交通模型与中观交通仿真模型的交通需求对接,中观交通模型向宏观交通模型的数据反馈,中观交通模型与微观交通模型的数据交互三个部分,详尽地论述了一体化仿真体系中各模块相互之间的交互和反馈流程,也为一体化仿真平台的搭建提供了理论支持。

本章基于 Dynameq 软件的 API 接口进行了基础网络快速构建、交通流参数快速获取、信号控制方案快速创建这三项工作,可以使交通仿真的效率和精度大大提高。事实上,Dynameq 软件开放了包含路网,以及动态交通分配 DTA 模型在内的多个 API 接口模块,后续可以通过进一步的设计与开发,使仿真的自动化和智能化程度进一步提高。

本章参考文献

［1］ BARCELÓ J. Fundamentals of Traffic Simulation［M］.［S. l.］:Springer,2010.

［2］ 魏明,杨方廷,曹正清. 交通仿真的发展及研究现状［J］. 系统仿真学报,2003(08):1179-1183.

［3］ HORIGUCHI R,IIJIMA M,OGUCHI T. Simulation experiment for ITS on three expressway rings in tokyo metropolitan region［C］// 22nd World Congress on ITS. Proceedings of 22nd World Congress on ITS. Bordeaux:［出版者不详］,2015.

［4］ SMITH J,BLEWITT R. Traffic modelling guidelines:TfL traffic manager and network performance best practice version 3.0［C］. London:Transport for London,2010.

［5］ BRINCKERHOFF P. San Francisco dynamic traffic assignment project "DTA Anyway":final methodology report［C］. San Francisco:San Francisco County Transportation Authority,2012.

［6］ San Francisco County Transportation Authority. San Francisco Travel Demand Forecasting Model Development:Final Report［R］.［S. l.:s. n.］,2002.

［7］ 张晓春,邵源,孙超. 深圳市城市交通规划创新与实践:2016 年中国城市交通规划年会论文集［C］. 北京:中国建筑工业出版社,2016.

［8］ 林群,李锋,关志超. 深圳城市交通仿真系统建设实践 ［J］. 城市交通,2008,5(5):22-27.

［9］ 关志超,林群,文锦添,等. 深圳"城市交通仿真与公用信息平台"设计与实践［J］. 中山大学学报(自然科学版),2005(S2):178-183.

［10］ 李智,孙永海,彭坷坷. 深圳市交通仿真二期系统建设:公交优先与缓堵对策——中国城市交通规划 2012 年年会暨第 26 次学术研讨会论文集［C］.［S. l.:s. n.］,2012.

［11］ 彭继娴. 香港基础分区交通模型(BDTM)的经验借鉴［J］. 交通与运输(学术版),2016(02):42-45.

[12] 陈先龙.香港先进城市交通模型发展及对广州的借鉴[J].华中科技大学学报(城市科学版),2008(02):91-95.

[13] MAHUT M,FLORIAN M.Traffic simulation with dynameq[M]//Fundamentals of traffic simulation.New York:Springer,2010:323-361.

[14] SNELDER M.A comparison between dynameq and indy[M].Montreal:Cirrelt,2009.

[15] MAHUT M,FLORIAN M.Traffic simulation with dynameq[M]//Fundamentals of traffic simulation.New York:Springer,2010:323-361.

[16] 郑志鹏.预测式交通管理预案研究[D].长沙:长沙理工大学,2015.

[17] 杨滨毓.基于多源数据的交通小区划分方法研究[D].哈尔滨:哈尔滨工业大学,2020.

[18] 杨佩昆.交通管理与控制[M].北京:人民交通出版社,2003.

CHAPTER EIGHT
第8章

基于大数据的城市中微观交通仿真参数标定关键技术

8.1 概述

本章主要从交通流数据清洗技术、中微观交通仿真参数标定关键技术以及数据需求标准三部分探讨如何基于交通大数据开展城市中微观交通仿真参数标定工作。其中,交通流数据清洗包括冗余数据约简、丢失数据填补、异常数据识别和修正三个部分,主要是对中微观模型所需的原始交通流检测数据进行预处理,使之可用于各层次交通模型构建。中微观交通仿真参数标定关键技术部分,主要开展不同交通流特性下的中微观交通仿真建模所需参数的标定方法与技术遴选,如道路通行能力、自由流速度等。不同地域、不同特性的路网,其交通流特性各不相同,进而反映为交通流参数的互异,要保证中微观交通仿真平台的有效性,就需要根据路网的特性分区域、分时段对交通流特性进行分析并对中观交通仿真模型的参数进行标定和验证。同时,为了形成较为完备的交通仿真参数标定技术体系,还需要研究相适宜的数据采集方式并制定数据的需求标准。

8.2 交通流数据清洗技术

交通流检测器获得的数据经常存在无效、冗余、异常、丢失、噪声、时间点漂移等现象,其中,数据冗余、丢失、异常的发生更为频繁[1-9],因此需要开展交通流数据的清洗工作。在交通流冗余数据的清洗方面,可分为单检测器冗余数据清洗和多检测器冗余数据清洗,国内外对单检测器冗余数据的研究较为少见,多检测器冗余的研究主要集中于检测器的合理布设及多源数据融合技术方面。随着智能交通系统对道路实时交通信息需求的日益增长,研究人员认为需布设高密度、全方位的交通流检测器,然而检测器的密集布设极易造成巨大成本和信息冗余,科学合理地规划道路网络中交通检测器的布设位置,可以提高交通数据采集的有效性和准确性,节约系统重复投资和减少数据冗余。关于交通流丢失数据的填补,美国国家公路与运输协会 AASHTO[10] 提交的指南中定义了两条重要的原则:一是基础数据完整性原则,即采集到的原始数据保存时不应做修改或调整,以保证足够的、未经修改过的基础数据用于数据补齐,且补齐数据与原始数据应分别存储;二是补齐流程的真实性原则,即通过文档记载补齐的整个操作流程,有助于增强补齐工作的透明度以便于取舍。现阶段,通常是利用自身检测器的历史数据对丢失数据进行填补,未能考虑一定路网拓扑结构下各个路段交通流之间的时空关联关系。本章在自身检测器数据不足以填补的情况下,基于路网的拓扑结构利用空间关联关系对交通流丢失数据进行填补。关于交通流异常数据的清洗,可分为两类:一类是针对微处理器扫描和处理检测器脉冲的过程出现异常情形而进行鉴别;另一类是针对由于微观层次异常或者外界因素导致的数据连续性和正确性问题进行鉴别。大多数学者对异常数据的识别通常采用阈值法,但不同交通状态下的阈值是不同的,本书使用改进阈值法对城市交通流数据进行阈值设计。

8.2.1 交通流数据清洗技术方案

交通流数据清洗的对象一般来自各道路检测器的检测数据,通常包括:地磁数据、线圈数据、卡口电警过车数据等,这些检测器采集的数据包括时间、速度、流量和占有率等。值得注意的是,数据清洗不会改变数据的结构,清洗过程中输出与输入数据保持相同的类型和字段。针对数据清洗,首先研判采集到的原始数据,识别存在质量问题的数据(常见问题有数据冗余、数据丢失和数据异常),数据校核依赖于具体的仿真平台,将经过清洗的问题数据和完好数据重新输入仿真平台,校核、检验数据的可用性,把经过校核和检验后的可行数据作为最终的输入数据,交通流数据清洗技术路线如图8-1所示。

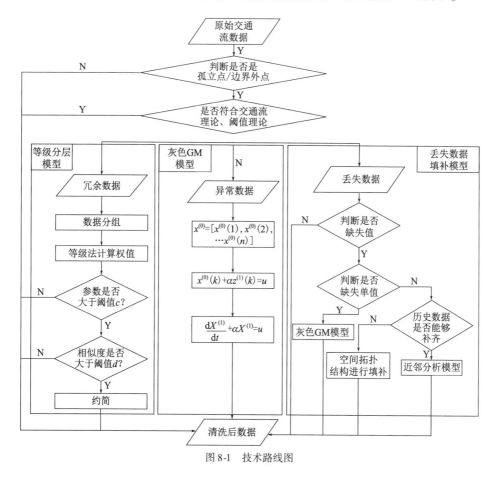

图8-1 技术路线图

8.2.2 冗余数据约简

1) 基本思想

(1) 采用等级法计算权重[11]。

本书采用 RC(Rank-Centroid) 等级转换法计算各交通参数的权重。其思想为:各用户根据实际经验为各交通参数指定等级,即最重要参数的等级设定为 1,次要参数等级设定为 2,然后根据 RC 等级转换法计算各参数的最终等级及相应的权重。表 8-1 为交通参数等级表。

交通参数等级　　　　　　　　　　　　　　　　表 8-1

交通参数	用户指定等级					等级
	U_1	U_2	...	U_i	...	U_N	
F_1	T_{11}	T_{21}	...	T_{i1}	...	T_{N1}	T_1
F_2	T_{12}	T_{22}	...	T_{i2}	...	T_{N1}	T_2
...	...	...		...			...
F_P	T_{1P}	T_{2P}	...	T_{iP}	...	T_{NP}	T_P

(2) 数据分组。

交通流数据通过检测器不断增加和更新,构成海量数据库,为提高冗余数据的识别效率,需对大数据集做一定的处理。根据分组思想将大数据集分割成若干不相交的小数据集,然后在各小数据集中查找冗余数据,为提高识别精度,采用循环的方式进行查找。

2) 基本步骤

(1) 选择能明显区别数据记录间特征的交通参数,把大数据集分割成多个不相交的小数据集。不同领域数据集大小的判断标准不同,就交通检测器检测到的记录数而言,由于不同检测器采样间隔(30s、2min、5min 等)不同,检测到的数据记录条数也不同,采样间隔越短,记录条数越多,数据集越大,反之亦然;另外,采样间隔相同,但采样时间长度不同,数据集的大小也不同,时间长度越大,数据集越大,反之亦然。例如,数据库中有若干天的数据,可取日期作为分割依据,把大数据集分割成数个不相交的集合。

(2) 分割后,若某些数据集仍十分庞大,则另外选择关键参数再次分割这些数据集。如每天 24h 不间断采集构成的数据集仍然较大,则根据不同的时间段将较大的数据集再次分割成数个小数据集。

(3)若部分数据集在分割后依然保持着较大的规模,则继续进行步骤(2),直至将数据集分割至比较合理为止。另外,引入往复式查找技术,把大数据集划分成合理的小数据集,查找冗余记录;然后再另外选定关键参数,重新对数据集进行划分,查找重复记录,根据实际情况决定是否进行下一轮划分查找,直至得出合理的结果。

3)冗余数据的约简操作

采用两种方法约简冗余数据:当记录完全重复时,删除多余重复记录,只保留一条记录;当记录相似时,对流量、速度、占有率等各交通参数数据取平均值,最终只保留一条约简后记录。

8.2.3 丢失数据填补

1)基于时间的数据填补方案

针对丢失数据的实时填补,首先需要判断当前时间单元是否有数据传入,若无数据传入且当前检测器状态正常则判断该条数据为丢失。然后判断该条数据之前是否有大量数据丢失,若无大量数据丢失则利用灰色 GM 预测模型进行数据预测填补,否则采用基于历史数据的近邻分析预测填补当前丢失数据。

2)基于空间的数据填补方案

对于有些检测器来说,由于其历史数据大量缺失,因此不能利用历史数据进行填补,需要考虑使用空间上与该检测器临近的其他检测器数据,基于路网空间的拓扑结构,利用不同路段上的交通流之间空间关系进行该检测器丢失数据的填补,称为"空间填补"。丢失数据空间填补技术路线如图8-2所示,具体包括:

(1)若检测器数据缺失,先在该检测器的数据表中查找前五周(或根据具体数据情况确定)相同工作日在该时刻是否有数据,若数据足够,则利用这些历史数据进行填补,填补值为过去五周数据的平均值;若这些历史数据也缺失,则在检测器数据表中找到数据缺失路段的 Link_ID,并判断该 Link_ID 是否与其他相同类型的检测器进行了关联。

(2)若上下游路段上存在具有时空关联关系的相同类型的检测器,判断该关联检测器是否含有所需数据,若包含所需数据,则将根据不同车道之间的权重(详见 8.3 小节)计算的结果填补检测器缺失数据(不包含任何数据的检测器按没有相同类型的检测器处理)。若不包含所需数据,则根据上下游数据进行填补,具体规则如下:在路网信息表中,根据预测路段的拓扑关系确定上下游路段。如表8-2所示,Link_ID 表示路段编号,From_node、To_node 分别表示拓扑结构中的起讫点。

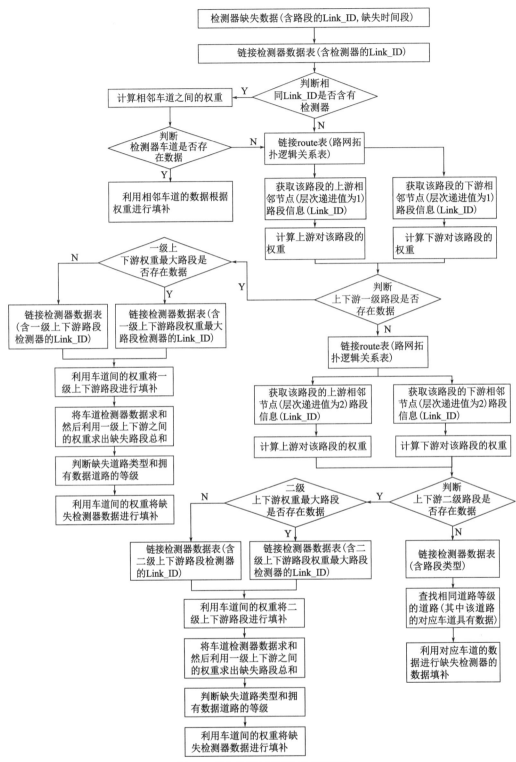

图 8-2 丢失数据空间填补技术路线图

路段与节点的连接关系　　　　　　　　　　表8-2

节点	Link_ID	From_node	To_node
路段	15898	15397	15369
上游 Link	16047	15367	15397
	16570	15429	
	33353	15369	
	33428	15417	
下游 Link	16045	15369	15328
	15900		15337
	16433		15376

(3) 根据丢失数据检测器对应的路段获取其路段 ID, 找到该 ID 对应的 From_node 与 To_node, 根据 From_node 找到上游与之对应的 To_node 相关联的路段 ID, 同理可以找出下游的路段 ID。然后基于二者的交通流数据计算上下游一级路段之间的权重关系, 并判断上下游一级权重最大路段的车道是否含有检测数据。如果上下游一级权重最大路段的所有车道均有检测器的数据, 则直接根据车道间的权重确定路段的流量数据; 如果上下游一级权重最大路段只有部分车道有检测器数据(某些车道缺失), 则利用车道间的权重将上下游车道数据全部补齐, 求出所有车道数据总和, 再根据上下游之间的权重求出缺失路段的交通流量总和, 最后根据车道之间权重关系将缺失数据进行补齐; 如果上下游一级权重最大路段无相应检测器数据, 需判断权重较低的上下游道路, 重复上述步骤。

(4) 在检测器路段上下游仍未能找到相应的检测器数据, 则在检测器数据(含有道路类型)中找到与丢失路段类型相同的道路及其所采集到的数据, 将该数据直接用于数据缺失路段。

其中权重计算方法如下:

① 不同车道之间的权重。

为实现不同车道之间的权重标定, 需构建基于交通流量数据的车道关联权重算法。本节采用基于典型道路类型(按照道路等级等条件对道路进行分类并挑选具备较好数据基础的道路)的权重估算思路, 首先对道路按照功能进行划分, 分为快速路、主干路、次干路和支路, 然后进一步根据车道数量和车道位置(最内侧车道、中间车道和最外侧车道)进行等级划分, 例如三车道, 最内侧车道等级设置为1, 中间车道等级设置为2, 最外侧车道等级设置为3(具体分类见表8-3), 对挑选出的典型道路的车道进行权重计算, 将得到的相应车道间的关联权重存储为静态文件, 以便其他应用模块调用。该权重包括工作日和非工作日两种类型, 通过小时流量比来进行区分。

基于车道数量及车道位置的分级表   表 8-3

车道	单车道	两车道	三车道	四车道	五车道
最外侧车道		2	3	3,4	4,5
中间车道	1		2	2	3
最内侧车道		1	1	1	1,2

针对存在数据缺失问题的检测器，随机筛选其在十个工作日的采集数据，筛选出所有车道检测数据的最小值，以该最小值为准，将该车道在上述时间范围内的所有采集数据进行求和，按照上述计算方法对各车道进行求和计算。最后将各车道间采集数据的求和值比值作为车道之间的比例系数，即不同车道之间的权重，即 R1∶R2∶R3 = SUM1∶SUM2∶SUM3。不同道路等级车道间权重技术路线如图 8-3 所示。

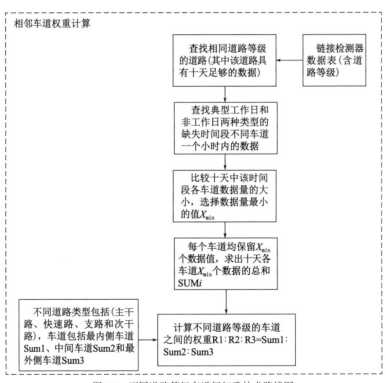

图 8-3　不同道路等级车道间权重技术路线图

② 上下游路段的权重。

本部分构建的基于流量数据的路网权重算法主要标定上/下游各一级路段以及上/下游各二级路段的流量与目标路段流量之间的关系，在对无流量数据路段的研判中将采用此部分的计算结果进行填补。

将需要填补路段的流量标记为 Q_0；Q_0^l 表示 l 级道路的流量，其中 l 表示路段级别，当 $l=1$ 时为一级，$l=2$ 时为二级；U、D 分别为上、下游标识符；一、二级路段的道路类型（包括快速路、主干路、次干路、支路)分别用 i、j 表示;综上所述,Q_{Ui}^1 表示上游一级路段流量,Q_{Di}^1 表示下游一级路段流量,Q_{Uj}^2 表示上游二级路段流量,Q_{Dj}^2 表示下游二级路段流量。图 8-4 为二级道路网络结构示意图。

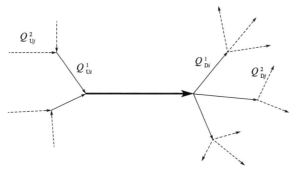

图 8-4 二级道路网络结构示意图

其中,加粗部分为目标路段,Q^1 为上/下游一级路段,Q^2 为上/下游二级路段。

对路段间流量关系采用一次线性回归来描述,y 为目标路段流量值,x 为目标路段的影响范围内上/下游路段流量值。在本节中,需要事先获取工作日及非工作日 24h 的流量数据,用以标定一元线性回归函数的参数值。采用最小二乘法标定参数值,其公式为:

$$\begin{cases} b = \dfrac{\overline{xt} - \overline{x}\,\overline{t}}{\dfrac{\sum x^2}{n} - \overline{x}^2} \\ a = \overline{y} - b\,\overline{x} \end{cases} \tag{8-1}$$

式中:$\overline{x}$——添加自变量数据集的目标路段影响范围内上/下游路段的 24h 流量均值;

$\dfrac{\sum x^2}{n}$——x^2 的均值;

$\overline{y}$——添加进因变量数据集的目标路段 24h 的流量平均值;

$\overline{t}$——检测器采集时间的均值(24h)。

根据上述一元线性回归函数确定考虑道路等级的路网拓扑结构回归函数参数符号。在路段权重标定中,目标路段与上游一级路段间的权重系数为 a_{Ui}^l、b_{Ui}^l,与下游一级路段间的权重系数为 a_{Di}^l、a_{Di}^l,与上游二级路段间的权重系数为 a_{Dij}^l、b_{Dij}^l,与下游二级路段间的权重系数为 a_{Dij}^l、a_{Dij}^l。因此,式(8-1)中,$\overline{y}$ 表示标定路段流量 $\overline{Q}_0$ 的均值;$\overline{x}$ 表示上游一级路段流量 $\overline{Q}_{Ui}^l$ 的均值,$\overline{Q}_{Di}^l$ 表示下游一级路段流量均值,$\overline{Q}_{Uij}^l$ 表示上游二级路段流量均值,$\overline{Q}_{Dij}^l$ 表示下游二级路段流量均值。以上游一级路段为例,权重参数值的计算公式为:

$$\begin{cases} b_{\mathrm{U}i}^{l} = \dfrac{\overline{Q}_{\mathrm{U}i}^{l}Q_{0} - \overline{Q}_{\mathrm{U}i}^{l}\overline{Q}_{0}}{\dfrac{\sum_{n} Q_{\mathrm{U}i}^{l2}}{n} - \overline{Q}_{\mathrm{U}i}^{l2}} \\ a_{\mathrm{U}i}^{l} = \overline{Q}_{0} - b\overline{Q}_{\mathrm{U}i}^{l} \end{cases} \quad (8\text{-}2)$$

上/下游一级路段与目标路段权重关系的标定流程如图 8-5 所示。

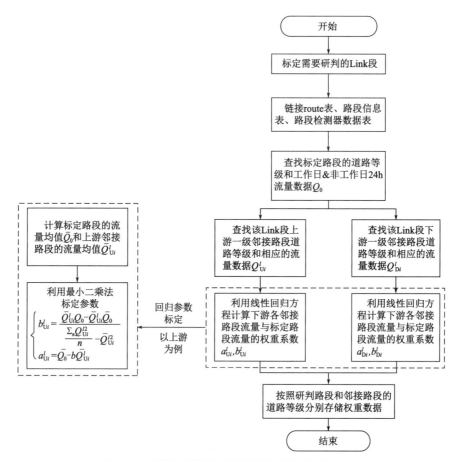

图 8-5　上/下游一级路段与目标路段权重关系的标定流程

上/下游二级路段与目标路段相关关系权重的标定流程如图 8-6 所示。

获取权重后,根据某一上/下游路段流量计算标定路段的流量值:

①根据上游一级某路段计算目标路段流量:$\overline{Q}_{0} = a_{\mathrm{U}i}^{l} + b_{\mathrm{U}i}^{l} \overline{Q}_{\mathrm{U}i}^{l}$;

②根据下游一级某路段计算目标路段流量:$\overline{Q}_{0} = a_{\mathrm{D}i}^{l} + b_{\mathrm{D}i}^{l} \overline{Q}_{\mathrm{D}i}^{l}$;

③根据上游二级某路段计算目标路段流量:$\overline{Q}_{0} = a_{\mathrm{U}ij}^{l} + b_{\mathrm{U}ij}^{l} \overline{Q}_{\mathrm{U}ij}^{l}$;

④根据下游二级某路段计算目标路段流量:$\overline{Q}_{0} = a_{\mathrm{D}ij}^{l} + b_{\mathrm{D}ij}^{l} \overline{Q}_{\mathrm{D}ij}^{l}$。

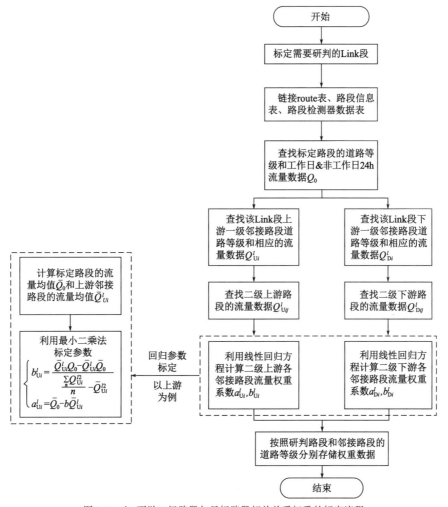

图 8-6　上/下游二级路段与目标路段相关关系权重的标定流程

8.2.4　异常数据识别和修正

本节主要采用灰色 GM 模型对交通流异常数据进行修正,但在修正之前,需要采用阈值理论和交通流理论相结合的方法对异常数据进行判定,流程如图 8-7 所示。

8.2.4.1　孤立点识别[11]

数据异常往往表现为孤立点,通过检测去除数据源中的孤立点可达到数据清洗的目的,从而提高数据源的质量。交通流数据多为高维数据,含有多个属性,以占有率、速度和流量三个属性为例,若采用传统的孤立点检测算法,对同一目标多属性的数据集而言,只能逐一检测每一属性,增加了时间复杂度,同时也割裂了三个属性间的关联,因此,本节选取基于相似系数的孤立点检测算法。

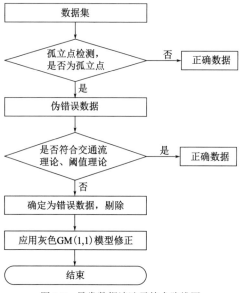

图 8-7 异常数据清洗子技术路线图

设论域 $X=\{x_1,x_2,\cdots,x_N\}$ 为要检测的对象,每个对象有 m 个属性,即:

$$X_i=\{x_{i1},x_{i2},\cdots,x_{im}\} \quad i=(1,2,\cdots,n) \tag{8-3}$$

为了降低误差,对输入数据在 $[-1,1]$ 上做了归一化处理,找出孤立点后再将其返还到原始区间。归一化后的 X 记为 X',用矩阵表示为:

$$X'=\begin{pmatrix} x_{11} & \cdots & x_{1m} \\ \vdots & \ddots & \vdots \\ x_{n1} & \cdots & x_{nm} \end{pmatrix} \tag{8-4}$$

为了判断 X 中各对象的离散程度,计算归一化处理后各对象两两之间的相似系数 r_{ij},并构成相似系数矩阵:

$$R=\begin{bmatrix} r_{11} & \cdots & r_{1n} \\ \vdots & \ddots & \vdots \\ r_{n1} & \cdots & r_{nn} \end{bmatrix} \tag{8-5}$$

式中: $r_{ij}=1-\sqrt{\dfrac{1}{n}\sum_{k=1}^{m}(x'_{ik}-x'_{jk})^2}$。

令 $p_i=\sum_{j=1}^{n}r_{ij}$,p_i 是相似系数矩阵第 i 行的和,该值越小,说明对象 i 与其他对象的距离越远,即孤立点集的候选项。

$$\lambda_i=\dfrac{p_{\max}-p_i}{p_{\max}}\times 100\% \tag{8-6}$$

式中:λ——阈值,$\lambda_i \geq \lambda$ 的对象则被认为是孤立点集。

8.2.4.2 阈值理论[11]

阈值识别法又称作固定区间法,是对交通流量、速度、密度等单一参数设置固定的上下界,阈值范围之外的数据被认定为异常数据。通常而言,阈值的设定与道路的等级、运行状况等因素有关。

1) 流量 q_d 阈值

$$0 \leqslant q_d \leqslant \Phi_c \cdot C \cdot T/60 \tag{8-7}$$

式中:C——道路通行能力(veh/h);

T——通行时间(分钟);

Φ_c——修正系数,取值在 1.3~1.5 之间。

2) 速度 v_d 阈值

$$0 \leqslant v_d \leqslant \Phi_v \cdot v \tag{8-8}$$

式中:v——道路的限制车速(km/h);

Φ_v——修正系数,取值在 1.3~1.5 之间。

3) 时间占有率 o_d 阈值

$$0\% \leqslant o_d \leqslant 100\% \tag{8-9}$$

4) 行程时间 T_d 阈值

行程时间阈值的确定因道路类型不同而异,本节以城市快速路的行程时间为例说明。

$$\frac{L}{v_n} \leqslant T_d \leqslant \frac{L}{v_n + \varepsilon} \tag{8-10}$$

式中:L——路段长度(km);

v_n——路段阻塞情况下,行驶车辆的最小平均车速(km/h);

ε——大于 0 的极小实数。

近年来,阈值识别因其算法简单,实时性高,适合在线计算等优点而被广泛应用。确定合理的交通流参数的上下限(阈值)是阈值识别方法的关键。针对同一原始数据,选用不同的阈值将会产生不同的时间序列,进而影响模型构建及识别精度。总体而言,阈值理论对异常数据识别具有一定的作用,但由于设定的机械化,异常数据剔除率较低。针对上述不足,本节提出基于交通流时空特性的动态阈值识别方法,具体的流程如下:

(1) 选取基础参照数据序列。

基于相邻车道、上下游及时间序列关系分别构建关于流量、速度、密度的基础数据参照序列:$\{Q_1, Q_2, \cdots, Q_{n-1}, Q_n\}$,$\{V_1, V_2, \cdots, V_{k-1}, V_k\}$,$\{O_1, O_2, \cdots, O_{p-1}, O_p\}$。

(2) 确定参照数据序列。

利用公式分别计算出交通流参数基础参照数据序列与目标数据序列的相关度,并对其进行排序。根据相关度由高到低分别选择 M 组(根据实际情况进行设定)数据序列组建成新的参照数据序列：$\{Q_1,Q_2,\cdots,Q_{n-1},Q_n\}$,$\{V_1,V_2,\cdots,V_{k-1},V_k\}$,$\{O_1,O_2,\cdots,O_{p-1},O_p\}$。

(3) 指标计算。

计算参照数据序列组中的 M 组数据序列同时刻的均值和方差,公式为：

$$\bar{Y}_i = \frac{1}{M}\sum_{j=1}^{M} y_i^j \tag{8-11}$$

$$\sum_i = \sqrt{\frac{1}{M-1}\left[\sum_{j=1}^{M}(y_i^j - \bar{y}_i)^2\right]} \tag{8-12}$$

式中：$\bar{Y}_i$——j 时刻处交通流参数的平均值；

y_i^j——不同参照数据序列中的交通流参数检测值。

(4) 确定动态阈值。

依据正态分布的拉依达准则(3σ 准则),某时刻交通参数估计值上下三倍标准差范围内囊括了 99.7% 的交通参数正常值。基于小概率事件实际不可能性原理,将此范围外的数据界定为异常数据,同时,结合交通流参数的固定阈值,制定动态阈值为：

$$M = \begin{cases} [y_i - 3\sigma_i, y_i + 3\sigma_i], & y_i - 3\sigma_i > 0 \text{ 且 } y_i + 3\sigma_i < I \\ [0, y_i + 3\sigma_i], & y_i - 3\sigma_i < 0 \text{ 且 } y_i + 3\sigma_i < I \\ [0, I], & y_i - 3\sigma_i < 0 \text{ 且 } y_i + 3\sigma_i > I \\ [y_i - 3\sigma_i, I], & y_i - 3\sigma_i > 0 \text{ 且 } y_i + 3\sigma_i > I \end{cases} \tag{8-13}$$

其中：

$$I = \begin{cases} \Phi_c \times C \times \dfrac{T}{60}, & y = q \\ \Phi_V \times v_h, & y = v \\ 100\%, & y = o \end{cases} \tag{8-14}$$

8.2.4.3 箱型图法

箱型图法也是阈值计算的一种思路。箱型图是在 1977 年由美国统计学家约翰·图基(John Tukey)提出的,它由五个数值点组成：最小值(min),下四分位数(Q_1),中位数(median),上四分位数(Q_3),最大值(max),也可以往箱型图里面加入平均值(mean)。原理如图 8-8 所示,下四分位数、中位数、上四分位数组成一个带有隔间的盒子。上四分位数到最大值之间建立一条延伸线,这个延伸线称为"胡须(whisker)"。为了不因少数的离群数据导致整体特征的偏移,可以将这些离群点单独汇出,箱型图中包含最小观测值与最大观测值。经验表示:最大(最小)观测值设置为与四分位数值间距离 1.5 个 IQR(中间四分位数极差)。

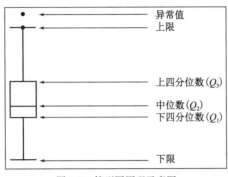

图 8-8　箱型图原理示意图

IQR = $Q_3 - Q_1$,即上四分位数与下四分位数之间的差,也就是盒子的长度。

最小观测值为 min = $Q_1 - 1.5\text{IQR}$,若存在离群点小于最小观测值的情况,则图形下限为最小观测值,离群点单独以点绘出。反之,图形下限为最小值。

最大观测值为 max = $Q_3 + 1.5\text{IQR}$,若存在离群点大于最大观测值的情况,则图形上限为最大观测值,离群点单独以点绘出。反之,图形上限为最大值。

8.2.4.4　阈值理论与交通流理论的组合检测算法

并非所有孤立点以及边界检测得到的边界点构成的区域以外的数据都是异常数据,还需结合阈值理论和交通流理论筛选伪异常数据。道路的等级、性质、控制类型及相关交通参数的不同,使得根据交通流理论和阈值理论的具体评价标准不尽相同,评价标准如表 8-4 所示。

交通流理论和阈值理论的具体评价标准　　表 8-4

规则	原理	内容		示例
规则1	阈值理论	流量 q	$0 \leq q \leq \dfrac{f_c \cdot C \cdot T}{60}$,其中,$C$ 为道路通行能力(veh/h);T 为数据采集的时间间隔(min);f_c 为修正系数,一般取 1.3~1.5	高速公路平原地区道路设计通行能力 200veh/h,则 5min 内流量大于 250 辆
		地点平均速度 v	$0 \leq v \leq f_v \cdot v_1$,其中,$v_1$ 为道路的限制速度 km/h;f_v 为修正系数,一般取 1.3~1.5	高速公路平原地区道路限制速度 120km/h,则 5min 内地点平均速度大于 150km·/h
		占有率 O	$0 \leq O \leq 100\%$	5min 内(时间)占有率大于 90%

续上表

规则	原理	内容	示例
规则2	交通流理论	地点平均速度 v 为0,流量 q 不为0	—
		流量 q 为0,但占有率 O 和地点平均速度 v 同时不为0	
		占有率为0,流量大于设定值	

检测器获得的数据被确定为异常数据进行剔除后,将不存在于数据集中,采用灰色GM模型等数据预测方法修正这些剔除的数据,数据顺序和总量不变。

8.3 中微观交通仿真参数标定关键技术

交通仿真参数标定是中微观交通仿真建模的重要环节,是保证交通仿真结果准确性的必要步骤。为保证中微观交通仿真平台的有效性,需要根据路网的特性分区域、分时段对表征其交通流特征的参数进行标定。本节主要目标是提出中微观交通仿真参数标定的技术方案,基于实测数据对道路交通自由流速度及通行能力进行标定并研究其仿真精度。此外,结合本书仿真建模示范应用案例,搭建基于Dynameq等交通仿真软件的中微观交通仿真模型,提出在中微观交通仿真建模中对交通流参数进行标定的技术方案并进行结果分析和验证。

8.3.1 文献概述

中微观交通仿真相关的参数包含交通仿真模型参数和交通流参数两大类。其中交通仿真模型参数是直接决定模型底层行为规则的关键控制变量,需要基于实测数据对模型进行标定后才能提升城市交通仿真模型的可信度。交通流参数可看作是交通流模型基本图中相关曲线的关键控制点,决定了不同路段的交通流变化曲线的基本趋势。一般来说,针对中微观交通仿真模型的交通流参数标定,主要关注的是自由流速度、通行能力、以及最大通行能力下的临界速度和阻塞密度等基本参数。

8.3.1.1 通行能力分析研究概况

道路通行能力的研究最早起源于美国,其交通工程师协会在1950年编写出版了《道路通行能力手册(HCM)》(以下简称《手册》),《手册》第一次较为全面地总结了道路通行能力的定义与确定方法。美国于1965年出版了《道路通行能力手册》第2版[12],概括了各类道路及其各部分的通行能力,在国际上产生了较大影响。随后其他一些发达国家(如英法德日等)均根据各国道路交通条件,编制了各自的道路通行能力手册。除通行能力手册的制定与出版之外,20世纪末期开始,计算机技术的崛起还促进了一系列道路交通仿真计算机模拟程序和软件的问世,这为分析道路通行能力又增加了强有力的工具和手段。国内对城市道路通行能力的研究起步较晚,一方面,国外的通行能力手册不一定适用于我国的交通环境、交通组成、道路车辆条件等情况;另一方面,美国的《道路通行能力手册2000》[13]主要是针对高速公路,对城市道路不一定适用。

在此背景下,20世纪80年代起,我国交通部公路科学研究所、公路规划研究院、东南大学、同济大学、北京工业大学等有关科研单位在学习国外有关通行能力研究方法的同时,根据国情对国外的成果进行了相应引进与修正。此外,全国各省市公路局、设计院对公路通行能力也做过研究,并采集了一批有价值的数据[14]。20世纪90年代以后,公路里程与公路质量的提高需求迫在眉睫,对通行能力的研究也提出了更多的要求,加上仿真软件的发展与广泛应用,国内学者们开始使用仿真模型对交通流展开研究与验证,如北京工业大学任福田和刘小明针对公路基本路段进行了模拟和仿真研究[15];西南交通大学杜进有、罗霞等用仿真软件对车头间隙分布规律及应用进行了研究[16]。

当前,道路及车辆的条件与20世纪存在很大差异,因此有必要对通行能力做进一步的研究,建立适合我国道路和交通条件的理论模型[17]。通行能力的计算方法通常有三种:折减系数法、实测法、仿真法。折减系数法以美国通行能力手册和日本设计规范为代表,对于公路和城市道路均适用,即将实际的道路交通条件换算成折减系数,再进行道路通行能力的计算;实测法可大致分为速度-密度模型法和车头间距法两种,前者多用于公路断面通行能力的测定,后者多用于城市道路交叉口通行能力的研究,具体又分为停车线法和冲突点法[18]。仿真法需借助交通仿真软件,采集所需要计算路段的详细信息,并构建模型进行仿真,通过仿真路段超过负荷时的交通流量估计道路的通行能力[19]。

8.3.1.2 自由流速度分析研究概况

自由流速度是衡量城市道路条件和交通管理手段的重要指标之一,也是决定城市道路服务水平的重要参数。当车辆处于自由流行驶状态时,其速度主要受道路物理条件与交通管理制度的影响,包括车道宽度与侧向净空、车道数量、立交间距、平面与纵断面线形、限速、照明条件以及天气条件等[20-24]。此外,自由流速度还与车辆的动力性能和驾驶员的驾驶特性有关。根据自由流速度的定义,在 Greenshield 线性模型中,当交通流密度趋近于零时,车辆接近于自由流行驶状态,此时的车速即为自由流车速或者是不受其他车辆干扰、根据驾驶员主观意愿自由选择的行驶速度。

鉴于自由流速度在交通流模型中的重要性,其研究得到了广泛的重视。按照研究对象,可分为高速公路、快速路、城市道路三类自由流速度。美国的《道路通行能力手册》[13]中基于实测数据,对高速公路的自由流速度进行了研究,将自由流速度作为中间变量对高速公路路段的通行能力进行估计,并通过基本自由流速度与各影响因素的折减量的线性组合估算各种道路的自由流速度。其中,基本自由流速度的推荐值为110km/h(城市)或120km/h(乡村)。《道路通行能力手册》所提出的自由流速度模型一直是高速公路自由流速度研究的核心。然而,由于所提方法的适用条件是自由流速度大于90km/h并小于120km/h的道路,因此,对于速度较低(一般为60km/h至80km/h)的城市快速路,该方法则不适用。对于快速路自由流速度的研究,Iwasaki[25]对日本城市快速路的106个检测点的交通流数据进行分析,研究了拥堵状态下交通流特性及地理因素对速度的影响,该研究采用流量-速度的 Sub Splane 图估计各检测点的自由流速度,分析影响自由流速度的地理因素,并采用多元分析开展了定量研究;李红萍等人[26]利用上海市快速路的线圈检测器,利用统计分析的方法开展了快速路自由流速度的研究。将流量低于120veh/(h·ln)时的车辆平均速度作为快速路的实测自由流速度,用 22 个断面的数据建立了自由流速度与平曲线半径、进出口距离与交通饱和度之间的回归模型。对于城市道路[1]而言,自由流速度是指在没有信号交叉口的路段,低流量条件下的车辆平均速度。

8.3.2 基于实测数据的道路通行能力标定方法

以武汉市地磁交通流检测数据为例,本节采用通行能力实测法对城市道路的实际通行能力进行了标定,分析并估计了各类城市道路实际通行能力,具体包括:车道的实际通行能力、不同服务水平下各等级道路的车道的实际通行能力、路段断面的实际通行能力和不同服务水平下各等级道路的路段断面的实际通行能力。

8.3.2.1 主要技术方法

道路通行能力标定方法流程如图 8-9 所示:
(1)筛选数据,并按给定时间间隔等分,其间隔长度不超过 15min;
(2)计算每一时间单元(如 15min 或者 1h)的单位小时流量、空间平均车速和自由流速度;

(3) 建立交通流数学模型并绘制速度-流量散点图和流量分布图；

(4) 将每一个调查点位计算出的单位小时流量从大到小排序，使用样本量估算方法，选取流量值较大的部分采集数据作为研究样本数据；

(5) 计算每一个样本流量的 85%、90%、95% 分位数和最大值；

(6) 综合分析建立的交通流数学模型和计算结果，确定统计间隔时间，并给出实际通行能力的推荐值。

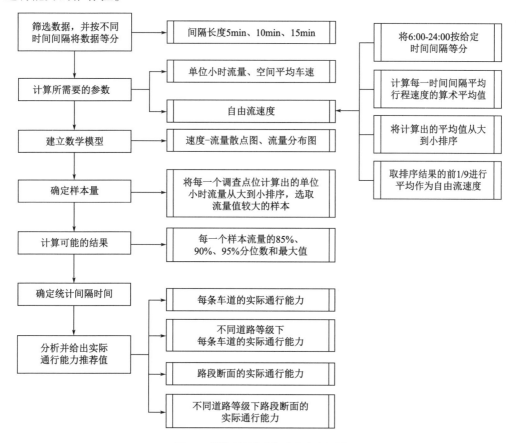

图 8-9　道路通行能力标定方法流程图

8.3.2.2　车道的实际通行能力

1）数据说明

本节以武汉市地磁检测器采集的交通流数据为例，将基于地磁检测器采集的数据在数据库中集中进行清洗，去除冗余数据、修正明显的异常数据、填补缺失的数据。数据获取的时间为 2018 年 12 月 17 日—2018 年 12 月 24 日。城市道路地磁数据样表（部分）如表 8-5 所示。

城市道路地磁数据样表（部分）　　　　　　　表 8-5

数据记录 ID	地磁 ID	地磁车道位置标记	数据记录时间	过车数量	速度（km/h）	车头时距（s/pcu）	路段 ID
36367348	A05638	1	00:00:00	1	30	24	1015
36367350	A05638	1	00:01:00	1	31	74	1015
…	…	…	…	…	…	…	…
36367353	A05638	1	24:58:00	1	55	175	1015
36367354	A05638	1	24:59:00	1	37	69	1015

基于以上地磁检测器采集的交通流数据的使用情况，归纳总结了一些可能存在的共性问题：第一，调查点位处于交叉路口时，尤其是信号灯控制的交叉口时，测得的部分车辆速度为零；第二，调查点距离交叉路口很近时，测得的是车辆排队减速后的车速；第三，部分车道流量未达到饱和状态，难以得到理想拟合图形。针对以上三类问题，本节在使用地磁检测器采集的交通流数据之前，除了数据清洗外，还对交叉口附近的检测器以及未达到饱和状态的检测器数据进行了排除处理。根据数据的完整度、所处区位、道路等级、交通流量大小以及日常交通特征等因素划分，筛选武汉市部分区域 2000 余个地磁点位，剔除异常数据后，本节分析的地磁点位共计 856 个，地磁点位分布图及统计结果如图 8-10 和表 8-6 所示（蓝色表示可用地磁点位，黄色表示不可用地磁点位）。所有计算结果均可在 ArcGIS 中进行展示，如图 8-11 所示。

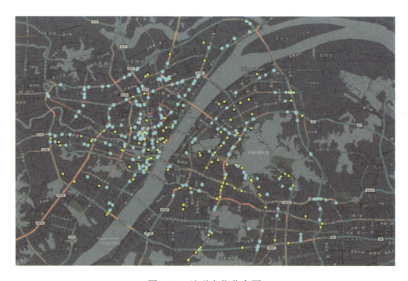

图 8-10　地磁点位分布图

地磁点位统计结果 表8-6

道路等级	快速路辅路	快速路	主干路	次干路	支路	其他	总数
地磁点位(个)	75	221	266	89	125	80	856

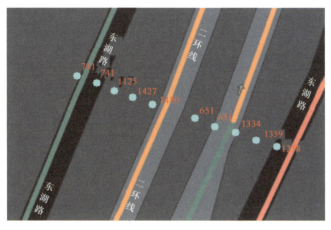

图8-11 通行能力估算结果展示(局部)

2) 实际通行能力的可能取值方法

交通流特性的研究主要集中于三参数(流量、速度、密度)的测量方法、分布特性及其三者之间的关系模型。早期的研究者们将目光更多地放到速度-密度关系和流量-密度关系上,而将速度-流量模型作为速度-密度模型的推导。但有关研究表明:利用速度和流量数据计算出密度,建立速度-密度模型,然后将速度-密度关系式转化成速度-流量方程,其间经历了两次非线性变换,会引起较大的偏差。同理,如果密度不是实测的,用流量-密度关系导出的速度-流量模型也会有比较大的偏差。因此,本节直接采用流量的观测数据来评估通行能力,避免上述非线性转化带来的误差。以随机抽取路段的一条车道(地磁点A04002)为例,调查点位位于主干道,设计速度为40~60km/h,基本通行能力为1650~1800pcu/h,设计通行能力为1300~1400pcu/h,其实际通行能力估算结果如表8-7所示。

不同统计间隔下实际通行能力的估计值 表8-7

地磁 ID	地磁检测器编码	85%分位数[pcu/(h·ln)]	90%分位数[pcu/(h·ln)]	95%分位数[pcu/(h·ln)]	最大值[pcu/(h·ln)]	变异系数
间隔5min						
A04002	1	1704	1764	1832	1980	5.54%
A06357	2	1607	1620	1688	1836	4.74%
A05448	3	1595	1644	1748	2604	11.14%
A06364	4	1320	1348	1380	1500	21.52%
A04064	5	792	811	852	912	7.55%

续上表

地磁 ID	地磁检测器 编码	85%分位数[pcu/(h·ln)]	90%分位数[pcu/(h·ln)]	95%分位数[pcu/(h·ln)]	最大值[pcu/(h·ln)]	变异系数
间隔10min							
A04002	1	1653	1683	1797	1920	5.78%
A06357	2	1572	1605	1671	1764	5.30%
A05448	3	1532	1614	1667	1908	9.06%
A06364	4	1268	1290	1343	1434	25.33%
A04064	5	768	804	816	900	8.62%
间隔15min						
A04002	1	1688	1766	1832	1832	5.62%
A06357	2	1580	1638	1652	1748	5.11%
A05448	3	1610	1636	1686	1728	8.09%
A06364	4	1276	1296	1326	1360	18.81%
A04064	5	772	816	832	884	7.46%

注：表中只是部分调查点位的计算结果。

3）确定统计时间间隔

在建立流量、速度、密度关系等交通流统计模型或标定模型参数时，首先需要确定统计时间间隔，因为它直接影响道路交通流模型曲线的形状，特别是在接近通行能力和拥挤区附近曲线的形状。根据经验，当统计时间间隔增加时，观测点分布的离散性将降低，此时能较好地确定一条适合于这些数据的平顺而连续的曲线。统计间隔越短，个别特殊车辆及交通流的随机因素的影响就越明显。考虑到稳定交通流的最短存在时间一般为15min，因此多数研究者在研究中主要观测分析15min的交通流量和运行质量间的关系。但设计交通量仍以1h为单位，故通常以交通流率而不是以小时交通量来反映通行能力。我国现阶段仍采用小时交通量而不用交通流率，并且我国城市道路交通流变化情况较为复杂，交通量有可能在短时间内剧增或剧减，特别是在交通流达到通行能力以上的情况下。有些研究者认为可以取5min为统计时间间隔，但5min时间间隔是否适用于本节所采用的地磁数据也有待进一步分析。因此，为了确定本次计算的最佳统计时间间隔，将分别采用5min、10min以及15min的统计时间间隔进行对比分析。不同统计间隔下通行能力偏差计算分析如表8-8所示。

不同统计间隔下通行能力偏差计算分析表　　　　　表 8-8

地磁 ID	$Q_{15}-Q_5$ （pcu/h）	$Q_{15}-Q_{10}$ （pcu/h）	5min 与 15min 的偏差	10min 与 15min 的偏差	偏差绝对值 之差
A04002	-16	35	-0.95%	2.07%	1.12%
A06357	-27.4	8	-1.73%	0.51%	1.22%
A05448	14.8	78.7	0.92%	4.89%	3.97%
A06364	-44.2	8.3	-3.46%	0.65%	2.81%
A04064	-20	4	-2.59%	0.52%	2.07%
A06381	-33.2	-3.8	-2.30%	-0.26%	2.04%
A06460	-36	10.5	-2.33%	0.68%	1.65%
A05743	-59.2	-5.2	-4.79%	-0.42%	4.37%
A04032	-24.6	9.9	-8.22%	3.31%	4.91%
A03436	24	24	2.94%	2.94%	0
均值	22.18	16.94	-2.25%	2.87%	2.42%
标准差	23.97	23.50	1.49%	1.65%	1.5%

比较不同统计间隔的结果发现：5min、10min 分别与 15min 统计间隔的推荐通行能力的平均差值为 22.18pcu/h 和 16.94pcu/h，标准差为 23.97pcu/h 和 23.50pcu/h。前两者与 15min 的结果相比偏差分别为 -2.25% 和 2.87%，可见统计时间间隔不管是采用 5min 还是 10min，两组统计结果除了波动幅度略微差别外，离散程度和总体特性基本保持一致。综合考虑我国城市交通流变换频繁及采用的统计间隔越短计算量越大的情况，因此，本书使用 15min 作为最小统计时间间隔。

4）确定实际通行能力推荐值

在城市道路中同向行驶的车辆会经常出现变道、超车和停车等交通行为，同时靠近外侧的车道受公交停靠站、非机动车及出入口的影响，车道通行能力由内侧向外侧依次递减。对车道通行能力的影响用车道修正系数 α 来表示：最靠近中央分隔带或道路中心线的车道修正系数 α 定为 1.00；第二条车道为 0.80~0.89；第三条车道为 0.65~0.78；第四条道为 0.50~0.65；第五车道为 0.40~0.52[1]。因此，断面的第一条车道基本通行能力为 1800pcu/h，第三条车道为 1404pcu/h，第五条车道为 828pcu/h。但同一断面不同车道的速度-流量之间存在二次相关关系，其运行状态还存有一定区别。为了进一步确定实际通行能力的取值，将示例对象武汉市解放大道某路段的三条车道的流量-密度关系散点图中不同百分位数与标准值（基本通行能力）做对比分析，其结果如图 8-12 所示。同一断面不同地磁点位统计结果如表 8-9 所示。

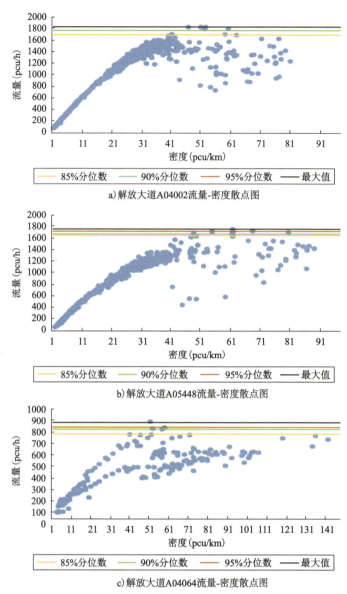

图 8-12 确定实际通行能力推荐值的流量-密度散点图

同一断面不同地磁点位统计结果　　　　表 8-9

地磁 ID	车道位置	推荐值 [pcu/(h·ln)]	标准值 [pcu/(h·ln)]	差值 [pcu/(h·ln)]	平均偏差
A04002	1	1832	1800	32	
A05448	3	1686	1404	282	7.4%
A04064	5	832	828	4	

由表 8-9 可知，推荐值（95%分位数）与标准值（根据车道位置的折减）差距不大，介于基本通行能力和设计通行能力规范值之间，同时要考虑剔除个别异常值，不能将流量

最大值作为通行能力值,因此推荐取95%分位数作为通行能力估计值。

5)各等级道路车道实际通行能力的空间分布差异

武汉市地磁点位主要分布于汉口片区(商业区)、汉阳片区(工业区)和武昌片区(文化区),其中汉口片区431个,汉阳片区154个,武昌片区271个。地磁点位分布情况如表8-10所示。

地磁点位分布情况表(单位:个)　　表8-10

区域	快速路辅路	快速路	主干路	次干路	支路	其他	总数
汉口	74	78	145	42	67	25	431
汉阳	0	10	52	19	39	34	154
武昌	1	110	82	27	19	32	271

根据上文确定的实际通行能力推荐值,考虑不同区域各等级道路车道的实际通行能力,各等级道路车道实际通行能力分片区统计如图8-13所示。各等级道路车道实际通行能力的空间分布情况汇总如表8-11所示。

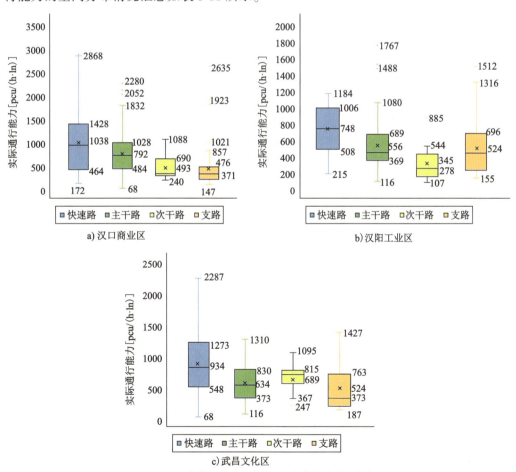

图8-13　各等级道路车道实际通行能力分片区统计

各等级道路车道实际通行能力的空间分布情况汇总[单位:pcu/(h·ln)]) 表 8-11

区域	道路等级	平均值	最小值	中位数	75%分位数	最大值
汉口	快速路	1038	172	974	1428	2868
	主干路	792	68	753	1028	1832
	次干路	493	240	378	690	1088
	支路	476	147	371	524	857
汉阳	快速路	748	215	749	1006	1184
	主干路	556	116	468	689	1080
	次干路	345	107	278	451	544
	支路	524	155	468	696	1316
武昌	快速路	934	68	865	1273	2287
	主干路	634	116	577	830	1310
	次干路	689	367	747	815	1095
	支路	524	187	373	763	1427

由表 8-11 可知,不同区域上各等级道路车道实际通行能力分布区间跨度较大且值偏小,但整体来看,汉口片区和武昌片区的通行能力明显高于汉阳片区,说明商业区和文化区的通行能力优于工业区。

8.3.2.3 不同服务水平下各等级道路车道实际通行能力

根据武汉市所有调查点位的统计结果可知,各等级道路每条车道的实际通行能力波动范围较大,需要根据道路的服务水平进一步细分道路等级。参考《道路通行能力手册》以及《上海市中心城专业道路规划》,拟定快速路、快速路辅路、主干路、次干路、支路的自由流速度分别为 80km/h、50km/h、60km/h、50km/h、30km/h。根据服务水平将各道路等级进一步细分,划分结果如表 8-12 所示。

道路服务水平分级表 表 8-12

服务水平	交通饱和度	$V_{平均}/V_f$	平均速度(km/h)				
			快速路	快速路辅路	主干路	次干路	支路
Ⅳ级	0.85	>70%	>56	—	>42	>35	>30
Ⅲ级	0.75	50%~70%	40~56	>35	30~42	25~35	20~30
Ⅱ级	0.5	33%~50%	27~40	25~35	20~30	16~25	10~20

续上表

服务水平	交通饱和度	$V_{平均}/V_f$	平均速度(km/h)				
			快速路	快速路辅路	主干路	次干路	支路
Ⅰ级	0.35	<33%	<27	<25	<20	<16	<10
基本通行能力$C_基$[pcu/(h·ln)]			1750	1350	1400	1350	1300

注:交通饱和度(V/C):在理想条件下,最大服务交通量(V)与基本通行能力(C)之比。

1) 不同服务水平下车道实际通行能力

通过计算武汉市所有调查路段的交通饱和度,并根据服务水平等级表将快速路、快速路辅路、主干路、次干路和支路依次进行划分,其中不同服务水平下各等级道路车道实际通行能力分布如图 8-14 所示。不同服务水平下各等级道路车道的实际通行能力汇总如表 8-13 所示。

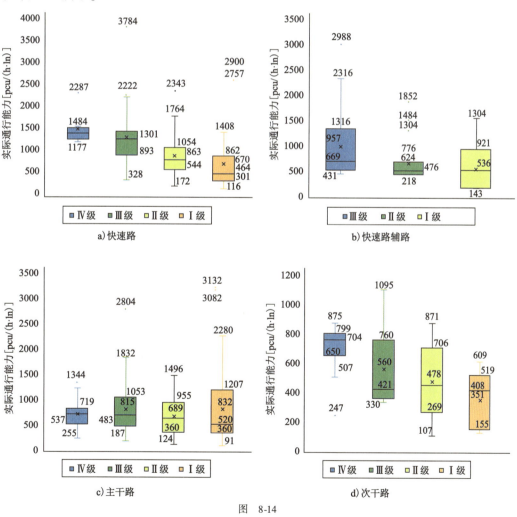

图 8-14

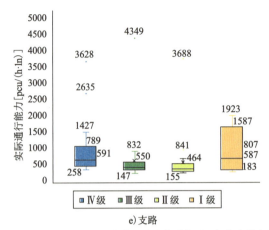

e) 支路

图 8-14　不同服务水平下各等级道路车道实际通行能力分布图

不同服务水平下各等级道路车道的实际通行能力汇总　　　表 8-13

道路等级	服务水平	通行能力 [pcu/(h·ln)]						
		平均值	最小值	中位数	75%分位数	最大值	标准差	变异系数
快速路	Ⅳ级	1484	1177	1375	1498	1527	361	24%
	Ⅲ级	1301	328	1260	1426	2222	704	54%
	Ⅱ级	863	172	776	1054	1764	449	52%
	Ⅰ级	670	116	464	862	1408	622	93%
快速路辅路	Ⅲ级	957	431	669	1316	2316	629	66%
	Ⅱ级	624	218	476	659	776	400	64%
	Ⅰ级	536	143	512	921	1304	417	78%
主干路	Ⅳ级	719	255	731	844	1235	243	34%
	Ⅲ级	815	187	710	1053	1832	513	61%
	Ⅱ级	689	124	649	955	1496	396	58%
	Ⅰ级	832	91	520	1207	2280	701	84%
次干路	Ⅳ级	704	507	754	799	875	146	21%
	Ⅲ级	560	330	421	760	1095	249	44%
	Ⅱ级	478	107	452	706	871	229	48%
	Ⅰ级	351	127	408	519	609	176	50%
支路	Ⅳ级	789	258	591	990	1427	692	88%
	Ⅲ级	550	147	335	499	832	828	151%
	Ⅱ级	464	155	263	433	613	679	146%
	Ⅰ级	807	183	587	1587	1923	654	81%

2) 车道实际通行能力的应用分析

本节以快速路为例进行车道实际通行能力的详细分析。不同服务水平下快速路车道实际通行能力分析如表 8-14 所示。

不同服务水平下快速路车道实际通行能力分析　　表 8-14

服务水平	标准的 V/C	变异系数	$C_{实际值}$ [pcu/(h·ln)]	估算的 V/C	V/C 的差值	V/C 的偏差
Ⅳ级	0.85	24%	1484	0.85	0	0
Ⅲ级	0.75	54%	1301	0.74	0.01	1.3%
Ⅱ级	0.5	52%	863	0.49	0.01	2%
Ⅰ级	0.35	93%	670	0.38	0.03	8.6%

比较不同服务水平下快速路单车道的交通饱和度(V/C)的估算值和标准值后,发现两者的偏差仅为 0、1.3%、2% 和 8.6%,均低于 10%,可见,根据道路不同服务水平等级,对车道实际通行能力取平均值,计算不同道路车道实际通行能力的方法具有一定合理性。不同服务水平下各等级道路车道实际通行能力汇总如表 8-15 所示。

不同服务水平下各等级道路车道实际通行能力[单位:pcu/(h·ln)]　　表 8-15

服务水平	道路等级				
	快速路	快速路辅路	主干路	次干路	支路
Ⅳ级	14864	—	957	807	704
Ⅲ级	1301	815	863	789	550
Ⅱ级	832	624	719	560	464
Ⅰ级	689	536	670	478	351

传统道路饱和度基于交通流三要素之间的相互关系进行测算。当交通流运行速度降低为 0 时,即道路完全阻塞,此时交通流处于过饱和状态($V/C>1$),车流对道路承载力的占用率已达到最大值。在此情况下,随着输入交通流的进一步增加,该模型会出现失效的状况,需要通过输入流量的方法进行饱和度计算。根据前文的计算结果可知,交通流处于过饱和的状态(即交通饱和度大于 1)的情况极少,并且大多数计算结果相对于经验值来说偏小。

8.3.2.4 路段断面的实际通行能力

从武汉市通过地磁采集的交通流数据集中抽取调查路段断面 349 个,按照道路类型统计如表 8-16 所示。

调查路段地磁断面数据统计(单位:个)　　　　　　表 8-16

道路等级	快速路辅路	快速路	主干路	次干路	支路	其他	总数
断面个数	36	49	94	37	76	57	349

由上文单车道的实际通行能力计算结果可知,不同条件下通行能力差别较大。现结合所有调查路段断面通行能力的计算结果,分别以快速路、主干路、次干路和支路各一个断面为例,详细分析道路断面实际通行能力。

1)快速路断面实际通行能力

以中环路快速路断面(ID_Station 为 1290,单向 4 车道)为例,编号为 A07339、A07145、A07136、A07094 的车道速度-流量关系散点图如图 8-15 所示。快速路断面(ID_Station:1290)各车道信息如表 8-17 所示,其中车道编号 1-4,1 为最靠近隔离带的车道,4 为最外侧车道。

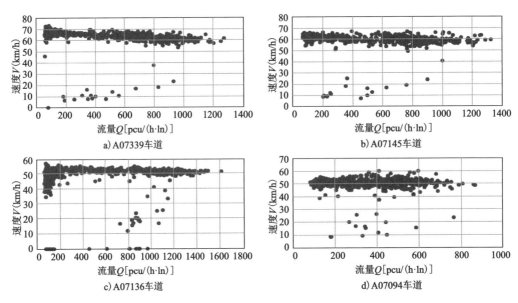

a) A07339车道　　　　b) A07145车道
c) A07136车道　　　　d) A07094车道

图 8-15　中环快速路断面 ID_Station:1290 速度-流量散点图

快速路断面(ID_Station:1290)各车道信息　　　　表 8-17

Link Location	ID_Station	ID_Link	ID_Lane	ID_EM	实际通行能力 [pcu/(h·ln)]
中环快速路	1290	93874	1	A07339	747
中环快速路	1290	93874	2	A07145	1424
中环快速路	1290	93874	4	A07136	1208

续上表

Link Location	ID_Station	ID_Link	ID_Lane	ID_EM	实际通行能力 [pcu/(h·ln)]
中环快速路	1290	93874	3	A07094	1120
实际通行能力平均值					1125

将快速路断面 ID_Station 为 1290 的各个车道的数据按照 15min 时间粒度进行集计,集计后的速度-流量散点图和流量分布如图 8-16 所示。

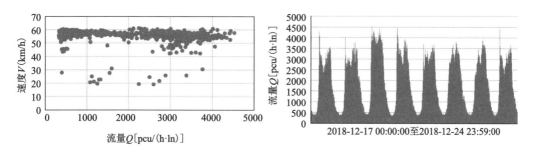

图 8-16 快速路断面(ID_Station:1290)汇总速度-流量散点图及流量分布图

由上图可以看出:虽然同一断面不同车道的交通流运行状态有一定差异,但集计后的断面速度-流量散点以及流量分布图和各个车道所表征的时变特征基本保持一致。因此,断面通行能力的计算方法可参考单车道的实际通行能力,推荐取 95% 分位数作为通行能力值,具体结果如表 8-18 所示。

快速路断面(ID_Station:1290)的实际通行能力计算结果及其与单车道结果的对比　表 8-18

快速路	车道数(条)	85%分位数	90%分位数	95%分位数	最大值
路段断面(pcu/h)	4	4224	4294	4426	4524
单车道[pcu/(h·ln)]	1	1056	1074	1107	1131

由表 8-18 可知,中环快速路断面编号为 ID_Station:1290 的实际通行能力为 1107[pcu/(h·ln)],和表 8-17 所计算的车道平均实际通行能力 1125[pcu/(h·ln)]的偏差仅为 1.6%,因此快速路路段断面的实际通行能力取路段 95% 分位数的平均值 (4426 pcu/h) 具有一定合理性。

2) 主干路断面实际通行能力

以解放大道主干路断面(ID_Station 为 1326,单向 4 车道)为例,车道编号分别为 2394、A04272、A04273 和 2481,其速度-流量关系散点图如图 8-17 所示。解放大道断面 (ID_Station:1326) 各车道信息如表 8-19 所示。

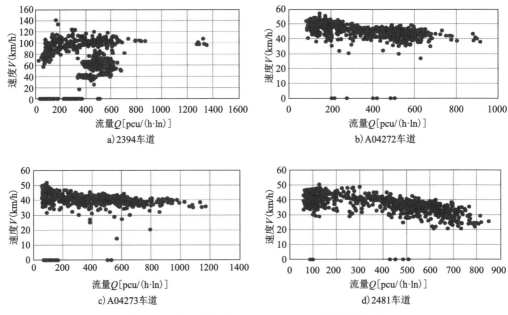

图 8-17　解放大道断面（ID_Station：1326）速度-流量散点图

解放大道断面（ID_Station：1326）各车道信息　　　　表 8-19

Link Location	ID_Station	ID_Link	ID_Lane	ID_EM	实际通行能力 [pcu/(h·ln)]
解放大道主干路	1326	15832	3	2394	807
	1326	15832	2	A04272	778
	1326	15832	1	A04273	760
	1326	15832	4	2481	963
实际通行能力平均值					827

将各车道的数据按照15min的统计时间间隔依次相加，汇总后的速度-流量散点图和流量分布图如图8-18所示。主干道断面（ID_Station：1326）实际通行能力及其与单车道对比如表8-20所示。

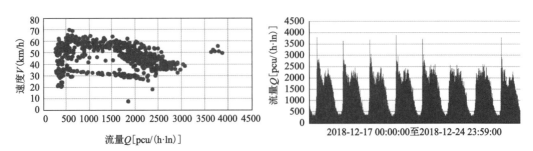

图 8-18　主干道断面（ID_Station：1326）汇总速度-流量散点图及流量分布图

主干路断面（ID_Station：1326）实际通行能力及其与单车道对比　　　表8-20

主干路	车道数（条）	85%分位数	90%分位数	95%分位数	最大值
路段断面（pcu/h）	4	2953	3470	3778	3884
单条车道[pch/(h·ln)]	1	738	867	944	971

由上表可知，解放大道主干路断面 ID_Station 为 1326 的实际通行能力为 944[pcu/(h·ln)]，和表 8-19 所计算的车道平均实际通行能力 827[pcu/(h·ln)]的偏差仅为 12.4%，因此可以将样本数据实际通行能力的 95%分位数的平均值（3778pcu/h）作为主干路断面的实际通行能力。

3）次干路断面的实际通行能力

以次干路东湖南路断面（ID_Station 为 1300，单向 2 车道）为例，车道编号分别为 A06434 和 A06452，其速度-流量关系散点图如图 8-19 所示。东湖南路断面（ID_Station：1300）各车道信息如表 8-21 所示。

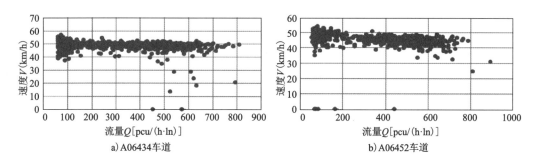

图 8-19　东湖南路断面（ID_Station：1300）速度-流量散点图

东湖南路断面（ID_Station：1300）各车道信息　　　表8-21

Link Location	ID_Station	ID_Link	ID_Lane	ID_EM	实际通行能力[pcu/(h·ln)]
东湖南路	1300	18361	1	A06434	714
	1300	18361	2	A06452	724
实际通行能力平均值					719

将次干路东湖南路断面 ID_Station 为 1300 的各车道的数据按照 15min 时间粒度进行集计，集计后的速度-流量散点图和流量分布图如图 8-20 所示。次干路断面（ID_Station：1300）实际通行能力及其与单车道结果对比如表 8-22 所示。

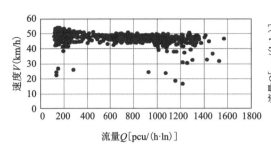 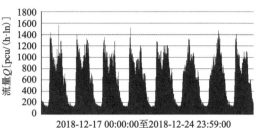

图 8-20　ID_Station:1300 断面汇总速度-流量散点图及流量分布图

次干路断面(ID_Station:1300)实际通行能力及其与单车道结果对比　　表 8-22

次干路	车道数(条)	85%分位数	90%分位数	95%分位数	最大值
路段断面(pcu/h)	2	1356	1410	1467	1572
单条车道[pcu/(h·ln)]	1	678	705	734	786

由上表可知,东湖南路次干路断面 ID_Station 为 1300 的实际通行能力为 734[pcu/(h·ln)],和表 8-21 所计算的车道平均实际通行能力 719[pcu/(h·ln)]的偏差仅为 2%。因此可以将样本数据实际通行能力的 95%分位数的平均值(1467pcu/h)作为次干路断面的实际通行能力。

4)支路断面实际通行能力

以支路兴业南路断面(ID_Station 为 1373,单向 2 车道)为例,车道编号分别为 A08465 和 A08947,其速度-流量关系散点图如图 8-21 所示。兴业南路断面(ID_Station:1373)各车道信息如表 8-23 所示。

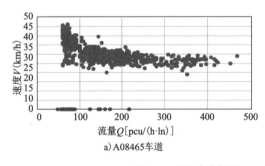 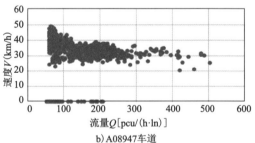

a)A08465车道　　　　　　　　　　　　　　b)A08947车道

图 8-21　兴业南路断面(ID_Station:1373)速度-流量散点图

兴业南路断面(ID_Station:1373)各车道信息　　表 8-23

Link Location	ID_Station	ID_Link	ID_Lane	ID_EM	实际通行能力[pcu/(h·ln)]
兴业南路支路	1373	12240	2	A08465	394
	1373	12240	1	A08947	418
实际通行能力平均值					406

将支路兴业南路断面(ID_Station:1373)的各个车道的数据按照 15min 时间粒度进行集计,集计后的速度-流量散点图和流量分布图如图 8-22 所示。

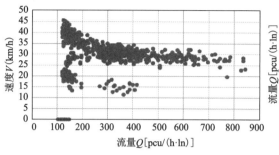 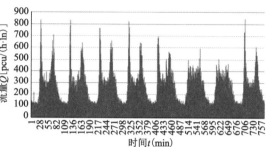

图 8-22 支路断面(ID_Station:1373)汇总速度-流量散点图及流量分布图

支路断面(ID_Station:1373)实际通行能力及其与单车道结果对比如表 8-24 所示。

支路断面(ID_Station:1373)实际通行能力及其与单车道结果对比 表 8-24

支路	车道数(条)	85%分位数	90%分位数	95%分位数	最大值
路段断面(pcu/h)	2	762	778	835	844
单条车道[pcu/(h·ln)]	1	381	389	417	422

由表 8-24 可知,支路兴业南路断面 ID_Station 为 1373 的实际通行能力为 422[pcu/(h·ln)],和表 8-23 所计算的车道平均实际通行能力 406[pcu/(h·ln)]的偏差仅为3.8%,因此取该路段车道实际通行能力值的 95%分位数的平均值(835pcu/h)作为支路路段断面实际通行能力值是合理的。

8.3.2.5 不同服务水平下各等级道路断面实际通行能力估计

根据武汉市所有调查点位估计得到的路段实际通行能力结果可知,即使是同一个等级的道路,其通行能力波动范围也比较大,需要针对各道路等级进一步划分。本节根据路段交通流平均速度将其划分为若干等级(与前述车道的服务水平划分方法类似),划分详情如表 8-25 所示。

不同服务水平下各等级道路断面实际通行能力估计[单位:pcu/(h·ln)] 表 8-25

道路等级	服务水平	平均值	最小值	中位数	75%分位数	最大值	标准差	变异系数
快速路	Ⅲ级	1072	570	1050	1292	1659	289	27%
	Ⅱ级	845	310	896	1046	1661	384	45%
	Ⅰ级	598	133	467	836	1498	407	68%

311

续上表

道路等级	服务水平	平均值	最小值	中位数	75%分位数	最大值	标准差	变异系数
快速路辅路	Ⅲ级	952	424	772	1400	2104	504	53%
	Ⅱ级	649	356	529	974	1086	274	42%
	Ⅰ级	1077	458	846	1497	2496	671	62%
主干路	Ⅳ级	817	580	747	944	1210	175	21%
	Ⅲ级	695	256	547	896	1310	420	60%
	Ⅱ级	643	135	526	988	1394	382	59%
	Ⅰ级	739	228	475	759	1323	671	91%
次干路	Ⅳ级	718	462	718	811	1088	211	30%
	Ⅲ级	648	316	710	747	1095	231	36%
	Ⅱ级	339	171	309	518	567	150	44%
	Ⅰ级	310	158	268	435	587	145	47%
支路	Ⅳ级	731	180	590	1027	1193	552	76%
	Ⅲ级	786	147	410	832	1515	968	123%
	Ⅱ级	494	138	332	428	512	762	154%
	Ⅰ级	653	167	274	1060	1883	614	94%

1)不同服务水平下路段断面的实际通行能力

计算武汉市所有调查路段断面的交通饱和度,根据服务水平等级表将快速路、快速路辅路、主干路、次干路和支路进行划分,其中不同服务水平下各等级路段断面实际通行能力分布情况如图 8-23 所示。

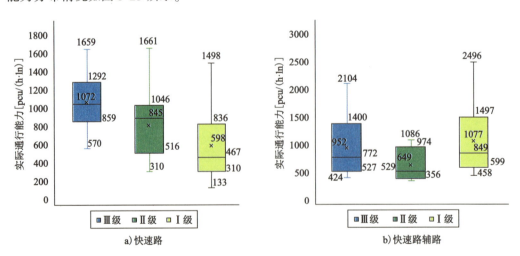

图 8-23

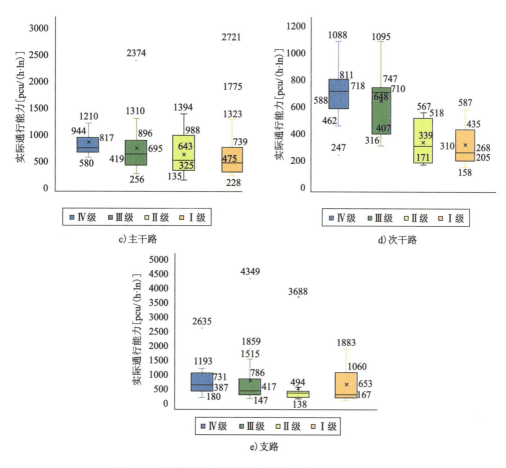

图 8-23 不同服务水平下各等级道路断面实际通行能力分布图

2）道路断面实际通行能力[pcu/(h·ln)]的应用分析

本节仍以快速路为例进行详细分析。不同服务水平下快速路断面实际通行能力估计如表 8-26 所示。

不同服务水平下快速路断面实际通行能力估计　　　　表 8-26

服务水平	标准的 V/C	变异系数	$C_{实际值}$ [pcu/(h·ln)]	计算的 V/C	V/C 的差值	V/C 的偏差
Ⅲ级	0.35	93%	670	0.38	0.03	8.6%
Ⅱ级	0.50	52%	863	0.49	0.01	2%
Ⅰ级	0.75	54%	1301	0.74	0.01	1.3%

比较不同服务水平下快速路路段断面的交通饱和度（V/C）计算值和标准值发现,两者的偏差仅为 14%、2% 和 1%,可见不同服务水平下快速路所有路段实际通行能力取平

均值是合理的。但是,综合上文来看,存在着Ⅰ级服务水平下的实际通行能力值高于Ⅱ级的情况,这显然是不合理的,经排查发现,主要原因是数据量太少,比如在此次调查的856个地磁点位中,快速路辅路处在Ⅰ级服务水平的路段断面仅有6个,这种情况下直接取平均值是不合适的。综合考虑下,可以先去掉不合理的最高值和最低值后,再取平均值,更新后的实际通行能力汇总表如表8-27所示。

不同服务水平下各道路等级路段断面实际通行能力［单位:pcu/(h·ln)］ 表8-27

服务水平	快速路	快速路辅路	主干路	次干路	支路
Ⅳ级	—	—	952	731	718
Ⅲ级	1072	786	695	786	648
Ⅱ级	845	643	694	494	339
Ⅰ级	700	598	598	372	310

根据上文的计算结果可知,实际通行能力与经验值存在一定的差异,这是由多种因素造成的,如道路类型、非机动车流量、道路开口、周边土地利用、数据来源、分析方法、道路服务水平分级等。在数据源方面,武汉市地磁采集的交通流数据在通行能力计算的使用过程中可能产生的共性问题详见上文,这里不再阐述。除上述共性问题,道路断面的车道数量及位置等对路段断面的实际通行能力也有一定的影响。

8.3.3 基于实测数据的道路自由流速度标定方法

8.3.3.1 主要技术方法

1)总体技术路线

以武汉市汉口核心区道路为例,本节采取以下方法估计自由流速度:首先提取所研究区域的地磁数据,将武汉市汉口核心区的所有地磁数据按照快速路、快速路辅路、主干路、次干路、支路五个道路等级进行划分,得到各等级道路零点到早上九点的流量,并判断道路交通密度最低的时间段,把该时段地磁传感器检测到的速度作为该等级道路的自由流速度计算的基础;同时为了与其他自由流速度计算方法进行比较,本书也参照了《城市交通运行状况评价规范》(GB/T 33171—2016)中提出的自由流速度估算方法。本书所提出的自由流计算流程图如图8-24所示。现以快速路为例详细分析自由流速度计算过程,并给出各等级道路的估算结果。

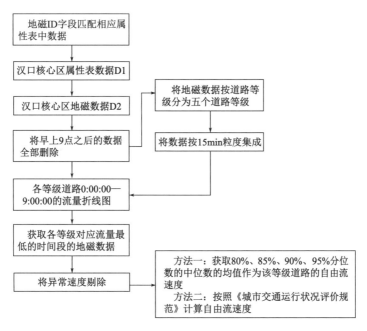

图 8-24　自由流计算流程图

2）数据采集原则

充分利用已有交通流检测和监控设备所记录的数据作为交通流参数标定的基础数据，如交通流量、车速、车头时距、占有率等。现实应用中，《道路通行能力手册》中把不受匝道附近的合流、分流及交织流影响的快速路路段称为基本路段，由于快速路线圈布设密度和设施条件的限制，因此并不能严格区分快速路的基本路段。因此，本书根据城市快速路及主干路检测设备布设原则和目前检测设备实际布设情况，定义匝道上游第1组采集线圈和下游第2组线圈之间的匝道为出入口附近路段，且匝道与匝道之间的路段作为基本路段。其他城市道路（如主干路、次干路、支路）按照检测设备布设情况，无匝道与基本道路区分，因此统一采用路段检测设备所采数据。测试时间应与测试目的相对应，需要具有典型性和代表性。以一周为分析单元，对工作日的测试最好是星期一下午到星期五上午，对非工作日的测试选择星期六或星期日，调查时间需要包括拥堵阻塞、平峰和夜间。

8.3.3.2　自由流速度标定

本小节以武汉市汉口核心区的快速路为例，阐述基于地磁所获取的交通流数据、浮动车 GPS 数据的自由流速度参数标定方法，按照统计法、浮动车法和规范法三种方法分别进行介绍。

1) 方法一：基于地磁数据的快速路自由流速度标定（统计法）

汉口核心区某快速路 0:00:00—8:45:00am 的平均流量分布见图 8-25。

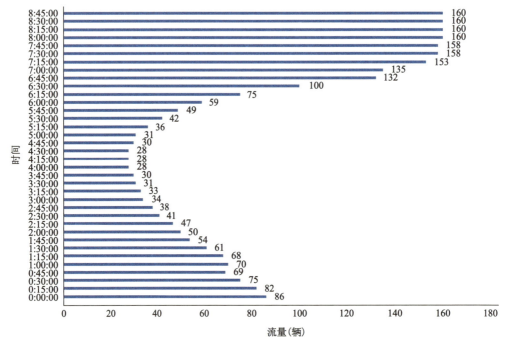

图 8-25　快速路 0:00:00-8:45:00am 平均流量分布图

在 3:45:00—4:30:00am 内该等级道路的路段流量最低，因此采用在 3:45:00—4:30:00am 快速路路段上地磁传感器检测的速度值作为快速路自由流速度的计算基础。采用两种方法计算自由流速度：

（1）采用所选凌晨时段速度数据的众数作为自由流速度；

（2）先从凌晨时段速度数据中选取其 80%～95% 中的四个不同百分位的数据，并计算各组数据的中位数，再计算所有中位数的平均值，将速度为零及超过 120km/h 的异常数据剔除后得到快速路 80%、85%、90%、95% 速度的中位数的均值为 61km/h。

2) 方法二：基于出租车 GPS 数据的快速路自由流速度标定（浮动车法）

出租车在时间段 3:45:00—4:30:00am 内行驶在快速路上的速度分布如图 8-26 所示，由箱型图可知该时段快速路上出租车的速度范围在 40～90km/h 之间，排除异常值后，快速路出租车的速度上限为 72.4km/h，上四分位数是 59.0km/h，80%、85%、90%、95% 速度的中位数的均值为 76km/h。

3) 方法三：基于《城市交通运行状况评价规范》的自由流速度标定（规范法）

按照《城市交通运行状况评价规范》（GB/T 33171—2016）的要求，城市快速路可采用地磁数据（路段）计算自由流速度。本节按 15min 时间粒度，计算平均运行速度的算术平均值。已计算的平均值按从大到小排序,并计算前10%较大值的平均值,再把各天数据的均值取平均值作为快速路路段自由流速度,快速路的设计行车速度为60～100km/h,而根据该方法估算的快速路自由流速度为51km/h,低于快速路的最小设计行车速度。

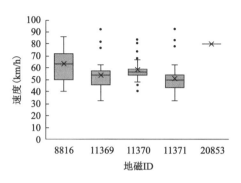

图8-26　快速路3:45:00—4:30:00am速度分布

4) 自由流速度标定结果

上述三种方法得到的标定结果存在一定差异,因此快速路自由流速度选用三种计算结果的平均值,即63km/h。

利用上述方法对武汉市目前有效的地磁检测器所采集的数据和浮动车GPS数据计算得到武汉市各等级道路自由流速度标定如表8-28所示。

各等级道路自由流速度标定　　表8-28

道路等级		快速路	快速路辅路	主干路	次干路	支路
标定时间段		3:45:00—4:30:00	3:30:00—4:15:00	3:30:00—4:30:00	4:15:00—5:15:00	3:15:00—3:30:00
速度	方法一	61km/h	58km/h	61km/h	57km/h	51km/h
	方法二	76km/h	65km/h	66km/h	56km/h	47km/h
	方法三	51km/h	—	51km/h	47km/h	36km/h
	标定值	63km/h	61km/h	59km/h	53km/h	45km/h

可以发现,运用统计学方法计算的自由流速度因使用的原始数据不同会略有差异,其中地磁数据(方法一)计算的自由流数据与出租汽车数据(方法二)计算的自由流数据相比,总体上偏小;而以地磁数据为基础数据,运用规范方法和统计方法(方法三)计算自由流速度时,前者得到的自由流速度相对较小。

8.3.4　面向Dynameq的交通流参数标定方案

Dynameq采用了一种基于动态用户均衡原理的动态交通分配模型,在其使用的动态交通分配(Dynamic Traffic Assignment,DTA)的均衡配流方法中,目标是最小化每个驾驶员的行程时间。Dynameq 采用迭代网络分配方法，每次迭代过程均运行路径选择模型和交通仿真模型，交通仿真模型接收来自于路径选择模型中基于时间序列的道路流量，并在路网上对其进行模拟，然后将出行信息反馈给路径选择模型，从而对下一次的路径选择做出指导。因此，这两个模型中的输出都是彼此的输入，这一过程持续循环，直到收敛至动态用户平衡的近似状态。

8.3.4.1 Dynameq 微观驾驶行为模型

1）车辆跟驰模型

与大多数交通仿真软件一样，其交通流模型的核心是车辆跟驰模型。Dynameq 动态交通仿真采用的是一个简化后的车辆跟驰模型：

$$x_f(t) = \min[x_f(t-\delta) + \delta V_{\text{free}}, x_1(t-R) - L] \tag{8-15}$$

式中：$x(t)$——表示车辆的位置（m，位置作为时间的函数）；

L——表示车辆有效长度（m）；

R——车辆驾驶员的反应时间（s）；

V_{free}——表示自由流速度（m/s）；

δ——表示任意很短的时间间隔（s）；

f、l——分别表示跟随车和前导车的标志符。

最小值运算式中第一项表示跟随车在 $(t-\delta)$ 时位置的基础上，在 t 时刻能够到达的最远位置，此项由车辆的最大行驶速度 V_{free} 来进行约束。最小值运算式中第二项表示在简单的安全距离模型中前导车能够到达的最远位置。

该跟车模型被称为简化的跟车模型或低阶模型，因为它仅通过时间来定义每一辆车的位置，而不是车辆行驶的速度或者加速度。一般情况下，跟车模型将跟随车辆的加速度 $a_f(t)$ 定义为 $t-R$ 时刻以跟随车和前导车作为状态变量的函数。

该模型通过基于位置记录的方法进行求解，首先需要转换函数，进行从 $x_f(t)$ 到 $t_f(x)$ 的变换，得到以下关系：

$$t_f(x) = \max\left[t_f(x-\delta) + \frac{\delta}{V_{\text{free}}}, t_1(x+L) + R\right] \tag{8-16}$$

从上述关系可以推导出以下表达式，它只计算每辆车在路段出入口的时间：

$$t_n(X_1) = \max\left[t_n(0) + \frac{X_1}{V_1}, t_{n-1}(X_1) + R + \frac{L}{\min(V_1, V_2)}, t_n - \frac{X_2}{L(X_2)} + \frac{X_2}{L}R\right] \tag{8-17}$$

式中：X_1 和 X_2——两条连续路段的长度，分别对应速度 V_1 和 V_2；

n 和 $n-1$——跟随车和前导车的位置编号。

假设 L 和 R 在所有路段上是完全相同的,车辆在给定路段上行驶时采用特定的自由流速度值,且路段长度为 L 的整数倍。

这种"基于路段"的计算方法,提供了一种非常实用且有效的单车道交通流建模方法,即通过线性序列处理跟车模型。在路段上,模型并没有实际计算每秒每辆车的位置(使用时间步长解决方案)。

2) 车道变更模型

多车道模型仅计算每辆车的进出时间,并且还捕获了换道过程中车辆之间的相互作用,这种多车道扩展要求每个驾驶员在进入路段时选择其下行车道,并在必要时候计算单车道变换后的延迟效果。多车道模型的目的是捕获路段上有效通行能力减少的情况,例如在高速公路发生大量车道变换,驾驶员强制车道变换等。该模型还采用了一套复杂的启发式算法模拟驾驶员的车道选择决策,允许对每辆车单独标定车辆长度和驾驶员反应时间参数。

Dynameq 也对车辆运动进行建模。路段上的车辆轨迹是隐式建模,因此每个驾驶员必须在进入路段之前选择驶出路段的车道,驶入路段后就不再考虑驶出路段的车道选择。模拟司机车道选择行为的规则相当复杂,融合了预测程序和车道选择规则。预测程序捕获熟悉道路的驾驶员的驾驶行为,车道选择规则用于确定下一路段的目标车道以及进出下一路段的车道,并确定下一条路段上是否存在排队情况。在选择进出该路段的车道时,预设规则显得非常重要。大多数情况下,只要高速公路有多个车道,驾驶员就会尽量留在道路内侧,为继续驶过出口的车辆留出一条清晰的通道。Dynameq 通过预设规则,将道路出口匝道定为车辆离开道路的车道,从而使所有离开道路的车辆保持同一驶出车道。

3) 间隙可接受模型

间隙接受模型是一种随机模型,指当主要道路车流间隙大于临界间隙时,次要道路上车辆可以穿越主要道路,否则就必须等待。在 Dynameq 中间隙可接受模型是基于可用间隙和相对等待时间而建立的,可用间隙是指低优先级车辆移动并清除与优先级较高车辆的冲突点的可用时间,相对等待时间是指两辆车在交叉路口已经产生的延误(不包括因红灯而造成的延误),这种延误是指较高优先级车辆在可接受间隙范围内等待所需的时间。

8.3.4.2 Dynameq 参数标定方法

1) 数据来源

标定该模型参数的原始数据来源于地磁传感器,图 8-27 为武汉市三环内所有地磁传感器分布图。采集数据时长为 161d,数据内容包括站点编号、地磁传感器编号、采集时间、占道时长、车辆数、车头时距。数据格式如表 8-29 所示。

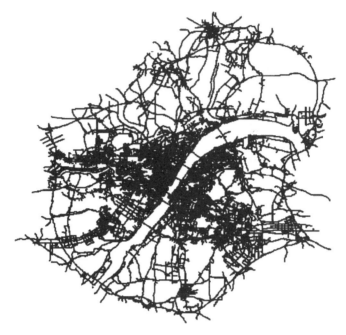

图 8-27 武汉市三环内所有地磁传感器分布

数据格式　　　　　　　　　　　　　　表 8-29

基站 ID	位置编码	统计时长	占道时长 (ms)	车辆数 (veh/min)	平均速度 (km/h)	车头时距 (s)
1347	1	2018/12/10;01	530	1	40	42
1318	5	2018/12/10;01	380	1	56	12
1283	4	2018/12/10;01	2650	6	48	10
790	2	2018/12/10;01	1560	1	13	130
790	3	2018/12/10;01	1770	1	12	617

2) Dynameq 交通仿真软件标定参数的选择与标定

(1) 选择目标参数。

模型参数标定需要先选择目标参数,一般参数可以分为三类:需标定参数、默认参数、测量参数。参数选择就是分析与遴选模型中需要标定的参数。Dynameq 常规的参数标定工作主要集中在道路通行能力和道路交通流两方面,影响这两大块的主要参数包括:有效车辆长度、反应时间、自由流速度、车头间距及交叉口转向速度。根据 Dynameq 的输入及数据拥有状况,本书选择了自由流速度、车辆有效长度作为目标标定参数,其中以车辆有效长度为研究重点,自由流速度通过出租车 GPS 数据进行估算。

(2)贝叶斯定理统计概率。

本小节主要分析交通流数据,构建数学模型,并设计基于贝叶斯定理的参数估计算法,通过计算先验概率、似然概率及边缘概率,最终求得目标参数。

①先验概率。

在贝叶斯算法中需要求出有效车辆长度的概率分布,作为贝叶斯公式里的先验分布,分布概率以 15min 时间段内、步长为 0.1 的方式进行分组计算。其基本计算方式见式(8-18):

$$L_t = \frac{v_t \times T_{ot}}{Q_t} \quad (8\text{-}18)$$

式中:L_t——车辆在 t 时间段内对应的有效车辆长度(m);

v_t——车辆在 t 时间段内对应的速度(km/h);

T_{ot}——车辆在 t 时间段内对应的占道时长(ms);

Q_t——车辆在 t 时间段内对应的流量。

通过对有效车辆长度的计算,将计算结果进行分组,最后统计各组的概率分布,将这个概率作为先验概率,先验概率计算样表(部分)如表 8-30 所示。

先验概率计算样表(部分)　　　表 8-30

有效车辆长度区间(m)	概率	有效车辆长度区间(m)	概率
7.6~7.7	0.019	8~8.1	0.062
7.7~7.8	0.050	8.1~8.2	0.118
7.8~7.9	0.037	8.2~8.3	0.081
7.9~8	0.124	8.3~8.4	0.087

②边缘概率。

基于贝叶斯算法,模型的边缘概率指任意一时间段内速度和流量的联合概率,通过对速度数据和流量数据进行分段组合,得到边缘概率,联合概率样表(部分)如表 8-31 所示。

联合概率样表(部分)　　　表 8-31

流量 (veh/h)	速度(km/h)			
	11~12	12~13	13~14	14~15
14~15	0.0011	0.0011	0.0011	0.0011
15~16	0.0010	0.0010	0.0010	0.0010

续上表

流量 (veh/h)	速度(km/h)			
	11~12	12~13	13~14	14~15
16~17	0.0004	0.0004	0.0004	0.0004
17~18	0.0001	0.0001	0.0001	0.0001
18~19	0.0001	0.0001	0.0001	0.0001
19~20	0.0003	0.0003	0.0003	0.0003

③似然概率。

在贝叶斯算法中,对于结果 x 在参数集合 θ 上的似然,就是在给定这些参数值的基础上,观察到的结果概率 $L(\theta|x)=P(x|\theta)$。也就是说,似然是关于参数的函数,在参数给定的条件下,对于观察到的 x 值的条件分布。通过编程计算,可以得到似然概率,似然概率计算样表如表8-32所示。

似然概率计算样表　　　　　表8-32

流量 (veh/h)	速度 (km/h)	有效车辆长度(m)		
		8.1~8.2	8.5~8.6	7.9~8
15~16	39~40	0.11	0.05	0.08
14~15	40~41	0.42	0.33	0.11
16~17	41~42	0.05	0.05	0.05
13~14	44~45	0.13	0.05	0.26
13~14	43~44	0.11	0.05	0.26
13~14	43~44	0.05	0.08	0.56
13~14	40~41	0.11	0.08	0.29
12~13	44~45	0.07	0.10	0.56
14~15	43~44	0.05	0.50	0.32

图8-28是16:30—16:45时间段内的似然概率的分布图,三个坐标分别为流量、速度、有效车辆长度,由于四维空间无法直接识别,这里将第四个维度概率值用颜色的深浅来表示,颜色越深表示概率越大。

3)基于贝叶斯定理的参数估计算法设计

本节使用贝叶斯定理对车辆有效长度进行估计,该方法根据 t 时刻的速度、流量以及车辆有效长度,在已知 $t+1$ 时刻的速度、流量的情况下来更新 $t+1$ 时刻的有效车辆长度。具体算法框架如图8-29所示。

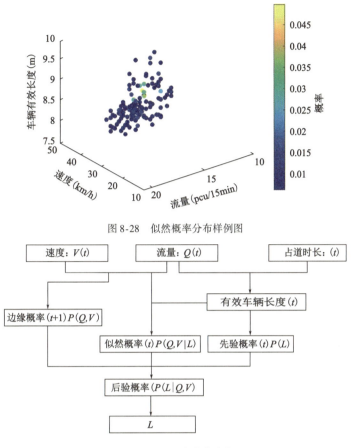

图 8-28 似然概率分布样例图

图 8-29 贝叶斯参数估计算法

分段处理清洗后的交通流数据,对采集的车辆速度、车流量数据按一个单位为步长的方式进行分段组合,对有效车辆长度采用步长为 0.1m 的方式进行分段组合。以地磁检测器 A04954 在 16:30 ~ 16:45 采集的数据为例,计算结果如图 8-30、图 8-31 所示。

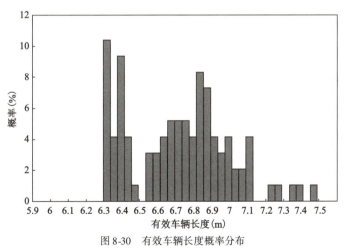

图 8-30 有效车辆长度概率分布

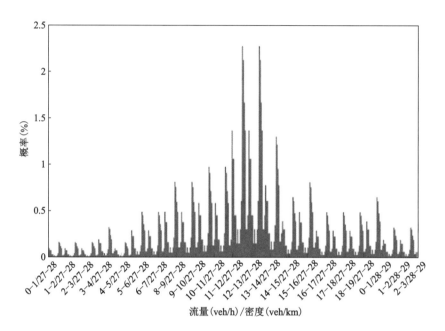

图 8-31　流量、密度联合概率

从图中可以看出绝大部分有效车辆长度分布在 6.3～7.1m 之间;而对于流量、速度、有效车辆长度组合整体呈现均匀分布的规律,其中"2-3\40-46\6.9-7.7"组合方式出现的概率最大;流量、密度联合分布呈现正态分布的规律,其中主要的组合方式集中在"11-13\27-28"。

通过对先验概率、边缘概率及似然概率的求解,最终求得后验概率。计算公式见式(8-19):

$$P(L_{t+1}|Q_{t+1},V_{t+1}) = \frac{P(L_t) * P(Q_t,V_t|L_t)}{P(Q_{t+1},V_{t+1})} \tag{8-19}$$

最终通过求解期望值的方式确定参数 L。其计算公式见式(8-20):

$$L_{t+1} = \sum_{i=1}^{n} P(L_{t+1}^i) * L_{t+1}^i \tag{8-20}$$

8.3.4.3　Dynameq 参数标定方案验证示例

在前面介绍的相关参数及其标定方法基础上,本节进一步详细介绍 Dynameq 中观交通仿真软件参数标定的具体实施步骤和过程,并使用武汉市汉口核心区的数据对 Dynameq 软件交通流参数进行标定。Dynameq 交通仿真参数标定流程如图 8-32 所示。

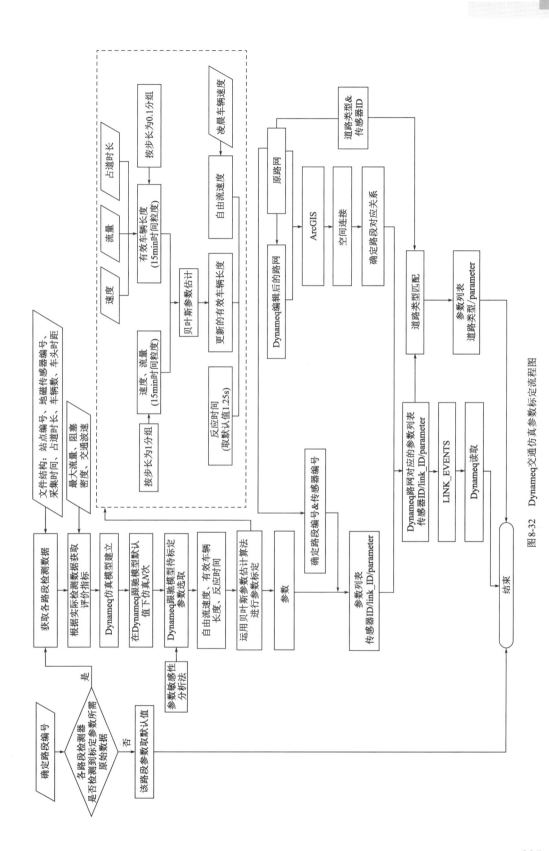

图 8-32　Dynameq 交通仿真参数标定流程图

(1)对各路段进行编号,判断各路段检测器是否检测到标定参数所需的原始数据;若否,则该路段参数采用默认值,否则转入第二步;

(2)根据各路段检测器、电警、卡口所能获取的实测数据,选取用于评价待标定参数精度的观测参数:最大流量、阻塞密度、交通波速,并在 Dynameq 搭建仿真路网;

(3)在 Dynameq 跟驰模型默认参数的情况下进行仿真,研究仿真结果对观测参数的影响程度,并运用参数敏感性分析法选取 Dynameq 中跟驰模型所需要标定的参数:自由流速度、反应时间影响因子、有效车辆长度影响因子;

(4)运用贝叶斯参数估计算法标定所选参数;

(5)匹配传感器所检测的路段,将标定好的参数按指定的时间粒度写入文件,文件数据结构字段包括:路段编号、事件发生时间、对应时间数值发生改变的参数、有效参数值,Dynameq 跟驰模型读取文件、仿真及评价;若 $F' = \dfrac{\text{PM}_{\text{Field}} - \text{APM}'_{\text{Sim}}}{\text{PM}_{\text{Field}}} \leq 0.1$,则参数标定后的仿真系统能够更好地反映道路实际情况,参数标定过程完毕;否则返回第(3)步重新标定参数。

1)参数标定原理与方法分析

(1)标定路段对象的选取。

为验证以上参数标定方案的可行性和精度,本书采用武汉市地磁检测器采集的交通流数据,选择不同道路类型的两条道路,每条道路各取一个地磁传感器作为数据来源。传感器(圆点)分布位置如图 8-33 所示。

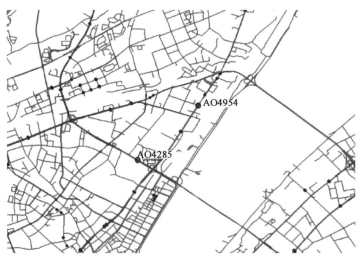

图 8-33 传感器(圆点)分布位置

(2)观测参数。

对 Dynameq 交通流模型的标定主要是从道路通行能力和道路交通流两个方面进

行,交通仿真结果中不同的交通流量、速度和密度关系对应不同的最大流量、阻塞密度、交通波速等,因此通过对比路段的最大流量、阻塞密度、交通波速的计算值与估算值来评估标定精度。

交通流三个参数之间的关系特征可以描述为以下几点:从流量-速度的关系来看,当车辆之间的距离趋近于无穷时,交通流密度趋近于零,自由流速度V_f可以用平均速度来表示,此时车流量趋近于零;对于流量-密度关系,当密度不断增加到达临界值时,此时车流量达到最大值,此时对应的速度为临界速度V_m;对于流量-密度关系,当密度达到最大值-阻塞密度(K_j)时,流量和速度都趋近于零。交通流三参数关系如图8-34所示。

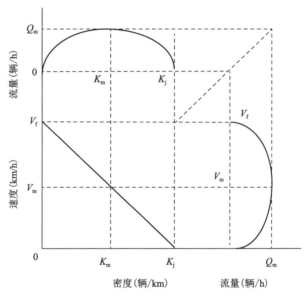

图8-34 交通流三参数关系

①最大流量。

在单一结构模型中流量-速度关系如图8-35所示,对比图8-34和图8-35可以看出两者流量-速度关系曲线保持一致,可以得到单一结构模型中的通行能力在数值上等于最大流量。

②阻塞密度。

在单一结构模型中流量-密度关系如图8-36所示,对比图8-36和图8-34可以看出两者流量-密度关系曲线保持一致。阻塞密度指在交通流和速度都趋近于零,且道路上的车辆无法行驶时的密度。

③交通波速。

交通波产生于交通拥堵和交通排队的过程,是两个交通状态之间的过渡阶段。

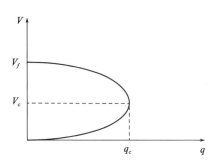 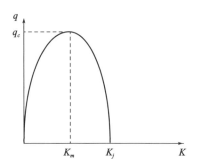

图 8-35 单一结构模型中流量-速度关系　　图 8-36 单一结构模型中流量-密度关系

$$V_{w_t} = \frac{\Delta Q}{\Delta k} = \frac{Q_{t+1} - Q_t}{k_{t+1} - k_t} \tag{8-21}$$

反应时间和有效车辆长度受多个因素影响,通过改变这两个参数,所选路段上的阻塞密度、最大流量也会随之改变。图 8-37 显示了在特定参数组合下 Dynameq 所使用的流量-密度关系示例图,不同的输入参数组合会得到不同的交通流量、速度和密度之间的关系。

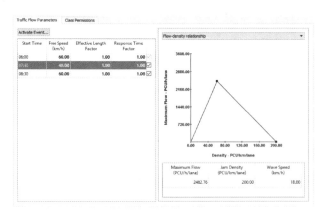

图 8-37 Dynameq 流量-密度关系

2) 仿真及结果分析

(1) 路网构建。

本次仿真实验选取两个不同传感器所在车道,首先通过加载原路网图片作为底图,再分别绘制两条车道(图中蓝色线条),并对两条车道进行交通仿真,最后获取观测参数,如图 8-38 所示。

(2) 参数设置。

通过使用上文所提贝叶斯参数估计方法来标定有效车辆长度;出租车 GPS 数据可用于计算凌晨通过目标路段的车辆速度,即自由流速度。反应时间采用 Dynameq 默认的数值 1.25 s。以某日下午高峰期 16:00—17:30 为例,通过程序标定后,最终的参数组合形式如表 8-33、表 8-34 所示。

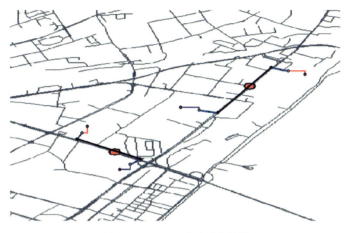

图 8-38 Dynameq 仿真路段绘制

A04954 传感器仿真参数　　　　　　　　　　　　　　　表 8-33

示例	自由流速度(km/h)	驾驶员反应时间(s)	车辆有效长度(m)
Case1	44.53	1.25	8.15
Case2	44.53	1.25	8.35
Case3	44.53	1.25	8.05
Case4	44.53	1.25	8.45
Case5	44.53	1.25	8.40
Case6	44.53	1.25	8.46

A04285 传感器仿真参数　　　　　　　　　　　　　　　表 8-34

示例	自由流速度(km/h)	驾驶员反应时间(s)	车辆有效长度(m)
Case1	46.93	1.25	7.25
Case2	46.93	1.25	7.15
Case3	46.93	1.25	7.35
Case4	46.93	1.25	7.18
Case5	46.93	1.25	7.15
Case6	46.93	1.25	7.35

(3) 结果分析。

对中微观交通仿真系统的准确性开展评价，实际上就是判别交通仿真系统的输出结果与实际交通状态的匹配程度。现实道路的交通状况可以通过动态交通仿真模型进行模拟，对实际路网中难以量化的特性或影响因素采用近似或模糊处理，因此必然存在误差。本仿真实验中，通过向模型输入不同的参数组合得到不同的流量-密度关系，进而获取交通波速、阻塞密度和最大流量值，表 8-35 与表 8-36 分别为参数的观测值与计算值，参数标定结果的误差分析如表 8-37 所示。

不同参数组合下的观测参数　　　表 8-35

地磁检测器	最大流量(veh/h)	阻塞密度(veh/km)	交通波速(km/h)
A04954	926.40	25.32	91.01
	866.70	23.46	98.21
	827.82	22.32	103.25
	925.91	26.67	86.40
	855.29	24.62	93.60
	931.21	25.08	91.87
A04285	922.37	26.67	86.40
	922.66	26.67	86.40
	928.19	25.76	89.42
	956.81	25.97	88.80
	887.13	25.68	89.71
	916.05	25.60	90.00

将 Dynameq 交通仿真输出结果中的交通波速、阻塞密度和最大流量作为观察对象，将模型输出值与计算值进行对比用以分析参数标定的精度。观测参数实际计算值如表 8-36 所示。

观测参数实际计算值　　　表 8-36

地磁检测器	最大流量(veh/h)	阻塞密度(veh/km)	交通波速(km/h)
A04954	780.42	19.38	84.62
	623.89	19.87	81.77
	861.76	17.40	114.06
	909.58	20.06	110.60
	716.32	19.49	112.20
	950.14	21.47	91.50
A04285	810.50	19.26	110.27
	795.29	25.70	112.94
	805.96	27.34	91.56
	987.62	22.67	87.76
	789.27	24.74	108.53
	793.47	21.94	114.24

将模型输出各路段的最大流量、阻塞密度和交通波速与计算值进行对比分析,计算两类数值之间的平均百分比误差,将其作为评价指标用以评价仿真精度,交通仿真结果误差分析如表 8-37 所示。

交通仿真结果误差分析　　　表 8-37

地磁检测器	最大流量(veh/h)	阻塞密度(veh/km)	交通波速(km/h)
A04954	11.32%	20.13%	13.75%
A04258	11.12%	11.37%	18.30%

根据已计算的评价指标——百分比误差,可以看出各指标的误差基本在 20% 以内,误差较小,可应用于实际工程。

8.3.4.4 有效车辆长度参数标定

为了全面标定道路路段中所需的"有效车辆长度"参数,本节选取了 231 个道路断面,614 个地磁检测器作为研究对象,断面的标识由检测器的 ID、其所属的路段 ID 和基站 ID 共同确定。所选取研究对象的分类及数量如表 8-38 所示。

所选取研究对象的分类及数量　　　表 8-38

道路类型	断面数量(个)	传感器数量(个)
主干路	89	329
次干路	13	26
快速路	60	141
快速路辅路	25	55
支路	44	63

选取连续 5 个工作日的地磁检测器的速度、流量和占道时长,通过贝叶斯参数估计得到单个检测器的车辆有效长度,再通过其地磁 ID、LinkID、基站 ID 确定其所在断面。由于均值是对所有数据平均后得到的,数据信息提取最充分,且在统计方法中应用最广,因此对断面所有检测器求取均值得到断面的有效车辆长度。现以快速路为例对有效车辆长度进行标定,并给出各等级道路的计算结果,快速路各断面有效车辆长度折线图如图 8-39 所示,可以看出因为传感器的位置不同,即便道路类型相同,其结果也存在一定差距,即交通特性不一样,进一步说明在交通仿真建模中需要考虑道路交通仿真参数的差异性。

为进一步对图 8-39 中的结果进行清晰地展示与分析,对所有结果按照时序进行排列(图 8-40),可以看出结果集中在 6.5m 附近,说明同一类型的道路交通特性接近,但不完全相同。

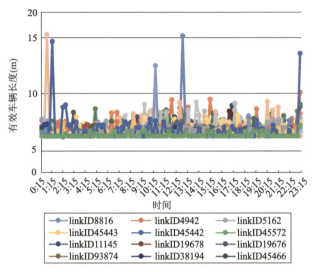

图 8-39 快速路各断面有效车辆长度折线图

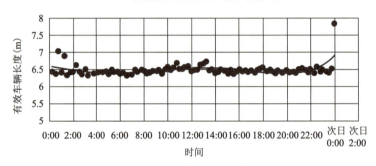

图 8-40 快速路断面有效车辆长度拟合曲线图

快速路断面有效车辆长度分布直方图如图 8-41 所示,快速路断面有效车辆长度位于区间[6.40,6.50]的数量最多。当以快速路断面 LinkID 150259 为研究对象时,其分布计数最多位于区间[6.20,6.30],计数为 32 个;当选取快速路断面 13:00-13:15 时间段内的所有断面时,其分布计数最多位于区间[6.00,6.50],计数为 39 个,如图 8-42 所示。

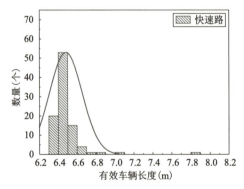

图 8-41 快速路断面有效车辆长度分布直方图

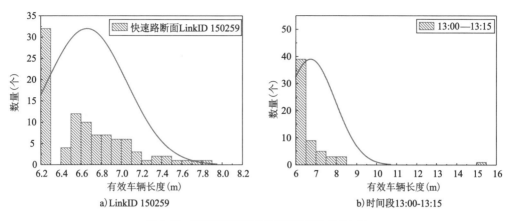

图 8-42 快速路某断面有效车辆长度分布直方图

同理,各等级道路有效车辆长度分布直方图如图 8-43 所示。其中,主干路各断面有效车辆长度位于区间 [6.50, 6.60] 的数量最多;次干路各断面有效车辆长度位于区间 [6.60, 6.70] 的数量最多;快速路辅路各断面有效车辆长度位于区间 [6.40, 6.50] 的数量最多;支路各断面有效车辆长度位于区间 [6.50, 6.60] 的数量最多。从各类型道路统计数据的众数来看,其中主干路有效车辆长度最大,快速路有效车辆长度最小,虽然各道路类型有效车辆长度间存在差异,但最大最小值间相差仅 0.12m,各等级道路有效车辆长度标定结果如表 8-39 所示。

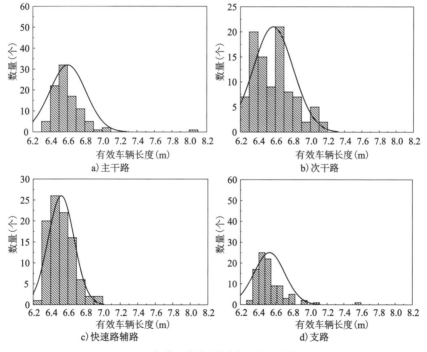

图 8-43 各等级道路有效车辆长度分布直方图

表 8-39 各等级道路有效车辆长度标定结果

道路类型	快速路	快速路辅路	主干路	次干路	支路
有效车辆长度(m)	6.48	6.54	6.6	6.58	6.53
方差	0.03	0.06	0.04	0.05	0.03
最大值(m)	7.81	8.55	8.08	7.16	7.56
最小值(m)	6.31	6.26	6.35	6.25	6.3

8.4 中微观交通仿真参数标定数据需求标准

本节在上述典型中微观交通仿真参数标定的数据清洗和参数标定技术方案研究的基础上,进一步扩大研究范围,增强研究成果的泛化能力,从总体上提出适用于中微观交通仿真的参数标定数据需求标准。

8.4.1 参数标定数据需求技术路线

中微观交通模型交通流参数标定数据需求标准技术路线如图 8-44 所示。首先确定中微观交通仿真模型需要标定的交通流参数,进而厘清完成参数标定任务所需要采集的数据种类;在此基础上分别从采集断面、数据准确度、采集频率与采集内容等方面提出具体的数据需求,最终确定中微观交通仿真所需交通流参数标定数据需求标准。

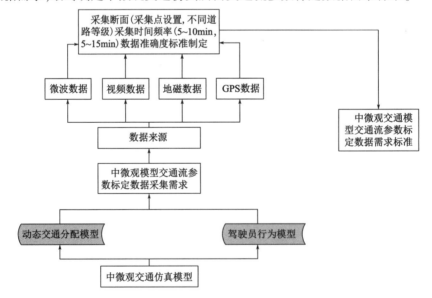

图 8-44 中微观交通模型交通流参数标定数据需求标准技术路线

8.4.2 参数标定需求分析与总结

与宏观交通仿真模型相比,中微观交通仿真模型能够更好地反映中观路网或车道上车辆的时变运行状态。造成路网运行状态变化的最根本原因是交通需求的实时变化,其变化导致了分配到路网中路段流量的动态性,同时也会影响驾驶员的行为决策。根据路网与车道交通流特性与车辆微观行为特性分析这两方面的关键问题,中微观交通模型可分为:中观动态交通分配模型与微观驾驶员行为模拟模型。

中观动态交通分配常用的模型包括动态交通分配模型与动态交通网络加载模型,其中动态网络加载(Dynamic Network Loading,DNL)模型是基于模拟的动态交通分配(DTA)模型的核心部分,它主要用来描述交通流如何在交通网络上传播,包含了不同的路段内和链路段间动力学方法,通常将一组车辆在一个路段的进出时间映射为一个序列数组,描述交通流如何在交通网络上传播,也由此描述道路网中排队、分流等交通现象[27]。而微观驾驶员行为模拟模型则分为跟驰模型、换道模型与超车模型三类。

8.4.2.1 中观动态交通分配模型参数标定及其数据需求概述

中微观动态交通分配是众多中微观交通模型研究学者的关注重点,也是中微观交通仿真模型的重要理论基础。

成卫等[29]建立拥挤城市路网的中观动态交通分配模型,并使用道路交通流相关数据标定相应的交通流参数,并对模型进行校核。其中饱和交通流量、交通流密度和车道平均速度是该研究重点标定的交通流参数。

许兆霞等[30]介绍了中观交通仿真模型 DynaCHINA 的基本原理和功能特点,并将其应用于交通流参数标定和实际道路运行仿真等方面,其主要标定的交通流参数包括交叉口交通流量、路段交通流密度和自由流速度。

肖少白[31]详细介绍了中观仿真模型在城市交通有效管控方面的开发及应用前景。

陈新梅[32]介绍了基于动态交通分配的中观交通仿真软件 Dynameq 的特点和功能,并针对其动态交通分配与动态 OD 矩阵估算方法进行了研究,发现该软件在路网动态交通流加载模型中重点标定了路段交通流量与路段交通流密度等主要交通流参数。

周学松[33]提出适用于超大规模路网的轻量级动态交通分配仿真软件 DTALite,实现了基于动态旅行时间的最短路快速算法;提出了不同于传统切割网络方法的并行仿真算法以大幅提升运算速度;开发了配套的 NEXTA 软件用于模拟结果演示和人机交互编辑,可对 DTALite 的仿真结果进行直观的图形化、动态化展示。其主要的交通流参数包括交通流传播速度、道路阻塞密度与最大交通流量。

此外,关于动态道路网络加载模型,近年来在外文文献中也有体现,但其研究并不太多。比较有代表性的是香港科技大学的 Patway[27]提出一种基于路段间的动态网络加载元模型,他认为动态网络加载(DNL)是基于模拟的动态交通分配(DTA)模型的核心部分,其主要的交通流参数包括交通流传播速度、道路阻塞密度与最大交通流量。

8.4.2.2 微观驾驶员行为模拟模型参数标定及其数据需求概述

微观驾驶员行为模拟模型主要分为跟驰、换道与超车三种模型,而中微观交通仿真常用的跟驰模型主要包括以下几类:

1) Wiedemann74 模型[27]

Wiedemann74 模型是建立在生理-心理模型上的跟驰模型,其基本思想为跟驰车驾驶员根据与前导车的车头间距来决定其驾驶行为与决策。当驾驶员判断与前车距离小于安全间距(心理安全距离)时,跟驰车驾驶员开始减速,但是由于驾驶员无法准确判断前导车速度,所以跟驰车会在一段时间内减速,直至低于前导车速度,并在一段时间内保持该速度,直到两车之间达到安全车头间距(心理安全距离),跟驰车驾驶员会开始缓慢加速,如此形成一个循环或加减速交替的驾驶跟驰过程。

其中需要标定的主要交通流参数及其数据包括:

(1)前后车的相对速度,需要收集前导车和跟驰车的车辆行驶速度;

(2)前后车间距,需要收集车头间距。

2) Wiedemann99 模型

1999 年,Wiedemann 进一步提出了 Wiedemann99 模型,该模型以 MISSION 模型为基础进行建模[28]。相比 Wiedemann74 模型,该模型的阈值计算做了调整。模型一共涉及十个参数:

(1) CC0(平均停车间距):两静止车辆之间保持的平均期望间距。

(2) CC1(期望车头时距):跟驰车驾驶员对于某一个确定的速度而期望保持的车头间距(m)。该值的大小可以表明驾驶员的谨慎程度。

(3) CC2(跟驰随机振荡距离):前后车的纵向摆动约束,是后车驾驶员在有所反应、有所行动之前,所允许的车辆间距大于目标安全距离的部分。

(4) CC3(进入"跟驰"状态的临界值):用以控制跟驰车减速时间,例如跟驰车驾驶员何时辨认出前导车的车速较低。也可以理解为:在跟驰车达到安全距离之前多少秒,跟驰车驾驶员开始减速。

（5）CC4和CC5（"跟驰"状态的两种阈值）：用以控制"跟驰"状态下前导车和跟驰车的速度差。该值越小，跟驰车驾驶员对前导车加/减速行为的反应越灵敏，即跟驰车对前导车的跟随越紧密。速度差为负时，使用CC4。速度差为正时，使用CC5。两者的绝对值必须一致。

（6）CC6（车速振荡）：跟车过程中，车头间距对跟驰车速度摆动的影响。如果该值为"0"，则跟驰车的速度摆动与前后车的车头间距无关。该值越大，则随着前后车间距的增加，后车的速度摆动也随之增加。

（7）CC7（振荡加速度）：跟驰车速度摆动过程中的实际加速度。

（8）CC8（静止启动加速度）：车辆从静止状态开始加速时的加速度。

（9）CC9（车速为80km/h时的加速度）：跟车行驶过程中当车速达到80km/h时的期望加速度（受到加速度曲线中最大加速度的限制）。

经归纳，以上需要标定的交通流参数及其数据主要包括：

（1）停车间距（CC0）和跟车间距（CC1，CC2），需要采集车头间距数据；

（2）速度变化率（包括CC6-CC9），需要采集跟驰车行驶速度数据。

3）相对速度模型

Chandler提出[34]的相对速度模型（Relative Velocity Model，RV）是以相对速度作为交通流运行参考指标的车辆跟驰模型。

相对速度（RV）模型十分具有创新性，但是该模型仍存在着不足，它仅仅考虑了前导车和跟驰车的速度变化导致的驾驶行为变化，没有考虑前后两车的车间距。针对这一问题，后来的研究者Gazis[35]对RV模型进行了改进，将车头间距作为了模型的影响因素，同时认为跟驰车加速度和车头间距成反比关系。

随后，Aron[36]使用浮动车调查法开展了巴黎市一段城市道路上跟驰行为的数据采集，采集总时长为60min，在调查的时间段内，道路上车辆行驶速度为7m/s，单车道上保持跟驰行为的前后车车头间距为14m，在具体建模中，研究者将车辆行驶速度的差值与前后车间距考虑为模型的主要影响因素。

相对速度模型主要标定的交通流参数包括：

（1）前后车的相对速度差，需要收集前导车和跟驰车的行驶速度数据。

（2）前后车间距，需要收集车头间距数据。

4）安全距离模型

安全距离模型主要考虑车辆在跟驰行为中的安全行车距离。在跟驰过程中，跟驰车始终与前导车保持一定的安全距离来应对跟驰过程中出现的紧急状况[37],该距离可以防范因紧急制动而导致的追尾等事故,因此被称为安全距离。

安全距离模型[14]是车辆跟驰模型中一个比较成功的模型,一些微观交通仿真软件(如AIMSUN)也将安全距离模型作为最基本的跟驰行为控制模型。

安全距离模型主要标定的交通流参数包括车辆间的安全间距,需采集车头间距数据。

5) 换道模型

自由换道模型[38]主要描述指车辆在没有受到严重干扰的情况下,为了追求更加快速、更加稳定的驾驶体验时进行的换道行为。

在交通流参数标定上,自由换道模型的交通流参数主要包括前后车速度差或车辆换道速度变化,需要采集的数据包括目标车道前方车辆瞬时速度和换道车辆瞬时速度。

6) 加速超车模型

加速超车模型[39]一般用来描述后方车辆在尾随前车时,在条件合适的情况下加速完成超车的过程。该模型所需要标定的交通流参数为超车视距等。参数标定需要采集的数据包括前导车行驶速度、加速时间、超越车完成超车总时间、超越车行驶速度和(超车后)车头间距。

8.4.2.3 中微观交通仿真模型需标定的参数及其数据需求

根据8.4.2.1~8.4.2.2节对当前文献研究的梳理与分析,中微观交通仿真模型需标定的交通流参数及其数据需求主要关系总结如表8-40所示。

中微观交通仿真模型需标定的交通流参数及其数据需求　　　表8-40

模型类型	常用模型	需标定交通流参数	数据需求
中观交通分配模型	动态交通分配模型	道路路段交通阻抗[40]	出行路径行程时间
			节点、路口流量
		道路交叉口延误函数[40]	信号控制道路车辆运行速度
			自由流状态下车辆运行速度
	动态路网加载模型	交通流传播速度[41]	车头间距
			车辆行驶速度
		道路阻塞密度量[41]	车头间距
			车辆行驶速度
		最大交通流量[41]	车道流量
			节点路口流量

续上表

模型类型		常用模型	需标定交通流参数	数据需求
微观驾驶行为模型	跟驰模型	Wiedemann74模型	前后车行驶速度差[42]	跟驰车行驶速度 前导车行驶速度
			前后车间距[42]	车头间距
		Wiedemann99模型	停车间距[42]	车头间距
			跟车间距[42]	
			速度变化率[42]	车辆行驶速度
		相对速度模型	前后车行驶速度差[43]	跟驰车行驶速度 前导车行驶速度
			前后车间距[43]	车头间距
		安全距离模型	车辆间的安全间距[43]	车头间距
	换道模型	自由换道模型	前后车速度差[14]	目标车道前方车辆瞬时速度
				换道车辆瞬时速度
			车辆换道速度变化[14]	换道车辆瞬时速度
	超车模型	加速超车模型	超车视距[44]	前导车行驶速度
				加速时间
				超越车完成超车总时间
				超越车行驶速度
				(超车后)车头间距

8.4.3 参数标定所需数据采集需求

中微观交通仿真软件所考虑的模型参数有所差异,但各种模型对于数据的选择与结构却存在统一性与相似性。因此在分析中微观交通仿真模型交通流数据采集需求时,对各种交通流需要标定的参数进行分类,进而分析每类数据的采集途径与方法。

8.4.3.1 交通流参数标定所需数据采集需求

交通流量定义的具体内容为在单位时间段内,通过道路某一地点、某一断面或某一条车道的车辆数,故而推荐使用卡口视频或者微波检测器进行数据采集。其中卡口视频采集交通流量数据后,需采用图像平滑技术和数学形态学对视频图像进行降噪处理,在更新频率方面速度会有所减慢,但可以适应多车道的数据采集。微波检测器是利用多普勒效应原理工作,可采集车道平均速度、交通流量等多项交通流数据,在单车道情形下该采集方法有较高频率(次/min)和较高的准确度(95%)[45]。

8.4.3.2 速度参数标定所需数据采集需求

对于中微观交通仿真模型而言,速度参数的标定极其关键,不仅可用来评估中观交通层面的动态交通分配效果,还能描述与刻画微观交通层面的车道级交通流特性与驾驶行为特性。但根据所描述的交通场景与描述角度的不同,需要标定的速度参数类型也会有较大差别。同时标定速度参数所需数据可以选用的采集方法较多,主要包括:卡口视频、车载GPS、微波检测以及地磁线圈等[14]。

采用卡口视频可收集临近交叉口处的多车道数据,有助于中微观层级驾驶行为模型中交通流参数标定。在车辆进行超车或者换道时,需要同时监控本车道的前方车辆行驶速度和目标车道的前方车辆行驶速度,因此需要同时采集多车道的视频数据,为参数标定提供更多参考数据[43]。

车载GPS可用于目标车辆所处车道的速度参数标定。检测器本身的更新频率问题导致无法直接收集车辆行驶速度。因此需要对时间间隔较短的速度数据进行平均计算,获得近似的车辆行驶速度,但该数据需要与车辆当前瞬时速度进行比对与校核,从而提高数据的采集准确度[40]。

车辆行驶速度对跟驰模型中自由流速度、最大交通流量等参数标定具有重要意义,因此建议采用视频数据、地磁线圈或微波监测的方式收集车辆行驶速度或车道平均速度的相关数据[41]。此外,可以采用微波检测方法采集单车道平均速度。

8.4.3.3 车头间距参数标定所需数据采集需求

根据前文对中微观交通仿真模型与仿真软件平台参数标定需求的梳理,需要采集的数据中也包括车头时距[43]和车头间距[14]。通常情况下,车头时距和车头间距等数据都可以通过视频数据[37]进行采集。其中,车头时距强调的是不同车辆先后到达同一断面的时间差,因此需要对车辆通过检测位置的时间进行记录,形成时间序列,从而找出车辆间的时间间隔,以方便对相关参数进行标定。对路段上的车辆交通流相关数据进行采集时,该类数据可通过视频检测器采集,也可以采用地磁传感器对单车道内的车头时距进行采集,并可保证较高的采集准确度。

车头间距数据的收集不仅需要考虑本车道前后车的间距,还要同时考虑车辆与临近车道车头间距的问题[40]。因此采集方法或数据源可以综合使用视频检测数据和地磁传感器数据[41]。其中视频检测数据有助于检测临近车道的车头间距,而地磁传感器数据则更容易辨识本车道的车头间距。

此外，针对通过交叉口的车辆，可以通过地磁线圈或卡口视频的方式收集车头间距数据，不同的是卡口视频与地磁线圈在数据采集断面上有一定差异。在数据采集准确度方面，卡口视频在多车道数据采集时准确度较高，而地磁线圈则更适合用于采集单车道情境下的车头间距数据[46]。

综上所述，中微观交通仿真模型交通流参数标定主要数据需求如表8-41所示。

中微观交通仿真模型交通流参数标定主要数据需求[44] 表8-41

标定参数	数据内容	采集断面	采集间隔	统计间隔	数据来源
速度参数	路段平均速度、车辆平均速度	不同道路等级（快速路、主干路、次干路、支路）	30s,1~2min	5~15min	多源数据（视频、GPS、地磁收集）
交通流车头时距/间距参数	车头时距、车头间距、有效车辆长度	不同道路等级（快速路、主干路、次干路、支路）	30s,1~2min	5~15min	多源数据（视频、GPS、地磁收集）
交通流量参数	路段流量监测数据、车道流量监测数据、节点流量监测数据	不同道路等级（快速路、主干路、次干路、支路）	30s,1~2min	5~15min	多源数据（视频、GPS、地磁收集）

8.4.4 交通流参数标定数据需求标准

8.4.4.1 数据采集准确度标准

对于中微观交通仿真模型的交通流参数标定而言，数据采集准确度需求标准的提出可以保证数据采集质量，从而保证交通流参数标定、交通模型构建及后续仿真应用的准确性，也能为模型校核提供有效的数据支撑。

数据采集准确度一般通过对采集数据进行抽样，然后将抽样范围内的数据与真实路况进行比对，计算二者之间的吻合度，并通过百分比表示。

根据前文分析，在不同等级道路上，交通流会呈现不同的特点。因此，不同道路等级对数据采集的准确度要求会有差别，具体结果如表8-42所示。

不同道路等级对数据采集的准确度要求[47-48] 表8-42

道路等级	准确度基本要求	准确度推荐要求
快速路	90%以上	94%以上
主干路	90%以上	93%以上
次干路	88%以上	90%以上
支路	85%以上	90%以上

中微观交通仿真模型多源数据采集准确度标准如表8-43所示，卡口视频采集的数

据对准确度的要求最高,在所有道路类型上都需要其数据准确度达到90%以上。微波检测采集的数据对于流量较大且分类较复杂的交通流数据,准确度要求较低。

中微观交通仿真模型多源数据采集准确度标准[48-49]　　表8-43

道路等级	采集内容		微波检测(%)	卡口视频(%)	车载GPS(%)	地磁线圈(%)
快速路	速度	基本	90	94	93	93
		推荐	93	95	95	94
	流量	基本	90	93	90	93
		推荐	93	94	93	94
	密度	基本	90	90	90	90
		推荐	93	93	93	93
主干路	速度	基本	90	90	90	90
		推荐	92	95	93	93
	流量	基本	90	90	90	90
		推荐	90	93	95	93
	密度	基本	90	90	90	90
		推荐	92	93	93	93
次干路	速度	基本	88	90	90	88
		推荐	90	95	93	90
	流量	基本	88	90	90	88
		推荐	90	93	92	90
	密度	基本	88	90	90	90
		推荐	90	93	92	92
支路	速度	基本	88	90	90	90
		推荐	90	93	92	92
	流量	基本	85	90	88	88
		推荐	90	95	90	90
	密度	基本	85	90	90	90
		推荐	90	93	92	92

8.4.4.2 数据采集断面标准

1)断面采集数量与范围的确定

理论上,如果仅从交通流参数标定数据需求来看,要提高道路交通流数据采集的准确性与实时性,在已选择好路段的前提下,断面设置应该尽可能多,并且以记录车辆 ID 的方式为最优。但在实际操作上,采集设备的设置需要考虑成本与数据使用的目的;此外,在城市道路网络中包含大量的路段,路口的转弯运动和延迟对提高数据采集精度并没有多大意义,不可能都安装数据采集设备,因此需要进行一定的取舍。因此,在数据采集断面数量确定方面,需要注意以下原则:

(1)在断面设置上,应保证各个采集设备的采集范围之间尽可能减少重合,保证数据之间不会出现冗余的现象[50]。

(2)需要根据道路的以下属性信息,确定在某一路段上是否额外设置断面[55]:

①道路类型(例如快速路、主干路、次干路、支路),在多种道路类型同时存在的情况下,低等级道路上需要选取更多路段进行数据采集与分析。

②道路宽度或车道数量,当车道数量增多时,需要额外增加路段调查断面。

③指示是否存在公交专用车道,或禁止某些车辆使用(例如货车)。

④禁止转弯,或仅在对面交通中有合适的间隙时才进行转弯等。

⑤路口类型(是否为交叉口)是否有信号控制。对于信号控制的路段,需要额外进行调查。

⑥路段排队的容量,若路段排队容量较大,则需要划分更多路段。

(3)根据《城市交通运行状况评价规范》[51](GB/T 33171—2016),应对不同道路等级的道路进行路段划分,由此确定采集断面的数量与规格:

①对于快速路而言,需要以出入口为端点,进行初步路段划分,如果路段大于 3km,则需要进一步划分路段,在此基础上,进一步确定断面的划分;

②而主干路、次干路与支路,则是以停车线为端点进行初步路段划分,即上游停车线到下游停车线为一个路段,如果路段大于 1.5km,则需要进一步划分路段,在此基础上,进一步确定断面的划分。

2)采集断面的具体标准

在具体实施数据采集工作时,往往会根据道路等级与采集方式的差异,以不同的断面标准布设采集设备。一方面保证数据采集断面均衡分布于调查路段,可以实现最大幅度地覆盖数据收集区域;另一方面也保证不同采集点之间的数据采集范围尽可能不交叉重叠,既能节约成本,也能保证数据的精确度与完整性。在采集数据时需要同时引入固定式检测器与浮动车检测两类数据采集方式。其中固定检测器的数据采集手段大多只能收集定点交通流数据,具有固定的数据采集范围。而以车载 GPS 为代表的浮动车检测方式可在整个路段范围内采集,所采集的路段区间更为广泛全面,可以有效地补充固定检测器在数据采集上的缺漏。在不同道路等级下,各种采集方法的断面选择标准也会有所差异,其具体的采集标准如表 8-44 所示。

中微观交通仿真模型多源数据采集断面标准[52]　　　　表 8-44

道路等级	微波检测	卡口视频	车载 GPS	地磁线圈
快速路	单车道 100m 间隔	路口前单方向 100m	车辆	路口前单方向 100m
主干路	单车道 100m 间隔	路口前单方向 100m		路口前单方向 100m
次干路	单车道 200m 间隔	路口前单方向 200m		路口前单方向 200m
支路	单车道 200m 间隔	路口前单方向 200m		路口前单方向 200m

8.4.4.3 数据采集频率标准

国内外交通检测设备采用的数据采集时间间隔一般有 10s、20s、30s、1min、3min 和 5min 等,但是由于检测器的精度问题,采集间隔过小往往会加大数据采集误差,而采集间隔过大又不能有效地表现交通流实时变化特性,失去交通数据采集的实际意义[53]。

一般检测器的数据采集间隔设置为 2min,但是原始数据采集往往没有按照完全意义上的 2min 采集间隔实行。为了便于对比交通流特性和不同检测器数据采集结果,从理论上来讲,原始数据所对应的时间点应严格地按照额定采集间隔的步长逐渐变化。如果原始数据不能按照这样的时间点变化,应当判别原始数据为采集间隔不标准的数据,后续数据预处理工作则需要围绕采集间隔标准化进行[53]。

对于不同道路等级的多源数据采集而言,即便是最稳定的数据源,在不同类型的道路情境下,采集间隔与统计间隔也会有所差异[14]。因此综合考虑采集方法与道路等级的差异,本节制定中微观交通仿真模型多源数据采集频率标准(包括原始数据的采集间隔和参数标定时数据整合的统计间隔)[40],如表 8-45 所示。

中微观交通仿真模型多源数据采集频率标准[54]　　　　表 8-45

道路等级	微波数据		视频数据		车载 GPS 数据		地磁数据	
	采集间隔(s)	统计间隔(min)	采集间隔(s)	统计间隔(min)	采集间隔(s)	统计间隔(min)	采集间隔(s)	统计间隔(min)
快速路	120	10	30~60	10~15	30~60	5~10	120	10~15
主干路	120	5~10	30~60	5~10	30~60	5~10	120	10~15
次干路	60~120	5	30~60	5~10	60	5~10	60~120	10~15
支路	60~120	5	30~60	5~10	60	5~10	60~120	10~15

此处需要指出的是,车载 GPS 由于用来采集本车数据,采集间隔与频率可能取决于 GPS 设置的参数和定位信号好坏,因此在确定采集间隔时,需要考虑采集时间间隔的上下浮动。

8.4.4.4 交通流参数标定数据需求标准总结

综合上述需求标准的分析,总结并制定中微观交通仿真模型交通流参数标定数据需求标准,其结果如表 8-46 所示。

中微观交通仿真模型交通流参数标定数据需求标准　　　　表 8-46

采集情景与采集方法		采集内容	采集频率[52,55]		采集断面	采集准确度（%）[49,54]	
			采集间隔（s）	统计间隔（min）		基本要求	推荐要求
快速路	卡口视频[55]	车辆行驶速度	30~60	10~15	路口前单方向150m	94	95
		车头间距	30~60			90	93
		车道流量	30~60			93	94
	地磁线圈[44]	车辆行驶速度	120	10~15	路口前单方向100m	93	94
		车头间距	120			90	93
		车头时距					
	车载GPS[44]	车辆行驶速度	30	5~10	单个车辆	93	95
		车头间距	30			90	93
快速路	微波检测[56]	路段流量	120	10	单车道每隔100m	90	93
		节点流量					
		车辆行驶速度	120			90	93
主干路	卡口视频[55]	车辆行驶速度	30~60	5~10	路口前单方向150m	90	95
		车头间距	30~60			90	92
		车道流量	30~60			90	90
	地磁线圈[44]	车辆行驶速度	120	10~15	路口前单方向100m	90	93
		车头间距	120			90	93
		车头时距					
	车载GPS[44]	车辆行驶速度	30	5	单个车辆	90	93
		车头间距	30			90	95
	微波检测[37]	路段流量	120	5~10	单车道每隔100m	90	90
		节点流量					
		车辆行驶速度	120			90	92

续上表

采集情景与采集方法		采集内容	采集频率[52,55]		采集断面	采集准确度(%)[49,54]	
			采集间隔(s)	统计间隔(min)		基本要求	推荐要求
次干路	卡口视频[55]	车辆行驶速度	30~60	5~10	路口前单方向200m	90	95
		车头间距	30~60			90	93
		车道流量监测	30~60			90	93
	地磁线圈[44]	车辆行驶速度	120	10~15	路口前单方向200m	88	90
		车头间距	120			90	92
		车头时距					
次干路	车载GPS[44]	车辆行驶速度	60	5	单个车辆	90	93
		车头间距	60			90	92
	微波检测[37]	路段流量	60~120	5~10	单车道每隔200m	88	90
		节点流量					
		车辆行驶速度	60~120			88	90
支路	卡口视频[55]	车辆行驶速度	30~60	5~10	路口前单方向200m	90	93
		车头间距	30~60			90	93
		车道流量	30~60			90	95
	地磁线圈[44]	车辆行驶速度	120	10~15	路口前单方向200m	90	92
		车头间距	120			90	92
		车头时距					
支路	车载GPS[44]	车辆行驶速度	60	5	单个车辆	90	92
		车头间距	60			90	92
	微波检测[37]	路段流量	60~120	5~10	单车道每隔200m	85	90
		节点流量					
		车辆行驶速度	60~120			88	90

8.5 本章小结

本章提出了交通流数据清洗的算法方案,并利用武汉市交通流检测器数据进行模型验证,实验结果表明模型识别精度较高,具有相应的实用性,可为宏观及中微观交通仿真模型参数标定提供有效的数据支持。此外,基于道路实际条件提出了针对我国大中城市道路通行能力标定技术方案,将服务水平与通行能力相结合,对武汉市地磁数据进行实例分析,将实际道路通行能力值精细化标定;然后采用武汉市可用的地磁数据,对检测器所在路段,按照道路等级进行分类,并标定了不同类型道路自由流速度,对其统计分布规律进行了分析,并分析了面向 Dynameq 中观交通仿真模型的交通流参数标定的具体方法。本章最后介绍中微观交通模型交通流参数标定数据需求方面的内容,首先梳理了中微观交通仿真模型需要标定的参数及所需要的数据。在此基础上,详细介绍了中微观交通模型交通流参数标定所需数据需求,分析中微观交通模型交通流参数标定需要采集的数据在采集内容、准确度、采集断面与采集频率等方面的需求。

本章参考文献

[1] GALHARDAS H,FLORESCU D,SHASHA D,et al. Extensible Framework for Data Cleaning[J]. In Proceedings-International Conference on Data Engineering,IEEE,2000,312.

[2] HERNÁNDEZ M A,STOLFO J S. Real-world Data is Dirty:Data Cleaning and the Merge/ Purge Problem[J]. Journal of Data Mining and Knowledge Discovery,1998,2(1):9-37.

[3] KIMBALL R. Dealing with Dirty Data[J]. DBMS,1996,9(10):55-60.

[4] GUYON I,MATIC N,VAPNIK V. Discovering Information Patterns and Data Cleaning[J]. American Association for Artifical Intelligence,1996.

[5] SIMOUDIS E,LIVEZEY B,KERBER R. Using Recon for Data Cleaning[J]. Proceedings of KDD,1995,282-287.

[6] LEVITIN A,REDMAN T. A Model of the Data(life) Cycles with Application to Quality[J]. Information and Software Technology,1995,35(4):217-223.

[7] MALETIC J I,MARCUS A. Data Cleaning:A Prelude to Knowledge Discovery[J]. Data Mining and Knowledge Discovery Handbook,2010:19-32.

[8] 宋擒豹,沈钧毅. 神经网络数据挖掘方法中的数据准备问题[J]. 计算机工程与应用,2000,36(12):102-104.

[9] 郭志,周傲英. 数据质量和数据清洗研究综述[J]. 软件学报,2002,13(11):2076-2082.

[10] Transportation Officials. AASHTO Guidelines for Traffic Data Programs[M]. American Association of State Highway & Transportation Officials,1992.

[11] 王晓原,张敬磊,杨新月. 交通流数据清洗与状态辨识及优化控制关键理论方法[M]. 北京:科学出版社,2011.

[12] Special Report 87:Highway Capacity Manual. Washington D C:TRB[2]. National Research Council,1965.

[13] Transportation Research Board. Highway Capacity Manual 2016[M]. Washington D C:National Research Council,2016:1911-1913.

[14] SPIESS H,FLORIA M. Optimal Strategies:A New Assignment Model for Transit Networks[J]. Transprotation Research Part B:Methodological,2008,23(02):83-102.

[15] 荣建,刘小明,任福田. 基于司机判断过程的高速公路基本路段模拟模型[J]. 公路交通科技,1998,15(4):42-45.

[16] 罗霞,霍娅敏,杜进有. 车头间距分布规律的研究[J]. 西南交通大学学报,2001,36(2):113-116

[17] 贾晓敏. 城市道路通行能力影响因素研究[D]. 西安:长安大学,2009.

[18] 邵敏华,邵显智,孙立军. 对城市道路通行能力定义方法的探讨[J]. 交通信息与安全,2005,23(6):68-71.

[19] 杨琪,王炜. 路段通行能力的动态微观仿真研究[J]. 东南大学学报(自然科学版)1998,28(3):83-87.

[20] DIXON K K,WU C H,SARASUA W,et al. Estimating Free-flow Speeds for Rural Multilane Highways[J]. Transportation Research Record,1999,1678(1):73-82.

[21] IBRAHIM A T, HALL F L. Effect of Adverse Weather Conditions on Speed-Flow-Occupancy Relationships[J],Transportation Research Record,1994,1457:184-191.

[22] BRILON W,PONZLET M. Variability of Speed-Flow Relationships on German Autobahns[J],Transportation Research Record,1996,1555(1):91-98.

[23] BLOOMBERG L,COHEN S,EADS B,et al. Capacity and Level of Service Analysis of Freeway Systems[C]//International Symposium on Highway Capacity,1998.

[24] 朱顺应,王红,王炜. 自由流车速影响因素定量分析神经网络法[J]. 公路交通科技,2001,18(3):60-63.

[25] IWASAKI M. Empirical Analysis of Congested Traffic Flow Characteristics and Free Speed Affected by Geometric Factors on an Intercity Expressway[J]. Transportation Research Record,1991,1320:242-250.

[26] 李洪萍,裴玉龙,杨中良. 快速路自由流速度及其影响因素[J]. 吉林大学学报(工学版),2007,37(4):772-776.

[27] PATWARY A U Z,HUANG W,LO H K. A Link-to-link Segment Based Metamodel for

Dynamic Network Loading[J]. Transportation Research Part C：Emerging Technologies，2021，130.

[28] ANIL C A, SRINIVASAN K K, RAMA C B, et al. Calibrating Wiedemann-99 Model Parameters to Trajectory Data of Mixed Vehicular Traffic[J]. Transportation Research record，2022，2676(1)：718-735.

[29] 成卫,金成英,袁满荣.基于遗传模拟退火算法的TRANSMODELER仿真模型参数标定研究[J].武汉理工大学学报(交通科学与工程版),2014,38(3):478-482.

[30] 许兆霞,林勇,李树彬,等.中观交通仿真模型dynaCHINA及其案例应用[J].山东科学,2010,23(3):62-66.

[31] 肖少白,仲平.中观仿真在城市有效网络交通管理中的开发和应用[C]//多国城市交通学术会议,2007.

[32] 陈新梅.动态OD矩阵估算与DYNAMEQ动态交通分配交互研究[D].长沙:湖南大学,2012.

[33] 周学松,唐金金,魏贺.适用于超大规模路网的轻量级动态交通分配仿真平台DTALite[A].中国城市规划学会城市交通规划学术委员会.2016年中国城市交通规划年会论文集[C].中国城市规划学会城市交通规划学术委员会:中国城市规划设计研究院城市交通专业研究院,2016:11.

[34] CHANDLER R E, HERMAN R, MONTROLL E W. Traffic Dynamics：Studies in Car Fllowing[J]. Operations Research，1958，6(2)：165-184.

[35] Gazis,DENOS C,ROBERT H,et al. Car-following Theory of Steady-state Traffic Flow. Operations Research,1959,7(4):499-505.

[36] ARON M. Car Following in an Urban Network：Simulation and Experiments[J]. Planning and Transport Researrch and Computation, 1988.

[37] 陈春燕.基于驾驶员行为分析的交通流动力学建模与数值仿真研究[D].桂林:广西师范大学,2018.

[38] 李玮,高德芝,段建民.智能车辆自由换道模型研究[J].公路交通科技,2010(2):119-123.

[39] MATSON T M,FORBES T W. Overtaking and Passing Requirements as Determined from a Moving Vehicle[J]. Highway Research Board Proceedings. 1938,18(1):100-112.

[40] FLORIAN M,NGUYEN S A. A Combined Trip Distribution Modal Split and Trip Assignment Model[J]. Transportation Research,1978,12(4):241-246.

[41] Caliper. TransModeler User's Guide[M]. Caliper Inc,2012.

[42] 四兵锋,高自友. 交通运输网络流量分析与优化建模[M]. 北京:人民交通出版社,2013.

[43] 丁蕾. 面向城市交通控制的短时交通流预测方法研究[D]. 大连:大连理工大学,2009.

[44] 张程瀚. 城市快速路交通流数据质量评价及修复方法研究[D]. 北京:北京交通大学,2019.

[45] 四兵锋,赵小梅,孙壮志. 城市混合交通网络系统优化模型及其算法[J]. 中国公路学报,2008,21(1):77-82.

[46] 倪萍. 数据驱动的车辆微观仿真模型研究[D]. 北京:北京工业大学,2017.

[47] 荣建,刘世杰,邵长桥,等. 超车模型在双车道公路仿真系统中的应用研究[J]. 公路交通科技,2007(11):136-139.

[48] DFT of London. Transport Analysis Guidence:Guidence for the Senior Responsible Officer[R]. Department of Transport. Transport Analysis Guidance(TAG) London,2017.

[49] IACONO M, LEVINSON D. El-Geneidy A. Models of Transportation and Land Use Change:A Guideto the Territory [J]. Journal of Planning Literature,2008,22(4):324-40.

[50] Juan de Dios Ortuzar J Willumsen L G. Modeling Transport 4th Edition[M]. John Wiley & Sons, 2011.

[51] 孙建平.《城市交通运行状况评价规范》的应用[J]. 大众标准化,2017(4):11-13.

[52] MARTINEZ F J. TheBid-ChoiceLand-Use Model:An Integrated Economic Framework[J]. Environment and Planning A, 1992, 24(6): 871-881.

[53] 魏丽,孙俊,商蕾. 微观交通仿真模型建模及应用[J]. 武汉理工大学学报(交通科学与工程版),2010,34(4):793-796+800.

[54] WADDELL P. A Behavioral Simulation Model for Metropolitan Policy Analysis and Planning:Residential Location and Housing Market Components of UrbanSim[J]. Environment and Planning B,2000,27(2):247-264.

[55] 陆文琦. 基于微波数据的快速路交通流数据修复及预测方法研究[D]. 北京:北京交通大学,2019.

[56] 刘思源. 基于深度学习的车辆换道轨迹模型研究[D]. 长沙:长沙理工大学,2019.

CHAPTER NINE 第9章

三维动态交通仿真控制关键技术与可视化

9.1 概述

本章分别从三维交通仿真模型调用与控制、道路网与三维场景对接、三维动态交通仿真输出数据接口与可视化三个方面介绍中微观三维动态交通仿真控制技术与可视化技术方案。其中,三维交通仿真模型调用与控制技术描述了建筑模型及其数据调用与控制的原理,包括3D-GIS环境下基于土地利用模型预测结果的三维空间仿真、建筑模型的属性编辑以及交通影响评价;中微观仿真的三维可视化效果需要构建细节更加丰富、包含平面和立体多维度信息的道路交通环境模型。因此,在道路网与三维场景的对接技术部分主要描述了构建三维道路模型的方法和三维模型位置的纠偏等;三维动态交通仿真输出数据接口与可视化部分主要描述仿真平台数据输出和可视化方法,讨论如何设计统一的输出接口,并在3D-GIS环境下开发三维交通仿真展示子系统,实现对路网、交叉口交通流数据的分析和对各层面各类型输出数据的灵活调用和控制,最终实现交通数据的三维可视化。

9.2 三维交通仿真模型调用与控制技术

中微观交通仿真系统对路网、环境和交通管控等各方面的输入数据有比较高的要求。高效快速地构建三维仿真场景是本节的目标之一。为了使三维环境模型的相关操作能够与仿真场景配置有良好的交互性,使决策者在模型调整后能实时、快速展示仿真结果,需要具备较高的三维环境模型调用与控制效率。要满足这个条件,需要解决两个方面的难题:一是动态场景数据的调整与模型交互,对于动态场景中仿真平台三维模型的调用与控制而言,场景数据的实时性与精确性是其正常工作的重要保证;二是仿真的数据尺度需要多样化处理,使仿真系统可以根据数据的变换对交通流数据与场景信息进行实时的修正与修改,根据模拟的交通场景表现出相应的属性,以增强仿真数据适应能力。

为了提高三维交通仿真的真实性,在仿真中使用的路网、建筑等三维环境模型都应该与真实环境相对应,而由于中微观交通仿真的部分输入数据(如交通需求、地物属性等)可由土地利用数据或宏观交通模型输出而来,因此中微观交通仿真中三维模型的参数与控制都与土地利用数据或宏观交通模型有关,比如仿真时生成的建筑物、占地面积、人口就业等。为此,本小节通过动态场景下三维交通模型调用与控制技术实时生成具有以上交通规划属性的建筑模型,并设计对其进行编辑控制的技术方案。新生成的属性数据将支持接入到土地利用模型或宏观交通模型中,为多层次一体化的交通系统仿真建模提供科学、直观的依据。

本节将主要从以下方面描述三维仿真中的模型调用与控制技术:

(1)研究土地利用模型与三维城市空间设计交互建模方法,基于土地利用模型得到的预测结果,结合城市现状、规划及相关技术标准开展三维空间形态模拟,实现三维空间仿真;

(2)构建具有真实感的三维建筑BIM模型库,使基于土地利用模型预测结果的三维空间仿真模型更为贴近现实,也为后续三维模型的调用与控制做准备;

(3)设定三维交通仿真模型在3D-GIS环境下的调用机制,实现其与三维空间仿真模型对接;

(4)实时响应用户的控制信息,即实现仿真平台上的建筑信息编辑功能,设定能够反映地产开发计划的建筑信息,通过编辑建筑信息将变更后的用地属性信息传递回交通仿真软件并重新运行模型,开展相应的交通影响评价。

三维模型调用与控制路线如图9-1所示。

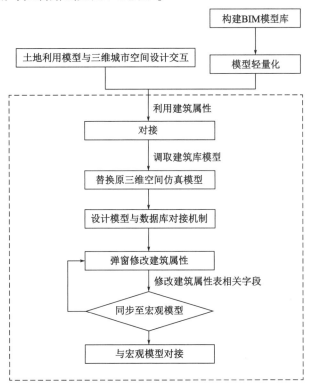

图9-1　三维模型调用与控制路线

9.2.1 土地利用模型与三维交通仿真模型交互建模

三维城市空间设计基于土地利用模型预测结果,结合城市现状、土地利用规划及相关技术标准,根据土地利用功能和控制性规划相关指标,开展未来年三维建筑空间形态模拟,实现基于土地利用模型预测结果的三维建筑空间仿真。本小节将从其交互机理和城市三维空间建模示例两个方面阐述建筑原型库构建方法和地块建筑物自动化布局技术。

9.2.1.1 交互机理

基于土地利用模型预测结果的三维空间仿真技术流程分为以下步骤,如图 9-2 所示。

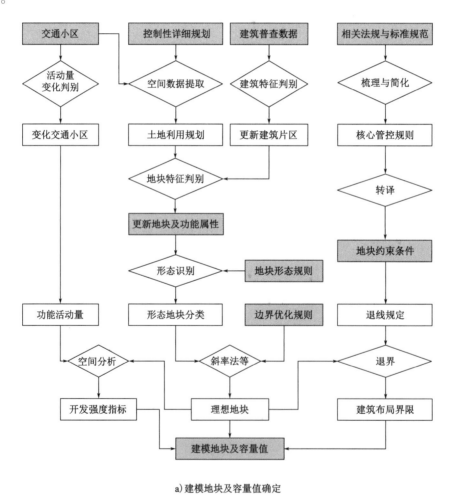

a) 建模地块及容量值确定

图 9-2

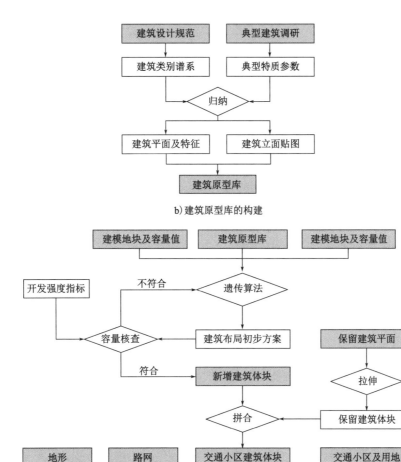

b) 建筑原型库的构建

c) 基于遗传算法的城市空间模拟方法

图 9-2　三维空间建模技术路线

1) 用地变化的识别

基于城市交通小区的现状活动量数据和预测活动量数据,参照控制性详细规划和建筑现状信息,识别空间形态可能发生变化的地块。包括下列步骤:

(1) 依据城市交通小区的现状活动量数据和未来年预测活动量数据分析得出空间量发生变化的交通小区,并通过二者的差值、社会经济活动的空间消费系数和建筑物最大底面积与最高高度等信息,确定需要增加或者减少的建筑物数量。

(2) 针对空间量发生变化的交通小区,从用地和建筑空间两个维度进行分析,识别更新地块。用地维度:重点参照控制性详细规划,建立用地功能和预测活动量对应关系,开展识别;建筑空间维度:利用现状建筑物数据,从建筑高度、密度等方面更新建筑物或者片区的空间形态。

2)相关法规标准梳理与取值

梳理《城市、镇控制性详细规划编制审批办法》、城市建设规划管理技术规定(本章节在 3D-GIS 环境中以《武汉市建设工程规划管理技术规定》为例)中不同功能建筑设计相关技术标准的建筑空间布局核心原则。从地块建筑管控规定和建筑布局原则两个角度,归纳相关技术要求,转化为约束条件取值标准。

3)空间仿真地块预处理

通过地块预处理,实现不规则地块到三维城市空间建模所需标准地块的转化,计算相关指标。包括下列步骤:

(1)归纳总结仿真区域地块形态类别,提出形态类别判定标准。地块形状具有差异性,在实际工作中极少存在完全符合几何定义的矩形、梯形、L 形街坊边界,所以自动生成算法会首先根据地图中的封闭多段线的边界数量、平行边检验的结果、相邻平行边组之间的夹角等信息来自动识别出 3 种边界类型:在算法设定的平行与直角容差范围内,四条边中存在两组两条平行边界且相互之间成直角的为矩形、四条边虽不符合矩形标准但存在至少一组两条平行边界的为梯形、六条边中存在两组三条平行边界的为 L 形,如图 9-3b)所示。

(2)求解理想化的地块边界:对于识别出的边界类型,需要求出一个不超出其范围且面积最大的理想边界。如图 9-3c)多边形所示,基于临界多边形生成技术,提出地块边界理想化技术方法,将不规则地块的用地边界理想化。

(3)地块建筑退线处理(退线技术要求):根据地块管控规定,确定地块中建筑退线距离,生成建筑布局边界。根据每个街区的用地类型、最大容积率指标、限高指标,可以初步推断出其建筑的基本退界要求,用来进一步限定该街区内可用于自动生成的几何范围,为后续的自动生成做好准备。如图 9-3d)中多边形定义的红线范围。

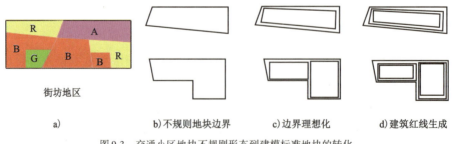

图 9-3 交通小区地块不规则形态到建模标准地块的转化

(4)地块指标估算:在街区中可用于自动生成建筑物的几何范围内,针对指定的开发强度指标,需要在自动生成前做一次指标估算,以采取不同的生成策略。例如,根据已有的控制性详细规划,可以得出该地块的用地面积;结合已知的建筑物需要承载的活动量,即可推算出所需开发的建筑空间量和该地块的容积率;通过该容积率就可以估算该地块的建筑物的层数和高度,完成该地块指标的估算过程。

4)典型建筑原型库建设

归纳不同功能建筑常用技术标准,建立由二维平面、属性表和立面贴图构成的建筑原型库。包括下列环节:

(1)根据功能活动分类和相关建筑设计规范,建立基于"功能-结构特征"的建筑分类谱系。

(2)针对各类建筑,通过调研典型建筑模式,参照建筑管控规定,提出各类建筑技术参数,包括以下内容:建筑尺寸、层高、层数、建筑日照间距要求、消防通道控制要求等。

(3)绘制各类别建筑典型建筑平面图,将技术参数转化为属性表。

(4)建立各类典型建筑立面贴图数据库。

5)建筑物自动布局

从本质上看,建筑物自动化布局,可看作不规则平面内的排样问题,目标是寻找符合设定条件的多种要素分布的最优解。常用算法包括遗传算法、退火算法、蚁群算法、最低水平线算法、BL算法等。遗传算法是模拟生物进化过程遗传选择和自然淘汰的计算模型,通过对可行解的重新组合,改进可行解在多维空间内的移动轨迹或趋向,最终走向最优解,能进行高度并行、随机、自适应搜索。因此,推荐采用遗传算法进行建筑物自动布局,生成空间仿真地块内建筑物平面布局方案。其技术路线如图9-4所示,包括下列环节:

(1)针对以上步骤构建的"虚拟"地块,根据地块用地功能和建筑高度控制指标,从建筑原型库调用适宜建筑平面的三维建筑模型。

(2)利用遗传算法,参照建筑布局原则约束条件,开展建筑物自动布局,得到初步布局方案。在地块建筑布局过程中,建筑单体、道路、绿地等具备不同特征和大小的元素,均可作为对象进行遗传算法寻优。如果需要开展大尺度的城市空间模拟,可忽略地块内部空间景观等要素,故仅将建筑布局中可变的因素作为参数,建构建筑布局的参数化模型。

(3)对初步布局方案核算开发强度、建筑密度、功能容量等指标,判定其是否达到预测指标要求并与土地利用模型预测的未来年的分类空间量进行比较,如果误差在允许范围内,那么即认为达标并认定该地块布局方案;若不达标,再次开展建筑原型调用和自动布局,生成新的布局方案,进入核算,直到得出符合容差要求的布局方案。

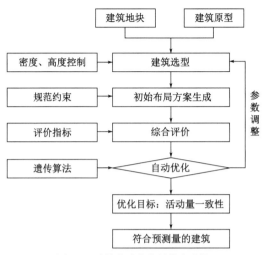

图 9-4 建筑自动化布局技术路线

6) 城市空间三维模型整合

使用 ArcScene 软件,利用既有建筑的普查数据,拉伸生成既有建筑三维模型。将社会经济活动量及相应空间量发生变化的交通小区生成的地块建筑模型导入 ArcScene,与活动量没有发生变化的交通小区的建筑模型整合。然后将建筑模型与城市用地、路网整合,形成新的城市空间仿真模型。

9.2.1.2 城市三维空间建模示例

下文以武汉市 1147 号交通小区为例,完成一个交通小区的空间建模。

1) 承载活动发生变化地块的识别

依据武汉市交通小区的现状活动量数据和预测活动量数据,参照控制性详细规划和建筑空间现状信息,识别空间形态可能发生变化的地块。如表 9-1 和图 9-5 所示,1147 号交通小区共划分为 7 个地块,根据现状活动量和预测活动量的比较分析,识别出变化的地块分别为 1、2、3、5、6。

武汉市 1147 号交通小区现状活动量和预测活动量　　表 9-1

用地地块编号	现状活动量(万人)	预测活动量(万人)	变化量(万人)
1	24394	25429	1035
2	181346	187432	6086
3	82833	86543	3710
4	184317	184317	0
5	52566	104332	51766
6	108079	108482	403
7	41005	41005	0

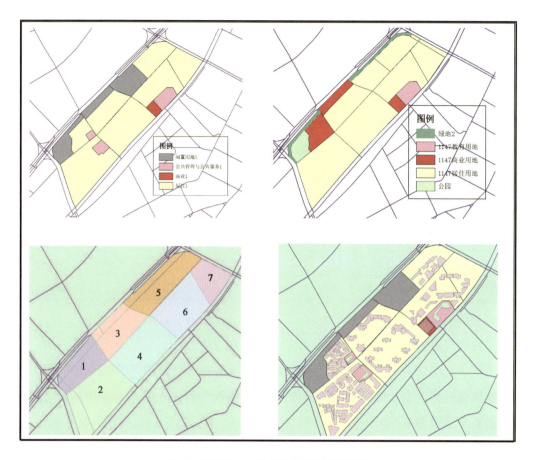

图 9-5 武汉市 1147 号交通小区变化用地识别

2）相关法规标准梳理与取值

（1）建筑退让[1]。

城市规划中建筑退让的道路红线距离按照下列要求确定：

不同道路宽度两侧的建筑后退距离如表 9-2 所示，武汉市建筑退让要求如表 9-3 所示。

不同道路宽度两侧的建筑后退距离（单位：m） 表 9-2

道路宽度	建筑高度			
	$L \geqslant 40m$	$40m > L \geqslant 25m$	$25m > L \geqslant 15m$	$L < 15m$
≤20m	15	10	8	5
$20m < H \leqslant 60m$	20	15	12	8
$60m < H \leqslant 100m$	25	20	15	10

武汉市建筑退让要求表 表 9-3

建筑类型	退让距离
影剧院、游乐场、体育馆、展览馆、大型商场等有大量人流、车流集散的建筑	≥25m
建筑后退城市规划道路交叉口的距离自城市规划道路红线直线段与曲线段切点的连线算起高度 24m 以下的	≥15m
建筑后退城市规划道路交叉口的距离自城市规划道路红线直线段与曲线段切点的连线算起高度 24m 以上的	≥25m
新建建筑后退高架道路结构外边缘	≥30m
新建建筑后退匝道结构外边缘	≥15m
新建建筑后退人行天桥结构外边缘	≥3m
建筑后退城市集中公共绿地	≥10m
建筑后退城市规划道路沿线绿化控制带	≥5m
建筑后退山体保护绿线	≥20m

(2) 建筑间距。

居住建筑南北向平行布置的间距应当符合下列规定：

①建筑高度 20m 以下(含 20m,下同)的条式建筑的间距为：纵墙面之间的间距不少于南侧建筑高度的 1.2 倍；山墙面之间的建筑间距不少于 10m；纵墙面和山墙面之间的建筑间距不少于 14m。

②建筑高度 20m 以上(不含 20m,下同)的条式建筑的间距为：纵墙面之间的间距，20m 以下部分不少于南侧建筑高度的 1.2 倍，20m 以上部分按照建筑高度的 0.4 倍进行递加计算；其最大间距，可以不超过 55m；山墙面之间的建筑间距不少于 20m；纵墙面和山墙面之间的间距，南北向不少于 24m，东西向不少于 20m。

(3) 日照间距。

住宅、宿舍、托幼活动场地日照分析应以大寒日 8 小时至 16 小时为建筑日照有效时间带。老年人居住建筑、医院病房、中小学教室、疗养院疗养室、托幼生活用房日照分析应以冬至日 9 时至 15 时为建筑日照有效时间带。

①住宅建筑应当满足底层至少一个居住空间，大寒日满窗日照不低于 2 小时的国家日照标准。

②容积率在 5.0 以上的建设项目，导致其周边建筑不符合国家日照标准的户数不得大于该栋建筑总户数的 5%。该建筑项目建设单位应与周边受影响的住户协商达成一致意见，并签署相关协议。

3)仿真地块的预处理

将预测后的用地地块对变化用地的边界进行可开发地块的边界识别,实现不规则地块到建模标准地块的转化,得到规则地形如图 9-6 所示。

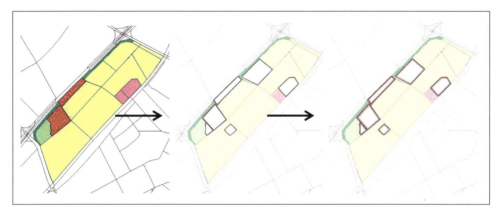

图 9-6　地块理想化转变过程

4)建筑物自动布局

基于建筑自动化布局技术,实现空间仿真地块内建筑物平面布局方案的自动生成。居住地块建筑模型自动布局如图 9-7 所示。

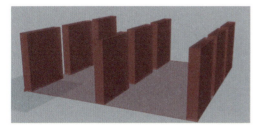 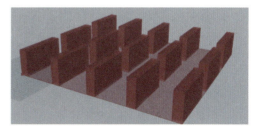

a)小高层住宅排布结果　　　　　　　　b)高层住宅排布结果

图 9-7　居住地块建筑模型自动布局

(1)居住建筑的建筑自动化布局。

(2)教育地块的建筑自动化布局。

中学地块的建筑模型自动布局如图 9-8 所示。

(3)商业地块的建筑自动化布局。

根据商业功能活动增加量,地块宜布局低开发强度商业。采用商业街形态,商业地块的建筑模型自动布局如图 9-9 所示。

5)建筑三维形态建模

首先,将所承载的活动量不发生改变的交通小区建筑量在 ArcScene 中进行拉伸,实现保留现状建筑地块的三维模型,如图 9-10 所示。

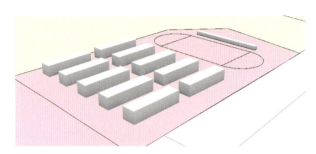

图 9-8　中学地块的建筑模型自动布局

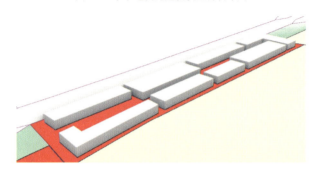

图 9-9　商业地块的建筑模型自动布局

图 9-10　武汉市 1147 号交通小区保留地块建筑地块生成

然后,在 Rhino 软件内实现建筑自动布局,将模型导入到 ArcScene 中,整合完成武汉市 1147 号交通小区的三维形态模型,如图 9-11 所示。

图 9-11　武汉市 1147 号交通小区三维形态模型

9.2.2 3D-GIS 环境下的三维交通仿真模型调用与控制

本节将基于 3D-GIS 开发环境介绍三维交通仿真模型的调用与控制技术,给出构建三维交通仿真模型库的流程并介绍如何修改模型的属性。

9.2.2.1 三维模型调用与控制技术路线

在 3D-GIS 环境下构建三维建筑模型和三维模型库时,首先通过建筑自动化布局技术快速和大量地生成具有交通规划属性的三维建筑物模型,然后实现对三维建筑模型属性数据表的编辑和模型交互操作,其技术路线如图 9-12 所示。

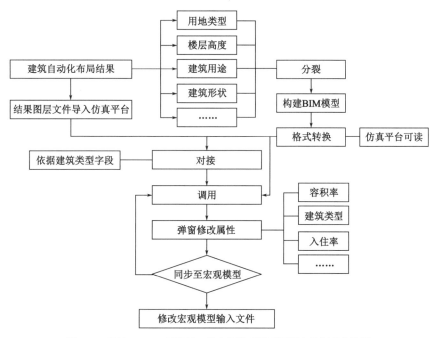

图 9-12　面向 3D-GIS 环境的三维交通仿真模型调用与控制技术路线

(1)首先根据建筑的属性进行分类,构建建筑物的 BIM 模型,将模型数据转换为在 3D-GIS 环境下可读取的格式;

(2)将转换好的模型数据存入数据库中构建三维交通仿真模型库;

(3)建筑自动化布局时使用三维交通仿真模型数据库中的模型进行仿真;

(4)在 3D-GIS 环境下调用三维交通仿真模型库中的模型数据,并在页面上予以展示;

(5)在 3D-GIS 环境下修改建筑属性并返回至三维模型数据库中。

9.2.2.2 三维模型库的构建

前文中阐述了如何通过建筑物自动化布局生成三维仿真模型,但一般的建筑模型精度较低,缺少真实感。因此本节提出一种基于 BIM 的三维模型库的构建方式,以此来保证建筑自动布局的结果在 3D-GIS 环境中能以较高精度的三维空间模型进行展示。

1) 三维模型分类

以基于土地利用及空间形态构建的城市人口与岗位分布模型为参考,在已有的土地利用图层与建筑物图层的基础上利用 GIS 中相关工具提取分类建筑面积是确保建筑空间仿真精度的有效方法。由于本小节交通小区的就业岗位数和居住人口数是基于土地利用-交通整体规划模型—PECAS 模型中的空间消费系数(根据建筑空间的用途进行估计)等参数进行估算的,建筑空间的用途参考了我国建设部发布的关于城市土地利用分类标准《城市用地分类与规划建设用地标准》(GB 50137—2011),分为城市住宅、农村住宅、居住岗位、工业仓储、行政办公、商业金融、教育科研、其他公建这 8 类。因此,本节利用 GIS 中空间叠加分析获取的建筑空间的用途分为城市居住用地、居住岗位用地、行政办公用地、教育科研用地、商业金融用地、工业仓储用地、其他公建用地和其他用地。

将三维模型按照建筑空间用途分类之后,还需要根据建筑楼层数、形状以及具体用途对各类建筑进一步细分。根据楼层不同,建筑可分为高层、小高层和多层;根据建筑形状,建筑可大致分为三角形、圆形、矩形、方形、L 形、U 形以及蝶形。三维模型库中的模型分类如表 9-4 所示。

三维模型库中的模型分类　　　　　表 9-4

建筑用地类型	建筑具体用途	楼层高度	建筑形状
城市居住	住宅	高层、小高层、多层	三角形、圆形、矩形等
商业金融	商场 商业办公 其他商业建筑	高层、小高层、多层	三角形、圆形、矩形等
行政办公	行政办公 其他行政办公	高层、小高层、多层	三角形、圆形、矩形等
教育科研	学校 科研院所 其他教育科研用地	高层、小高层、多层	三角形、圆形、矩形等
工业仓储	工业厂房 仓储库房 其他工业仓储	高层、小高层、多层	三角形、圆形、矩形等
居住岗位	商住一体式楼房 其他居住岗位楼房	高层、小高层、多层	三角形、圆形、矩形等

续上表

建筑用地类型	建筑具体用途	楼层高度	建筑形状
其他公建	医院 其他公建楼房	高层、小高层、多层	三角形、圆形、矩形等
其他	其他	高层、小高层、多层	三角形、圆形、矩形等

2）三维空间模型构建

为了提升建筑模型的精准性,可利用 Revit 软件构建 BIM 模型。基于 BIM 模型的三维模型调用与控制技术,可将建筑设计领域已经建好的 BIM 模型数据直接转换为交通模型中三维场景中的建筑模型,从而大大减少三维建模工作量并提高工作效率。

下文展示几种利用 Revit 软件构建的常见城市建筑模型,包括城市居住、居住岗位、工业仓储、行政办公、商业金融及教育科研 6 种建筑类型的典型建筑模型,如图 9-13 ~ 图 9-18 所示。

图 9-13　商业金融楼房建筑模型

图 9-14　行政办公楼房建筑模型

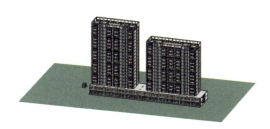

图 9-15　城市居住楼房建筑模型

图 9-16　居住岗位楼房建筑模型

图 9-17　工业仓储楼房建筑模型

图 9-18　教育科研楼房建筑模型

3)在 3D-GIS 环境下读取 BIM 建筑,并存入模型数据库

Revit 软件构建的 BIM 模型文件(*.rvt/*.rfa)并不能直接导入 3D-GIS 环境中,因此利用 Revit 软件的插件 Engine RVT 将 Revit 模型文件进行格式转化。Engine RVT 插件主要功能为可将 Revit 构建的*.rvt/*.rfa 三维模型输出为以下三种数据格式:

(1)SVF:前端框架支持 Autodesk Forge Viewer;

(2)gltf/glb:前端框架支持 Three.js/Cesium/Babylon.js;

(3)3D Tiles:前端框架支持 Cesium。

在 3D-GIS 环境下可读取三维模型 gltf 文件,因此将所有 BIM 模型转化为 gltf 格式即可导入该平台。

9.2.2.3　BIM 三维模型库与建筑自动布局结果的对接与调用

由于自动化布局的建筑外观呈现的仅仅是建筑形状,为了使仿真场景中的三维模型更加具有真实感,可依据建筑模型的分类,将转化格式后的三维模型库模型与自动布局结果的建筑进行一一对应。该过程在 3D-GIS 环境中的具体实现步骤如下:

(1)选取需要使用 BIM 三维建筑模型展示建筑形态的交通小区。

(2)在该交通小区自动化布局结果的建筑信息表中添加字段:

①添加字段 TYPE,用以表示建筑模型类型;

②添加字段 X、Y 用以表示建筑质心的坐标;

③添加字段 angle 用以表示建筑朝向角;

④添加字段 popu-1 用以表示该建筑所承载的居住人口;

⑤添加字段 employ1 用以表示该建筑所承载的就业人口;

⑥添加字段 OccupRate 用以表示该建筑物的入住率;

⑦添加字段 PlotRatio 用以表示该地块或街区的容积率;

⑧添加字段 proportion 用以表示模型放置时的缩放比例。

（3）通过字段 TYPE 判断小区地块的建筑类型，与 BIM 三维模型数据库中相对应名称的模型对应。

（4）通过建筑质心 X、Y 坐标控制，调取与地块建筑的类型相同的建筑模型到指定的经纬度坐标上，使建筑模型质心与该点重合。

（5）通过字段 proportion 判断建筑模型缩放的比例，缩放后再放置到仿真平台，使建筑符合地块大致形状。

编写代码自动实现上述 5 个步骤，即可实现 BIM 三维模型库与建筑自动布局结果的对接与调用。

9.2.2.4　三维空间模型控制

三维空间模型控制是指通过改变建筑属性（这里主要指建筑类型、建筑基底面积以及层数等）获取土地利用模型在该交通小区新的输出参数（即宏观交通模型输入参数，比如交通小区人口与就业），利用这些新的参数重新进行宏观交通仿真建模，并开展相应地产/空间开发活动的交通影响评价。

为了分析地产开发对交通系统的影响（例如改变地产开发项目的开发内容），构建交通小区建筑属性修改弹窗（图 9-19）以及交通小区地块建筑属性修改弹窗。该弹窗能够实现单独或者批量修改交通小区不同地块的建筑物的属性。当通过弹窗修改了指定交通小区地块的建筑类型、入住率及容积率等属性后，并将这些数据转化为宏观交通模型中的相关人口与就业参数，最终实现通过控制三维模型的属性而改变三维模型形态及宏观交通模型，如图 9-20 所示。

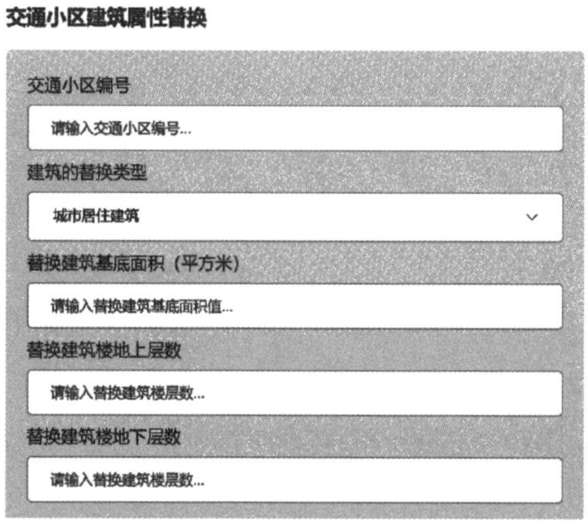

图 9-19　交通小区建筑属性修改弹窗

　　　a) 地块原始显示模型　　　　　　　　　　　b) 修改后地块显示模型

图 9-20　实验交通小区地块建筑修改前后对比

9.3　道路网与三维场景对接技术

　　在三维动态交通仿真控制与可视化的过程中,中微观交通仿真的三维可视化需要构建细节更加丰富的、包含平面和立体多维度信息的三位城市空间模型,但是数据维度多、数据来源广、模型属性缺失等原因容易导致三维城市交通仿真时道路网与三维城市空间发生移位、旋转、高程不匹配等问题。因此,道路网与三维城市场景对接技术为三维交通仿真提供支持,实现道路网与三维城市场景的精准对接。

9.3.1　道路网与三维场景对接技术流程

　　在三维交通仿真过程中,如果发现动态的三维车辆模型被三维路网、三维建筑模型等覆盖后,需要实施以下步骤完成道路网与三维场景的对接,技术路线如图 9-21 所示,具体流程如下:

　　(1)进行数据预处理,在 ArcGIS 等软件中对已有的二维路网、地形数据和场景的二维模型进行经纬度(x,y)匹配。首先将不同数据源的 GIS 数据调整为同一投影坐标系,并获取点要素的高程信息(z)。对局部偏移等问题,可以使用空间校正和通过特征点进行偏移处理等方式进行调整。

　　(2)通过 CityEngine 实现大范围、快速生成三维道路模型,获取三维场景模型的经纬度和高度数据等信息。然后,将三维场景模型数据转换成点要素,通过经纬度将点要素对应到实际地理坐标位置。

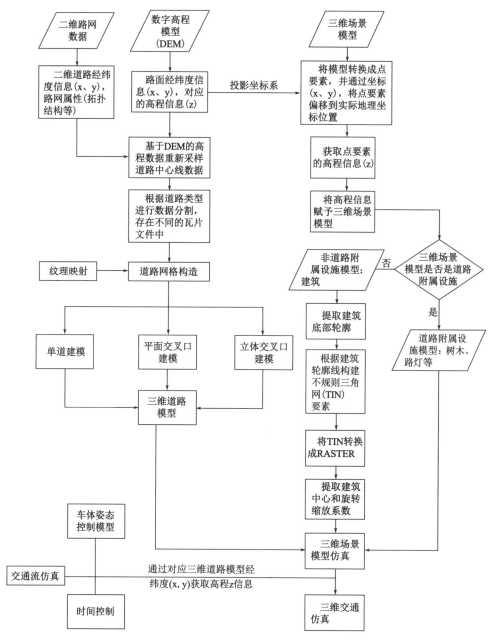

图 9-21　道路网与三维场景对接技术路线图

（3）获取数字高程模型（简称 DEM，是通过有限的地形高程数据实现对地面地形的数字化模拟）的高程信息，通过算法重新采样道路中心线数据以获取道路所在地理位置的高程信息，将提取到的 DEM 高程信息和三维场景模型的高程数据叠加并用于匹配三维车辆仿真模型行驶时的高程信息，避免三维车辆模型在仿真时无法与三维场景模型精准匹配。

(4)通过分析二维路网拓扑结构,对道路中心线采样的结果进行数据分割,将数据分层存储。

(5)使用路基模板沿道路中心线建立道路三角形网格,通过纹理映射使 3D 模型看起来更逼真。通过不同的算法分别构建单道模型、平面交叉口模型和立体交叉口模型。

(6)判断三维场景模型是否为道路附属设施(如路灯和树木等模型)。若为道路附属设施,则通过模型中心点的经纬度和高程信息将三维场景模型匹配至对应的位置。

(7)通过经纬度数值,将交通仿真软件输出的轨迹数据与三维道路数据进行位置匹配,并使用已知路网的高程进行轨迹高程信息的调整。通过使用车体姿态控制模型保持三维车辆模型与三维路网模型较高的贴合度。

9.3.2 3D-GIS 环境下道路网与三维场景对接

本节针对 3D-GIS 环境下道路网与三维场景经常无法精准对接的问题,提出相应的解决方法,主要研究内容包括在 3D-GIS 环境下自动生成三维道路模型,对三维道路模型、三维场景模型等进行偏移校核,将车辆轨迹赋值高程信息并与三维路网模型进行匹配。

传统三维交通仿真中的道路模型通常使用 3D Max 之类的建模软件手动生成,但当考虑大规模的城市三维交通仿真场景建模时,数百公里的道路和复杂的路况使得手工建模工作变得极为低效。在以往研究中,道路模型自动生成技术集中在张量场和参数化建模两种方法。近年来,很多学者研究了道路模型自动生成新方法,但是仍存在众多的问题。很多已知的建模方式仅适用于特定的道路类型,但城市道路有很多不同的类型和相应的结构和外观,通过相似的算法自动生成的道路模型和现实情况有很大的区别。张学全等[2]提出了通过开发基于模板的三维道路建模方法,并应用于大规模的路网。

9.3.2.1 数据预处理

建模之前预处理道路 GIS 数据,提取出路网拓扑信息并重新采样。考虑到相邻路段之间的关系,路网的连接信息对准确的道路建模非常重要。作为表示道路的 2D 折线,两条相交的折线可以被识别为在同一平面相交的或不同高度不相交的道路。由于仅在道路折线中心记录 2D 位置(经度和纬度),当地形或者道路含有垂直坡度时会影响道路模型的高程信息。在考虑局部地形变化的情况下进行三维交通仿真建模时,需要基于 DEM 数据重新采样道路中心线数据。图 9-22 显示两种道路中心线的采样方法。

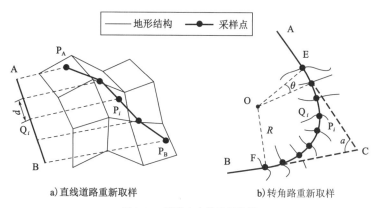

a) 直线道路重新取样　　　　b) 转角路重新取样

图 9-22　道路中心线重新取样

9.3.2.2　数据结构分层

由于大规模的路网数据量庞大且复杂,直接进行全局的"高保真"道路建模和渲染效率会非常低下。在虚拟地球中,通常借助离散全局网格构建的平铺金字塔来管理和可视化空间数据。道路网络将会被分割成小部分并在建模之前用数据结构分层组织。通过数据结构分层对折线进行分段和组织以便进行高效地渲染,并且不同类型的模板可以用于构建复杂的道路网络场景。

分层块数据结构如图 9-23 所示,道路分为交叉口、桥梁和一般道路三种类型。使用拓扑分析和道路中心线采样的结果,数据分割步骤如下:

(1)提取交叉点的位置。获取交点中心,并根据相邻顶点记录边缘特征点。

(2)提取立交信息。通过拓扑分析、高度属性和地形数据确定。

(3)细分其他道路折线。设置固定距离并将折线分成几个小的折线部分。

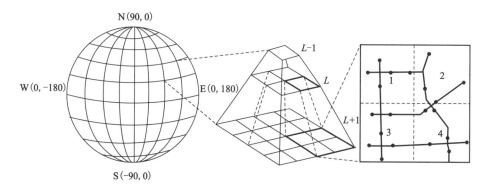

图 9-23　分层块数据结构

在分割之后,可组织道路部分在不同的四叉树图块中。由于道路部分可以覆盖多个瓦片,因此可以将其存储在不同的瓦片文件中。

9.3.2.3 三维场景仿真的偏移

由于数据来源的不同或者其他因素,三维城市仿真场景模型与三维路网模型间、车辆轨迹与三维路网模型间会经常发生无法精确匹配的情况,导致建筑物与路网重合或车辆行驶到建筑物模型中等问题。大多数的交通仿真软件进行二维或三维模型匹配时主要是基于经纬度坐标,所以在获取到三维模型的数据和路网等之后,首先要将三维场景模型和道路模型进行偏移纠正。以 ArcGIS 为例,在发生路网与三维场景的坐标出现整体偏移的情况时,首先需要调整两个图层的坐标系与投影,若仍有少许偏移,可以通过平行或复制进行调整。当发现只有局部或者没有规律偏移的情况下,可以使用空间校正、特征点等方式进行调整。

9.3.2.4 车辆轨迹与三维道路网匹配

本小节以中微观交通仿真软件 Dynameq 为例,将其输出的车辆轨迹数据与三维道路网匹配,由于 Dynameq 输出的轨迹数据不能反映车辆运行的真实轨迹,所以需要先对 Dynameq 的轨迹数据进行处理,然后与三维道路网进行匹配。

1) Dynameq 车辆轨迹数据处理

Dynameq 可通过 dqt 文件和路网生成车辆原始轨迹。Dynameq 仿真软件通过分析 OD 矩阵,运行 DTA 之后,生成两个 dqt 文件,分别包含车辆空间位置信息和对应的时刻信息,主要包括车辆经过的路段编号序列和进出路段时刻对应的时间,因此路段较长的情况下显示的轨迹数据比较稀疏,在弯道处会出现明显的折线轨迹,不能真实反映出车辆运行的真实轨迹。因此,引入了二次 B 样条曲线拟合算法,对折线轨迹进行实时的优化。由于每个车辆轨迹点都有对应的时刻信息,在对轨迹点进行插值优化的同时也要对时刻信息进行相同的插值计算。在轨迹优化的程序中,需要对轨迹点对应时刻(Time)、经度(Longitude)、纬度(Latitude)三个参数进行二次 B 样条拟合。

运用二次 B 样条曲线拟合算法对车辆轨迹优化的流程如图 9-24 所示。首先,读取所有的轨

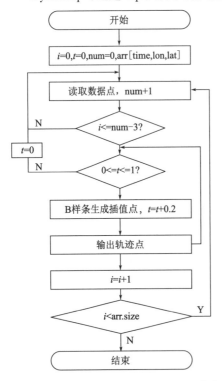

图 9-24 二次 B 样条曲线拟合算法轨迹优化

迹点信息并存在数组中,当控制点数大于3后,每3个控制点生成一条曲线,即生成5个插值点;然后,控制点依次向后移动一位,生成下一条曲线,以此类推直到遍历完所有的轨迹点。算法处理后生成的轨迹点信息样例数据如表9-5所示。由结果可以看出通过此拟合算法生成的轨迹点分布均匀,弯道处拟合程度较好,较原始轨迹点更为密集,能更真实地反映仿真车辆的运动轨迹,算法处理后的车辆轨迹如图9-25所示。

算法处理后生成的轨迹点信息样例数据　　　　　表9-5

轨迹点编号 TraceID	车辆编号 CarID	轨迹点时刻 Time(ms)	经度 Longitude(°)	纬度 Latitude(°)
1	1	25558.1	114.2798439	30.5669054
2	1	25561.2	114.2798731	30.5669627
3	1	25564.2	114.2799458	30.5670085
4	1	25567.0	114.2800620	30.5670429
5	1	25569.5	114.2802215	30.5670659

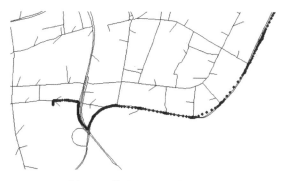

图9-25　算法处理后的车辆轨迹

2) 匹配车辆轨迹与道路模型

上述算法估计的车辆轨迹并没有高程信息,需要通过经纬度将三维道路模型的高度信息赋给对应位置的车辆轨迹数据,使车辆轨迹数据具有经纬度和高程信息,以实现车辆轨迹数据与三维道路模型匹配。由于在生成三维模型过程中有软件和人为的修改,还有将道路从"线段"数据转变为"立面"数据等情况,在ArcGIS中生成的三维模型的经纬度和原路网中线的经纬度在小数点某一位后会发生改变,所以在经纬度匹配的过程中车辆轨迹和三维模型的经纬度无法以完全相同的数值匹配。因此,通过计算车辆轨迹点的经纬度与三维模型点的经纬度之间距离是否小于某一极小值,从而判断两点是否属于同一个位置,实现两者之间的匹配,并将三维道路模型拥有的高程信息赋予到车辆轨迹数据中,最后得到带有高程数据的动态车辆轨迹数据如表9-6所示。对于模型结构比较复杂的部分，比如在桥梁和道路有重合的位置，在程序进行匹配的时候，不能只通过经纬度进行匹配，还需要将道路模型每条 Link 的编号与车辆经过路网时的 Link 编号进行匹配，才能将正确的高程值赋值给模型，车辆轨迹匹配三维道路模型运行示例如图 9-26 所示。

赋予高程数据的动态车辆轨迹数据　　　　　　表 9-6

轨迹点编号 TraceID	车辆编号 CarID	时刻 Time(ms)	经度 Longitude(°)	纬度 Latitude(°)	高度 Z(m)
52956	1276	25656.3	114.3125	30.60384	20.00006
52957	1276	25657.6	114.3124	30.60376	20.00006
52958	1276	25658.8	114.3124	30.60367	0.00015
52959	1276	25660	114.3123	30.60357	0.00015

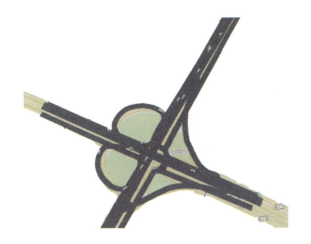

图 9-26　车辆轨迹匹配三维道路模型运行示例

9.4　三维动态交通仿真输出数据接口与可视化

提升三维动态交通仿真的效果和性能需要保障大量数据的交互和快速响应，这就需要对仿真系统资源进行合理的分配优化，并将多样化的输入输出数据格式进行统一，以达到快速生成所需输出的目的。

一般情况下，中微观交通仿真软件的输出接口输出的数据主要包括：

（1）基础路网数据、交通管理信息、信号控制信息、公交线网及站点信息；

（2）每个路段的实时统计数据：流量、平均速度、排队长度、延误等；

（3）每个交叉口的实时统计数据：流量、平均速度、排队长度、延误、相位等。

为此，本节提出面向三维动态交通仿真决策的输出数据接口与可视化方案，主要目标是分析路网、交叉口交通流数据，针对中微观交通仿真平台的输出数据，如流量、排队长度、车辆延误等。通过设计统一的输出接口，并在此基础上开发仿真报表子系统及三维展示子系统，实现在 3D-GIS 环境下的交通仿真数据及其报表的动态展示与可视化。上述工作在保障仿真计算效率的同时，提高可视化的效果和数据操作性能，以二维或者三维的图表、热力图、点线图、柱状图、饼图、箱状图等形式综合展示城市交通系统的动、静态信息，并采用高效、多尺度的渲染技术，全方位为决策者提供最为直接、全面的输出结果；此外，整合了仿真平台输出数据，在统一的接口设计下，方便操作人员一键输出仿真数据，无须额外步骤，即可进入下一模块或环节，快速完成交通现状分析及规划与管理方面的决策支持。

9.4.1 动态交通仿真数据输出接口与可视化技术方案

Echarts 是使用 JavaScript 实现的开源可视化库，可以流畅地运行在 PC 端和移动设备上，兼容当前绝大部分浏览器，底层依赖轻量级的矢量图形库 ZRender，提供直观、交互丰富、可高度个性化定制的数据可视化图表。创新的拖拽式计算、数据视图、值域漫游等特性大大增强了用户体验，赋予了用户对数据进行挖掘、整合的能力。本小节通过调用 Echarts 对仿真输出数据进行可视化展示，技术路线如图 9-27 所示。

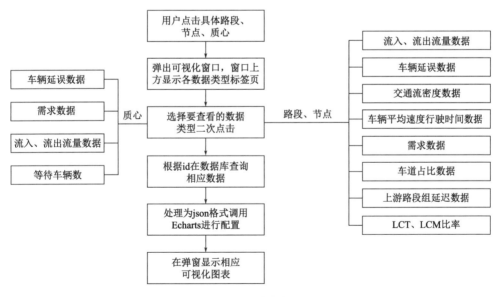

图 9-27　技术路线图

交通仿真输出系统框架如图 9-28 所示。主要分为以下 7 个步骤：

（1）分析需求背景，了解可视化的需求和目的，理解所用的数据等。

（2）确定数据特性，分析所需要使用的数据，比如数据是否可以计量等。

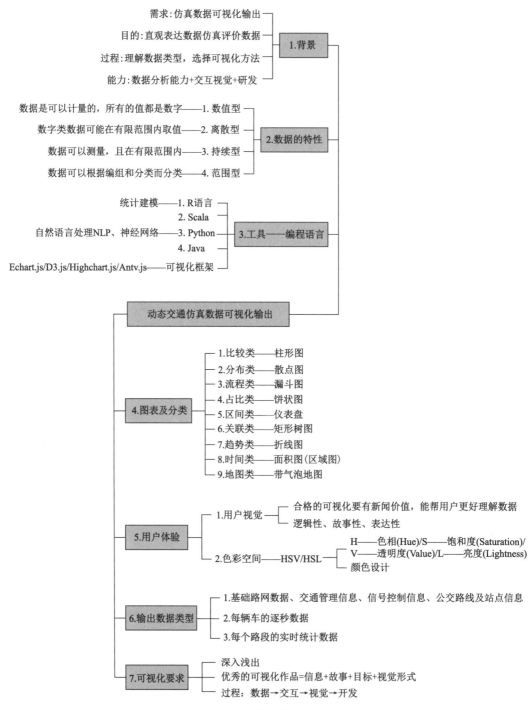

图 9-28 交通仿真输出系统框架

(3) 确定所用的工具，根据需求和功能选择可视化所使用的编程语言等。

(4) 在可视化输出中根据数据类型和功能需求选定合适的图表类型，比如可选用柱状图进行数据的比较。

(5)通过选择图表和调整可视化色彩等方式提升用户体验,使其能够更好地理解数据。

(6)根据需求提供输出数据,确认需要输出的数据类型。

(7)根据需求调整可视化的数据交互过程等。

图 9-29 简要描述了数据可视化的一般流程:分析、处理和生成,各阶段之间既相互独立又相互关联,以交通流量数据为例,将流程内容具体化,如图 9-29 所示。

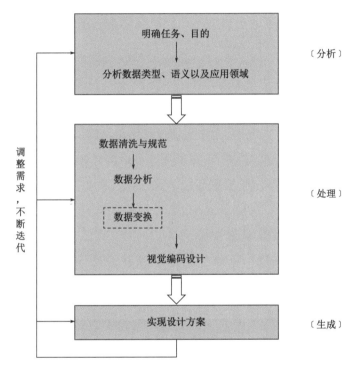

图 9-29　路网节点交通流量数据可视化流程

(1)"分析"阶段。首先,需要明确任务和目的。例如,对于交叉口流量数据来说,将可视化分析的对象定位在路网节点上,研究交叉口交通流量数据的特征,设计可视化方案。其次,需要分析数据的类型、语义及其应用领域,如表 9-7 所示。

表 9-7　路网节点交通流量数据的类型、语义及其应用领域

内容	具体说明
数据类型	类别型(瞬时监测数据和概要型监测数据)、有序型和数值型
数据语义	检测序列号、检测时间、车牌号、占有率、交通流量和平均速度
应用领域	路网节点交通流量分析

(2)"处理"阶段。该阶段的重点任务是数据处理和视觉编码设计。在整个可视化过程中,处理阶段最为关键。数据处理包括数据清洗与规范、数据分析与变换,视觉编码设计包括视图选择与交互设计、数据到可视化元素的映射。

(3)"生成"阶段。该阶段旨在将之前的分析和设计付诸实践,在实施的过程中,可以不断地调整需求、不断地迭代。

根据以上流程选择 Echarts 和 JavaScript 的图表库,为不同类型的交通流量数据开发定制适合其展示的可视化图表。

9.4.2 3D-GIS 环境下输出数据接口与可视化方法示例

本节以 3D-GIS 为开发环境,使用 Dynameq 交通仿真输出数据,展示基于 Echarts 的交通仿真数据输出与可视化方案的可行性。

首先,将 Dynameq 的仿真输出数据导入数据库,在 3D-GIS 地图上的路段、节点、质心或车道处绑定点击事件,用户点击某个节点、路段、质心、车道时出现弹窗,弹窗上方设置分类标签页,分别标记路段、节点、质心、车道所要展示的具体数据种类。用户二次点击需要查询的数据类别,此时平台会根据所选节点、路段、质心、车道 ID,在数据库查询相应的数据,封装为 json 格式,调用 Echarts,按照 Echarts 的配置格式填充数据,输出合适的图表并显示在弹窗里,图表设置隐藏功能,不需要时可关闭图表。初始页面如图 9-30 所示。图 9-31~图 9-33 分别展示了 node 流入流出流量示例、link 车辆速度和行驶时间示例、centroid 等待车辆数示例。

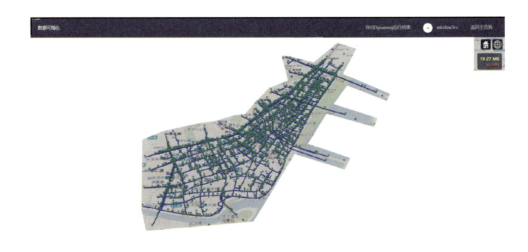

图 9-30 初始页面

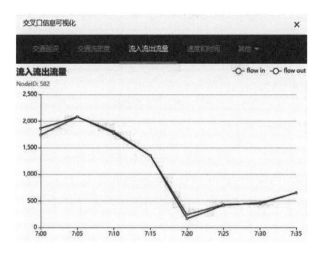

图 9-31　node 流入流出流量示例图

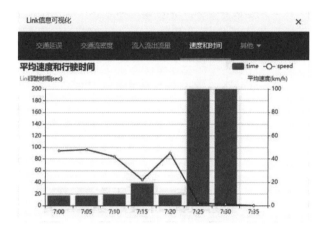

图 9-32　link 车辆速度和行驶时间示例图

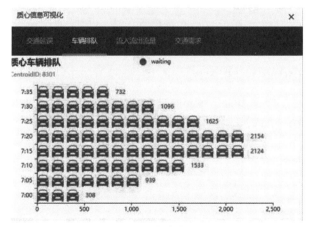

图 9-33　centroid 等待车辆数示例图

9.5 本章小结

本章主要阐述了三维交通仿真模型调用与控制技术、道路网与三维场景的对接技术以及三维动态交通仿真输出数据接口与可视化三方面的中微观三维交通仿真关键技术。三维交通模型调用与控制技术主要分析了面向土地利用和宏观交通模型相关数据的三维空间仿真及三维城市空间模型构建的过程,并提出了基于3D-GIS环境的三维场景模型调用与控制技术方案。道路网与三维场景的对接技术分别从三维道路建模方法、交通仿真软件和三维场景仿真软件三个方面入手,给出了三维模型位置偏移、车辆轨迹数据和三维路网模型对接等问题的解决方案;针对中微观交通仿真软件Dynameq输出的交通流数据,在开源3D-GIS环境下进行了方案测试,验证了方案的可行性。三维动态交通仿真输出数据接口与可视化主要介绍了基于Echarts在3D-GIS环境下的数据输出与可视化技术,通过设计统一的数据输出接口,实现宏观交通仿真输出信息与中微观仿真输出信息的快速对接,然后快速生成三维可视化所需信息并在3D-GIS环境下进行了数据可视化。这三种技术是本书的中微观三维动态交通仿真关键技术的基础,为后续构建多层次模型一体化仿真平台提供了相应的技术基础。

本章参考文献

[1] 武汉市国土资源和规划局. 武汉市建设工程规划管理技术规定[EB/OL]. (2014-03-04)[2024-04-07]. https://zrzyhgh.wuhan.gov.cn/zwgk_18/zcfgyjd/gtzyl/202001/t20200107_591729.html.

[2] 任智,钟鸣,李大顺,等. 基于空间增量模型的人口与就业岗位分布预测[J]. 城市交通,2020,18(5):68-75.

[3] ZHANG X Q, ZHONG M, LIU S B, et al. Template-Based 3D Road Modeling for Generating Large-Scale Virtual Road Network Environment[J]. International Journal of Geo-Information,2019,8(9):364.

CHAPTER TEN 第10章

城市宏、中、微观一体化交通仿真平台构建

为了实现城市土地利用-交通整体规划模型、宏观交通仿真模型与中微观交通仿真模型在同一个框架下的一体化运行与交互功能，支撑实际应用中的一体化快速交通仿真构建需求，本章借助 3D-GIS 系统在数据综合展示与交互方面的优势，构建 3D Web 城市交通仿真平台，实现土地利用-交通整体规划模型、宏观交通仿真模型与中微观交通仿真模型在同一个框架下的城市交通一体化交互式仿真模型构建。为了验证前述章节所描述的交通仿真建模理论与关键技术的可行性，本章对 3D Web 城市仿真示范平台的构建过程及其主要功能进行详细论述。

10.1 3D Web 城市交通仿真平台总体设计

10.1.1 3D Web 城市交通仿真平台系统架构

本章提出基于 3D-GIS 系统构建 3D Web 城市仿真平台的技术方案，在考虑系统的安全性及未来可拓展性等的前提下，将 3D Web 城市仿真平台作为系统唯一的可视化交互界面，负责与土地利用-交通整体规划模型、宏观交通仿真模型及中微观交通仿真模型相关人机交互及可视化展示，以达到实际应用中快速仿真场景构建与决策支持分析等目的。

平台中土地利用-交通整体规划模型可实现在 3D Web 城市仿真平台上对宏观经济与产业政策、人口与就业空间分布等模型输入数据的修改，然后调用后台进行模拟计算，评估输入数据的修改对未来土地利用形态的潜在影响。在宏观交通仿真模型中，通过将土地利用模型预测的人口、就业、机动车保有量输入到宏观交通需求预测模型，结合城市综合交通网络及其参数等数据，给出相应的交通需求预测结果。在对宏观交通需求预测模型输出的全天全域 OD 矩阵进行时空切片并提供给中微观交通仿真模型后，该平台支持对路网、交通需求、交通流参数等进行修改，实现中微观层面的交通系统仿真分析功能。3D Web 城市仿真平台在 3D-GIS 系统框架下，通过定义数据接口和数据交互规范，将以上三个层次的模型串联起来，形成了一个整体，实现三个层次模型在同一系统界面下的操作。关于城市交通一体化建模仿真系统的总体架构和系统逻辑，请详见本书第 3 章。

10.1.2 3D Web 城市交通仿真平台基础功能设计

3D Web 城市仿真平台作为一体化多层次交通仿真的集成窗口和综合展示平台，突破了传统平面地图对空间信息描述二维化、有限信息表达和缺乏真实感等诸多限制，通过对真实地形、地物、地理信息数据以及实时动态空间数据的三维(动态)表达和管理，提供接近现实世界的虚拟地理空间环境，并提供空间信息的查询、管理和展示等服务。该平台建立了不同层次的交通仿真模型之间的数据输入输出、参数标定以及建模流程，提升了多层次交通仿真模型分析和建模效率，为城市综合交通规划与管理等方面的决策支持提供了有力的工具。基于本书 10.1.1 节所述的系统架构，对应设计了 5 个方面的平台基础功能，如表 10-1 所示。

3D Web 城市交通仿真平台基础功能描述 表 10-1

功能名称	系统描述
文件功能	文件模块包括三个方面的功能：一是工程，包括工程的新建、打开、保存和另存为；二是添加，包括添加组合对象、要素图层、栅格图层、地理标注、二维对象、三维对象和浏览路线；三是编辑，允许用户对工程目录上的对象进行复制、粘贴和删除操作
浏览功能	浏览模块包括五个方面的功能：一是空间查询，用户可对场景中的对象进行空间查询，选取方式包括点选、线选、框选和面选；二是视图管理，包括重置鼠标、视图缩放、十字丝与经纬网的显示控制和调整视图方向为正北方向；三是位置，包括收藏夹中的位置和定位功能显示；四是布局，用户可以控制界面的全屏显示和侧边栏、比例尺的显示；五是系统，包括系统设置和系统帮助
对象功能	对象模块包括三个方面的功能：一是标注，包括兴趣点、文字、图片、音频和视频的标注；二是绘制二维对象，包括点、折线、圆弧、矩形、五边形、多边形、圆和椭圆；三是绘制三维对象，包括立方体、多边形柱、圆柱、圆锥和球
工具功能	工具模块包括三个方面的功能：一是多功能工具；二是测量，包括鼠标当前位置的坐标显示，测量垂直距离、地表距离和面积；三是雨雪模拟
符号化功能	符号化模块可通过图层管理来触发，主要是对加载到球面上的矢量数据和栅格数据进行符号化

在以上平台基础功能的支持下，系统可实现：

(1)支持海量 4D 空间数据产品(DOM,DLG,DRG 和 DEM)的多分辨率、多尺度全球范围的组织与管理，而且有能力进行三维城市模型多尺度地图数据的高效组织与管理；支持基本的 GIS 数据显示、符号化、专题图、查询、分析操作。

(2)支持空间数据索引、数据压缩、数据传输、数据多级缓存和三维可视化渲染等核心算法，实现全球范围空间数据的高效、连续多分辨率的无缝可视化。

(3)提供基于插件、组件两种方式的二次开发，方便交通算法的无缝集成及调用。

10.1.3 3D Web 城市交通仿真平台人机交互

人机交互功能的实现需要基于 B/S 架构(全称为 Browser/Server，即浏览器/服务器结构)的三层系统结构。该系统结构包括数据层、服务层和应用层，如图 10-1 所示。数据层全面协调中微观交通仿真模型数据库，实现数据入库、数据索引。服务层基于多层次建模方法，建立土地利用-交通整体规划模型、宏观交通仿真模型和中微观动态交通仿真模型，并标准化不同模型的数据需求，建立三种模型之间的数据接口。应用层则需基于服务对象的需求，对 Cesium 三维平台做出相应的优化，实现基于虚拟地球的土地利用、建筑、道路等数据的实时三维可视化、动态仿真结果的展示与分析等功能。

图 10-1 平台系统架构设计

10.2 3D Web 城市交通仿真平台一体化多层次仿真建模示范

由于 3D Web 城市仿真平台中所使用的数据含有大量的地理信息，因此，平台的数据管理采用了 PostGIS 和 PostgreSQL。PostgreSQL 是一个强大的开源对象关系数据库管理系统(ORDBMS)。PostGIS 则通过向 PostgreSQL 添加对空间数据类型、空间索引和空间函数的支持,将 PostgreSQL 数据库管理系统转换为空间数据库。PostGIS 具有空间数据存储、空间数据输出、空间数据访问、空间数据编辑、空间数据处理、空间数据关系判断和测量、空间拓扑实现等功能,适合作为 3D Web 城市仿真平台的数据组织管理容器。

在此基础上,平台通过 PostGIS 设计与后台的土地利用-交通整体规划模型、宏观交通仿真模型和中微观交通仿真模型交互数据接口,实现与不同模型之间的数据交互操作。例如,由于 Dynameq 软件的数据存储方式是 dqt 文件格式,为方便 3D Web 城市仿真平台读取数据,将 dqt 文件格式的数据分模块导入到 PostGIS 中进行转换,实现对多层次交通仿真模型输入输出数据的存储和管理。数据库中 Link 表属性数据结构如表 10-2 所示。

数据库中 Link 表属性数据结构　　　　　　　　表 10-2

列名	数据类型	含义
gid	整型	属性编号
id	整型	路段编号
name	字符串型	路段名称
start	整型	起始节点
end	整型	终止节点
dir	可变长度字符串	转向
facility	整型	道路设施类型
len	双精度浮点型	路段长度
fspeed	双精度浮点型	速度
lenfactor	双精度浮点型	长度影响因子
resfactor	双精度浮点型	驾驶员反应时间因子
lanes	整型	车道数
rabout	整型	是否为环形交叉口的车道
level	整型	道路等级
geom	平面空间数据类型	地理信息

在以上数据交互功能的支撑下,平台可以通过用户交互界面直接配置多层次交通仿真模型而无须切换到原商业仿真建模软件界面,实现了路网及其属性编辑功能和其他模型参数配置功能。

10.2.1　土地利用-交通整体规划建模示范

3D Web 城市仿真平台中的土地利用-交通整体规划模型包括四大模块:宏观经济预

测模块、社会经济活动空间分配模块、空间开发模块和交通供给模块。

宏观经济预测模块对模型范围内的各类经济活动进行总量预测。根据观测年份的宏观经济统计数据,模拟规划期内未来年各类人口、家庭人口和社会经济活动的数量。宏观经济预测模型已经嵌入至3D Web 城市仿真平台中,研究区域(武汉市)农业运营和工业运营总量预测结果如图 10-2 和图 10-3 所示。

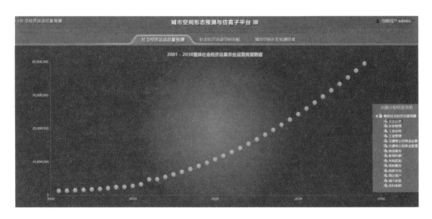

图 10-2　宏观经济预测模块——农业运营总量预测模块

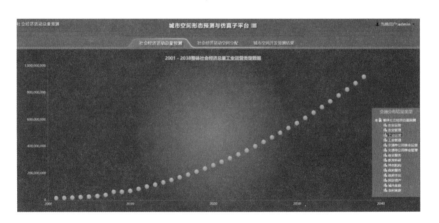

图 10-3　宏观经济预测模块——工业运营总量预测模块

社会经济活动空间分配模块以宏观经济预测模块得出的社会经济活动总量作为输入,对各类社会经济活动进行空间分配,将活动总量分配至各空间单元(包括土地利用小区、交通小区或者地块)内,其输出数据包括生产者/消费者剩余、空间价格和社会经济活动量。社会经济活动空间分配模块基于随机效用理论,运用巢式 Logit(Nested Logit)模型,根据综合效用来确定某一社会经济活动的空间位置。

空间开发模块根据社会经济活动分配模型的结果和相关土地开发政策、既有空间的数量、交易价格,模拟地产开发商为商品的生产、交易和消费等活动提供用地和空间的开发行为(包括开发、扩建和用地性质转换)的用地量以及废弃的用地量。**空间开发模块**在社会经济活动分配到空间上去之后,确定每个区域的空间需求及相应的供给。武汉市土地利用小区 2038 年新增工业用地开发量空间分布预测如图 10-4 所示。

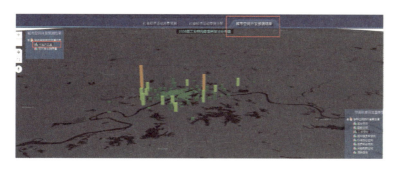

图 10-4　2038 年新增工业用地开发量空间分布预测

交通供给模块为城市土地利用-交通整体规划模型的其他模块提供交通可达性数据。交通小区的可达性可表示为从该交通小区到所有交通小区的综合效用。其中综合效用与各种出行方式的出行时间和出行成本相关。本章可达性计算方法如式(10-1)所示。

$$A_i = \ln \left(\sum_j \sum_k e^{u_{ij}^k} \right) \tag{10-1}$$

式中：A_i——交通小区 i 的可达性指标；

u_{ij}^k——从第 i 交通小区到第 j 交通小区使用的第 k 种出行方式所产生的综合阻抗。

武汉市交通小区的可达性分布如图 10-5 所示。

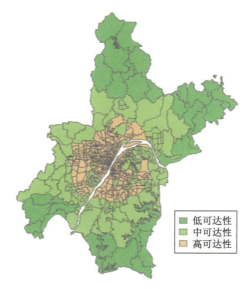

图 10-5　武汉市交通小区可达性分布

10.2.2 宏观交通建模示范

3D Web 城市仿真平台中的宏观交通仿真模块采用 EMME 软件作为后台运算服务引擎。本小节主要介绍 3D Web 城市仿真平台与 EMME 软件的交互过程,以实现城市宏观交通需求预测。在 EMME 中执行的交通需求预测子平台包含交通生成、交通分布、交通方式划分与交通分配四个步骤,宏观交通仿真模型主界面如图 10-6 所示。

图 10-6　宏观交通仿真模型主界面

宏观需求预测模型的交通生成预测输入数据包括两部分:GIS 路网数据和社会经济活动数据。根据用地性质、人口和就业岗位等数据预测交通小区的出行发生量,各交通小区生成量和吸引量预测结果分别如图 10-7、图 10-8 所示。

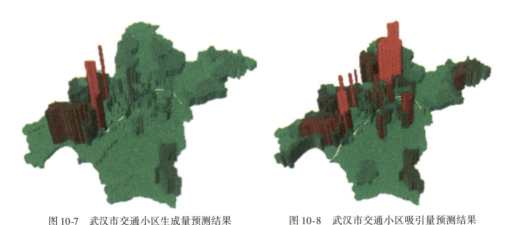

图 10-7　武汉市交通小区生成量预测结果　　　图 10-8　武汉市交通小区吸引量预测结果

交通分布预测在交通小区生成量和吸引量基础上对交通需求的 OD 空间分布进行模拟,计算出交通小区之间的出行交换量。武汉市各交通小区之间的 OD 空间分布量如图 10-9 所示。

图 10-9　交通小区之间的 OD 空间分布量

交通方式划分主要采用 EMME 工具箱中的 Zonal logit choice 工具,该工具支持的选择模型为 Multinomial Logit(MNL)和 Nested Logit (NL)。在 3D Web 城市仿真平台系统中调用 Zonal logit choice 工具,采用 Modeller API 进行交互,实现时间阻抗矩阵与费用矩阵的导入。目前多数交通规划研究均采用非集计模型进行,例如 MNL、Logistic、NL、Logit、MNP、HL、PCL、Probit 等,本章将采用较为完善与精确的巢式 Logit 模型。巢式 Logit 模型结构如图 10-10 所示。

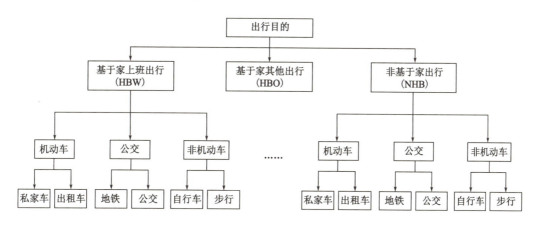

图 10-10　巢式 Logit 模型结构

在巢式 Logit 模型的基础上,模型将 OD 空间分布量进行交通方式划分,并将结果进行可视化。在本案例中,6 种交通方式出行量可视化结果如图 10-11 所示。

平台中 EMME 交通分配模块采用了基于用户均衡原理的交通分配模型。图 10-12 用路段流量热力图展示了交通流分配结果。

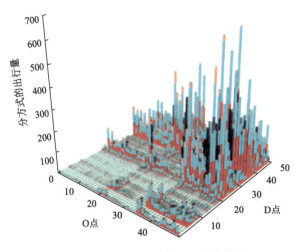

图 10-11　6 种交通方式出行量可视化结果

图 10-12　交通流分配结果

10.2.3　中微观交通仿真建模示范

3D Web 城市仿真平台中的中微观交通仿真模块将 Dynameq 软件作为后台仿真引擎。本小节主要介绍 3D Web 城市仿真平台和 Dynameq 软件的交互功能与界面设计，在 3D Web 城市仿真平台上修改路网及仿真参数数据后，修改结果会同步到 Dynameq 软件，然后通过平台界面直接运行模型，输出仿真结果。所有结果最终同步到 PostgresSQL 数据库中，最后通过前端 Cesium 3D-GIS 引擎进行仿真结果的可视化和车辆运动的动态演示。

3D Web 城市仿真平台中 Dynameq 仿真主界面如图 10-13 所示。上方导航栏包含平台与 Dynameq 软件进行交互（例如修改路网信息）的相关功能，Dynameq 仿真主界面功能描述如表 10-3 所示。

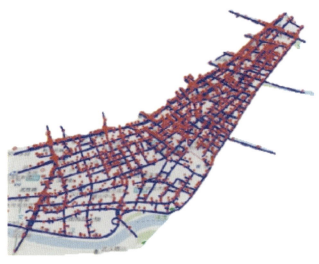

图 10-13　3D Web 城市仿真平台中 Dynameq 仿真主界面

Dynameq 仿真主界面功能描述　　　　　　表 10-3

导航栏	对应功能
ADD Element	添加路网元素（link，node，turn 等）
Delete Element	删除路网元素（link，node，turn 等）
Turn detail	显示交叉口详细信息
Open Project	打开 Dynameq 的项目，并选择场景
Run model	运行 DTA 模型
Generate trajectory	车辆轨迹生成和优化
View Results	显示动态仿真结果
Return to home page	返回主界面

平台通过与多层次模型底层数据的交互，实现了对路网及其属性表的查看和编辑功能，包括 link 和 node 的 GIS 图层操作、属性表点击查看、属性表修改以及路网编辑等。以下通过 ADD Element 功能来展示 3D Web 城市仿真平台和 Dynameq 在路网信息编辑中的交互过程。

步骤如下：

Step1：打开项目和场景；

Step2：右键点击地图某处添加 node；

Step3：添加成功后刷新查看，添加节点操作界面如图 10-14 所示；

Step4：打开 Dynameq 软件查看网络变化。Dynameq 软件中网络界面如图 10-15 所示。当 Dyanmeq 软件中路网上出现了新增节点，即完成交通仿真路网的编辑工作。

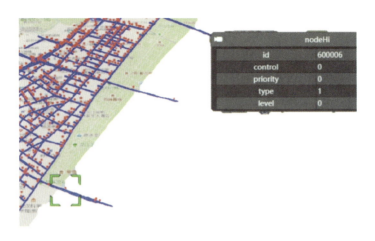

图 10-14　添加节点操作界面

图 10-15　Dynameq 软件中网络界面

10.3　3D Web 城市交通仿真平台一体化仿真系统政策分析示例

为了全面展示 3D Web 城市仿真平台在实际案例中的应用，本小节进一步在各模块的基础功能上设计能够体现多层次交通仿真模型之间交互效果的仿真场景。参考本书第 3 章中城市交通一体化仿真建模总体框架，示范案例主要内容如下：

（1）模拟空间开发活动对交通需求和社会经济活动空间分布影响。修改空间规划指标（如空间开发类型、密度等），将修改后的规划参数结果同步至土地利用-交通整体规划模型及宏观交通仿真模型，得到社会经济活动量及相应交通需求。

（2）评估交通基础设施规划方案对交通需求和空间开发影响。修改路网及宏观交通需求预测模型数据，重新运行宏观交通仿真模型，并将路网修改结果反馈至土地利用-交通整体规划模型。

10.3.1 城市交通一体化仿真场景示例：土地开发交通影响评价

根据土地利用-交通整体规划模型与宏观交通仿真模型构建流程，本节使用 3D Web 城市仿真平台对土地开发交通影响评价问题进行仿真。在 3D Web 城市仿真平台中修改地块属性后，平台根据预测的土地开发类型与相应数量，估计所承载的人口与就业数量，并在相应的土地利用小区或者交通小区更新其变化量。此时宏观交通仿真模型读取改变后的人口与就业数据，计算各交通小区间的交通发生与吸引量、交通分布量和交通方式划分以及综合交通网络分配结果。针对上述流程，下文以武汉市某一交通小区土地开发交通影响评价为例，介绍平台运作流程。

Step1：打开平台土地利用-交通整体规划模型界面，运行模型调用页面（改变前）如图 10-16 所示。

Step2：修改平台数据库地块属性表以及建筑属性表。

Step3：重新运行模型调用代码，模型调用页面（改变后）如图 10-17 所示。

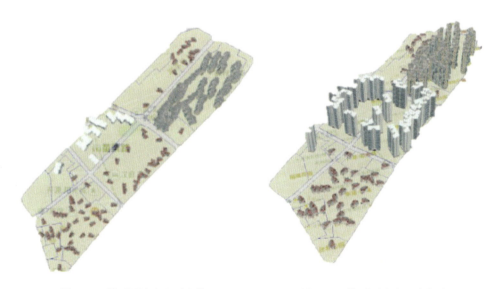

图 10-16　模型调用页面（改变前）　　　图 10-17　模型调用页面（改变后）

Step4：通过建筑信息表字段修改宏观交通仿真模型输入文件。

在地块信息弹窗中，点击同步至宏观模型按钮，修改建筑、人口与就业数据，并更新至 Emme 软件输入文件夹中的人口信息表与就业信息表。

Step5：Emme 软件自动读取指定路径下的输入文件并重新运行。

根据宏观交通模型预测，由于交通小区 481 的地产开发，其空间量的增加导致该小区人口、就业量增加，总人口由 1173 增加到 18470，总就业量由 1200 增加到 2837，与其相连的道路的交通流量也发现有明显提升，如图 10-18 所示。

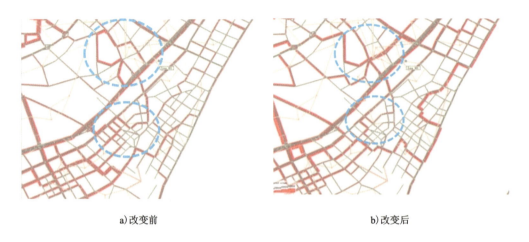

a) 改变前　　　　　　　　　　　　　　b) 改变后

图 10-18　地块变化下的交通分配结果对比

10.3.2　城市交通一体化仿真场景示例：重大交通基础设施建设交通影响评价

根据宏观交通仿真模型与中微观交通仿真模型构建流程，本节在 3D Web 城市仿真平台中模拟重大交通基础设施建设对交通需求和社会经济活动分布的影响。由于交通基础设施的修建导致综合交通网络发生变化，利用平台中的宏观交通仿真模块，模拟路网变化对交通需求的影响。然后将交通需求导入中微观仿真模型进行综合交通网络流量分配，根据网络弧段流量分配结果，评估交通基础设施的变化对交通系统中微观层面的影响，操作步骤如下：

Step1：选择项目和场景，以在武汉市的长江二桥和长江大桥（第一桥）之间新建一座隧道为仿真案例进行演示。

Step2：在新建隧道的末端使用添加节点工具新建一个普通节点，代表新建交通基础设施的起点，并给定其编号，选择其信号控制类型为非信号交叉口。

Step3：创建 link，代表新建隧道的位置和走向。通过连接隧道弧段经过的节点，创建一条双向四车道道路。

Step4：为了将新建隧道与现有交通网络进行连接，进一步创建一个虚拟节点和虚拟弧段对隧道进行连接。首先新建节点并设置节点的类型为虚拟节点，然后将虚拟节点和 Step2 创建的隧道节点相连接，创建虚拟弧段，效果如图 10-19 所示。将网络变化同步到 Dynameq 的数据库中，完成新建隧道网络构建。

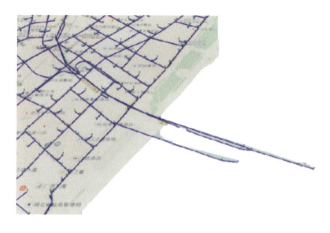

图 10-19 隧道创建界面

宏观交通仿真模型所采用的基础路网是武汉市道路网络,网络结构如图 10-20a)所示,将隧道创建操作更新至基础网络中,并更新道路阻抗。使用 EMME 软件更新综合交通网络,刷新后显示新增 link 如图 10-20b)所示。

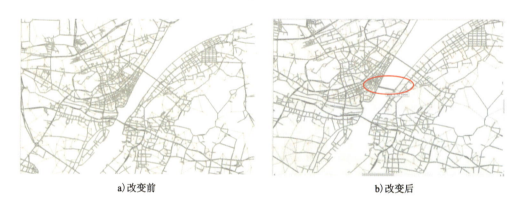

a) 改变前　　　　　　　　　　　　　b) 改变后

图 10-20　link 改变前后路网

图 10-21 展示了新增隧道弧段前后的交通流量变化。在建设该隧道前,长江上仅有的两座桥梁的交通流量较大,且上桥与下桥位置处(如临江道路)的弧段流量较高。新建隧道弧段后,原有的两座桥的交通流量向新增隧道弧段转移,缓解了原有隧道的交通压力,新建隧道附近的交通流量明显增大。

EMME 宏观交通仿真模型输出的 OD 矩阵是整个武汉市的 OD 矩阵,而基于 Dynameq 的中微观交通仿真的区域目前只包含汉口核心区。为了得到通过汉口核心区的出行需求,本案例采用本书第 7.6 节宏中微观交通需求对接技术方案中提出的 OD 矩阵时空切分技术,对 OD 矩阵进行切片,将小区域的 OD 矩阵从大区域的 OD 矩阵之中切分出来,并导入 Dynameq,设置相应的中微观交通仿真参数,输出仿真结果以及轨迹数据。新建隧道的车辆平均行驶速度和行驶时间如图 10-22 所示。车辆在宏观和微观的轨迹结果如图 10-23 所示。

a) 改变前　　　　　　　　　　　　　b) 改变后

图 10-21　新增隧道弧段前后的交通流量变化

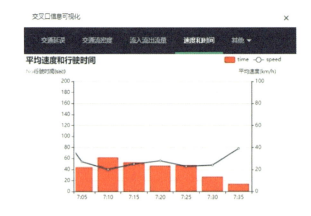

图 10-22　新建隧道的车辆平均行驶速度和行驶时间

a) 概况图　　　　　　　　　　　　　b) 局部图

图 10-23　车辆轨迹

10.4　本章小结

本章以武汉市道路交通系统为示范案例，根据本书第 3 章的一体化仿真建模框架，基于第 4、6、7 章的关键技术，构建了武汉市局部区域的土地利用-交通整体规划模型、宏观交通仿真模型和中微观交通仿真模型，同时在平台中依据第 8 章的交通仿真参数标定技术构建进行了模型参数标定，实现了多层次城市交通仿真模型一体化建模的应用示范，并通过第 9 章介绍的模型调用和控制技术，展示了仿真建模中对模型的调控和可视化等效果。在 3D Web 城市仿真平台的框架下，可实现土地利用-交通整体规划模型、宏观交通仿真模型和中微观交通仿真模型之间的交互，在无须频繁切换不同仿真软件的情况下，实现对多种交通规划决策的快速评估与反馈。例如，平台可实现宏观经济与产业政策、人口与就业空间分布及控制性详细规划对未来土地利用形态潜在影响的模拟和评估，可实现土地利用和交通需求的交互功能，可模拟空间开发活动对土地利用及交通需求影响等。

CHAPTER ELEVEN 第11章

多层次交通仿真模型校核与评价体系

目前国内应用的交通仿真建模软件大多是从发达国家(如日本、美国、加拿大和英国等)引进的。这些引进的交通仿真建模软件中所采用的默认参数大部分是基于国外交通系统特征设定的,而我国的交通系统特征与国外有着很大的差别,导致这些建模软件在我国的适用性较差。因此,需要基于国内收集的数据,开展建模参数的本地化标定与校核,才能保证相关交通仿真模型的准确度。虽然我国城市交通仿真应用日益广泛,但是针对交通仿真模型校核及其评价体系的研究还不健全。特别是针对多层次城市交通仿真模型校核与评价,国内的相关研究还处于起步阶段。为了保证交通仿真能够为城市交通规划与管理等提供强有力的技术支持,有必要对多层次交通仿真模型的校核与评价指标体系进行深入研究。本章在对国内外交通仿真模型校核与评价实践的梳理分析基础上,制定了面向我国大中城市多层次交通仿真模型的评价指标体系,为交通仿真建模工作的评价提供依据。

11.1 多层次城市交通仿真模型校核与评价综述

为充分认识当前国内外多层次交通仿真模型评价体系现状,本小节主要结合本书所涉及的 8 个典型城市的交通仿真建模实践情况,对多层次交通仿真模型的校核与运行评价所提出的标准、规范与评价实践进行综述,从而为制定符合我国城市交通仿真建模的校核与评价标准体系提供依据。

11.1.1 宏观城市交通仿真模型校核与评价综述

11.1.1.1 东京

东京市构建"四阶段"宏观交通仿真模型预测未来的交通需求[1]。在东京都市区模型中,它由两个子模型组成,即战略模型和详细模型:战略模型进行广域的交通需求预测,详细模型进行基本规划区域的交通需求预测。

针对以上两个模型的实践与应用,东京市[1]也提出了与之配套的模型校核与评价标准。其中对于两套四阶段模型中的各阶段,其采用的校核方法如下:

(1)交通生成阶段:将基于不同出行目的的交通量预测值与当地相关调查统计结果的误差值用于校核;

(2)交通分布阶段:交通分布预测阶段的核心为出行分布预测模型,该步骤建模校核主要涉及阻抗系数和出行距离两个方面;

(3) 方式划分阶段：该阶段引入非集计 logit 模型构建方式分担模型，其校核与评价主要涉及方式分担率等方面；

(4) 交通分配阶段：该阶段采用用户均衡分配方法进行交通量分配，其校核与评价主要包括流量分配验证与校核（如车辆行驶里程与交通量）以及模型结果的有效性评价等方面。

11.1.1.2 伦敦

LTS（The London Transportation Studies）[2]模型是一个宏观交通战略模型，涵盖伦敦及其周边地区的多种交通网络。LTS 模型可预测伦敦人口和就业的变化、新建交通基础设施、政策干预、宏观经济因素和其他因素（如汽车拥有量）对交通出行的影响。LTS 模型框架基于传统的"四阶段"法，即出行生成/吸引、交通分布、方式划分和交通分配。其中前三个阶段在 LTS 模型的需求模型中执行，第四个阶段在 LTS 模型的网络分配模型中执行。

对此，伦敦市制定了专门的《交通分析指南》（《Transport Analysis Guidance》，TAG）[3]提出了伦敦市宏观交通仿真模型的构建思路，给出了各指标的校核内容与有效性评价标准。

在需求模型部分，TAG 讨论了出行生成/吸引、交通分布和方式划分三个阶段的校核指标与有效性评价标准。其中在出行生成/吸引阶段，TAG 主要提出家庭分类、家庭出行率和家庭数量预测值三类校核指标；在交通分布阶段主要提出阻抗函数和生成/吸引交通量预测误差等校核指标；在方式划分阶段则主要描述方式分担率的校核与标准[3]。在网络分配模型部分，TAG 重点讨论交通分配过程中的校核指标，主要包括路段独立交通流量、关键路口转弯次数、全程时间等校核标准，另外也提供了道路流量分配结果的有效性评价标准。

11.1.1.3 上海

陈必壮等[4]以传统"四阶段"交通需求预测模型为基础开展了一系统技术和应用创新，构建了上海市宏观交通仿真模型，并根据自身建模经验撰写了《上海交通模型体系》，对于不同阶段的建模实践，提出了宏观交通仿真模型的验证思路与校核指标[4]。

交通生成阶段：其模型分为出行生成和出行吸引两个部分，其中出行生成模型主要校核出行发生率调查与模拟值误差，而出行吸引模型则关注出行吸引率模拟值在 95%置信区间的显著性。

交通分布阶段：评定模型输出结果可靠性时，主要是检查模型计算的平均出行阻抗、出行阻抗的分布以及交通小区内出行比例等指标是否接近实际调查值。虽然从大量的出行调查数据中可以得到出行矩阵，但并不是所有 OD 对都有充足的数据满足统计要求，因此通过估计的 OD 对与调查的 OD 对进行相互验证是不现实的。然而从出行调查数据可以计算出平均出行阻抗和出行阻抗分布，并且具有合理的统计置信度，所以可从观测出行阻抗分布来验证分布模型。

方式划分阶段：该阶段采用 Nested Logit 模型，对 6 个出行目的、10 种方式、38 个出行矩阵分别进行模型的标定和应用。方式划分模型分为步行和非步行方式划分模型两种。

交通分配阶段：该阶段是将 7 个车种的 OD 同时分配到考虑收费以及不同交通管理措施（分车种禁止通行、单行、转向禁止、路段路口延误等）的道路网络中，得到各路段、各车种流量、行程时间、车速的计算过程。其模型校核选择了断面相对误差、校核线总量误差与校核线绝对值误差三个指标。

11.1.1.4 美国旧金山

美国许多城市已经开展宏观交通仿真的建模实践，各城市在建模实践与应用过程中根据自身的交通模型特点与交通政策分别提出了符合自身需要的校核指标和标准。

其中旧金山（San Francisco）模型采用了基于活动的模型来预测交通需求。这种基于活动的模型比传统的"四阶段"模型对出行者选择的条件更敏感。旧金山交通需求预测模型和传统模型之间的根本区别在于它是基于活动链（Activity-based）而不是基于出行段（Trip-based）的。活动链的始发地和目的地都是家庭住址，是中间没有任何停留点的一个人的完整出行序列，而出行段是从始发地到目的地过程中的单次移动。基于活动的模型结构比传统的四阶段模型更复杂。针对这类模型，提出了针对个人出行活动的出行指标，用于模型校核与结果验证。

在各城市宏观交通仿真建模实践的基础上，美国联邦公路管理局制定了《出行模型校核与合理性检验手册（Travel Model Validation and Reasonableness Checking Manual）》[5]，总结了美国不同州市在模型实践过程中所采用的校核指标与评估标准，详细梳理了不同类型的宏观交通仿真模型在模型校核和有效性评价上的标准问题，最终制定了较为科学的指标校核规范，该手册也为本章构建模型校核与评价指标体系提供了一定借鉴依据。

11.1.1.5 城市公共交通模型校核与评价综述

作为宏观交通仿真模型的专题应用之一，公共交通模型也被广泛应用于城市交通规划建设的实践中。国内外不少城市致力于公共交通模型的开发与应用,同时也提出相应的校核指标与评估思路。

北京市公共交通模型[6]以市区公交模型的需求分析作为开发与应用基础,针对公交系统特点,使用线路沿途与站点周边的用地、人口、就业岗位等基础数据,并引入"站群系统"的概念,以公交站点和站群为分析单元,基于现状公交OD分析技术和公交网络分配模型开展模型构建工作。使用的模型校核指标主要包括OD间的分配流量与道路核查线观测流量的误差等。

广州公共交通模型[7]主要分为两个大的部分,第一部分是公共交通子模块的方式划分模型,第二部分是公共交通流量分配模型。公交模型的校核结果无论是从公共交通系统整体还是从地铁分线流量拟合情况来看,所有的误差都控制在10%以下,说明该公交模型有较高的预测准确度。

上海公共交通模型将公共交通OD分配到公交网络上,得到各公交模式的断面和站点客流量,其校核指标包括总量校核、校核线客流校核和线路客流校核三类[4]。此外,《上海交通模型体系》针对轨道交通模型提出了一系列校核指标。

伦敦市根据其公交模型特点,在其专门的《交通分析指南》(《Transport Analysis Guidance》)[3]中,界定公交模型中各指标的校核内容与有效性评价标准,主要在出行矩阵、公交网络、公交分配与公交班次矩阵等方面提出了具体的校核指标与评估标准,并在公交发车间隔、公交方式分担比例等方面,提出了有效性评价的指标与思路。

旧金山的公共交通系统涵盖了公共汽车、地铁、有轨电车、无轨电车、缆车等多种方式,形成了城市的整体公交网络。旧金山公共交通模型的校核指标包括总量校核、校核线客流校核和线路客流校核三类。

11.1.2 城市中微观交通仿真模型校核与评价综述

11.1.2.1 伦敦

伦敦利用Dynameq软件构建了中微观交通仿真模型并进行了相应的模型校准。该模型允许在预定义的时间点更改网络属性(供给侧数据)。这不仅可以用来跟踪各种动态变化的实际情况,比如在高峰期间变化的拥堵费(通行费),还可以用来模拟交通控制或管理措施,包括高速公路上的速度限制等[2]。

伦敦中微观交通模型以路网上的路段、转弯运动、交叉口(节点)和单车道的仿真效果作为有效性评价依据。根据模型输出的结果显示总体的交通状况,该模型支持快速识别关键瓶颈,通过观察每个车道的流量评估路网状态,同时通过模型输出和现场观测交通流指标之间的差异值进行模型校核。此外,Dynameq 提供了对仿真模型路段参数和间隙接受参数等参数的控制手段,可以对仿真模型进行局部调整,以便校准模型。

11.1.2.2 约克

英国约克中微观交通仿真模型正式名称为"Integrated Highway and Public Transport Network Model(整合型快速路与公交网络模型)",其通过扩展 Dracula 微观交通仿真模型模拟真实的公共交通系统运营状况。此外,该模型还可以反映乘客路线选择及其对公交容量和停留时间的影响。英国约克市应用该模型开展了针对 4 路公共汽车服务路段公交出行可靠性的实例研究[8],并使用公交站点间平均行程时间的观测数据对研究区的 Dracula 模型进行了校准。

11.1.2.3 旧金山

旧金山利用 Dynameq 软件实现中微观交通仿真并进行了模型校准[9]。该模型可以输出模型校准和验证报告,提供模型验证结果,能够以 2.7% 的平均相对误差实现稳定的收敛。对于低流量的道路,均方根误差(RMSE)较高,但对于每小时流量达到 500 辆车以上的路段,均方根误差(RMSE)下降到 10% 左右。65% 的路段和 76% 的主干道路段的校核结果都在《加州交通部出行预测指南》建议的最大期望偏差之内。

11.1.2.4 东京

在日本,咨询公司 SSRI 和 OriCon 承担了日本建设部的 PWRI 项目,通过应用商业微观交通仿真软件 PARAMICS 为东京到名古屋高速公路系统提供了可行性研究,同时对东京都市区高速公路系统进行了深入研究。为验证 AVENUE 适用于地面街道网络的交通仿真,基于东京街道网络的数据集 Kichijoji-Mitaka Benchmark Dataset(BM),获取网络中每个标记点上经过的每辆车的车牌号、行驶时间和停靠时间,收集了精确的 OD 数据,还通过 logit 模型确定了该区域中的路线选择行为。

该机构是通过每 10min 的路段仿真流量与调查数据对模型进行校核。在验证中,将 AVENUE 应用于整个网络,然后得出了令人满意的结果,$R^2 = 0.91$;并且通过比较该地区一些主要街道的平均行驶速度,完成了模型的有效性评价。

11.1.2.5 北京

国内采用中微观交通仿真模型进行城市治理的实践较多,但由于没有统一的标准,因此在校核与评价方面缺乏一致性。大多数国内中微观交通仿真模型根据自身选用模型选择校核或评价标准,内容比较庞杂,故本书选择一些典型研究案例进行剖析,提出一些重要的评价指标。

以北京市城市规划设计研究院的交通仿真模型体系为例,其框架如图 2-4 所示[6]。该体系使用的交通承载力分析模型为中观交通仿真模型 TranCap。城市交通承载力分析依据城市可持续发展理论中的协调性原则和公平性原则,基于土地利用与交通互动理论,测算交通小区产生和吸引的交通量是否与相关的交通设施承载能力相匹配。TranCap 旨在评价城市交通承载力,同时从交通需求和交通供给两个方面调整和优化土地利用与交通之间的匹配关系。

该机构使用的动态交通分配模型为 BJ-DTALite,它包括基础数据管理、快速最短路径计算、OD 需求反推校正、动态交通分配仿真和仿真结果展示等五大子系统及 14 个功能模块。BJ-DTALite 基于开源软件 DTALite,该模型在理论上是一个排队论模型。

该机构通过切分细化宏观战略交通模型 BJTM 中的交通网络,使用微观交通仿真模型实现典型路段和交叉口规划方案的分析与比选。

此外,北京市[6]以 TransModeler 对朝阳区多条道路及其交叉口进行中微观层面的交通仿真实践,所选用的评价指标包括平均延误(sec/veh)、平均车速(km/hr)、平均控制延误(sec/veh)、平均停车时间(sec/veh)、平均停车次数(stops/veh)和交叉口服务等级等。

11.1.2.6 上海

上海市城市规划设计研究院的宏观交通仿真模型借助 TransCAD/EMM-E 软件,中观交通仿真模型借助 TransModeler/AMSUM 软件,微观交通仿真模型借助 TransModeler/VISSIM 软件进行开发。此外,上海市城市规划设计研究院搭建了 7 大类、20 多个现状和规划基础数据库,用于支撑其交通仿真模型体系的不断更新。

上海市城乡建设和交通发展研究院的交通仿真模型体系总体框架由综合交通规划模型包、城市交通运行模型包、微观交通仿真运行包构成。与中微观模型实践相关的模型包括城市交通运行模型包和交通微观仿真运行包,其中城市交通运行模型包包括道路交通运行模型和公共交通运行模型,主要用于城市交通运行研判和近期改善研究;微观交通仿真运行模型包包括高/快速路微观仿真模型以及区域微观仿真模型,主要用于交通运行管理方案评估等。

上海市[10]城乡建设和交通发展研究院采用的中微观交通仿真模型借助 TransModeler 软件进行开发,已应用于匝道封闭方案评估、虹桥商务区机动车流仿真等项目。同时,上海市城乡建设和交通发展研究院还借助 VISSIM 软件初步建立了行人流仿真模型,主要应用于综合交通枢纽、轨道车站、地面公交枢纽规划建设和交通组织决策等方面。

上海市[10]使用宏观交通规划软件 VISUM 与微观交通仿真软件 VISSIM 联合建模,并采用实证数据对模型进行标定,获得了上海市陆家嘴区域的微观交通仿真模型,所选用的评价指标包括平均延误(sec/veh)、平均车速(km/hr)与平均控制延误(sec/veh),使用不同方向转弯车辆流量的仿真和实际观测数误差进行模型校核[11]。

11.1.2.7 深圳

深圳市城市交通规划设计研究中心有限公司依托 TransModeler 软件及其 GISDK 二次开发工具,提出了灵活的中观交通仿真模型建模方法。深圳中观交通仿真模型将深圳划分为 34 个分区,分区平均建设用地面积约为 $25km^2$。它以片区综合改善、交通影响评价、地面公交详细规划等业务需求为出发点,进行各种精细化指标的估算。深圳中观交通仿真模型使用了基于交叉口转向延误的静态交通分配,能够满足成熟地区交叉口宏观指标的计算;同时,该模型还可以开展分时段的动态交通分配,可以更精准地评估交通基础设施的最大承载能力;利用车队组合代替个体车辆的中观交通仿真,显著提高了中观交通仿真的效率;考虑局部细致模拟的混合仿真,提高精细化交通设计分析精度[12]。

深圳市城市交通规划设计研究中心有限公司在传统静态微观交通仿真模型的基础上,进一步引入浮动车、定点交通流监测等实时数据,实现了在线微观交通仿真,并基于分布式技术及宏、中、微观混合仿真技术同步全市大区域中微观交通仿真。该模型基于 VISSIM,融合各类数据,能够实现项目建设前后行人流与车流分布情况、交叉口/车站内通道服务水平的评估和 3D 空间呈现,较好地支持了行人管控策略和交通基础设施优化方案的制定。目前,深圳市中微观交通仿真模型广泛应用于道路节点改善、地铁车站设施优化及建筑物内部组织优化。

深圳市[12-13]在深南大道与竹子林四路交叉口东进口道现状调查研究的基础上,根据存在的问题以及交通流量特性,提出预信号优化方案,并利用 VISSIM 对传统方案和预信号方案分别进行评价,将具体的仿真基础数据——车辆平均延误作为仿真模型有效性评价的重要指标。

11.1.3 城市交通仿真模型校核与评价总结

通过对国内外交通仿真模型校核与评价当前标准与实践的综述,本章节得出以下结论:

(1) 国内外宏观交通仿真模型的校核与评价对象大多数集中于"四阶段"集计交通模型，普遍缺少适用于基于活动或出行链的宏观交通仿真模型的评价与校核标准。其主要的校核指标包括：交通生成模型的"出行发生率与模拟值之间的误差"；交通分布模型的阻抗系数、出行距离和出行方式等方面的参数；方式划分模型的各方式分担率；交通分配模型的"流量分配验证与校核（如车辆行驶里程与交通量），以及道路流量分配结果有效性评价"等方面。

(2) 国内外中微观交通仿真模型评价与校核标准并未真正界定两类模型的评价区域范围与尺度，其中存在有标准混用的问题。其主要使用的校核参数主要包括：路段、转向、交叉口（节点）和单独车道的仿真效果，路段交通流参数和间隙接受参数；主要评价指标参数包括：平均延误（sec/veh）、平均车速（km/hr）、平均控制延误（sec/veh）、平均停车时间（sec/veh）、平均停车次数（stops/veh）和交叉口服务等级等评价指标等。

基于以上国内外交通仿真模型校核与评价的实践综述，本章立足我国交通的实际情况，针对宏观交通仿真模型、公共交通模型和中微观交通仿真模型，提出了模型校核与评价指标体系及其相应标准。

11.2 宏观交通仿真模型校核与评价

11.2.1 "四阶段"宏观交通仿真模型校核与评价

11.2.1.1 交通生成模型校核与评价

1) 出行发生模型校核[5,15]

出行发生模型的校核主要是比较模型的估计结果与来自当地家庭调查的观测数据间的差异。如果使用当地的家庭调查数据来完成模型估计，其估计的结果反映为出行生成量的预测值，则可以用模型估计的出行生成量预测值与家庭出行调查采集的出行生成量数据进行比较，从而采用二者间的比值（即模型出行量估计值/扩展出行量观测值）来校核模型。

其中，模型出行生成量估计值/扩展出行生成量观测值的比值需要满足以下要求：

(1) 比值必须介于 0.9~1.1 之间[5]。

(2) 比值也可以用于调整与校正模型参数，尽可能接近于 1。如果出现较大误差，则需要进一步校核社会经济数据或调查数据是否存在问题。

2) 出行吸引模型校核

出行吸引模型的校核指标可定义为通勤出行吸引量(一般包括从家到工作地或从工作地到家)与区域总体就业人数的比值,该比值在 1.20~1.55 之间是合理的[5]。

3) 出行发生与吸引均衡

如果出行发生和吸引模型是基于同一个数据源开发的,那么按目的或地区划分的发生量与吸引量的比值在 0.90~1.10[5] 之间才可以实现均衡。

4) 合理性校核

出行生成模型的主要合理性校核是将总出行率与区域估计的出行率进行比较,在两者比较接近时(二者间偏差低于 10%),才可以判定为具有合理性。其中主要校核指标包括[5]:

(1) 每户出行率;

(2) 按出行目的划分的每户出行率;

(3) 按出行目的划分的行程百分比;

(4) 根据家庭类别(务农、城市居民等)划分的每户出行率。

另一个合理性校核是相邻交通小区单元格间出行率的增量变化率保持一致(即允许 10% 以内的误差),需校核以下方面[5]:

(1) 相邻空间出行单元的出行率具有正相关性。但需注意的是,当单元格间变化率增大时,出行率也会相应增高,可能会出现不准确的情况。

(2) 相邻单元格间出行率的增量差异必须合理,新增的出行必须能与新增的家庭或成员相匹配。

5) 输出结果校核

应仔细验证按出行目的划分的人均出行率或出行比例之间是否存在较大差异。分出行目的的人均出行率或出行比例的差异都应有合理的解释,同时输出结果的校核必须满足一定范围,包括[5]:

(1) 按照出行目的划分的人均出行率标准差必须处于 2% 之内。

(2) 截距接近于 0。

(3) R^2 超过 0.95。

同时,对于出行发生模型的输出结果而言,需要对模型的模拟值和调查值进行误差检验,需要将平均误差限制在 10% 以内[9]。对于出行吸引模型而言,多采用 t 检验法对模型参数的显著性进行检验,按置信度 95% 为准。当样本数大于 50 时,t 取值一般至少在 2 以上。模拟值与调查值的误差最好在 ±20% 之间[9]。

6）私人汽车总量预测精度校核[9]

国内某些城市的建模实践中，需要预测私人汽车总量未来发展趋势，因此在模型标定后，需要将模型值与实际值进行对比，获得平均绝对相对误差（MARE）。如果该误差小于15%，则表明模型具有良好的有效性和实用性。

11.2.1.2 交通分布模型校核与评价

1）阻抗系数设置要求

以交通分布预测的重力模型为例。在重力模型中，阻抗系数用来表示出行成本的影响。阻抗系数可以用阻抗的增量来表示，也可以用出行阻抗（通常是出行时间，以 t 表示）函数来标定。最常用的阻抗系数公式为：

$$F = a \times t^b \times e^{ct} \tag{11-1}$$

式中，需要标定的阻抗系数为 a，b，c。

阻抗系数拟合值通常会因出行时间非常短（例如 5min 或更少）而出现峰值，继而表现出单调减少。虽然出行调查方式通常显示出行频率下降，阻抗上升，但如果存在阻抗非零的情况，那么阻抗值会在整体变化上出现不规则的噪声干扰，影响整体趋势的表现与解释，不符合客观现实发展的规律，因此阻抗系数必须大于零[5]。

2）交通分布模型校核

（1）出行分布模型结果校核[3,16]。

出行分布模型结果通常有两种校核类型：出行距离校核和出行方向性校核，它们与基准年情况相关联。

①出行距离校核。

该种校核是将模型计算的平均出行距离与观测值进行比较，其中[5]：

（a）根据经济活动分布来划分区域，校核平均出行距离；

（b）也可按地理形态或行政区划形态划分区域，校核平均出行距离。

所计算得到的平均出行距离的模拟值与观测值之间的误差不可超过5%[5]。

另外，还需要校核出行距离的频率分布，一般使用一致率来校核出行距离频率分布，如公式（11-2）所示：

$$CR = \left\{ \frac{\sum_T [\min(PM_T, PO_T)]}{\sum_T [\max(PM_T, PO_T)]} \right\} \tag{11-2}$$

式中：CR——一致率；

PM_T——模型预测结果分布在区间 T 中的比例；

PO_T——观测结果分布在区间 T 中的比例;

T——时间、距离或其他阻抗测量的直方图间隔(如 0~4.9min、11.0~9.9min)。

对于该参数的校核,校核标准为一致率不能低于 70%[3]。

②出行方向性校核。

对方向性的校核主要是利用定向比,该比率衡量从交通产生区域到吸引区域的出行倾向,定义如下:

(a)分子是从交通生成区域到交通吸引区域的行程除以到达区域的所有行程得到的比值;

(b)分母是来自发生区域的所有行程除以该区域的所有行程(含生成和吸引)之和得到的比值。

公式可以表述为:

$$定向比 = \frac{发生区域到吸引区域的行程所有到吸引区域的行程之和}{来自发生区域的所有行程所有区域所有行程之和} \quad (11-3)$$

该部分的校核标准为:定向比接近 1,其偏差不得超过 5%[5]。

同时,必须保证各出行方式下出行量的模型拟合值与实际观测值之间的差值不能超过 3%[3]。

(2)出行矩阵校核。

出行矩阵的校核方法为校核模型拟合值与实际观测值之间的差异,即对于所有核查线而言,其误差不可超过 5%[5]。

出行矩阵校核指标及参考标准如表 11-1 所示。

出行矩阵校核指标及参考标准[3]　　　　表 11-1

矩阵类型	校核指标与参考标准
出行 OD 矩阵	斜率处于 0.99~1.01 之间 截距接近 0 R^2 超过 0.98
出行长度矩阵	均值差为 5%,方差在 5%
向量层级矩阵	误差为 5%

如果以上估计值出现了斜率不在 0.99~1.01 之间或者 R^2 低于 0.98,则需要对模型进行重新校核与调整[5]。

3)交通分布模型可靠性校核[9]

评定一个出行分布模型的可靠性,主要看模型对平均出行阻抗、出行阻抗分布以及区内出行比例等指标的计算结果是否接近实际调查值。虽然从大量的出行调查数据中可以得到出行矩阵,但并不是所有 OD 对都可以恰好得到满足统计要求的合理数据,因此用估计的 OD 对与调查 OD 对进行相互验证是不现实的。然而从出行调查数据可以整理出平均出行阻抗和出行阻抗分布(且具有合理的统计置信度),所以可用观测出行阻抗分布相关指标来验证分布模型。

首先验证出行分布模型计算的平均出行阻抗及区内出行比重,其中各种目的平均综合阻抗值与调查平均综合阻抗误差需要低于 5%。同样的平均出行阻抗并不意味着同样的出行阻抗分布,因此需要进一步验证不同目的的出行阻抗分布差异情况。其中基于从家上班的无车者数量、基于从家上班的有车者数量、出行阻抗频率分布的模型预测值需要与调查值进行对比,其平均综合误差需要低于 10%,且拟合度 R^2 不得低于 0.8[9]。

4) K 因子校核[9]

K 因子(K factor)是交通分布模型中常用的参数,体现交通小区之间交通分布的差异性和不均衡性,用来校核并纠正大多数跨行政区域出行转换的差异性,可以表示社会经济或其他特征对出行的影响。其中实体障碍,比如河流,也会导致实际观测数据与模型拟合结果间出现差异。这种情况下,规划者可以采用 K 因子来匹配实际出行的转换。

然而,K 因子必须谨慎使用,因为它往往会使得区域层面交通分配的模型预测值和观测值几乎完美匹配,所以在具体实践中倾向于在没有更好办法的情况下再采用 K 因子消除 OD 间的差距。即使这样,K 因子在被使用时,也应该相对较小——越接近 1 越好。

5) 私人汽车总量预测精度校核[9]

预测私人小汽车未来分布时,同总量预测一样,在模型标定后,需要将模型值与实际值进行对比,获得平均绝对相对误差(MARE),如果该误差小于 15%,则模型具有良好的有效性和实用性[9]。

11.2.1.3 方式划分模型校核与评价

方式划分 logit 模型的输出是行程表、行程轨迹或分方式出行率。由于输入包括出行 OD,出行的地理位置是已知的,因此可对方式划分模型的结果通过区域分割的方法来进行验证。

在国内具体实践中,方式划分模型分为步行方式划分和非步行方式划分两种。步行方式划分模型的校核可以从两个方面来考虑[9]：一方面需要考虑步行方式结构是否合理，是否可以在小区层面与调查数据进行对比分析；另一方面分析PA（出行发生吸引）矩阵中步行出行距离是否具有比较显著的特征，一般的处理方法是将模型输出的结果和调查的出行距离分布进行对比，从而判断出行分布矩阵是否合理。而在非步行划分模型中，为了分析观察值和模型拟合值的关系，需要对步行及各种其他交通方式的多维度数据进行整理，绘制计算得到的及调查得到的交通方式结构散点图，并分别进行模型估计，根据散点图校核计算值和调查值之间的误差，其中平均误差需要低于10%。

11.2.1.4　交通分配模型校核与评价

1）流量分配验证与校核

交通分配模型的校验关键在于流量分配的验证，其主要的校核内容与出行时间和路段交通量有关[17]。其中主要的校核参数包括：

（1）车辆行驶里程（VMT）校核。

VMT校核参考标准如表11-2所示。

VMT校核参考标准　　　　　　　　　　　　　　　表11-2[9]

分层标准		允许正负误差(%)	推荐正负误差(%)
道路等级	快速路	7	6
	主干路	15	10
	次干路	15	10
	支路	25	20
	全路段	5	2
区域类型	CBD	25	15
	城乡结合部	25	15
	城市	25	15
	市郊	25	15
	乡村	25	15

表11-2用来检验模型生成基准年VMT与观测VMT的误差是否符合标准。校核过程应该考虑所有网络路段的模拟流量。VMT校核可以根据道路等级与区域分层实行（表11-2），也可以根据天气影响[18-20]、设施类型、区域类型、地理分区（如县或超级区）、时段（如上午高峰期、下午高峰期、中午和晚上）决定划分标准，其标准与表11-2有

一定差异。

(2) 交通量校核。

一般情况下,可将同一路段上的交通量模拟值与观测值代入特定公式计算误差,并将其作为交通量的校核方式。交通量相关的公式校核一般使用易于解释的传统度量标准,包括均方根误差(RMSE)、百分比 RMSE(%RMSE)、相关性(R)和 R^2。

其中,RMSE 不可以高于 5%,R^2 不能低于 0.95[3]。针对不同道路等级,RMSE 参数的标准会随路段数量的增加而逐渐降低,如图 11-1 所示。

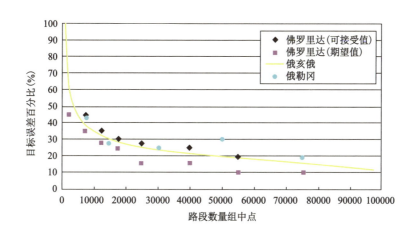

图 11-1　模型允许误差标准随路段数量增长的发展趋势[5]

此外,平均绝对误差(MAE)也可用于交通量的校核。其指标必须满足一定的标准,包括[9]:

①总体平均绝对误差必须小于 5%;

②对于 98% 的路段而言,交通流的平均绝对误差不得高于 15%;

③对于 98% 的路段而言,出行成本的平均绝对误差不得高于 15%。

(3) 核查线校核[21]。

通过在交通量调查区域设置核查线,观测路段上的交通流量,并与以原 OD 调查作为输入量计算所得到的机动车在该路段上的模拟分配量进行对比,从而实现交通量校核的方法称为核查线校核。

关于核查线的误差标准,一般随其核查线设置数量的上升而呈现下降趋势,即核查线越多,校核所要求的误差越低。这种下降趋势有着一定的规模效应,断面流量与最大误差标准的关系如图 11-2 所示。

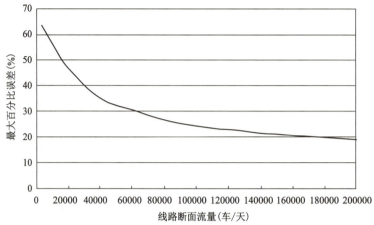

图 11-2　断面流量与最大误差标准的关系

同时对于不同的断面流量,核查线在模拟值与观测值之间也存在着可允许的误差范围,如表 11-3 所示[1]。

核查线允许误差范围　　　　　　　　　表 11-3

统计校核(拟合值 VS 观测值)	基准(正负误差)	
	允许	推荐
区域出行次数	9%	3%
出行核查线	20%	10%

(4)速度校核。

速度校核主要通过速度和交通流量这两个指标的模拟值与观察值之间的误差来实现,其审核目标可能也包括未受交叉口控制影响的路段。该方法计算观察到的流量与观察到的速度之比,其中极限情况为最大服务交通量和基本通行能力之比,并绘制趋势曲线。

观测值与拟合值之间的 V/C 比值对比如图 11-3 所示,二者曲线趋势相似,并且也减少了异常数据的干扰[6]。函数拟合的 R^2 不能低于 0.95[1]。

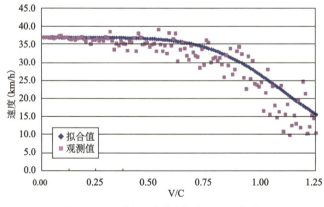

图 11-3　观测值与拟合值之间的 V/C 比值对比

2)模型校核与评估标准

根据国内交通流校核实践,对于针对交通流模拟值与真实值之间的精度的校核另有额外标准[9],其中高架快速路干道主要断面车流量平均误差不超过15%,地面干道主要断面车流量平均误差不超过20%。

3)道路交通流量分配结果的有效性评价标准

该标准与道路等级和类型相关,主要反映在表 11-4 之中[5]。

道路交通流量分配结果的有效性评价标准　　　　表 11-4

标准	可接受	推荐
快车道流量误差	7%	6%
分车道的干路流量误差	15%	10%
不分车道的干路流量误差	15%	10%
单行道流量误差	25%	20%
快车道高峰流量误差	20%(75%路段)	10%(50%路段)
主干路高峰流量误差	25%(75%路段)	15%(50%路段)

11.2.2　基于活动的宏观交通仿真模型校核与评价

11.2.2.1　出行链生成模型的校核

居民日常活动,无论是发生在家里还是户外,都可能是日常出行的组成部分。任何基于家庭的出行链都会起始于家庭,终结于家庭,同时会包括一个或多个中途停留点。与"四阶段"宏观交通模型中的出行不同,活动的位置需要与出行链的吸引终端相对应,而吸引终端则是根据目的地的选择模型(主要是活动和停留点的选择)来估计[11]。

其模型校核包括以下部分:

1)出行链生成模型校核

对出行链生成模型进行校核,包括针对个人出行活动的以下方面[3]:

(1)各类出行目的活动总量;

(2)各类出行目的出行次数;

(3)每次出行的停留次数;

(4)可能存在的换乘数量。

将输出结果与当地调查数据进行比较,误差需不高于5%[3]。

2)交通小区外或非居民出行模型校核

因为交通量数据(包括客运)和外部调查数据会用于区外出行模型的估算,所以不大可能有独立的数据源来校核这些模型。目前常用校核方法如下:

(1) 将基准年车辆出行总数的模型估算值(包括居民出区,非居民入区和过境)和所有外部站点交通量统计值核对。注意的是,需要考虑的交通量可能包括货车,不一定包括在所收集的数据集内。可行的办法是,将与外来或非居民客运出行相关的车辆出行量,和排除货车的交通量进行核对,同时将货车统计量与货运模型输出结果进行核对。

(2) 核对跨区客运出行量,包括所有的内部或外部客运出行。其中隐含出行量指的是每个家庭成员或每个员工所有个人出行(含区内和区外)总和。

11.2.2.2 出行链选择模型的校核

与"四阶段"宏观交通模型类似,基于活动的模型需要校核出行链的距离。计算出行链的距离往往会用到出行时间和调查中特定 OD 间的距离(包括多个路段距离之和)。通过扩展调查的出行表可以直接计算观测下的平均出行长度和出行频率分布,并且可将其与建模得到的出行表信息进行核对。而要对出行表进行建模,则必须引入出行生成估计值,因为它们是基于活动目的选择模型的必要输入。

在出行链选择中,需要校核的内容主要包括:

1) 平均出行距离

平均出行距离的校核也是需要考虑模型计算值和观测值的,校核时必须要根据不同的出行链与活动目的分别进行,也可以根据市场因素分别校核。对于非集计的、基于活动的模型而言,市场因素可以有很多种方式来定义,其不同定义之间的差别仅存在于综合人口的定义变量(包括家庭人口,户籍构成,家庭住址,常用出行目的等)与调查中的变量。

关于平均出行距离的校核标准,可以参照"四阶段"宏观交通模型的出行距离校核方法来实行。

2) 出行距离的频率分布

对于出行距离的频率分布,可将实际观测和模型计算的距离分布用散点图的形式进行对比,分析二者的拟合度与匹配程度。另外,也可以使用一致率来校核出行距离频率分布。

11.2.2.3 个人出行选择模型的校核

最基本的个人出行选择结果都是通过对模型中得到的出行链和出行环结果与相应的市场因素下的观测数据进行核对得到。市场因素不仅包括出行链或出行环的目的,也包括人口因素,比如收入水平、机动车保有量和地理位置要素。

一般而言,针对个人出行选择模型的校核一般都会采用已知选择结果的数据集(比如调查数据集),去验证一个或多个因素变量,包括:

(1)收入水平;

(2)车辆拥有水平;

(3)地理区域(如国家、地区类型等);

(4)出行距离要素。

针对个人出行选择模型,非集计校核可以起到较好效果,可以使用与模型估计相同的数据集,但需要根据经济活动因素对数据进行划分。基于 logit 模型的软件可以采用与其较为类似的数据表格进行模型的校核。而对于个人出行选择模型效用函数的估计方法,可以参照本章节针对方式划分模型的校核方法与指标。

11.2.3 公共交通模型校核与评价

公共交通模型的校核大多数情况与宏观交通仿真模型类似,但由于公共交通模型具有自身特点,因此需要对一些特定的要素进行校核。

具体的校核方法为:

1)出行 OD 矩阵校核[21]

在出行 OD 矩阵方面,其主要的校核方法是通过完整的核查线计算乘客的分方式出行预测流量与实际观测流量的误差。在置信度95%的情况下,模型中出行 OD 的预测流量与实际观测流量之间的差异应小于15%[6]。

2)公交网络校核

网络校核包括验证建模路网在坐标和面积上(如地图上面积的缺失或重合)的准确性,以及验证模型计算出的次数/速度(即乘车、到达和换乘次数)与现实的偏差程度。其中:

(1)建模网络与实际网络的坐标与面积偏差不可超过5%[6],具体可用建模网络与实际网络的重叠面积占实际网络的面积百分比来确定(即面积百分比不低于95%)。

(2)模型中,路径上的花费时间与现实情况的误差不应超过5%[2]。

(3)模型中,指定 OD 对间从起点到终点的出行轨迹与实际出行轨迹之间的误差不应超过5%。

3)公交分配可靠性检验[9]

对于公交分配而言,分配流量也需要遵循可靠性检验的指标,其中相应误差及合理

范围包括:

(1) 断面相对误差,简称断面误差,等于模拟流量和观测流量的差值与观测流量之比,直接反映两者之间的差异。误差合理范围一般为 ±20%。

(2) 校核线总量误差,简称总量误差,指所有校核线断面模拟流量总和和观测断面流量总和的差值与观测断面流量总和之比。误差合理范围一般为 ±10%。

(3) 校核线绝对值误差,简称绝对值误差,指所有校核线断面模拟流量和观测流量差值的绝对值总和与观测断面流量总和之比,反映各校核线断面平均拟合精度。误差合理范围一般为 ±20%。

4) 轨道交通模型校核

目前针对轨道交通具有多种公交模型分配算法,皆各具优缺点。在相同高峰 OD 矩阵和网络阻抗函数的情况下,每种算法都可以分别计算出各自不同的上客量、下客量、断面量、换乘量等结果,这些计算结果都需要和实际观测数据进行对比,校核二者之间的误差。模拟流量与观测流量的差值与观测流量之比,可以直接反映两者之间的误差,其合理范围一般为 ±20%[9]。

同时,需要重点校核分断面高峰客流量,总体误差不得高于 10%,且模拟流量与观测流量之间的拟合度不低于 0.95,各条轨道线路客流量误差不超过 10%,轨道主断面客流量平均误差不超过 15%。

11.3 中微观交通仿真模型评价

11.3.1 中观交通仿真模型校核与评价

中观交通仿真模型的校核指标可以分为校核指标和评价指标。校核指标主要判断模型运行结果与现实观测数据之间的误差,采用的方法主要包括最小平方误差和直观图形法等,校核指标主要包括通行能力、交通流量等。评价指标则是用来评价模型运行方案是否具备合理性,其指标主要包括车辆延误和排队长度等。

1) 校核指标

(1) 最小平方误差。

路段校核指标中的数据误差是指路段校核指标观测值与模拟值的误差,是判断中观交通仿真模型有效性的重要依据。

为了更好地反映整个路网的路段流量误差大小,在此,选取最小平方误差(LSE)为

校核指标。当 LSE 值在所设定的阈值范围内时,则认为模型有效。其公式如下:

$$LSE = \frac{\sqrt{\frac{\sum_a (q_0^a - q_e^a)^2}{n}}}{\frac{\sum_a q_0^a}{n}} \tag{11-4}$$

式中:q_0^a、q_e^a——路段 a 上的路段流量观测值和估测值;

n——路段数量。

在实际应用中,由于高峰时段和非高峰时段的道路运行特征不同,所以需要针对不同时段建立不同的 LSE 评价指标值。最小平方误差校核指标及其标准如表 11-5 所示[22]。

最小平方误差校核指标及其标准 表 11-5[14]

指标类型	高峰期(%)	非高峰期(%)
通行能力	10	5
交通流量	10	10
行程时间集计值	15	10
饱和度	10	5
客车行程时间	10	5
货车行程时间	15	10

(2)直观图形法。

直观图形法是指用**直方图或者散点图**的方式来判断经过参数校正的仿真输出结果与实际采集到的数据的误差的方法,即判定实测数据值是不是落在仿真输出值的有效范围内。在此基础上,一种较准确的校核方式是计算实测图和拟合图之间重叠的面积与实测图之间的比值,从而计算二者间误差。

对于不同指标的直观图形而言,其误差值应保持在一定的范围内,直观图形法校核允许误差建议值如表 11-6 所示[22]。

直观图形法校核允许误差建议值 表 11-6[23]

评价指标	校核误差值(%)
通行能力	5
交通流量	5
行程时间集计值	10
饱和度	10
客车行程时间	10
货车行程时间	15

2) 评价指标

将 OD 矩阵导入中观仿真模型后,通过交通分配可以生成各项评价指标,此时,可将各项评价指标的模拟值与实际观测值进行吻合度计算对比,若与实际不符,可进一步调整交通分配模型参数或选择其他交通分配模型。

校核指标满足条件后,可以初步运行仿真模型并输出评价指标,通过评价指标的进一步验证,可以确保仿真模型的运行结果与实际更为贴近。在中观仿真模型中可以针对某个 OD 对设置固定的车辆行驶参数,该方法可以用于某些路段的流量微调,使得仿真结果与实际道路运行状况相吻合。

计算评价指标偏差常用的方法是计算目标值吻合度。目标值吻合度用来表征仿真运行结果与实际路网在评价指标上的偏差程度,采用观测值与仿真结果的相对误差来计算,如式(11-5)所示[23]。

$$\begin{cases} F = \sqrt{\dfrac{1}{n}\left(\sum_{i=1}^{n}\sum_{j=1}^{k}\omega_j F_{ij}^2\right)} \\ \omega_j = \dfrac{E_j P_j}{\sum_{j=1}^{k} E_j P_j} \\ F_{ij} = \dfrac{\text{MOE}_{ij}^{\text{actual}} - \text{MOE}_{ij}^{\text{sim}}}{\text{MOE}_{ij}^{\text{actual}}} \times 100\% \end{cases} \quad (11\text{-}5)$$

其中需要指出的是,权重 ω_j 的计算需要综合考虑每条具体道路的道路等级 P_j 和设计通行能力 E_j。MOE 代表具体的评价指标(如密度、速度等),actual 代表实际观测值,sim 表示模型计算值,F_{ij} 是第 j 条具体道路中在第 i 个具体指标观测值与模型计算值之间的误差百分比,F 是各指标观测值与模型计算值综合标准差。

由于车辆性能差异,不同车型运行效率对整个交通流运行效率的"贡献率"是不同的。为此,吻合度公式中使用不同车型当量换算系数和车型比例来表示"贡献率"[22]。

中观交通仿真模型的评价指标包括密度、速度、延误和排队长度等,吻合度校核误差值大多不应超过 10%。各个评价指标对吻合度误差值都有一定要求,其建议范围如表 11-7 所示[23]。

评价指标吻合度校核误差值建议范围　　　表 11-7

评价指标	校核误差值(%)
密度	10
速度	5
延误	10
排队长度	5

11.3.2 微观交通仿真模型校核与评价

相较于中观交通仿真模型而言,微观交通仿真模型对车道级的车辆个体仿真精度要求更高。车辆在通过信号交叉口处时受信号灯控制会出现频繁的减速、停车排队、加速等行为。在绿灯信号启亮后排队车辆加速通过停车线的过程中,仿真场景中的车头时距分布与实际交叉口运行的车头时距分布情况是否吻合,对真实反映信号交叉口实际运行状态有重要作用。因此,根据实际调查的各车道车头时距分布情况和实际交叉口车辆运行状态来校核驾驶员行为模型参数和交通流特性参数,对于微观交通仿真模型的校核与交叉口延误、排队长度、通行能力等仿真指标的评价分析,都具有重要的意义。微观交通仿真中信号交叉口仿真参数校核流程如图11-4所示。

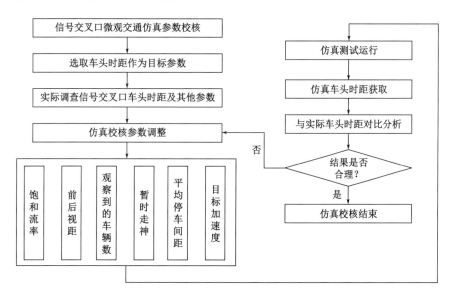

图11-4 微观交通仿真中信号交叉口仿真参数校核流程

对于微观交通仿真中信号交叉口仿真参数校核目标的确定需要考虑以下情况[24]:

(1)仿真的路网规模,如单个交叉口、一个通道、小区域路网等;

(2)仿真分析的目的,如交通控制方案、交通诱导、单行道等交通管理、交通渠化设计等效果;

(3)仿真分析的资源,如时间节点、数据资源、人力资源等。

综合不同研究结论,本书提出校核目标的系列标准,如表11-8所示。其中GEH统计是实际应用中经常用来对比两组交通量(计数数据和模拟数据)的规范化方式,其公式记为:

$$\text{GEH} = \sqrt{\frac{(E-V)^2}{\frac{E+V}{2}}} \tag{11-6}$$

式中：E——实际观测值；

V——模拟值。

校核标准可适用于一系列具体的指标，对于路段而言，主要包括行程时间、密度及排队长度等；而对交叉口而言，主要包括延误、排队长度、二次停车率等。

校核目标的系列标准　　　　　　　　　　　　　表 11-8[25]

仿真对象测量标准		单个或多个交叉口模拟（OD<6×6）	通道模拟（高速公路、快速路、主干路）（OD<15×15）	路网模拟（OD>15×15）
流量	校核：小时流量（VOL）. 判断标准： （1）700<VOL<2700，误差在15%以内； （2）VOL<700，绝对差在100以内； （3）VOL>2700，绝对差在400以内； （4）所有路段流量平均误差	90%以上路段符合此要求	85%以上路段符合此要求	80%以上路段符合此要求
		误差在5%以内	误差在5%以内	误差在10%以内
	评价：GEH判断标准： （1）单个路段 GEH<5； （2）所有路段平均	90%以上路段符合此要求	85%以上路段符合此要求	80%以上路段符合此要求
		GEH<3	GEH<4	GEH<5
行程时间	单个路段/路径误差在85%（或1min之内）	90%以上路段/路径符合此要求	85%以上路段/路径符合此要求	80%以上路段/路径符合此要求

11.4　多层次交通仿真校核与评价标准体系汇总

综合 11.1～11.3 对各类模型校核与评价方法以及指标的论述，本书对所有模型的评价与校核标准进行总结，为交通模型与仿真平台建设工作开展提供评判依据。同时，在表格中对各类校核目标与指标的出处进行文献标注，多层次交通仿真评价与校核标准汇总如表 11-9 所示。

多层次交通仿真评价与校核标准汇总表　　　　　　　　　　　　　表 11-9

模型	校核目标	校核与评价要求	
		指标	校核标准
宏观交通仿真模型	交通生成		
	出行发生[5]	模型的结果与扩展的家庭调查数据的结果比值	0.9~1.1
	出行吸引[5]	通勤出行吸引量(一般包括从家到工作地和从工作地到家)与区域总体就业人数	1.2~1.55
	发生与吸引平衡[5]	按目的地区划分的产生量与吸引量的比例	0.9~1.1
	基于活动的交通生成[5]	个人参数模型值与调查值误差	±5%
	合理性校核[5]	总出行率与其他区域估计的出行率的比值	=1
		单元格间变化率比值	=1
		不同年份变化率	±2%
	输出结果校核	截距	接近于0
		R^2	>0.95
	私人汽车总量预测精度	模型值与调查值平均误差	<10%
	交通分布		
	阻抗系数[5]	模型值与调查值平均绝对相对误差	<15%
	出行距离校核[5]	短出行时间内峰值单调减少,系数最小值	>0
		平均出行距离误差	<5%
	出行方向性校核[22]	一致率	>70%
		定向比	接近1,偏差±0.05
	出行矩阵校核[3]	区域内出行百分比绝对误差	<3%
	交通分布模型计算结果可靠性[12]	建模的流量和观测计数之间的百分比差异	<5%
		平均出行阻抗模型值与观测值误差	<5%
		分目的出行阻抗分布模型值与观测值误差	<10%
	私人汽车总量预测精度[9]	区内出行比重模型值与观测值误差	<5%
		模型值与调查值平均绝对相对误差	<15%
	方式划分		
	模型系数校核[13]	基于家庭出行的在车出行时间系数	-0.03~-0.02

续上表

模型	校核目标	校核与评价要求	
		指标	校核标准
宏观交通仿真模型	方式划分	Nested Logit 模型系数[5]	Logsum 系数	0~1
			每个子巢的 Logsum 系数与其更高层次子巢的 Logsum 系数的比值	0~1
	交通分配	VMT[5]	与观测值的平均绝对误差,根据道路类型与区域类型有不同标准	见表11-2
		交通量输出结果校核[5]	RMSE	<5%
			R^2	<0.95
			百分比 RMSE	见表11-3
			与观测值的平均绝对误差	必须小于0.1%
			全程时间误差	<15%
		道路交通流量分配结果的有效性评价标准[9]	与观测值的平均相对误差,根据道路类型与区域类型有不同标准	见表11-4
		核查线核查[12]	与观测值的平均相对误差	±20%
			所有校核线断面模拟流量总和与观测断面流量总和的差值与观测断面流量总和之比	±10%
			所有校核线断面模拟流量与观测流量差值的绝对值总和与观测断面流量总和之比	±20%
公交模型		出行 OD 矩阵[3]	模型中,估计区域间交换量与实际观测值之间误差	<15%
		公交网络校核[3]	建模网络与实际网络的坐标与面积偏差	≤5%
			模型中,路径上的出行时间与现实情况的误差	≤5%
			模型中,指定 OD 对之间的出行轨迹与实际出行数据之间的误差	≤5%
		公交分配可靠性检验[3]	与观测值的平均相对误差	<10%
			所有校核线断面模拟流量总和与观测断面流量总和的差值与观测断面流量总和之比	±10%
			所有校核线断面模拟流量与观测流量差值的绝对值总和与观测断面流量总和之比	±20%

续上表

模型		校核目标	校核与评价要求	
			指标	校核标准
宏观交通仿真模型	公交模型	轨道交通模型校核[12]	上客量、下客量、断面量、换乘量误差校核	±20%
			分断面高峰客流量	总体误差<10%，$R^2 \geqslant 0.95$
中微观交通仿真模型	中观交通仿真模型	校核指标：交通流量	高峰期最小平方误差	<0.10
			非高峰期最小平方误差	<0.10
			直方图面积偏差	<0.05
		校核指标：饱和度	高峰期最小平方误差	<0.10
			非高峰期最小平方误差	<0.05
			直方图面积偏差	<0.10
		评价指标：密度、速度、延误和排队长度	吻合度	<10%
	微观交通仿真模型	信号交叉口仿真参数校核[5]	左转车道上车辆所处排队位置偏差	±0.2
			直行车道上车辆所处排队位置偏差	±0.3
		微观车辆运行仿真参数校核[14]	加速度平均相对误差	±1.20%
			速度平均相对误差	±1.10%
			车头时距平均相对误差	±7%
			位移平均相对误差	±6%

11.5 本章小结

本章对国内外交通仿真模型校核与评价实践进行了梳理分析，并在此基础上制定多层次交通仿真模型评价指标体系，为后续交通模型仿真平台运行提供依据。具体包括：

（1）针对宏观交通仿真模型，根据"四阶段"宏观交通模型建模方法将其分解成四个子模型，通过对每个子模型参数进行分析，提出主要校核方法及其标准。其中：

①在交通生成模型中，主要校核方法包括：出行发生、出行吸引、发生与吸引平衡、合理性校核与输出结果校核，以及私人汽车总量预测精度校核等。

②在交通分布模型中，主要校核方法包括：阻抗系数、出行距离、出行方向性校核与出行矩阵校核，以及交通分布模型计算结果可靠性校核等。

③在方式划分模型中,主要校核方法包括:方式划分模型结果校核。

④在交通分配模型中,主要校核方法包括:VMT、交通量、交通流散点图、核查线、V/C比、数据校核标准与道路流量,以及交通分配结果可靠性校核。

(2)针对公共交通仿真模型有别于常规宏观交通仿真模型的特点,对其特有要素进行校核,其校核指标主要包括:出行OD矩阵、公交网络、服务矩阵、公交分配、公交平均停靠时间与等待时间。同时,提出公交模型有效性与合理性校核指标,最后针对公交模型和轨道交通模型的流量分配结果提出校核指标与标准。

(3)针对中微观交通仿真模型,从中观仿真模型和微观仿真模型两个层次进行校核标准的制定,并提出输出结果的评价方法与指标。中观交通仿真模型的校核指标包括校核指标(交通流量、饱和度)与评价指标(密度、速度、延误和排队长度)两个方面。微观交通仿真模型的校核指标包括信号交叉口仿真参数校核与微观车辆运行仿真参数校核两个方面。最后,提出了中微观交通仿真模型有效性与合理性校核与评价指标。

本章参考文献

[1] 东京交通局.东京都市圈交通调查[EB/OL].http://www.mlit.go.jp/crd/tosiko/pt/data_city/tokyo/04.html.

[2] TFL. The London Transportation Studies Model (LTS)[R]. Mayor of London:Transport for London,2016.

[3] DFT of London. Transport Analysis Guidence:Guidence for the Senior Responsible Officer[R]. Department of Transport. Transport Analysis Guidance(TAG),London,2017.

[4] 陈必壮,陆锡明,董志国.上海交通模型体系[M].北京:中国建筑工业出版社,2011.

[5] TMIP. Travel Model Validation and Reasonableness Checking Manual Second Edition [R]. Cambridge:Cambridge Systematics,2017.

[6] 北京市城市规划设计研究院.北京交通模型沿革介绍[R].2018.

[7] 广州市交通规划研究院.新广州交通模型发展与实践[M].广州:广州市交通规划研究院,2008.

[8] LI Y W,MICHAEL J,CASSIDY. A Generalized and Efficient Algorithm for Estimating Transit Route ODs From Passenger Counts[J]. Transportation Research Part B:Methodological,2007,41(5):114-125.

[9] LI B B. Markov Models for Bayesian Analysis about Transit Route Origin-Destination

Matrices[J]. Transportation Research Part B:Methodological,2008,12(03):1-10.

[10] HAZELTON M L. Statistical Inference for Transit System Origin-Destination Matrices[J]. Technometrics, 2010, 52(02):221-230.

[11] HUANG H, LAM W H K. A Stochastic Model for Combined Activity/Destination/Route Choice Problems[J]. Annals of Operations Research, 2008, 135(5):111-119.

[12] 杨东援,林群. 深圳市智能交通系统建设综述[J]. 城市交通,2007(5):13-21.

[13] 董德存. 交通信息工程案例集[M]. 上海:同济大学出版社,2005.

[14] 孙剑,杨晓光,刘好德. 微观交通仿真系统参数校正研究[J]. 系统仿真学报,2007(01):48-50+159.

[15] HAZELTON M L. Statistical Inference for Transit System Origin-Destination Matrices[J]. Technometrics,2010,52(02):221-230.

[16] ZHOU X S, HANI S, Mahmassani. Dynamic Origin-Destination Demand Estimation Using Automatic Vehicle Identification Data[C]. IEEE Transactions on Intelligent Transportation Systems,2009,7(01):105-114.

[17] WONG S C, LEO B P. Combined Distribution and Assignment Model for a Continuum Traffic Equilibrium Problem with Multiple User Classes[J]. Transportation Research Part B:Methodological,2009,40(3):633-638.

[18] IBRAHIM A T, HALL F L. Effect of Adverse Weather Conditions on Speed-Flow-Occupancy Relationships[J]. Transportation Research Record, 1994,1457(13):184-191.

[19] BRILON W, PONZLET M. Variability of Speed-Flow Relationships on German Autobahns[J]. Transportation Research Record,1996,1555(18):91-98.

[20] KYTE M, KHATIB Z, SHANNON P. Effect of Weather on Free-Flow Speed[J]. Transportation Research Record,2007,17(76):60-68.

[21] ZHANY Q Q, MARTIN S. OD Flow Estimation for a Two-Route Bus Transit Network Using APC Data:Empirical Application and Investigation[D]. Graduate School of the Ohio State University,2008.

[22] SUH W, HENCLEWOOD D, GREENWOOD A, et al. Modeling Pedestrian Crossing Activities in An Urban Environment Using Microscopic Traffic Simulation[J]. Simulation,2013,89(2):213-224.

[23] 滕怀龙. 基于中观仿真的动态交通参数标定技术及路网运行状态评价体系[D]. 北京:北京交通大学,2007.

[24] 屈新明,姚红云,王玉刚.基于信号交叉口车头时距分布的 VISSIM 仿真参数校核研究[J].交通运输研究,2016,2(01):1-7.

[25] BJØRNER T B, LETH P S. Dynamic Models of Car Ownership at the Household Level[J]. International Journal of Transport Economics,2005,32(1):57-71.

CHAPTER TWELVE 第12章

总结与展望

12.1 主要内容总结

本书对城市宏中微观一体化交通仿真系统构建关键技术以及多层次交通仿真模型评价体系进行了详细的论述,有助于深化读者对城市交通一体化仿真建模理论与关键技术的理解,兼具理论性和实用性。

首先,本书梳理并总结了八个典型城市的交通仿真模型体系及其特点,力求呈现一定数量的、可供借鉴的、国际前沿的建模方法,为国内大中城市面向决策支持的城市交通仿真建模提供国际对标交通模型体系,并在此基础上提出了面向我国大中城市决策支持的城市交通一体化仿真总体框架。在城市交通一体化仿真总体框架的指导下,提出了简易用地与交通需求关系模型,并对土地利用-交通整体规划模型与"四阶段"宏观交通需求预测模型进行了对比分析;在综合考虑和对主流土地利用-交通整体规划模型对比分析的基础上,推荐 PECAS 模型作为我国大中城市优选的土地利用-交通整体规划建模框架并提供了模型构建与校正方案。针对宏观交通仿真建模关键技术,开展了多层次宏观交通仿真模型框架、城市土地利用模型与宏观交通仿真模型交互方法研究,并对宏观交通仿真模型交通流参数标定数据需求和土地利用模型与宏观交通仿真模型之间的接口规范进行了分析与总结。与此同时,针对城市公共交通建模,提出了基于超级网络的城市公共交通建模方法,构建了基于公共交通超级网络的公共交通方式划分与交通分配组合模型。

针对城市交通一体化仿真总体框架中的中微观交通仿真关键技术,首先对城市中微观交通仿真模型框架进行比选与适用性研究,以 Dynameq 交通仿真软件为例提出城市中微观交通仿真模型快速建构技术,此外还提出了宏观交通仿真模型与中微观交通仿真模型交互数据接口设计与规范,为不同维度的交通仿真模型交互提供了理论和技术支持。针对城市中微观交通仿真参数标定关键技术,同样以 Dynameq 为例开展了基于大数据的交通仿真参数标定技术,提出了一套基于贝叶斯定理的有效车辆长度标定方法,并结合地磁数据、浮动车 GPS 轨迹数据等研究了道路通行能力、自由流速度等参数的估计方法。此外,研究了中微观交通仿真模型交通流参数标定数据需求,梳理了中微观交通仿真模型需要标定的参数及所需要的数据。在仿真可视化方面开展了三维动态交通仿真控制关键技术与可视化研究,具体包括三维交通仿真模型动态调用与控制技术、道路网与三维场景的对接技术以及三维动态交通仿真输出数据接口与可视化。另外,基于总体仿真框架,通过构建相应的示范应用系统,验证了本文提出的城市交通一体化仿真建模理论与关键技术的可行性与先进性。最后,本书介绍了多层次交通仿真模型的评价体系,该模型评价体系的构建有助于指导模型的校核与有效性评价,辅助支持决策者选择合适的交通仿真模型,从而有效保障模型建设项目的先进性、实用性和可持续性。

12.2 主要创新

本书基于"面向决策支持的城市交通仿真关键技术研究"世行贷款技术援助课题经验,系统地介绍了面向决策支持的城市交通仿真建模理论与关键技术,能够提供较为全面与丰富的城市交通仿真建模理论知识与关键技术,本书的主要理论与技术创新主要包括以下内容:

(1)将土地利用-交通整体规划建模理论应用到实际建模工作中,针对城市交通仿真建模实践需求,分别提出了"整合型"与"连接型"城市整体规划建模技术方案。

(2)基于自主编程构建了融合步行与慢行道路网络、常规公交网络、轨道交通网络以及各个子网络间的虚拟连接弧的城市公共交通超级网络,并构建了公共交通方式划分与交通分配组合模型。

(3)提出并实现了基于交通大数据和贝叶斯原理的中微观交通仿真参数动态标定方法,有效提升交通仿真精度。

(4)开展以Dynameq为例的中微观交通仿真快速构建方案研究,包括在创建中微观交通仿真场景过程中的参数与数据的快速配置及路网修复和简化。

(5)提出了一种基于卡口数据的动态中微观OD矩阵估算方法,对卡口数据进行深度挖掘并得到精确度较高的动态OD矩阵,在此基础上提出并实现了基于时空拆分比例的全天OD矩阵切分方法。

(6)在仿真示范区应用PECAS、Emme、Dynameq等建模软件,借助3D-GIS系统在数据综合展示与交互方面的优势,搭建了城市多层次一体化交通仿真示范平台,实现了城市土地利用-交通整体规划模型、宏观交通仿真模型与中微观交通仿真模型在同一个框架下的一体化运行与交互功能。

(7)对多层次城市交通仿真模型交通流参数标定数据需求标准、城市交通仿真平台数据接口规范及多层次城市交通仿真模型评价体系等开展了研究,系统地提出了相应的标准、规范和评价指标体系,有助于指导建模数据的采集、多层级交通仿真模型的一体化集成与其精度校核和有效性评价，辅助支持决策者选择与开发合适的交通仿真模型。

12.3 展望

从当前国内大中城市的交通系统发展状况来看，本书中所提出的关键技术及方案需要与城市未来发展中可预期的情景和条件相适应并进行更新与完善，以便更为科学、高效地提供城市交通规划与管理中的相关决策支持。城市交通模型体系及决策支持平台的构建需要考虑各个城市独特的地理特征、各种社会经济活动的分布特征及其相应的交通需求特性，应该在模型及平台建设中重点预测与分析每个城市重点区域的交通需求，在模型体系建设及城市交通仿真平台规划设计中注意向该类对象倾斜资源。

在土地利用与交通整体规划模型方面，除北京市尝试构建了一个初步的土地利用-交通整体规划模型，国内其他大中城市还没有开展过类似的尝试。国内其他大中城市应当考虑开发土地利用-交通整体规划模型，解决传统"四阶段"宏观交通规划模型所存在的问题，更好地服务城市交通规划与管理等方面的相关决策支持。在交通需求预测模型方面，国内大中城市应该在未来合适时机考虑建设基于活动的交通需求预测模型，并加强交通仿真模型构建与维护的法规与政策保障。未来在宏观、中微观、公共交通仿真建模中可以结合城市公共交通的 IC 卡刷卡数据以及 5G 手机信令大数据，进一步挖掘出行规律，用以获得城市居民交通出行的真实状况，进而更好地验证和校核这些模型。

针对城市交通仿真效率，可更多地从优化数据结构及建立数据接口规范等方面入手提升效率，达到快速构建交通仿真模型的目的。其中除要充分利用商业仿真软件的二次开发接口之外，在交通仿真可视化过程中如何快速精准地生成大量的三维交通仿真模型是目前相关研究人员普遍面临的难点，在未来应当借助计算机技术的发展解决该难题。

另外，在本书提出的交通仿真平台数据标准与接口规范的研究成果基础上，应继续在行业内推进与构建统一的多层次交通流模型的数据需求手册，明确可以适用于国内多层次交通模型开发实践的交通流参数标定所需数据的具体需求标准细则，制定适用于国内大中城市的多层级交通仿真模型接口规范和校核标准，并通过城市交通模型的建模与决策支持实践来反馈与更新这些标准与规范。

由于不同城市的自然禀赋、地理特征和社会经济活动具有其独特的特征,开发"本地化"的城市交通建模理论与关键技术十分必要。面对城市发展过程中不断出现的新的交通行为与问题,特别是互联网与疫情防控对城市交通行为的影响及其对城市交通规划与管理提出的新要求,本书中所构建的城市多层级一体化交通仿真平台需要与更多政务系统进行连通,打通不同系统之间的数据壁垒,为相关政策的制定提供更为科学与强大的决策支持能力。

后记

近年来城市基础设施建设力度持续加大,城市交通基础设施供给水平显著提升。但是在城市化与机动化快速发展的双重压力下,城市迅速拓展并伴随着更为严重的交通拥堵和空气污染。城市交通供需矛盾日益突出,交通拥堵指数逐年上升,主城区高峰时段平均车速过低,交通拥堵、环境污染问题已经成为制约城市社会与经济发展的瓶颈问题,成为市民关注的焦点。社会发展同样也对我国城市交通规划与管理提出新的挑战,同时也给予我们科研工作者新的思考视角和研究课题,尤其是常态和非常态事件对城市交通出行影响的预先考量及应对策略。新城市科学的发展让我们不断深化认识和解读变化中的城市以及由此带来的城市交通出行需求的更新和转变,而智慧交通建设也需要我们勇于科研创新,共享技术经验,进而建构更贴合时代发展、社会进步所需的交通仿真模型与决策支持工具。

本书在梳理世行贷款资助的武汉市城市圈交通一体化示范项目增加技术援助课题研究成果的基础上,总结提炼整个项目的核心内容,具体包括介绍此书的编写背景、典型城市模型体系与框架研究以及城市交通仿真决策支持系统框架与关键技术,详实地论述了面向决策支持的交通仿真建模理论与关键技术研究所涉及的土地利用-交通整体规划模型、宏观交通需求预测模型及中微观交通仿真模型构建关键技术、中微观三维动态交通仿真关键技术、交通仿真平台数据需求标准、接口规范与校核评价标准等。另外,本书主体章节均单独设置"本章小结",回顾技术援助项目的重要技术细节,并对其进行凝练升华,力求为新时期大中城市交通仿真决策支持的科研工作贡献力量,展望未来研究趋势和可取的突破方向。最后,希望本书可以为您的学习、研究和工作提供可借鉴的专业支持和实操经验。

致谢

经过团队成员的精诚合作,我们的专著编写工作终于得以圆满收尾。感谢各位的勤奋努力,将我们多年深耕的成果出版发表,与具有相似研究兴趣的专家学者和规划界研究人员共同分享。在专著内容撰写过程中,我们对专业知识及技术标准的书写逻辑和细节核准,不仅需要融会贯通多年所思所研的专业精华,也包含了团队成员们不辞辛苦地折转多地,切入实地的专业调研与会议访谈,如广州市交通规划研究院、北京城市规划设计研究院等北上广深多家单位。另外,多位国内外专家学者以及规划从业者,无论是学术研究层面还是技术应用方面,都给予了极具理论价值和实践意义的建议。他们是傅立平(滑铁卢大学)、詹庆明(武汉大学)、牛强(武汉大学)、李志纯(华中科技大学)、赵丽元(华中科技大学)、沈吟东(华中科技大学)、王富(武汉工程大学)、张明(德州大学奥斯汀分校)等多位来自国内外高校界的专家学者,以及陈先龙(广州市交通规划院)、董志国(北京晶众智慧交通科技股份有限公司)、朱海明(天津市城市规划设计研究院)、宁伯瑾(昆明规划院交通分院)、魏贺(北京规划院城垣科技公司)、何流(南京理工大学)、张天然(上海市城市规划设计研究院)、张宇(北京市城市规划设计院)、徐良杰(武汉理工大学)、王广民(中国地质大学)等具有丰富城市交通规划从业经验的研究人员。

在专著内容的整体校对与修改阶段,武汉理工大学钟鸣、刘少博、赵学彧、马晓凤、崔革、潘晓锋和武汉市交通发展战略研究院的郑猛及吴宁宁等对书稿内容进行了多轮的整体审校。如下人员全程负责修改各相关章节:王锐、张一鸣、钟鸣(第1、12章),任智、钟鸣(第2章),陈丽欣、赵学彧、钟鸣(第3、6章),张一鸣、任智、Asif、钟鸣(第4章),张羽孜、赵学彧、钟鸣(第5章),黄俊达、赵学彧、马晓凤、刘少博(第7章),李杏彩、赵学彧、刘少博(第8章),钟意、赵欣、徐涛、张学全、刘少博(第9章),王宗保、张学全、刘少博(第10章),赵学彧、钟鸣(第11章)。钟鸣及张一鸣组织了多次全文审稿与修改。

此外,本书得以顺利出版,离不开三位编审成员的悉心审阅,他们分别是来自美国Gallop Corporation的何炳坤,加拿大卡尔加里大学的John Douglas Hunt教授,委内瑞拉中央大学的Tomas de la Barra教授。

本书是给予我们帮助的各位、主编单位和参与成员的集体智慧结晶。鉴于作者水平有限,本书中必定存在错误与遗漏等问题,请广大读者与行业专家批评指正。我们必当虚心接受各位的批评与指导,时刻保持求真务实的科研热情和严谨的治学态度,致力于创造更好的科学研究创新成果,为我国交通强国事业做出新的贡献。